U0361484

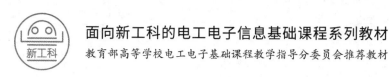

面向新工科的电工电子信息基础课程系列教材

教育部高等学校电工电子基础课程教学指导分委员会推荐教材

计算机控制系统

张三同　**主编**

张文静　苗　宇　孙绪彬　**编著**

清华大学出版社

北京

内 容 简 介

本书主要介绍计算机控制系统的基础理论、设计方法和工程实现,基于经典案例来体现主要内容,突出本课程理论联系实际的特点,将 MATLAB 用于计算机控制系统的分析和控制器的设计,引导读者循序渐进地进行计算机控制系统的分析、设计和实现。

本书提供大量的设计及实现代码,以及 PPT 课件、电子教案、知识图谱、习题答案等配套电子资源,方便教师备课和学生参考。

本书可作为高等院校自动化类、电气类、仪器类等相关专业的本科生和研究生教材,也可供相关领域的教师、科研人员以及工程技术人员学习参考。

图书在版编目(CIP)数据

计算机控制系统/张三同主编;张文静,苗宇,孙绪彬编著.—北京:清华大学出版社,2023.12
面向新工科的电工电子信息基础课程系列教材
ISBN 978-7-302-65062-1

Ⅰ.①计… Ⅱ.①张… ②张… ③苗… ④孙… Ⅲ.①计算机控制系统—高等学校—教材
Ⅳ.①TP273

中国国家版本馆 CIP 数据核字(2023)第 231216 号

责任编辑:文 怡
封面设计:王昭红
责任校对:胡伟民
责任印制:沈 露

出版发行:清华大学出版社
  网 址:https://www.tup.com.cn,https://www.wqxuetang.com
  地 址:北京清华大学学研大厦 A 座 邮 编:100084
  社 总 机:010-83470000 邮 购:010-62786544
  投稿与读者服务:010-62776969,c-service@tup.tsinghua.edu.cn
  质量反馈:010-62772015,zhiliang@tup.tsinghua.edu.cn
  课件下载:https://www.tup.com.cn,010-83470236
印 装 者:三河市龙大印装有限公司
经 销:全国新华书店
开 本:185mm×260mm 印 张:26.75 字 数:672 千字
版 次:2023 年 12 月第 1 版 印 次:2023 年 12 月第 1 次印刷
印 数:1～1500
定 价:89.00 元

产品编号:101592-01

随着控制理论、计算机技术及网络通信技术的发展,计算机控制系统领域不断产生新的理论和方法;另外,为适应"卓越工程师培养计划""新工科建设"等教育教学改革新要求,需要编写符合自动化专业培养目标和教学改革要求的新型教材。

本书主要有以下特色:

(1) **结合控制工程实际,系统论述计算机控制系统的建模、分析、设计和实现等计算机控制工程问题**。强调实际工程应用,突出基本理论与实际应用之间的有机联系,使读者能更好地理解和掌握计算机控制系统的基础知识,并用于解决实际计算机控制系统的工程问题。

(2) **主要内容由工程实例体现**。主要内容具有工程背景或是工程实例,具有典型性、代表性。例如,炉温控制系统、直流电动机位置与速度控制、直线电动机位置与速度控制、卫星单轴姿态控制和交通信号灯控制等。提供这些工程实例的实现程序(或代码),方便读者进一步理解计算机控制的主要内容并深入探索相关问题。

(3) **引入前沿理论,拓展传统基础理论的深度和广度**。如在采样理论中引入"压缩感知"的理论,拓展采样定理的使用边界。在数字 PID 控制理论中增加"分数阶 PID"内容,拓展 PID 控制理论和方法。在数字滤波器中引入"粒子滤波器",增加滤波理论内涵等。前沿理论的引入提高了本书的高阶性和挑战度,启发读者继续探索研究相关问题,也可以为教师开展研究型教学提供素材。

本书主要包括基础理论、设计方法和工程实现三部分内容,主要内容全部基于典型案例体现,突出理论联系实际的特点。本书共 9 章,第 1 章介绍计算机控制系统的基本概念和组成、计算机控制系统理论,以及计算机控制系统发展趋势。第 2 章介绍计算机控制系统的数学描述问题,以香农采样定理为基础,用 z 变换和 z 反变换的数学方法描述变换过程,给出时域的差分方程、复数域脉冲传递函数、频域的频率特性、状态空间模型等基础模型理论及特点。第 3 章计算机控制系统分析,从时域特性和频域特性两方面对计算机控制系统稳定性、稳态性能和暂态性能进行分析,并讨论了模型不准确对系统性能的影响。第 4 章介绍数字控制器的间接设计原理及方法,深入分析几种常用工程离散化方法特点,结合案例完成控制器设计。第 5 章介绍数字 PID 控制理论及重要的设计方法和改进理论方法,引入先进的分数阶 PID 理论及方法。第 6 章数字控制器的直接设计方法,从时域和频域两方面进行数字控制器的设计,包括最小拍控制设计方法和大林算法,以及两种方法在工程应用过程中面临的问题和解决方法。第 7 章介绍基于状态空间模型离散系统的可控性、可观性、状态反馈、状态观测等基本理论,按极点配置设计控

前言

制规律和观测器,二次型最优控制的求解理论及方法。第 8 章计算机控制系统工程实现,介绍计算机控制系统工程设计与实现中的若干理论和实用技术。第 9 章介绍嵌入式系统及可编程逻辑控制器的特点,以及工程控制系统的设计理论和方法。

本书编写人员多年来在北京交通大学计算机控制系统的教学与实际工程应用方面均积累了一定的实践经验,力图在教材的编写思想与具体内容方面有所反映。本书编写坚持以工程案例为素材,反映基础理论、设计方法和工程实现,并提供大量相关案例的设计代码,便于读者更深入地理解本书内容,或继续进行相关研究工作。本书第 1、7、9 章由张三同编写,第 4、5、6 章由张文静编写,第 2、3 章由苗宇编写,第 8 章由孙绪彬编写,全书由张三同统稿。

学习本书的背景知识:一般连续控制系统理论及微机原理与接口技术的基本知识。

在本书的编写过程中,编者参考了大量与计算机控制理论相关的教材与专著,特别是近年来国内出版的新教材及国外的经典教材,从中得到了许多启发,在此对这些参考文献的作者表示感谢。本书的出版还得到了清华大学出版社的大力支持,在此致以衷心感谢。

由于编者的知识和经验有限,书中不妥之处在所难免,期望得到读者的批评指正。

编　者

2023 年 10 月

目录

资源下载

第1章　绪论 ··· 1

1.1　概述 ·· 1

    1.1.1　计算机控制系统 ·· 3

    1.1.2　计算机控制系统的组成 ····································· 4

    1.1.3　计算机控制系统的控制器 ··································· 5

1.2　计算机控制系统的典型应用形式 ·································· 6

    1.2.1　操作指导系统 ·· 6

    1.2.2　直接数字控制系统 ·· 7

    1.2.3　监督计算机控制系统 ·· 8

    1.2.4　集散控制系统 ·· 9

    1.2.5　现场总线控制系统 ··· 10

    1.2.6　综合自动化系统 ··· 10

1.3　计算机控制系统的发展历程和发展趋势 ······················· 12

    1.3.1　计算机控制系统的发展概况 ································ 12

    1.3.2　计算机控制系统的发展趋势 ································ 14

1.4　计算机控制系统的理论与设计 ································· 16

    1.4.1　计算机控制系统的理论 ····································· 16

    1.4.2　计算机控制系统的设计 ····································· 17

1.5　本章小结 ·· 18

习题 ·· 18

第2章　计算机控制系统的数学描述 ································· 19

2.1　计算机控制系统中的信号描述 ································· 19

2.2　采样过程的数学描述 ··· 21

    2.2.1　理想采样过程的数学描述 ··································· 21

    2.2.2　采样信号的拉普拉斯变换式 ································ 22

    2.2.3　采样信号拉普拉斯变换式的性质 ··························· 24

    2.2.4　采样信号拉普拉斯变换式的频域特性 ····················· 25

目录

      2.2.5 采样定理 ·· 26

  2.3 信号保持 ··· 33

  2.4 z 变换理论 ·· 35

      2.4.1 z 变换定义 ·· 35

      2.4.2 z 变换方法 ·· 35

      2.4.3 z 变换性质 ·· 38

      2.4.4 z 反变换 ·· 43

  2.5 离散系统的差分方程模型 ·· 46

      2.5.1 差分方程 ·· 46

      2.5.2 差分方程的迭代求解 ··· 46

      2.5.3 用 z 变换法求解差分方程 ·· 47

  2.6 脉冲传递函数 ··· 47

      2.6.1 脉冲传递函数的定义 ··· 48

      2.6.2 脉冲传递函数的物理意义 ··· 48

      2.6.3 脉冲传递函数与差分方程 ··· 49

      2.6.4 脉冲传递函数的求法 ··· 50

      2.6.5 开环系统脉冲传递函数 ··· 51

      2.6.6 闭环离散系统脉冲传递函数 ··· 55

      2.6.7 计算机控制系统的闭环脉冲传递函数 ································· 59

  2.7 离散系统的频率特性 ·· 63

      2.7.1 离散系统频率特性的计算 ··· 63

      2.7.2 离散系统频率特性的图解表示 ······································· 66

  2.8 离散系统的状态空间描述——状态方程 ······································ 67

      2.8.1 由差分方程建立离散系统状态空间表达式 ····························· 67

      2.8.2 由脉冲传递函数建立离散状态方程 ··································· 70

      2.8.3 状态方程的求解 ··· 74

      2.8.4 计算机控制系统的开环状态空间表达式的建立 ······················· 76

      2.8.5 计算机控制系统的闭环状态空间表达式的建立 ······················· 79

  2.9 本章小结 ··· 80

  习题 ·· 80

第 3 章 计算机控制系统分析 ·· 86

  3.1 稳定性分析 ·· 86

3.1.1 离散系统的稳定性 ………………………………………… 86
3.1.2 离散系统的稳定性判据 …………………………………… 87
3.2 稳态性能分析 ………………………………………………… 92
3.2.1 稳态误差计算 ……………………………………………… 92
3.2.2 典型计算机控制系统稳态误差计算 ……………………… 96
3.3 动态性能分析 ………………………………………………… 97
3.4 根轨迹法的应用 ……………………………………………… 104
3.5 频率法的应用 ………………………………………………… 107
3.6 本章小结 ……………………………………………………… 109
习题 ……………………………………………………………… 110

第4章 数字控制器的间接设计方法 …………………………… 114
4.1 数字控制器的间接设计原理 ………………………………… 114
4.2 工程离散化方法 ……………………………………………… 117
4.2.1 前向差分变换法 …………………………………………… 117
4.2.2 后向差分变换法 …………………………………………… 125
4.2.3 双线性变换法 ……………………………………………… 133
4.2.4 频率预畸变双线性变换法 ………………………………… 140
4.2.5 脉冲响应不变法 …………………………………………… 145
4.2.6 阶跃响应不变法 …………………………………………… 149
4.2.7 零极点匹配法 ……………………………………………… 155
4.3 应用实例 ……………………………………………………… 160
4.4 本章小结 ……………………………………………………… 174
习题 ……………………………………………………………… 174

第5章 数字PID控制器的设计方法 …………………………… 177
5.1 数字PID控制基本算法 ……………………………………… 177
5.2 数字PID控制的改进算法 …………………………………… 181
5.2.1 数字PID控制的微分改进算法 …………………………… 181
5.2.2 数字PID控制的积分改进算法 …………………………… 186
5.2.3 数字PID控制的其他改进算法 …………………………… 190
5.3 Smith预估补偿数字PID控制器 …………………………… 193
5.3.1 Smith预估补偿控制方法 ………………………………… 194
5.3.2 Smith预估补偿数字PID控制器设计 …………………… 196

目录

      5.3.3 设计实例 ······ 201

  5.4 分数阶数字 PID 控制器 ······ 203

      5.4.1 分数阶微积分简介 ······ 203

      5.4.2 分数阶控制器分类 ······ 206

      5.4.3 分数阶控制器参数整定 ······ 207

      5.4.4 设计实例 ······ 209

  5.5 数字 PID 控制器的参数整定 ······ 213

      5.5.1 PID 参数对系统性能的影响 ······ 213

      5.5.2 试凑法整定 PID 参数 ······ 214

      5.5.3 经验法整定 PID 参数 ······ 215

      5.5.4 基于 PID Tuner 的控制器参数整定 ······ 219

  5.6 PID 应用实例 ······ 223

  5.7 本章小结 ······ 227

  习题 ······ 227

第 6 章 数字控制器的直接设计方法 ······ 229

  6.1 离散化直接设计基本原理 ······ 230

      6.1.1 时域性能指标要求 ······ 230

      6.1.2 频域性能指标要求 ······ 231

      6.1.3 离散化直接设计基本过程及原则 ······ 232

  6.2 数字控制器的根轨迹设计 ······ 234

      6.2.1 z 平面根轨迹 ······ 235

      6.2.2 根轨迹设计法 ······ 236

      6.2.3 设计实例 ······ 238

  6.3 数字控制器的频域设计 ······ 241

      6.3.1 w 变换 ······ 241

      6.3.2 w 域设计法 ······ 245

      6.3.3 设计实例 ······ 246

  6.4 最小拍控制器的设计 ······ 249

      6.4.1 简单对象的最小拍有纹波控制器设计 ······ 249

      6.4.2 复杂对象的最小拍有纹波控制器设计 ······ 255

      6.4.3 最小拍无纹波控制器设计 ······ 260

      6.4.4 调节时间的讨论 ······ 263

6.4.5 最小拍控制器的改进 ………………………………………… 265

6.5 大林算法 …………………………………………………………… 267

6.5.1 大林算法原理 ………………………………………………… 267

6.5.2 振铃现象及其消除 …………………………………………… 269

6.5.3 设计实例 ……………………………………………………… 272

6.6 本章小结 …………………………………………………………… 274

习题 ……………………………………………………………………… 274

第 7 章 状态空间法分析与设计 …………………………………………… 276

7.1 系统状态空间表达式 ……………………………………………… 276

7.1.1 连续系统状态空间模型 ……………………………………… 276

7.1.2 离散系统状态空间模型 ……………………………………… 278

7.2 系统的可控性与可观性 …………………………………………… 280

7.2.1 系统可控性 …………………………………………………… 280

7.2.2 系统可观性 …………………………………………………… 281

7.3 状态反馈极点配置法设计系统 …………………………………… 283

7.3.1 系数匹配法 …………………………………………………… 283

7.3.2 Ackermann 公式 ……………………………………………… 288

7.4 系统状态观测器的设计 …………………………………………… 289

7.4.1 预测观测器 …………………………………………………… 289

7.4.2 现值观测器 …………………………………………………… 292

7.4.3 降维观测器 …………………………………………………… 294

7.5 极点配置的控制器设计 …………………………………………… 296

7.5.1 分离原理 ……………………………………………………… 296

7.5.2 控制器设计 …………………………………………………… 297

7.6 有参考输入的极点配置的控制器设计 …………………………… 305

7.6.1 带参考输入的状态反馈设计 ………………………………… 305

7.6.2 带参考输入的极点配置的控制器设计 ……………………… 307

7.7 二次型最优设计 …………………………………………………… 309

7.7.1 二次型代价函数 ……………………………………………… 309

7.7.2 动态规划理论 ………………………………………………… 311

7.7.3 线性系统二次型最优控制 …………………………………… 313

7.7.4 二次型最优稳态调节器 ……………………………………… 317

目录

7.8　本章小结 …………………………………………………………………… 319
习题 ………………………………………………………………………………… 320
第8章　计算机控制系统工程实现 ……………………………………………… 323
　8.1　计算机控制系统组成 ……………………………………………………… 324
　8.2　输入和输出通道 …………………………………………………………… 326
　　8.2.1　模拟量输入通道 ……………………………………………………… 326
　　8.2.2　模拟量输出通道 ……………………………………………………… 332
　　8.2.3　数字量输入通道 ……………………………………………………… 335
　　8.2.4　数字量输出通道 ……………………………………………………… 336
　　8.2.5　信号的滤波 …………………………………………………………… 336
　8.3　总线技术 …………………………………………………………………… 341
　　8.3.1　总线的分类 …………………………………………………………… 341
　　8.3.2　常用总线接口 ………………………………………………………… 342
　　8.3.3　现场总线与工业以太网 ……………………………………………… 347
　　8.3.4　交通行业的应用实例 ………………………………………………… 351
　8.4　控制系统的软、硬件实现技术 …………………………………………… 355
　　8.4.1　嵌入式控制系统 ……………………………………………………… 355
　　8.4.2　可编程逻辑控制器系统 ……………………………………………… 356
　　8.4.3　分布式控制系统 ……………………………………………………… 356
　　8.4.4　过程控制的软件系统 ………………………………………………… 358
　8.5　先进控制算法的集成技术 ………………………………………………… 358
　　8.5.1　动态数据交换通信技术 ……………………………………………… 358
　　8.5.2　用于过程控制的 OLE 通信技术 …………………………………… 359
　　8.5.3　ActiveX 通信方式 …………………………………………………… 360
　8.6　可靠性及容错技术 ………………………………………………………… 361
　　8.6.1　电磁抗干扰技术 ……………………………………………………… 362
　　8.6.2　冗余设计 ……………………………………………………………… 365
　　8.6.3　看门狗计时器 ………………………………………………………… 366
　8.7　本章小结 …………………………………………………………………… 369
习题 ………………………………………………………………………………… 369
第9章　嵌入式系统及可编程逻辑控制器 ……………………………………… 370
　9.1　嵌入式系统 ………………………………………………………………… 370

　　　9.1.1　概述 ……………………………………………………… 370

　　　9.1.2　软、硬件协同设计技术 …………………………………… 374

　　　9.1.3　实时操作系统 ……………………………………………… 377

　　　9.1.4　嵌入式系统的开发 ………………………………………… 382

　　　9.1.5　嵌入式系统的设计实例 …………………………………… 386

　9.2　可编程逻辑控制器 ………………………………………………… 390

　　　9.2.1　概述 ……………………………………………………… 390

　　　9.2.2　PLC 的结构和工作原理 ………………………………… 393

　　　9.2.3　PLC 常用编程语言 ……………………………………… 399

　　　9.2.4　PLC 的选用及其应用实例 ……………………………… 404

　　　9.2.5　PLC 的网络系统 ………………………………………… 410

　9.3　本章小结 …………………………………………………………… 413

　习题 ……………………………………………………………………… 414

参考文献 …………………………………………………………………… 415

第 1 章

绪 论

自第一台电子计算机问世以来,计算机技术便逐渐成为促进现代科学技术发展的重要因素,在科学技术、社会生产与日常生活等方面获得广泛应用。工业控制领域是较早应用计算机技术的一个重要领域。近年来,自动控制技术、计算机技术、检测与传感器技术、显示技术、网络与通信技术、大数据技术、物联网技术、人工智能技术等快速发展,给计算机控制技术带来巨大的变革。计算机控制系统已成为现代自动化技术的重要内容。

本章主要内容包括计算机控制系统概述、计算机控制系统的应用形式及计算机控制系统的发展和趋势。

1.1 概述

计算机控制系统(Computer Control System,CCS)是应用计算机参与控制并借助一些辅助部件与被控对象相联系,以获得一定控制目的而构成的系统。这里的计算机通常是指数字计算机,可以有各种规模,如从微型到大型的通用或专用计算机。辅助部件主要是指输入/输出接口、检测装置和执行装置等。与被控对象的联系和部件间的联系可以是有线方式,如通过电缆(或光纤)的模拟信号或数字信号进行联系,也可以是无线方式,如用红外线、微波、无线电波、光波等进行联系。随着现代化工业生产过程复杂性与集成度的提高,计算机控制系统得到了迅速发展。计算机控制系统是自动控制系统发展的高级阶段,是自动控制系统中非常重要的一个分支。计算机控制系统利用计算机的软件和硬件代替自动控制系统中的控制器,以自动控制理论和计算机技术为基础,综合了计算机、自动控制和生产过程等多方面的知识。由于计算机控制系统的应用,许多传统的控制结构和方法被代替,工厂的信息利用率大大提高,控制质量更趋稳定,对改善人们的劳动条件起着重要的作用。因此,计算机控制技术受到越来越广泛的重视。当前,计算机控制系统已经成为许多大型自动化生产线不可缺少的重要组成部分。生产过程自动化的程度及计算机在自动化中的应用程度已成为衡量工业企业现代化水平的一个重要标志。

计算机控制系统是控制技术和计算机技术相结合的产物,是由计算机作为核心环节构成的自动控制系统,因而,计算机控制技术与控制理论及控制技术有着非常密切的关系。

1. 控制理论的发展

控制理论的产生和发展可以分为古典控制理论和现代控制理论两个阶段,古典控制论产生于 20 世纪 40 年代,其创始人是美国数学家维纳(N. Wiener),他于 1948 年发表了具有划时代意义的著作《控制论》,可以看作经典控制论乃至整个控制理论的开端。

此外,与经典控制理论直接相关的自动控制系统在不少的工程领域中得到了成功应用,它不仅是航空航天、武器制导及航海控制等尖端科技领域必不可少的基础技术,而且在化工生产、仪器制造、金属冶炼等一般工业生产过程中具有越来越广泛的应用,对实现工业生产过程的高度自动化,提高产品的产量和质量,降低生产成本,改善劳动条件,不断地提高企业经济效益和社会效益,具有非常重要的意义。

随着科学技术的不断发展和进步,现代化生产的规模不断扩大,生产及管理的自动化程度不断提高,控制系统针对的对象也越来越复杂多样,决定了自动控制系统的日益复杂化。出现了多输入、多输出的多变量系统、非线性系统及参数随时间变化的时变参数系统等形式。

经典控制理论对于上述具有复杂被控对象的控制系统的分析和设计,在复杂控制规律的实现、系统优化和可靠性等方面已经越来越不能满足要求;另外,在具体的控制系统中常规的控制仪表及装置已经越来越不能满足复杂控制系统的要求。也就是说,随着被控对象的日益复杂化及对生产和控制过程要求的不断提高,迫切需要更先进的控制理论,实现对复杂系统的分析和设计,也更需要采用新型的控制理论及装置来构成实际的自动控制系统。

在控制理论方面,20 世纪 60 年代以来,逐渐形成了以状态空间法为代表的现代控制理论,它的形成和发展为计算机应用于复杂控制领域创造了有利条件。

2. 计算机的发展

计算机是一种能够自动、快速、准确地进行信息处理的电子工具,按其能够接收和输出量的不同类型分为模拟计算机和数字计算机两种形式。目前,大多数计算机是输入/输出数字量的数字电子计算机。

计算机产生于 20 世纪 40 年代中后期,其产生以来发展和应用日益广泛,运算速度快,可以大幅度缩短复杂运算的时间,实时性能好,能够应用于控制系统解决实施控制系统要求的实时数据采集、实时分析决策和实时输出控制等问题。

由计算机参与并作为核心环节的自动控制系统就是计算机控制系统,它与传统的模拟控制系统的根本差别在于,利用数字计算机作为反馈控制系统中的核心环节,即控制器环节,由此决定了计算机控制系统是一种数字控制系统。

由计算机作为控制器的计算机控制系统,可以利用软件编程的方式,实现较为复杂的控制算法,实现多回路控制,获得快速、准确的控制效果;另外,利用计算机可以把过程控制与生产管理结合起来,实现生产过程的现代化管理。

计算机控制技术是讨论计算机控制系统的一门学科,从系统结构的角度看,计算机控制系统仍然属于反馈控制系统的范畴,因此它仍然可以用传统的经典控制理论进行分析与设计;另外,由于计算机控制系统中的控制器环节采用了电子数字计算机,因此带来了控制系统的一些新的功能、性能特点及分析、设计方法。

本书将详细阐述计算机控制系统的基础理论,并结合具体的工程应用实例充分讨论计算机控制系统的组成、结构、工作过程及系统的分析和设计方法。

1.1.1 计算机控制系统

计算机控制系统是利用计算机实现生产过程自动控制的系统。最近,计算机已成为自动控制系统的重要组成部分,并为自动控制系统解决复杂工业控制与智能控制提供重要的技术支持。

1. 计算机控制系统的工作原理

图 1-1 给出了典型的计算机控制系统的原理框图,一般由控制器(由计算机实现)、执行机构、测量变送和被控对象组成。

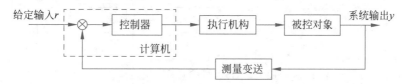

图 1-1　计算机控制系统原理框图

实质上,计算机控制系统的工作原理可归纳为以下三部分内容。

(1) 实时数据采集:对传感器(或变速器)的被控制量瞬时值进行检测和采集输入。

(2) 实时控制决策:对采集到的被控制量进行分析和处理,按已经确定的系统性能和控制律,决定将采取的控制行为。

(3) 实时控制输出:根据控制决策适时地对执行机构输出控制信号,完成控制任务。

这个过程重复迭代,使整个控制系统按设定的性能指标进行工作,并能对被控制量和相关设备本身的异常现象和故障及时做出处理(如报警、防护等)。

2. 计算机控制系统的特点

计算机控制系统通常具有以下特点。

(1) 运算速度快,精度高,具有极丰富的逻辑判断功能和大容量的存储能力,容易实现复杂的控制规律,极大地提高系统性能。

(2) 功能/价格的比值高。

(3) 控制算法由软件程序实现,因此适应性强,灵活性高。

(4) 可使用各种数字部件,从而提高测量灵敏度,并可利用数字通信来传输信息。

(5) 使控制与管理更易结合,并实现层次更高的自动化。

(6) 实现自动检测和故障诊断较为方便,提高了系统的可靠性和容错及维修能力。

3. 实时的含义

实时是指信号的输入、计算和输出都要在一定的时间范围内完成,即计算机对输入信息以足够快的速度进行分析处理,并进行决策输出,超出这个时间范围就会失去控制时机,影响控制效果或控制失败。实时的概念不能脱离实际过程,需要具体问题具体分析。

1.1.2 计算机控制系统的组成

计算机控制系统主要由工业控制机(Industrial Personal Computer,IPC)和生产过程两大部分组成,如图 1-2 所示。

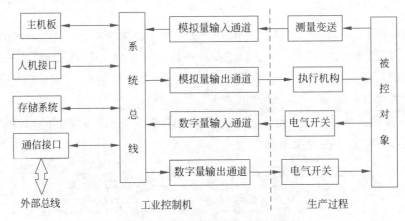

图 1-2 计算机控制系统组成

1. 工业控制机

工业控制机包括硬件和软件两部分。

1) 硬件组成

工业控制机硬件主要包括以下部分。

(1) 主机板。由中央处理器(CPU)、内存储器(RAM、ROM)、定时器、电源检测、保护重要数据的后备存储器、实时时钟等部件组成,是工业控制机的核心。

(2) 内部总线和外部总线。内部总线是计算机内部功能模板之间进行通信的公共通道,它是构成完整的计算机系统的内部信息枢纽,但按功能仍要分为数据总线(DB)、地址总线(AB)、控制总线(CB)、电源总线(PB),如 VME、ISA、PCI、PCIe、I2C (Inter-Integrated Circuit)、I2S(Inter-IC Sound Bus)、LPC、SM Bus 等总线。

外部总线是计算机与计算机之间或计算机与其他智能设备之间进行通信的通路,常用的外部总线如 RS-232、USB 等。

(3) 人机接口。指人与计算机之间建立联系、交换信息的输入/输出设备的接口,这些设备包括键盘、显示器、打印机、鼠标器等。

(4) 存储系统。计算机的重要组成部分之一。存储系统提供写入和读出计算机工作需要的信息(程序和数据)的能力,实现计算机的信息记忆功能。现代工业控制机系统中常采用寄存器、高速缓存、主存、外存的多级存储体系结构。

(5) 通信接口。工业控制机和其他计算机或外部设备通信的接口,常用的有 RS-232、RS-422 和 USB 等。

(6) 输入输出通道。输入输出通道是工业控制机和生产过程之间设置的信号传递和变换的连接通道。它包括模拟量输入通道和输出通道、数字量输入通道和输出通道,它们将生产过程的信号变换成主机能够接受和识别的信号,并将主机输出的控制命令和数据经变换后作为执行机构或电气开关的控制信号。

2) 软件组成

软件是计算机控制系统的程序系统,分为系统软件和应用软件。软件系统包括实时操作系统、引导程序,调度执行程序等。如微软的 Windows NT、WinCE 或 IBM 的 OS/390 有实时系统的特征,VxWorks、μC/OS-Ⅱ、RT-Linux、QNX 都是优秀的强实时操作系统,各有特色。VxWorks 的衡量指标最优,μC/OS-Ⅱ 最短小精悍,RT-Linux 支持调度策略的改写,QNX 支持分布式应用。

应用软件系统是系统设计人员对某类生产过程编制的控制和管理程序。它主要包括输入程序、过程控制程序、过程输出程序、人机接口程序、打印显示程序和公共子程序等。常用的工程控制软件,如西门子公司的 WinCC、Wonderware 公司的 Intouch、HoneyWell 公司的 PlantScape 等。

2. 生产过程

生产过程包括被控对象、测量变送、执行机构、电气开关等设备,这些设备都有不同类型的标准产品,在设计计算机控制系统时应根据实际系统需求合理选型。

1.1.3 计算机控制系统的控制器

在计算机控制系统中,可编程控制器、工业控制机、单片机、嵌入式系统、数字信号处理器等都是普通的控制器,适应于不同的应用场合。在实际工程中,根据被控对象规模、使用环境、工艺要求、性能需求等特点完成主控制器的选型。

1. 嵌入式系统

根据 IEEE 的定义,嵌入式系统是"控制、监控或辅助装置、机器和设备运行的设备"。嵌入式系统是软件和硬件的综合体,其中嵌入式系统的核心是嵌入式处理器。处理器主要有以下 4 种。

(1) 微控制器(Micro-Controller Unit,MCU):其特点是单片化,体积大大减少,从而使功耗和成本下降、可靠性提高。单片机芯片内部集成 ROM/EPROM、RAM、总线、总线逻辑、定时/计数器、看门狗、I/O、串行口、脉宽调制输出、A/D、D/A、Flash RAM、EEPROM 等各种必要功能和外设。比较有代表性的有 MCS-8051、MCS-96、68K 系列、MCU 8XC930、C540、C541 等。

(2) 数字信号处理器(Digital Signal Processor,DSP):专门用于信号处理方面的处理器,其在系统结构和指令算法方面进行了特殊设计,具有较高的编译效率和指令的执行速度。在数字滤波、快速傅里叶变换(FFT)、谱分析等各种仪器上 DSP 获得了大规模的应用。目前广泛应用的有美国 TI 公司的 TMS320C2000/C5000 系列产品。

(3) 微处理器(Micro-Processor Unit,MCU):嵌入式系统的核心,是控制、辅助系统运行的硬件单元。它的特征是具有 32 位以上的处理器,具有较高的性能,当然其价格也相应较高。但它与普通计算机处理器不同的是,在实际嵌入式应用中,只保留与嵌入式应用紧密相关的功能硬件,去除其他的冗余功能部分,这样就以最低的功耗和资源实现了嵌入式应用的特殊要求。和工业控制计算机相比,嵌入式微处理器具有体积小、重量轻、成本低、可靠性高的优点。主要嵌入式处理器类型有 Am186/88、386EX、SC-400、Power PC、68000、MIPS、ARM/StrongARM 系列等。另外,Atmel 公司生产的 AVR 单片机集成了 FPGA 等器件,具有很高的性价比。

（4）片上系统(System on Chip,SoC):在一个芯片中实现了存储、处理、逻辑和接口等各个功能模块,SoC 的解决方案成本更低,能在不同的系统单元之间实现更快更安全的数据传输,具有更高的整体系统速度、更低的功耗、更小的物理尺寸和更高的可靠性。比较典型的 SoC 产品有飞利浦公司的 Smart XA。少数通用系列如西门子公司的TriCore、摩托罗拉公司的 M-Core、埃施朗公司和摩托罗拉公司联合研制的 Neuron 芯片等。

2. 工业控制机

工业控制机(简称工控机)是一种面向工业控制、采用标准总线技术和开放式体系结构的计算机,配有丰富的外围接口产品。它的可靠性高,实时性及环境适应性强,具有输入/输出模板配套好、系统通信功能强、系统扩充性和开放性好、控制软件包功能强、后备措施齐全和具备冗余性等特点。如研华公司工控机产品广泛应用于各种工业控制场景。

3. 可编程逻辑控制器

国际电工委员会(International Electrotechnical Commission,IEC)于 1982 年和1985 年发布了可编程逻辑控制器(Programmable Logic Controller,PLC)标准,指出可编程逻辑控制器是一种专为在工业环境下应用而设计的计算机控制装置,其设计原则是易于与工业控制系统形成一个整体,并易于扩充其功能。

PLC 具有控制功能强、可靠性高、使用灵活方便、易于扩展、兼容性强、功能完善、安装调试简单方便等一系列优点。国内外厂家很多,如德国西门子公司的 S 系列、法国施耐德公司的 M 系列、日本欧姆龙公司的 C 系列等。

1.2 计算机控制系统的典型应用形式

1.2.1 操作指导系统

20 世纪 70 年代,人们在测量、模拟和逻辑控制领域率先使用了数字计算机,从而产生了集中式控制。操作指导系统具有数据采集和处理功能,提供被控对象的各种工况数据,为操作人员提供操作参考。该系统是计算机应用于生产过程控制较早的一种类型。把需要采集的过程参数经过模拟量输入(AI)通道和数字量输入(DI)通道送入计算机,计算机对这些输入量进行计算处理(如数字滤波、标度变换、越限报警等),并按需要进行显示和打印输出,操作人员根据计算机输出信息改变调节器的给定值或直接操作执行机构,如图 1-3 所示。

由于计算机具有速度快、运算方便等特点,在过程参数的测量和记录中可以代替大量的常规显示和记录仪表,对整个生产过程进行集中监视。操作指导系统主要是对大量的过程参数进行巡回检测、数据记录、数据计算、数据统计和处理、参数的越限报警及对

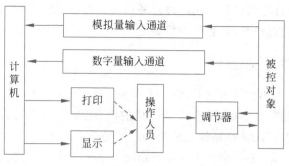

图 1-3　操作指导系统

大量数据进行积累和实时分析。这种应用方式,结构简单,控制灵活安全。不足之处是人工操作速度受到限制。

1.2.2　直接数字控制系统

直接数字控制(Direct Digital Control,DDC)系统是计算机在工业中应用最普遍的一种方式。它是用一台计算机对多个被控参数进行巡回检测,检测结果与给定值进行比较,并按预定的数学模型[如比例积分微分(PID)控制规律]进行运算,其输出直接控制被控对象,被控参数稳定在给定值上,如图 1-4 所示。

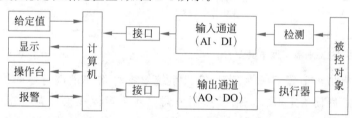

图 1-4　直接数字控制系统

DDC 系统有一个功能齐全的操作控制台,给定、显示、报警等集中在这个控制台上,操作方便。DDC 系统中的计算机不仅能完全取代模拟调节器,实现多回路的 PID 调节,而且不需要改变硬件,只通过改变程序就能有效地实现较复杂的控制,如前馈控制、串级控制、自适应控制、最优控制、模糊控制等。

DDC 系统属于闭环自动控制系统,在给定输入并正常工作的情况下,其工作过程不需要人工参与,是一种最基本、最普遍的反馈控制系统。更重要的是,利用计算机可以构成多回路控制系统,同时控制不同的被控对象及参数,各控制回路的不同控制规律只需用不同的算法程序就能够实现,而且在不需要更多硬件投入的情况下就可以方便地实现各种复杂的控制算法。

DDC 系统是计算机用于工业生产过程控制的一种典型系统,在热工、化工、机械、建材、冶金等工程领域已获得广泛应用。

当然,面对庞大、复杂的被控对象,采用集中控制的方法可以解决这些变量之间的关联性问题,适当的集中也是必要的,但由于当时计算机的性能问题,一台计算机担当如此繁多的任务,使整个计算机控制系统的过程通道庞大复杂、造价昂贵,造成了整个系统的运行危险高度集中,系统运行过程中潜伏着极大的不安全因素。

1.2.3 监督计算机控制系统

在 DDC 系统中使用计算机代替模拟调节器进行控制,对生产过程产生直接影响的被控参数给定值是预先设定的,并存入计算机的内存中,这个给定值不能根据生产工艺信息的变化及时修改,故 DDC 系统无法使生产过程处于最优工况。

在监督计算机控制(Supervisory Computer Control,SCC)系统中,计算机按照描述生产过程的数学模型计算出最佳的给定值送给模拟调节器或 DDC 的计算机,模拟调节器或 DDC 计算机控制生产过程,从而使生产过程始终处于最优工况。SCC 系统较 DDC 系统更接近生产变化的实际情况,它不仅可以进行给定值控制,而且可以进行顺序控制、自适应控制及最优控制等。

监督计算机控制系统有两种结构形式:一种是 SCC+模拟调节器,如图 1-5 所示;另一种是 SCC+DDC 系统,如图 1-6 所示。

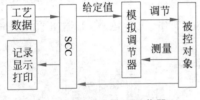
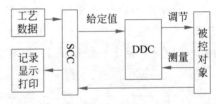

图 1-5　SCC+模拟调节器　　　　图 1-6　SCC+DDC 系统

在 SCC+模拟调节器系统中,由计算机系统对各种物理量进行巡回检测,按一定的数学模型计算出最佳给定值并送给模拟调节器。此给定值在模拟调节器中与测量值进行比较后,其偏差值经模拟调节器计算后输出到执行机构,以达到调节生产过程的目的。当 SCC 的计算机出现故障时,可由模拟调节器独立完成操作。

SCC+DDC 系统是一个两级计算机控制系统,上级为监控级 SCC,下级为 DDC。监控级 SCC 的作用与 SCC+模拟调节器系统中的 SCC 一样,完成车间或工段等高一级的最优化分析和计算,并给出最佳给定值,送给下级直接控制生产过程。两级计算机之间通过接口进行信息交流,可由 SCC 的计算机完成 DDC 的控制功能,因此提高了系统的可靠性。

总之,SCC 系统比 DDC 系统具有更大的优越性,它能始终使生产过程在最优状态下运行,从而避免不同的操作者用各自的办法调节控制器的给定值造成的控制差异。SCC 系统的控制效果主要取决于数学模型,以及合适的控制算法和完善的应用程序。因此,SCC 系统对软件的要求更高。SCC 的计算机应有较强的计算能力和较大的内存容量及丰富的软件系统。

由于 SCC 的计算机承担了先进控制、过程优化与部分管理任务,信息存储量大,计算任务重,故要求有较大的内存与外存和较为丰富的软件,所以一般选用高档微型机作为 SCC 的计算机。

1.2.4　集散控制系统

在大规模的现代化企业中,既广泛存在着各种控制问题,也大量存在着各种生产管理问题,生产过程需要的各种生产设备分布在不同区域,而且可能要求各道工序生产设备同时工作,因此整个企业生产过程的控制和管理工作是非常复杂、系统性要求非常高的。

从系统论的角度看,解决复杂大系统的控制和管理工作的基本方法是采用分级、分层次的处理机制。

20 世纪 80 年代,由于微型处理器的出现而产生了集散控制系统(Distributed Control System,DCS),又称为分布式控制系统。它以微处理器为核心,实现地理和功能上的控制,同时通过高速数据通道将各个分散点的信息进行集中监视和操作,并实现复杂的控制和优化。DCS 的设计原则是分散控制、集中操作、综合管理级,形成分级分布式控制,其一般组成结构如图 1-7 所示。

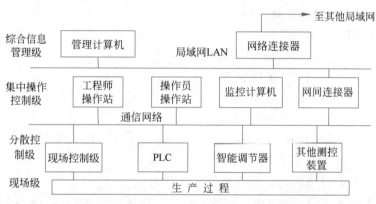

图 1-7　集散控制系统

集散控制系统与过去的集中控制系统相比具有以下特点。

(1) 控制分散,信息集中。采用大系统递阶控制的思想,生产过程的控制采用全分散的结构,而生产过程的信息则全部集中并存储于数据库,利用信息高速公路或通信网络输送到有关设备。这种结构使系统的危险性分散,提高了可靠性。

(2) 系统模块化。在集散控制系统中有许多不同功能的模块、如 CPU 模块、AI 和 AO 模块、DI 和 DO 模块、通信模块、显示模块、存储器模块等,选择不同数量和不同功能的模块可组成不同规模和不同要求的硬件环境。同样,系统的应用软件也采用模块化结构,用户只需借助于组态软件,即可方便地将所选硬件和软件模块连接起来组成控制系统。若要增加某些功能或扩大规模,只要在原有系统上增加一些模块再重新组态即可。显然,这种软、硬件的模块化结构提高了系统的灵活性和可扩展性。

(3) 数据通信。利用高速数据通道连接各个模块或设备,并经通道接口与局域网络相连,从而保证各设备间的信息交换及数据库和系统资源的共享。

(4) 人机接口。操作员可通过人机接口及时获取整个生产过程的信息,如流程画面、趋势显示、报警显示、数据表格等。同时,操作员还可以通过功能键直接改变操作量,干预生产过程、改变运行状况或进行事故处理。

(5)可靠性高。在集散控制系统中采用了各种措施来提高系统的可靠性,如硬件自诊断系统、通信网络、电源以及输入/输出接口等关键部分的热备。并且由于各个控制功能的分散,使得每台计算机的任务相应减少,同时多台同样功能的计算机之间有很大的冗余量,必要时可重新排列或调用备用机组。因此,集散控制系统的可靠性相当高。

总之,集散型计算机控制系统要解决的不是局部优化控制的问题,而是一个综合目标函数优化的问题。综合目标函数不仅包括产量、质量等技术效应指标,而且包括能耗、成本等经济效应指标,以及污染等环境效应指标和安全可靠性社会效应指标。

1.2.5 现场总线控制系统

20 世纪 80 年代发展起来的集散控制系统尽管给工业过程控制带来了许多好处,但由于它们采用了"操作站,控制站,现场仪表"的结构模式,系统成本较高,而且各厂家生产的 DCS 标准不同,不能互联,给用户带来了极大不便,增加了使用维护成本。

现场总线控制系统(Fieldbus Control System,FCS)是 20 世纪 80 年代中期在国际上发展起来的新一代分布式控制系统结构。它采用不同于 DCS 的"工作站,现场总线,智能仪表"结构模式,降低了系统总成本,提高了可靠性,且在统一的国际标准下可实现真正的开放式互联系统结构,因此是一种具有发展前途的真正的分散控制系统。其结构如图 1-8 所示。

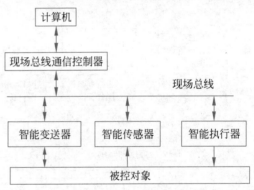

图 1-8 现场总线控制系统

现场总线控制系统将计算机网络通信与管理引入控制领域,被称为"21 世纪控制系统结构体系"。FCS 是一个开放式的互联网络,既可以与同层网络互联,也可以与不同层的网络互联,从而将系统中各种传感器、执行器及控制器通过现场控制网络联系起来,通过网络信息传输完成传统中需要硬件连接才能传递的信号,完成各设备的协调,实现控制目标。

1.2.6 综合自动化系统

一般的综合自动化系统主要组成部分有计算机辅助设计系统、计算机辅助制造系统、生产管理系统、事务管理系统和中央数据库等。

现代综合自动化正向计算机集成制造系统发展。这是一种包括从产品计划、设计、制造、检验直至包装、运输、销售和市场分析等所有环节在内的计算机优化与计算机控制系统。这种系统十分重视各个生产环节的有机结合,强调信息的畅通和快速处理,要求整个生产系统具有高度的灵活性。

目前，企业资源规划（Enterprise Resource Planning，ERP）信息管理系统、生产执行系统（Manufacturing Execution System，MES）、生产过程控制系统（Process Control System，PCS）三层的企业信息集成，已成为综合自动化系统的整体解决方案。综合自动化系统主要包括制造业的计算机集成制造系统（Computer Integrated Manufacturing Systems，CIMS）、流程工业的计算机集成过程系统（Computer Integrated Process Systems，CIPS）和网络物理系统（Cyber-Physical Systems，CPS）。

1. 计算机集成制造系统

计算机集成制造系统是随着计算机辅助设计与制造的发展而产生的。它是在信息技术、自动化技术和制造技术的基础上，通过计算机技术将分散在产品设计制造过程中各种孤立的自动化子系统有机地集成起来，形成适用于多品种、小批量生产，实现整体效益的集成化和智能化制造系统。将企业生产全部过程中有关人力、技术、经营管理基本要素以及其信息流、物流有机地集成并优化运行，以提高产品质量，降低成本，达到提高企业市场竞争能力的目的。

2. 计算机集成过程系统

CIMS 应用到流程工业又称计算机集成过程系统，通过计算机网络和分布式数据库系统，建立全企业或全厂的包括经营决策、管理信息、生产调度、监督控制和直接控制在内的管理及控制全部生产活动的综合自动化系统，从而达到提高企业经济效益和竞争力的目的。

3. 网络物理系统

网络物理系统是一种计算机系统，其中的机制由基于计算机的算法控制或监视。在网络物理系统中物理和软件组件紧密地交织在一起，能够在不同的时空尺度上运行，展现出多种不同的行为方式，并以随环境变化的方式彼此交互。

成熟的网络物理系统通常设计为具有物理输入和输出的交互元素网络，而不是独立的设备。这个概念与机器人技术和传感器网络的概念紧密联系在一起，其智能机制以计算智能为主导。科学和工程学的不断发展通过智能机制改善了计算元素与物理元素之间的联系，从而提高了网络物理系统的适应性、自治性、效率、功能性、可靠性、安全性和可用性。这将在多个方向上拓宽网络物理系统的潜力。

网络物理系统的示例包括智能电网、自动驾驶汽车系统、医疗监控、工业控制系统、机器人技术系统和自动驾驶航空电子设备等。

CIMS 体系结构用于描述研究对象整个系统各部分和各方面的相互关系和层次结构，从大系统理论角度研究，将整个研究对象分为几个子系统，各个子系统相对独立自治、分布存在、并发运行和驱动等。可以从功能结构和逻辑结构认识 CIMS 体系结构。从功能层方面分析，CIMS 大致可以分为生产/制造系统、硬事务处理系统、技术设计系统、软事务处理系统、信息服务系统和决策管理系统六层。

在流程制造行业的企业信息化建设中，位于底层车间进行生产控制的是以先进的控制、操纵优化为代表的过程控制系统（PCS），过程控制系统的功能是设备的控制。通过控制优化,减少人为因素的影响,提升产品的质量与系统的运行效率;而位于企业上层的企业资源信息管理系统完成企业的计划规划。它们以生产能力、客户订单和市场需求为计划源头,力求充分利用企业内的各种资源、降低库存、提高企业的整体运作效率。

以 ERP 为代表的企业资源信息管理系统,以及以先进控制、操纵优化为代表的生产过程控制系统,在流程制造行业已经大规模应用。

尽管这两类系统的推广取得了一定效果,但是忽略了两者之间的有效配合,导致企业上层经营管理缺乏有效的实时信息支持、下层控制环节缺乏优化的调度与协调。

经营管理层与车间执行层无法进行良好的双向信息流交互,使企业对生产情况难以实时反应。因而造成企业经营管理与生产过程严重脱节,产生信息孤岛与断层现象,成为制约经营治理与生产治理进一步集成的瓶颈。为此,将经营计划与制造过程统一起来的制造执行系统(MES)应运而生。

从三层的企业集成的模型中可以看出,制造执行系统在经营计划的管理层与底层控制之间架起了一座桥梁,填补两者之间的空隙,在三层的企业架构中占据着重要位置。一方面,制造执行系统可以采集设备、仪表的状态数据,以实时监控底层设备的运行状态,再经过分析、计算与处理,从而方便、可靠地将控制系统与信息系统整合在一起,并将生产状况及时反馈给计划层;另一方面,制造执行系统可以对来自 ERP 软件的生产管理信息进行细化、分解,将来自计划层操纵指令传递给底层控制层。

1.3 计算机控制系统的发展历程和发展趋势

1946 年 2 月 15 日,世界上第一台计算机 ENICA 在美国的宾夕法尼亚州立大学诞生,从此,计算机在世界各国得到极大重视和迅速发展。计算机控制技术是计算机技术与控制理论相结合的产物,因此,其产生和发展与计算机技术及控制理论的发展是密切相关的。

1.3.1 计算机控制系统的发展概况

1. 计算机技术的发展过程

在生产过程控制中采用数字计算机的思想出现在 20 世纪 50 年代中期,最重要工作开始于 1956 年 3 月,美国得克萨斯州的一个炼油厂与美国 TRW 公司合作进行计算机控制研究,历时三年,设计出一个 RW-300 计算机控制的聚合装置的系统,该系统控制 26 个流量,72 个温度,3 个压力,3 个成分,控制目标是使反应器压力最小,确定对 5 个反应器供料的最佳分配,根据催化剂活性测量结果控制热水的流量以及确定最优循环。TRW 公司的开创性工作,为计算机控制技术的工业应用奠定了基础,此后,计算机控制技术引起重视并获得迅速的发展。

计算机控制技术的发展一般可以分为 4 个阶段。

(1) 开创时期(1955—1962 年):采用电子管元件作基本器件,用光屏管或汞延时电路作存储器,输入与输出主要采用穿孔卡片或纸带,体积大、耗电量大、速度慢、存储容量小、可靠性差、维护困难且价格高。过程控制对计算机提出许多特殊要求,需要对各种过程命令作出快速响应,推动了中断技术的发明。

(2) 直接数字控制时期(1962—1967 年):早期的计算机控制属于操作指导或设定值控制,仍然需要模拟控制装置。1962 年,英国的帝国化学工业公司利用计算机完全代替原来的模拟控制,该计算机控制 224 个变量和 129 个阀门。由于计算机直接控制过程变量,完全取代了原来的模拟控制,因此称作直接数字控制。直接数字控制的重要优点是其灵活性,如果改变传统的模拟控制系统,需要改变线路,而改变计算机控制系统,只需要改变程序即可。直接数字控制是计算机控制技术发展史上一次重要突破,为以后发展提供重要思想。

(3) 小型计算机时期(1967—1972 年):20 世纪 60 年代,晶体管的出现使计算机生产技术得到了根本性的发展,由晶体管代替电子管作为计算机的基础器件,用磁芯或磁鼓作存储器,整体性能比第一代计算机有了很大提高。出现了各种类型的适合工业控制的小型计算机,对于较小的工程问题,也可以使用计算机控制,从而计算机控制系统得到迅速发展。

(4) 微型计算机时期(1972 年至今):随着大规模集成电路的成功制作并用于计算机硬件生产过程,计算机的体积进一步缩小,性能进一步提高。出现了微型计算机,相应出现了各种计算机控制系统。同时,出现了很多分布式控制系统,如美国 Honeywell 公司的 TDC5-2000、日本横河公司的 CENTUM 等。

2. 计算机控制理论的发展过程

采样系统理论是计算机控制系统的重要理论,为计算机控制技术的实现及应用奠定重要的基础。

(1) 采样理论:采样是将信号(如连续时间或空间的函数)转换为一系列值(如离散时间或空间的函数)的过程。由离散的序列值如何不失真地重现连续信号,这个问题由美国学者奈奎斯特(Harry Nyquist)解决,他证明要把正弦信号从它的采样值中复现处理,每个周期至少必须采样两次。香农(Claude Shannon)于 1949 年基本完全解决了这个问题。

(2) z 变换理论:拉普拉斯变换理论已经成功地应用于连续系统,人们自然想到为采样系统寻找一种类似的变换理论。德国学者赫尔维茨(Hurwitz)于 1947 年对序列引入一个变换:

$$\mathcal{Z}\big[f(kT)\big] = \sum_{k=0}^{\infty} z^{-k} f(kT)$$

这种变换由美国学者拉格兹尼(Ragazzini)和扎德(Zadeh)于 1952 年定义为 z 变换。随后许多学者研究,建立了 z 变换理论。

(3) 状态空间理论:状态空间理论的建立由许多学者共同完成,如苏联学者庞特里亚金(Pontryagin)、美国学者贝尔曼(Bellman)和美国数学家莱夫谢茨(Lefecheltz)等。美国学者卡尔曼(Kalman)于 1960 年给出能控性和能观性概念,并证明和完善了相关理论。

(4) 最优控制和随机控制:20 世纪 50 年代后期,贝尔曼和庞特里亚金证明了许多设计问题可以形式化为最优化问题。随后,随机控制理论的发展引出线性二次高斯型优化理论。

（5）自适应控制理论：瑞典学者奥斯特隆姆（Aström）和威顿马克（Wittenmark）等在系统辨识和自适应控制方面做出了重要贡献,提出了模型参考自适应和自校正调节器等理论。

（6）先进控制理论：随着科技的飞速发展,控制理论也得到快速发展,主要控制理论有预测控制、内模控制、鲁棒控制、学习控制、网络控制、模糊控制、神经网络控制理论等。先进控制理论主要解决传统的和经典控制理论难以解决的控制问题。最近深度学习、大数据理论等智能理论发展迅速,出现了许多智能控制算法和理论,与先进控制理论相互促进、相互融合,将加速先进控制理论的发展。

1.3.2　计算机控制系统的发展趋势

最初,人们研制电子计算机的根本目的是提高运算速度,解决一些复杂的计算问题。后来人们发现计算机不仅运算速度快,而且实时性能好,能够进行逻辑分析和逻辑判断,因此其产生后不久就被应用到控制系统中。

计算机控制系统是测量技术、计算机技术、通信技术和控制理论结合。由于计算机具有大量存储信息的能力、强大的逻辑判断能力及快速运算的能力,使计算机控制能够解决常规控制所不能解决的难题,达到常规控制达不到的优异性能指标,其发展前景是非常广阔的。

1. 推广成熟的先进控制技术

目前,计算机控制系统已经广泛应用于工业生产的各个领域,取得比较好的控制效果,如提高生产效率,保证产品质量,降低成本等。

1）使用智能检测仪表

随着微电子技术、大规模集成电路技术等的快速发展,智能仪表得到飞速发展,一般它们可以连接传统的检测信号（如4～20mA电流、－10～＋10V电压信号、RS-485接口等）,也可以连接具有现场总线接口的仪表（如CAN总线的温度仪表、PROFIBUS的流量变送器等）,容易构建规模灵活的分布式计算机控制系统。

2）可编程控制器

可编程控制器是用于控制生产过程的新型自动控制装置。近年来,由于开发了具有智能I/O模块的PLC,它可以将顺序控制和过程控制结合起来,实现对生产过程的控制,并具有很高的可靠性。目前,PLC的应用非常广泛,在冶金、机械、石化、过程控制等工业领域中均得到了广泛应用,它可以代替传统的继电器完成开关量控制,如输入、输出、定量、计数等。不仅如此,高档的PLC还可以和上位机一起构成复杂的控制系统,完成对温度、压力、流量、液位、成分等各参数的自动检测和过程控制。

3）使用新型的DCS和FCS

发展以工业以太网和现场总线技术等先进网络通信技术为基础的DCS和FCS控制结构,采用先进的控制策略,朝低成本综合自动化系统的方向发展,实现计算机集成制造系统、计算机集成过程系统。

4）先进控制技术的深化研究及应用

由于传统控制技术难以解决一些工业控制的问题，考虑采用先进的控制技术。下面简单描述 4 种主要先进控制技术。

（1）**预测控制**：由于工业对象通常是多输入多输出的复杂关联系统，具有非线性、时变性、强耦合与不确定性等特点，难以得到精确的数学模型。面对理论发展和实际应用之间的不协调，20 世纪 70 年代中期在美国、法国等国家的工业过程控制领域内首先出现了一类新型计算机控制算法，如动态矩阵控制、模型算法控制。这类算法以对象的阶跃响应或脉冲响应直接作为模型，采用动态预测、滚动优化的策略，具有易于建模、鲁棒性强等显著优点，十分适合复杂工业过程的特点和要求。它们在汽轮发电机、蒸馏塔、预热炉等控制中的成功应用，引起了工业过程控制领域的极大兴趣。

预测控制作为先进过程控制的典型代表，它的出现对复杂工业过程的优化控制产生了深刻影响，在全球炼油、化工等行业数千个复杂装置中的成功应用以及由此取得的巨大经济效益，使之成为工业过程控制领域中最受青睐的先进控制技术。不仅如此，由于预测控制算法具有在不确定环境下进行优化控制的共性机理，使其应用跨越了工业过程而延伸到航空、机电、环境、交通、网络等众多应用领域。

（2）**最优控制**：在生产过程中，为了提高产品的质量和产量，节约原材料、降低成本，常要求生产过程处于最佳工作状况。最优控制是恰当地选择控制规律，在控制系统的工作条件不变及某些物理条件的限制下，使系统的某种性能指标取得最大值或最小值，即获得最好的经济效益。

（3）**自适应控制**：在最优控制系统中，当被控对象的工作条件发生变化时，就不再是最优状态了。若在系统本身工作条件变化的情况下，能自动地改变控制规律，使系统仍能处于最佳工作状态，其性能指标仍能取得最佳，这就是自适应控制。自适应控制包括性能估计（系统辨识）、决策和更新三部分。

（4）**模糊控制**：在自动控制领域中，对于难以建立数学模型、非线性和大滞后的控制对象，模糊控制技术具有很好的适应性。模糊控制是以模糊集合论、模糊语言变量及模糊逻辑推理为基础的一种计算机数字控制。模糊控制是一种非线性控制，属于智能控制的范畴。

2．计算机控制系统发展趋势

世界主要发达国家已经提出智能制造发展策略，我国已进入"工业制造 2025"时代，开启了以智能制造为主导的又一次工业革命。工业互联网、3D 打印、云计算、大数据、物联网、智能机器人等理论与技术得到快速发展，为计算机控制系统提供了新的发展机遇。智能感知与互联、智能调控与优化、工业大数据、系统安全与防护、分布计算与存储等已成为重要的研究方向。

1）控制系统网络化

对网络化控制系统（Networked Control System，NCS）的研究已经成为当前自动化领域的前沿课题之一。通信网络作为一个系统环节嵌入控制系统，丰富了工业控制技术和手段,使自动化系统与工业控制系统在体系结构、控制方法及人机协作方法等方面都发生了较大变化,同时也带来了一些新的问题,如控制与通信的耦合、时间延迟、信息调度方法、分布式控制方式与故障诊断等。

将现场总线、以太网、多种工业控制网络互联、嵌入式技术和无线通信技术融合到工业控制网络中,在保证控制系统原有的稳定性、实时性等要求的同时,又增强了系统的开放性和互操作性,提高了系统对不同环境的适应性。在经济全球化的今天,这一工业控制系统网络化及其构成模式使企业能够适应空前激烈的市场竞争,有助于加快新产品的开发、降低生产成本、完善信息服务,具有广阔的发展前景。

2) 控制系统的智能化

人工智能是用计算机模拟人工所从事的推理、学习、思考、规划等思维活动,从而解决需人类专家才能处理的复杂问题。

人工智能的产生与发展促进了自动控制向着当今最高层次智能控制发展。智能控制代表了自动控制的最新发展阶段,也是应用人工智能实现人类脑力劳动和体力劳动自动化的一个重要领域。自动控制在发展过程中既面临严峻挑战,又存在良好发展机遇。为了解决自动控制面临的难题,一方面要推进控制硬件、软件和智能技术的结合,实现控制系统的智能化;另一方面要实现自动控制科学与人工智能、计算机科学、信息科学、系统科学和生命科学等的结合,为自动控制提供新思想、新方法和新技术,创立自动控制的交叉新学科——智能控制,并推动智能控制的发展。

3. 控制系统综合化

现代管理技术、制造技术、自动化技术、网络通信技术、冗余及自诊断技术、系统工程理论等的快速发展,采用了多层分级结构,适应现代化生产的控制与管理需求,目前已成为工业过程控制的主流系统。可以实现数据自动采集、处理、工艺画面显示、参数超限报警、设备故障报警和报表打印等功能,并对主要工艺参数形成历史趋势记录,随时查看,并设置了安全操作级别,方便了管理,又使系统运行更加安全可靠。将企业生产过程中全部有关人员、技术、经营管理三要素及其信息流、物流有机地综合并优化运行,提升企业运行的经济效益。

1.4 计算机控制系统的理论与设计

计算机控制系统是从常规的连续控制系统基础上通过计算机的参与而得到的控制系统。连续控制系统的相关理论与方法在一些情况下可以用于计算机控制系统的分析与设计,然而计算机控制系统也有许多特有的问题,不能使用连续控制系统理论解释或解决,所以需要计算机控制系统有关理论与方法来解决问题。

1.4.1 计算机控制系统的理论

计算机控制系统由计算机及其相关接口装置代替原来连续控制系统中的模拟控制器,被控对象本身一般是连续变换的过程,通过采样将连续时间信号离散化,形成采样控制系统。通常情况下,采样周期越小,系统与连续控制系统越近似。已经发展得比较成熟的连续控制系统理论成为计算机控制系统分析与设计的一个重要理论基础。然而,由于采样过程的存在,一般情况下计算机控制系统与原来连续控制系统不完全等价,这会产生一些新的问题,需要研究离散时间信号系统的相关理论。

采样过程的存在是计算机控制系统的一个重要特征,它可能引起差拍现象等问题,需要依据信号采样理论才能解释。

采样周期对计算机控制系统的性能有重要影响。一个完全稳定的连续控制系统采用计算机控制后,其稳定性可能下降甚至不稳定。一个状态完全可控的连续控制系统如果采样周期取得不合适,可能变得不可控。一个稳定的连续时不变系统达到稳态的时间应是无限长的,计算机控制系统通过设计却可以实现在有限的采样间隔内(有限时间内)达到稳态值,获得比连续系统更好的性能。这些问题需要在采样理论的基础上的 z 变换理论才得以分析和解释。

计算机控制系统中由于 A/D 转换、计算机运算、D/A 转换都需要一定的时间,因此系统某时刻的输出实际上不是当前时刻输入的响应,这就是"计算机信号时延",它对控制系统性能会产生影响。由于数字字长有限,在某些情况下将会使计算机控制系统响应产生极限环振荡,需要依据数字系统的相关理论才能进行有效分析和解释。

尽管计算机控制系统的一些特性可以用连续控制系统的理论解释,但还有一些现象是不能用连续控制系统理论分析和解释的,必须采用数字信号相关的系统理论进行说明和解释。

1.4.2 计算机控制系统的设计

计算机控制系统是一种混合信号系统,连续控制系统理论比较成熟,所以一般计算机控制系统的设计方法分为以下两大类。

(1) 基于连续域的设计方法:将计算机控制系统看成连续系统,在连续域上设计得到连续控制器。采用不同方法将其离散化(数字化)。如图 1-9 所示,从 A、A′两点来看,将计算机系统看作黑箱,系统可以看成连续系统这种离散化将会产生误差,并与采样周期大小有关,是目前常用的近似设计方法。由于连续域的设计方法已经比较成熟,该方法是比较常用的一种控制系统设计方法。

图 1-9 连续域的设计方法

(2) 离散域直接设计方法:将计算机控制系统看成纯离散信号系统,首先将系统中连续部分离散化,然后直接在离散域进行设计,得到数字控制器。这种方法是一种准确的设计方法,日益受到重视。如图 1-10 所示,从 D、D′两点来看,又可将其看成纯离散信号系统。

总之,正确选择采样间隔时间是需要特别重视的问题。另外,从设计中使用的数学模型不同,可以分为基于 z 传递函数的经典设计方法和基于系统离散状态空间模型的状

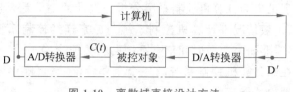

图 1-10 离散域直接设计方法

态空间设计法。

1.5 本章小结

计算机控制系统是以计算机及其相应的输入输出信号变换装置和控制算法取代常规控制器一类控制系统。它一般由计算机、执行机构、被控对象和测量变送等部件组成，通过完成实时数据采集、实时数据处理与决策和实时控制输出三个基本步骤实现控制目标。

计算机控制系统主要的形式包括操作指导系统、直接数字控制系统、监督控制系统、集散控制系统和现场总线控制系统等多种典型的类型，每种类型都有各自的特点和适用范围，需要用户根据控制任务合理选择控制系统类型。

计算机控制系统的理论分析和设计具有许多不同的特点。计算机控制系统的设计方法一般分为基于连续域的设计方法和离散域直接设计方法两大类。

随着计算机技术的不断进步，计算机控制系统得到相应发展，一般分为四个阶段。近年来，随着网络通信技术、人工智能、大数据等技术快速发展，计算机控制系统正朝网络化控制、智能控制和综合自动化系统等方向发展。

习题

1. 计算机控制系统的典型应用形式是什么？
2. 计算机控制技术的发展的四个阶段分别是什么？
3. 计算机控制系统发展趋势是什么？
4. 集散控制系统与过去的集中控制系统相比具有什么特点？
5. 说明计算机控制系统中实时性的含义。
6. 计算机控制系统两种设计方法分别是什么？

第 2 章

计算机控制系统的数学描述

一般来说,一个计算机控制系统中既有模拟信号也有数字信号,系统中存在信号的相互转换。对系统中的信号进行正确的数学描述,并对系统进行准确建模是计算机控制系统性能分析的基础。

本章首先对计算机控制系统中的信号进行数学描述,介绍计算机控制系统中包含的信号类型及信号的转换过程,在此基础上引入计算机控制系统的数学模型,包括时域描述的差分方程、z 域描述的脉冲传递函数,以及频域描述的系统频率特性和状态空间描述的状态方程。

2.1 计算机控制系统中的信号描述

若给定的输入信号为连续信号,则对应的计算机控制系统的结构图如图 2-1 所示。

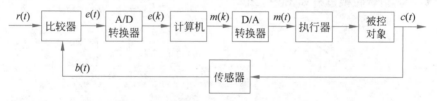

图 2-1 输入为连续信号的计算机控制系统

若给定的输入信号为数字信号,则其对应的计算机控制系统的结构图如图 2-2 所示。

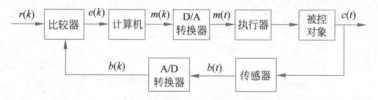

图 2-2 输入为数字信号的计算机控制系统

典型的燃气加热炉炉温计算机控制系统结构图如图 2-3 所示。

如图 2-3 所示,输入信号为给定的炉温 $r(t)$,热敏电阻测得的实际炉温为 $b(t)$,比较后获得的误差信号为 $e(t)$,这些信号都是连续信号;计算机能够处理的信号是数字信号,因此需要通过 A/D 转换器将 $e(t)$ 转换为数字信号 $e(k)$ 输入计算机进行处理;同样,计算机控制程序输出的控制信号是数字信号,而送入执行器和被控对象的控制信号则通

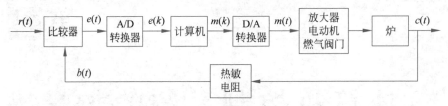

图 2-3 炉温计算机控制系统结构图

常是连续的模拟信号,因此计算机输出的数字信号 $m(k)$ 需要经过 D/A 转换器转化成模拟信号 $m(t)$。由此可见,在计算机控制系统中不同类型的信号是同时存在的,在不同的环节信号的类型均不相同。

1. A/D 转换

A/D 转换器的作用是将连续的模拟信号转换成离散的数字信号,通常 A/D 转换包含采样/保持、量化和编码,如图 2-4 所示。

图 2-4 A/D 转换器功能描述框图

采样/保持器对连续的模拟信号 A 进行周期采样,得到离散信号 B,离散信号 B 通过量化环节按最小量化单位取整,得到整量化的信号 C,其中最小量化单位是由 A/D 转换器的量程和精度决定的。整量化信号 C 通过编码,得到二进制数码形式的信号,即数字信号 D。其信号转换过程如图 2-5 所示。

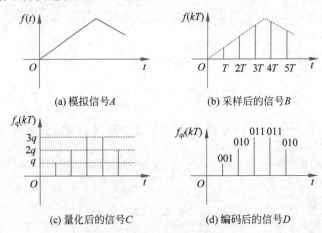

图 2-5 A/D 转换过程中的信号

2. D/A 转换

D/A 转换器的作用是将数字信号转换为模拟信号,D/A 转换的过程包含解码和保持,如图 2-6 所示。

解码器的作用是将数字信号转换为对应幅值的模拟脉冲信号,然后通过保持器将该

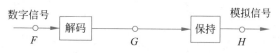

图 2-6　D/A 转换器功能描述框图

信号保持规定的时间,从而实现将脉冲信号转换为模拟信号的功能。信号转换过程如图 2-7 所示。

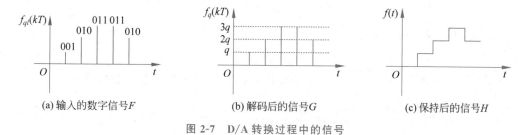

(a) 输入的数字信号 F　　　(b) 解码后的信号 G　　　(c) 保持后的信号 H

图 2-7　D/A 转换过程中的信号

在 A/D 和 D/A 转换过程中最重要的是采样、量化和保持(信号恢复)环节。采样环节将连续信号变成离散信号,采样形式及采样周期将直接影响采样后的离散信号。保持(信号恢复)环节将离散的数字信号经过保持一段时间后得到时间上连续的模拟信号,保持器的选择直接影响获得的连续控制信号,从而影响计算机控制系统的控制过程和控制效果。对于量化环节而言,当量化单位很小,即得到的数字量的字较长时,量化引起的误差基本可以忽略,在计算机控制系统的分析及设计过程中通常不考虑。

2.2　采样过程的数学描述

2.2.1　理想采样过程的数学描述

采样器通常是一个随机闭合或周期闭合的采样开关,通过采样开关把连续信号转换为离散信号。若采样周期为 T,采样开关的闭合时间为 τ,则采样过程简要描述如图 2-8 所示。

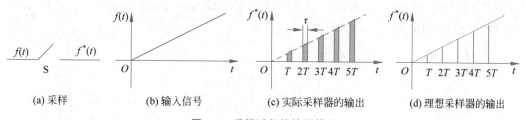

(a) 采样　　　(b) 输入信号　　　(c) 实际采样器的输出　　　(d) 理想采样器的输出

图 2-8　采样过程的简要描述

由图 2-8 可见,连续的输入信号 $f(t)$ 经采样器 S 采样后成为宽度为 τ 的离散脉冲信号 $f^*(t)$,其中 τ 为采样开关闭合的持续时间。一般来说,τ 与采样周期 T 相比非常小,为了分析方便,常将其近似为 0,此时即将其视为理想采样器,采样后的输出信号 $f^*(t)$ 为脉冲序列 $f\{kT\}$,$k=0,1,2,\cdots$。

$f^*(t)$可表示为

$$f^*(t) = \sum_{k=0}^{\infty} f(kT)\delta(t-kT) \tag{2-1}$$

式中：$\delta(t-kT)$为kT时刻的单位脉冲信号。

若记理想单位脉冲序列为

$$\delta_T(t) = \sum_{k=0}^{\infty} \delta(t-kT) \tag{2-2}$$

则式(2-1)又可表示为

$$f^*(t) = f(t)\delta_T(t) \tag{2-3}$$

式(2-3)即为$f^*(t)$与$f(t)$之间的关系表达式，也是采样过程的数学描述。

2.2.2 采样信号的拉普拉斯变换式

为了分析采样过程，对式(2-1)表示的$f^*(t)$做拉普拉斯变换，可得

$$F^*(s) = \mathcal{L}[f^*(t)] = \mathcal{L}\left[\sum_{k=0}^{\infty} f(kT)\delta(t-kT)\right]$$

根据拉普拉斯变换的位移定理可得

$$\mathcal{L}[\delta(t-kT)] = e^{-kTs} \int_0^{\infty} \delta(t)e^{-st}\,dt = e^{-kTs}$$

所以采样信号$f^*(t)$的拉普拉斯变换为

$$F^*(s) = \sum_{k=0}^{\infty} f(kT)e^{-kTs} \tag{2-4}$$

由式(2-4)可见，只要已知连续信号$f(t)$采样后的脉冲序列$f(kT)$的值，其拉普拉斯变换$F^*(s)$即可求，$F^*(s)$均为e^{Ts}的有理函数。下面举例说明。

例 2-1 设炉温控制系统的输入信号为给定的炉温，将其等效为单位阶跃信号$f(t)=1(t)$，求经过采样后的输出信号$f^*(t)$及其对应的拉普拉斯变换，设采样周期T分别为1s和0.5s。

解：因为$f(t)=1(t)$，所以$f(kT)=1(k=0,1,2,\cdots)$，采样周期T分别为1s和0.5s，对应的输出信号$f^*(t)$如图2-9所示。

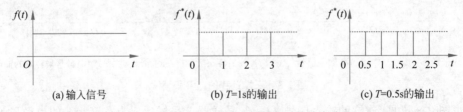

图 2-9 例 2-1 对应不同采样周期时的输出信号

由式(2-4)可知

$$F^*(s) = \sum_{k=0}^{\infty} f(kT)e^{-kTs} = 1 + e^{-Ts} + e^{-2Ts} + \cdots$$

上式是一个等比级数,且公比为 e^{-Ts},由等比级数的求和公式可得

$$F^*(s) = \frac{1}{1-e^{-Ts}} = \frac{e^{Ts}}{e^{Ts}-1} \quad (\mid e^{-Ts} \mid < 1)$$

当 $T=1s$ 和 $T=0.5s$ 时对应的采样后信号的拉普拉斯变换式分别为

$$F^*(s) = \frac{1}{1-e^{-s}} = \frac{e^s}{e^s-1} \quad (T=1s)$$

$$F^*(s) = \frac{1}{1-e^{-0.5s}} = \frac{e^{0.5s}}{e^{0.5s}-1} \quad (T=0.5s)$$

例 2-2 设输入信号 $f(t)=e^{-t}$,求经过采样(采样周期 $T=1s$)后的输出信号 $f^*(t)$ 的拉普拉斯变换。

解: 由 $f(t)=e^{-t}$,可得

$$f(kT) = e^{-kT} \quad (k=0,1,2\cdots)$$

由式(2-4)可知

$$F^*(s) = \sum_{k=0}^{\infty} f(kT)e^{-kTs} = 1 + e^{-T(s+1)} + e^{-2T(s+1)} + \cdots$$

上式是一个等比级数,且公比为 $e^{-T(s+1)}$,由等比级数的求和公式可得

$$F^*(s) = \frac{1}{1-e^{-T(s+1)}} = \frac{e^{T(s+1)}}{e^{T(s+1)}-1} \quad (\mid e^{-T(s+1)} \mid < 1)$$

当采样周期 $T=1s$ 时,有

$$F^*(s) = \frac{e^{(s+1)}}{e^{(s+1)}-1}$$

式(2-4)给出了 $f^*(t)$,即 $f(kT)$ 与其拉普拉斯变换式 $F^*(s)$ 与之间的关系,如果 $f(t)$ 对应的拉普拉斯变换式为 $F(s)$,那么 $F^*(s)$ 与 $F(s)$ 之间是否存在对应的关系?

$\delta_T(t)$ 是一个周期为 T 的周期函数,即

$$\delta_T(t) = \sum_{n=0}^{\infty} \delta(t-nT)$$

将其展开为傅里叶级数可得

$$\delta_T(t) = \sum_{k=-\infty}^{\infty} C_k e^{jk\omega_s t} \tag{2-5}$$

式中:$\omega_s = \dfrac{2\pi}{T}$ 为采样角频率,T 为采样周期;C_k 为傅里叶级数,且有

$$C_k = \frac{1}{T} \int_{-\frac{T}{2}}^{\frac{T}{2}} \delta_T(t) e^{-jk\omega_s t} dt$$

由于在 $\left[-\dfrac{T}{2}, \dfrac{T}{2}\right]$ 内,$\delta_T(t)$ 仅在 $t=0$ 有值,且 $e^{-jk\omega_s t}\Big|_{t=0}=1$,所以

$$C_k = \frac{1}{T} \int_{-\frac{T}{2}}^{\frac{T}{2}} \delta_T(t) dt = \frac{1}{T} \tag{2-6}$$

将式(2-6)代入式(2-5)中可得

$$\delta_T(t) = \frac{1}{T} \sum_{k=-\infty}^{\infty} e^{jk\omega_s t} \tag{2-7}$$

将式(2-7)进一步代入式(2-3)中可得

$$f^*(t) = \frac{1}{T} \sum_{k=-\infty}^{\infty} f(t) e^{jk\omega_s t} \tag{2-8}$$

对式(2-8)取拉普拉斯变换,且由拉普拉斯变换的复数位移定理可得

$$F^*(s) = \frac{1}{T} \sum_{k=-\infty}^{\infty} F(s + jk\omega_s) \tag{2-9}$$

式(2-9)给出了连续信号的拉普拉斯变换 $F(s)$ 与其采样后的离散信号的拉普拉斯变换 $F^*(s)$ 之间的关系,即采样信号的拉普拉斯变换是无数个原连续信号的拉普拉斯变换叠加得到的。下面通过证明得到 $F^*(s)$ 的三个重要性质。

2.2.3 采样信号拉普拉斯变换式的性质

性质 1 采样信号拉普拉斯变换 $F^*(s)$ 具有周期性,且周期为 $n\omega_s$,即

$$F^*(s) = F^*(s + jn\omega_s) \tag{2-10}$$

式中:ω_s 为采样角频率。

证明:由式(2-4)可知

$$F^*(s) = \sum_{k=0}^{\infty} f(kT) e^{-kTs}$$

则有

$$F^*(s + jn\omega_s) = \sum_{k=0}^{\infty} f(kT) e^{-k(s+jn\omega_s)T} = \sum_{k=0}^{\infty} f(kT) e^{-ksT} e^{-jkn\omega_s T}$$

由于采样角频率为 ω_s,采样周期为 T,所以 $\omega_s T = 2\pi$。

又因为 $e^{-jkn2\pi} = 1$,所以

$$F^*(s + jn\omega_s) = \sum_{k=0}^{\infty} f(kT) e^{-kTs} = F^*(s)$$

性质 2 若 $F(s)$ 在 $s = s_1$ 处有一个极点,则 $F^*(s)$ 必然在 $s = s_1 + jm\omega_s$,($m = 0$,±1,±2,$\cdots$)处具有极点。

证明:由式(2-9)可知

$$F^*(s) = \frac{1}{T} \sum_{k=-\infty}^{\infty} F(s + jk\omega_s) = \frac{1}{T}[F(s) + F(s + j\omega_s) +$$
$$F(s + j2\omega_s) + \cdots + F(s - j\omega_s) + F(s - j2\omega_s) + \cdots]$$

可见,如果 $F(s)$ 在 $s = s_1$ 处有一个极点,则上式右侧的每一项都贡献一个极点 $s = s_1 + m\omega_s$,($m = 0$,±1,±2,$\cdots$),则 $F^*(s)$ 必然在 $s = s_1 + jm\omega_s$,($m = 0$,±1,±2,$\cdots$)处具有极点。

该性质表明,$F^*(s)$ 极点的位置与 $F(s)$ 极点的位置有确切的关系,但 $F^*(s)$ 零点的位置和 $F(s)$ 零点的位置没有这样确切的关系。

性质 3　若采样信号的拉普拉斯变换 $F^*(s)$ 与连续信号或连续环节的拉普拉斯变换 $G(s)$ 相乘后再离散化，则 $F^*(s)$ 可以从离散信号中分离出来，即

$$[F^*(s)G(s)]^* = F^*(s)G^*(s) \tag{2-11}$$

证明：由式(2-9)可知

$$F^*(s) = \frac{1}{T}\sum_{k=-\infty}^{\infty}F(s+jk\omega_s)$$

$$[F^*(s)G(s)]^* = \frac{1}{T}\sum_{k=-\infty}^{\infty}F^*(s+jk\omega_s)G(s+jk\omega_s)$$

由式(2-10)可知

$$F^*(s+jk\omega_s) = F^*(s)$$

所以有

$$[F^*(s)G(s)]^* = F^*(s)\frac{1}{T}\sum_{k=-\infty}^{\infty}G(s+jk\omega_s)$$

式中

$$\frac{1}{T}\sum_{k=-\infty}^{\infty}G(s+jk\omega_s) = G^*(s)$$

所以有

$$[F^*(s)G(s)]^* = F^*(s)G^*(s)$$

采样信号拉普拉斯变换 $F^*(s)$ 的上述性质在分析离散系统时有着广泛的应用。

2.2.4　采样信号拉普拉斯变换式的频域特性

采样信号只是连续信号在采样瞬时的离散信息，因此与连续信号相比其频谱也会发生相应的变化。

由式(2-9)可知

$$F^*(s) = \frac{1}{T}\sum_{k=-\infty}^{\infty}F(s+jk\omega_s)$$

在上式中将 $s=j\omega$ 代入，可得

$$F^*(j\omega) = \frac{1}{T}\sum_{k=-\infty}^{\infty}F(j\omega+jk\omega_s) \tag{2-12}$$

由式(2-12)可以得到采样信号的频谱与原连续信号频谱之间的关系。

若 $|F(j\omega)|$ 为连续信号 $f(t)$ 的频谱，如图 2-10(a)所示，其中 ω_h 为连续频谱 $|F(j\omega)|$ 中的最高角频率；由式(2-12)可知，采样信号 $f^*(t)$ 的频谱 $|F^*(j\omega)|$ 是以采样角频率 ω_s 为周期的无穷多个频谱之和。其中，$k=0$ 时的频谱称为采样信号频谱的主分量，它与连续信号频谱 $|F(j\omega)|$ 形状一致，仅在幅值上变化了 $\frac{1}{T}$；其余频谱($k=\pm1,\pm2,\cdots$)都是采样引起的高频频谱，称为采样信号频谱的补分量。若采样角频率 $\omega_s>2\omega_h$，如图 2-10(b)所示情况，此时采样信号的频谱分量之间没有交叠；但如果加大采样周期 T，采样角频率 ω_s 相应减小，当 $\omega_s<2\omega_h$ 时，采样频谱中的补分量产生相互交叠，如图 2-10(c)所示。

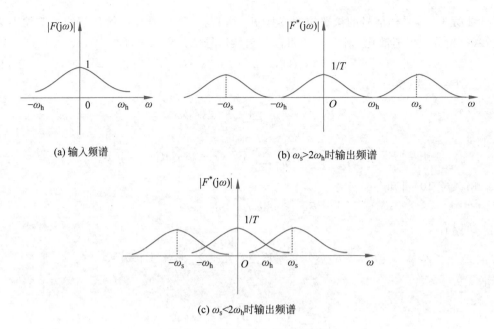

(a) 输入频谱　　　　　　　(b) $\omega_s>2\omega_h$ 时输出频谱

(c) $\omega_s<2\omega_h$ 时输出频谱

图 2-10　采样器输入及输出频谱

如果连续信号采样后通过一个理想滤波器输出,且理想滤波器的频率特性如图 2-11(a) 所示,显然,当 $\omega_s>2\omega_h$ 时,滤波器的输出信号 $\hat{f}(t)$ 可以不失真地复现采样前的连续信号 $f(t)$,如图 2-11(b) 所示;但当 $\omega_s<2\omega_h$ 时,由于频谱的交叠,滤波器的输出信号 $\hat{f}(t)$ 不能完全复现输入信号,出现信号的失真。因此,一个连续输入信号要想采样后能够被完全恢复,ω_s 必须满足一定的条件,这一特性称为采样定理。

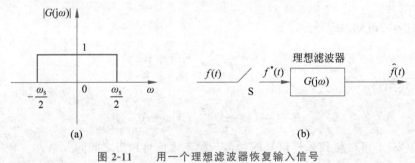

图 2-11　用一个理想滤波器恢复输入信号

2.2.5　采样定理

1. 采样定理的定义

采样定理的内容:若输入的连续信号 $f(t)$ 具有有限带宽,并且其最高频率分量为 ω_h,则当且仅当采样角频率满足 $\omega_s\geqslant2\omega_h$ 时,可以从采样信号 $f^*(t)$ 中不失真地恢复原连续信号 $f(t)$。

采样定理给出了从采样信号中不失真地复现原连续信号所必需的理论上的最小采

样周期,但在工程实际中常根据具体问题和实际条件通过实验方法确定采样角频率,一般情况下总是比理论值大很多。

2. 采样信号的失真

一个连续信号在采样时如果不满足采样定理,除了不能无失真地恢复原信号,还会出现以下两种特殊情况:

1) 信号的高频分量折叠为低频分量

若 $x_1(t)=\cos(\omega_1 t)$, $x_2(t)=\cos(\omega_2 t)$,且 $\omega_2=\omega_1+n\omega_s$,其中 ω_s 为采样角频率,则采样后可得

$$x_1(kT)=\cos(\omega_1 kT), x_2(kT)=\cos((\omega_1+n\omega_s)kT)$$

由于 $\omega_s T=2\pi$, $x_2(kT)=\cos(\omega_1 kT+nk\cdot 2\pi)=\cos(\omega_1 kT)=x_1(kT)$,高频信号 $x_2(t)$ 采样后变成一个低频信号,即高频信号"混叠"进入而被认为是一个低频信号。

例如,$x_1(t)$ 是频率 $f_1=\dfrac{5}{4}$Hz 的余弦信号(如图 2-12 中"--"信号),设采样频率 $f_s=1$Hz,采样周期 $T=1$s,不满足采样定理,则采样信号为

$$x_1(kT)=\cos\left(2\pi\cdot\frac{5}{4}\cdot k\right)=\cos\left(2k\pi\left(1+\frac{1}{4}\right)\right)=\cos\left(2\pi\cdot\frac{1}{4}\cdot k\right)$$

即与频率 $f_1=\dfrac{1}{4}$Hz 的余弦信号(如图 2-12 中"-"信号)采样得到的信号相同,即图中"o"信号。

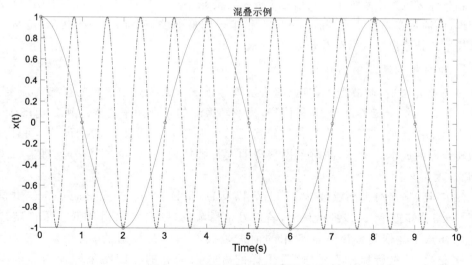

图 2-12　高频分量折叠成低频分量

由此例可知,若两个信号的频率相差恰好是 ω_s 的整数倍,则它们采样得到的信号是相同的。

2) 隐匿振荡

若连续信号的频率分量等于采样频率整数倍,则该频率分量在采样信号中将不再存在。下面举例说明。

若 $x(t)=x_1(t)+x_2(t)=\sin(t)+\sin(5t)$，令采样频率 $\omega_s=5\text{rad/s}$，则采样信号为

$$x(kT)=\sin\left(k\,\frac{2\pi}{5}\right)+\sin\left(5k\,\frac{2\pi}{5}\right)=\sin\left(k\,\frac{2\pi}{5}\right)+\sin(2k\pi)=x_1(kT)$$

即在采样信号中 $x_2(t)$ 的采样振荡分量消失，如图 2-13 所示，图中"．．"为 $\sin(5t)$，"-"为 $\sin(t)$，"o"为 $\sin(5t)$ 的采样信号。

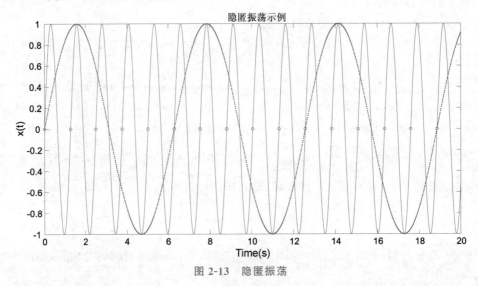

图 2-13　隐匿振荡

若在计算机控制系统中有用信号中混杂有高频干扰信号，使得采样周期无法满足采样定理，则通常在采样开关之前加入一个模拟式的低通滤波器以滤除干扰信号，从而避免采样后的信号出现频谱混叠现象。

3. 采样定理与压缩感知

在高速光通信、微波光子雷达、超级运算等领域常面临高频信号的探测与恢复，根据采样定律，对于 100GHz 的高频信号，模数转换器的采样频率需要达到 200GSa/s，而现有泰克 DPO7000 系列的高速模数转换器的实际带宽最高仅为 $70\text{GHz}^{[31]}$，而且高速模数转换器的成本非常高，同时采样获得的大量数据处理也给数字信号处理器带来了负担。

2007 年，华裔澳大利亚数学家陶哲轩以及 David Donoho、Emmanuel Candès 共同提出了"压缩感知理论"。该理论认为，若信号是稀疏的，则它可以由远低于采样定理要求的采样点重建恢复。该方法应用的前提是被测信号是稀疏的，或经某种变换（如傅里叶变换）可进行稀疏表示，同时采样的方式由原有的等间距采样变为非等间距采样。

压缩感知理论基于信号的稀疏性获得，关于稀疏性可以这样简单直观地理解：若信号在某个域中只有少量非零值，则它在该域稀疏，该域也称为信号的稀疏域。如图 2-14 所示即为频域稀疏的信号。

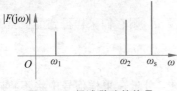

图 2-14　频域稀疏的信号

压缩感知的原理如图 2-15 所示。

原信号x(t) ⟶ 测量系统 ⟶ 测量信号$s_1, s_2, \cdots, s_m$

图 2-15　压缩感知原理

其过程可表示如下：

$$S = \phi X \qquad (2\text{-}13)$$

式中，原信号 X 为 N 维数据；测量值 $S = [s_1, s_2, \cdots, s_m]$ 为 M 维数据，$M \ll N$；ϕ 为测量矩阵，$\phi \in R^{M \times N}$，ϕ 的作用是将高维信号 X 投影到维度为 M 的低维测量空间，获得测量信号 S。

陶哲轩和 Candès 证明：独立同分布的高斯随机测量矩阵可以成为普适的压缩感知测量矩阵。对于一维信号，ϕ 通常采用随机不等间距的亚采样，对于二维信号，ϕ 通常采用独立同分布的高斯随机测量矩阵进行亚采样。

若原信号是稀疏的，或经某种变换（如傅里叶变换）可进行稀疏表示，即

$$\hat{Y} = \psi X \quad \text{或} \quad X = \psi^{\mathrm{H}} \hat{Y} \qquad (2\text{-}14)$$

式中，ψ 为用于稀疏化原信号 X 的矩阵，如傅里叶变换、小波变换、Curvelet 变换、Gabor 变换等，且 ψ 必须与测量矩阵 ϕ 极端不相关，此时获得的 $\hat{Y}$ 即为原信号 X 的稀疏表示。

将式（2-14）代入式（2-13）可得

$$S = \phi \psi^{\mathrm{H}} \hat{Y} \qquad (2\text{-}15)$$

式中，ϕ、ψ^{H}、S 均已知，由于 $\hat{Y}$ 要求是信号的稀疏表示，即 $\hat{Y}$ 中非 0 的值的个数最少，则求解 $\hat{Y}$ 转换为优化问题，即

$$\min \|\hat{Y}\|_0 \quad \text{s.t.} \quad \phi \psi^{\mathrm{H}} \hat{Y} = S \qquad (2\text{-}16)$$

由于 $\min \|\hat{Y}\|_0$ 为 0 范数问题，难以求解，因此常用 1 范数近似，即式（2-16）变成

$$\min \|\hat{Y}\|_1 \quad \text{s.t.} \quad \phi \psi^{\mathrm{H}} \hat{Y} = S \qquad (2\text{-}17)$$

通过优化算法可以快速获得 $\hat{Y}$，再通过式（2-14）中的 $X = \psi^{\mathrm{H}} \hat{Y}$ 即可恢复出原信号 X。

关于压缩感知的原理举例如下。

若图 2-14 对应的时域信号为

$$x = x_1 + x_2 + x_3$$

式中

$$x_1 = 0.3\cos(2\pi \times 0.15t)$$

$$x_2 = 1.3\cos(2\pi \times 0.40t)$$

$$x_3 = 1.8\cos(2\pi \times 0.60t)$$

其时域波形图如图 2-16 所示。

若对其采用周期采样，选取采样频率为 1Hz，采样周期不满足采样定理，则其频谱如图 2-17 所示。

由于信号为周期采样，频谱以 $f_s = 1\text{Hz}$ 的周期重复，0.4Hz 的频谱信号和 0.6Hz 的

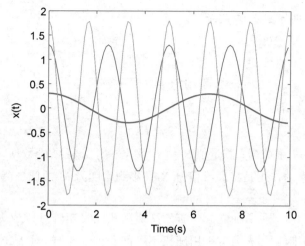

图 2-16　时域波形图

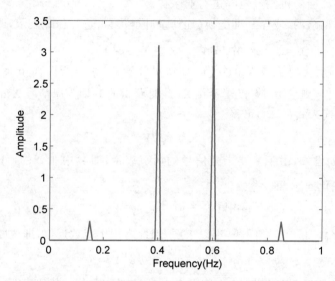

图 2-17　采样周期不满足采样定理时的频谱混叠

频谱信号关于 $\dfrac{f_s}{2}$ 对称,因此产生了频谱叠加。若将该采样信号通过一个理想低通滤波器,则恢复的信号为

$$x = x_1 + x_4 = 0.3\cos(2\pi \times 0.15t) + 3.1\cos(2\pi \times 0.40t)$$

其中,x_4 信号是原 x_2 和 x_3 信号频谱混叠后的信号。复现出的连续信号如图 2-18 所示。

由图 2-18 可见,采样周期不满足采样定理,周期采样后的信号无法复现原来的连续信号。但如果对其采用随机采样,即使采样信号间隔较大,应用压缩感知原理仍有可能将其进行无失真的恢复。

首先,若采用随机采样,频域将不再以固定周期进行延拓,而是会产生大量不相关的干扰值,这些干扰值看上去非常像随机噪声,但实际上是三个原始信号的非零值发生能量泄漏导致的。随机亚采样后的频谱图如图 2-19 所示。由图 2-19 可见,虽然一定程度

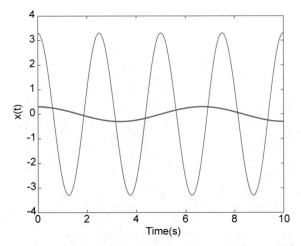

图 2-18　频谱混叠后复现的信号

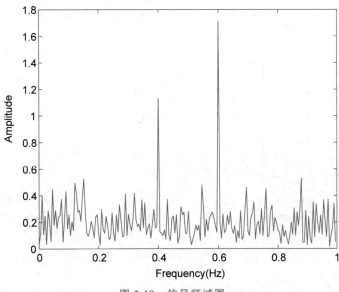

图 2-19　信号频域图

上频谱被干扰值覆盖,但最大的几个峰值还依稀可见,这使得信号恢复有了可能。

　　首先通过设置阈值将原信号中较大的两个信号检测出来,如图 2-20(a)所示,然后假设信号只存在这两个非零值,如图 2-20(b)所示,则可以计算出这两个非零值引起的干扰,如图 2-20(c)所示;用图 2-20(a)减去(c),即可得到仅由第 3 个非零值和它导致的干扰值(图 2-20(d)),再设置阈值即可检测出它,得到最终复原频域(图 2-20(e))。若原信号频域中有更多的非零值,则可通过迭代将其一一解出。该方法的原理实际上是压缩感知中常用的匹配跟踪算法。得到信号频域的稀疏表示后,再应用傅里叶反变换即可将时域信号恢复出来。

　　由此可见,压缩感知基于信号的稀疏性,通过低维空间、低分辨率、欠采样数据的非相关观测来实现高维信号的感知,丰富了关于信号恢复的优化策略,极大地促进了数学理论和工程应用的结合。

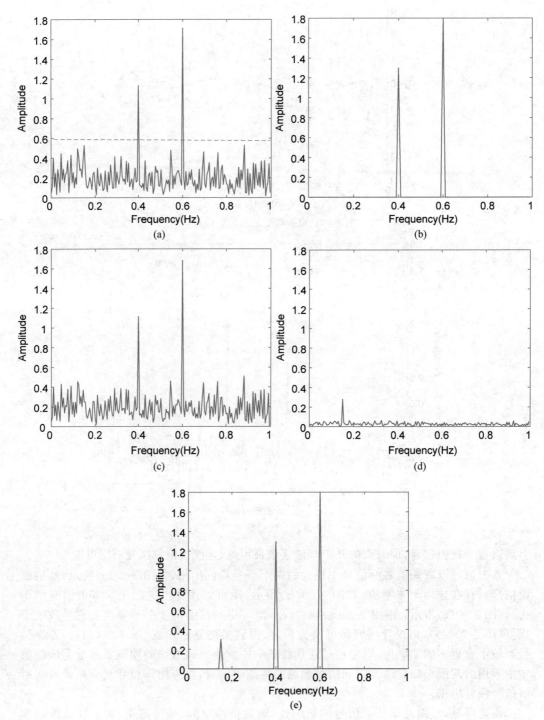

图 2-20 压缩感知的原理示意图

2.3 信号保持

采样器的作用是从连续信号中采样后得到离散信号,而把离散信号转换为连续信号即为采样的逆过程,这一过程称为信号保持。用于信号保持的装置称为保持器,计算机控制系统中实现信号保持的装置即为 D/A 转换器。

由 2.2 节已经知道,一个理想滤波器能够完全去除采样信号中的高频谐波成分,从而对输入到采样器的连续信号进行很好的恢复,但这种滤波器在物理上是无法实现的,因此必须寻找其他的数据恢复方法来获得采样点之间的信号。外推法是一种常用的方法,即用采样点数值外推求得采样点之间的数值。外推法引入的相位延迟通常较小,因此它使用得很普遍,零阶保持器和一阶保持器就是使用外推法的例子。在实际物理系统中,除了零阶保持器,其他保持器均难以实现,但数学仿真时常用到。

信号 $f(t)$ 在 $kT < t < (k+1)T$ 之间的数值可以用幂级数描述为

$$f(t) = f(kT) + \dot{f}(kT)(t-kT) + \frac{\ddot{f}(kT)}{2!}(t-kT)^2 + \cdots \quad (kT < t < (k+1)T)$$

$$(2\text{-}18)$$

为了求得 $kT < t < (k+1)T$ 之间 $f(t)$ 的值,必须要求得 $\dot{f}(kT)$ 及 $\ddot{f}(kT)$ 及各高阶导数的值,通常来说这些是无法精确求得的,但这些导数可以从采样信号本身近似估算得到,由此使采用外推法成为可能。

如果只保留式(2-18)等号右端的第一项内容,即

$$f(t) = f(kT)(kT \leqslant t < (k+1)T) \quad (2\text{-}19)$$

这样的保持器即称为零阶保持器。零阶保持器中采样信号的幅值从一个采样状态持续到下一个采样状态,如图 2-21 所示,计算机控制系统中的 D/A 转换器中的保持功能实际上就是零阶保持器,零阶保持器常用 ZOH(Zero Order Holder)表示。

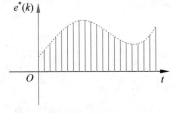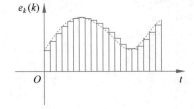

(a) 零阶保持器的输入信号　　　　　(b) 零阶保持器的输出信号

图 2-21 零阶保持器的输入与输出信号

由图 2-21 可以发现,对应于一理想单位脉冲 $\delta(t)$,其输出响应是幅值 1、持续时间 T 的矩形脉冲,如图 2-22 所示。其表达式为

$$g_0(t) = 1(t) - 1(t-T)$$

对应的拉普拉斯变换为

$$G_0(s) = \mathcal{L}[g_0(t)] = \frac{1}{s} - \frac{1}{s}e^{-Ts} = \frac{1}{s}(1 - e^{-Ts}) \quad (2\text{-}20)$$

式(2-20)即为零阶保持器的传递函数。

若在式(2-20)中令 $s=\mathrm{j}\omega$，则可得零阶保持器的频率特性为

$$G_0(\mathrm{j}\omega) = \frac{1-\mathrm{e}^{-\mathrm{j}\omega T}}{\mathrm{j}\omega} = \frac{2}{\omega}\sin(\omega T/2)\mathrm{e}^{\frac{-\mathrm{j}\omega T}{2}}$$

由 $T=\dfrac{2\pi}{\omega_s}$，则上式又可写为

$$G_0(\mathrm{j}\omega) = T\frac{\sin(\pi\omega/\omega_s)}{\pi(\omega/\omega_s)}\mathrm{e}^{-\mathrm{j}\pi(\omega/\omega_s)}$$

$G_0(\mathrm{j}\omega)$ 的幅值为

$$|G_0(\mathrm{j}\omega)| = T\left|\frac{\sin(\pi\omega/\omega_s)}{\pi(\omega/\omega_s)}\right| = \frac{2\pi}{\omega_s}\left|\frac{\sin(\pi\omega/\omega_s)}{\pi(\omega/\omega_s)}\right|$$

$G_0(\mathrm{j}\omega)$ 的相位为

$$\arg G(\mathrm{j}\omega) = -\frac{\pi\omega}{\omega_s} + \angle\frac{\sin(\pi\omega/\omega_s)}{\pi\omega/\omega_s}$$

式中

$$\angle\left[\frac{\sin(\pi\omega/\omega_s)}{\pi\omega/\omega_s}\right] = \begin{cases} 0, & 2n\omega_s \leqslant \omega < (2n+1)\omega_s \\ \pi, & (2n+1)\omega_s \leqslant \omega < 2(n+1)\omega_s \end{cases} \quad (n=0,1,2,\cdots)$$

零阶保持器的频率特性如图 2-23 所示。

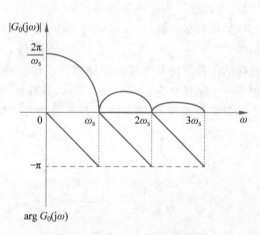

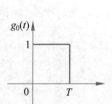

图 2-22 零阶保持器的单位脉冲响应   图 2-23 零阶保持器的频率特性

由图 2-23 可以看出，零阶保持器的频率特性和低通滤波器非常相像，但不是一个理想的低通滤波器，高频分量仍能通过一部分，所以零阶保持器的输出信号与原信号相比有一定的畸变，虽然这种畸变对输出的影响并不太大。另外，信号通过零阶保持器将产生滞后相移，且随 ω 的增加而加大，在 $\omega=\omega_s$ 处，相移达 $-180°$，这对闭环系统的稳定性将会产生不利的影响。

另外，零阶保持器可以用无源网络近似代替，把 $G_0(s)$ 扩展为 e^{sT} 的级数就可以看到这一点：

$$G_0(s) = \frac{1}{s}\left[1 - \mathrm{e}^{-sT}\right] = \frac{1}{s}\left[1 - \frac{1}{\mathrm{e}^{sT}}\right] = \frac{1}{s}\left[1 - \frac{1}{1 + sT + \cdots}\right] = \frac{T}{1 + sT} \qquad (2\text{-}21)$$

由此可知,该传递函数也可以用阻容网络来近似实现。

2.4 z 变换理论

z 变换同拉普拉斯变换一样是一种数学变换,它的引入有其深刻的理论背景。计算机控制系统中,采样开关往往加在输入信号和测量反馈信号比较得到的误差信号之后,因此,当信号为离散误差信号 $e^*(t)$ 时,其拉普拉斯变换由式(2-4)可得

$$E^*(s) = \sum_{k=0}^{\infty} e(kT)\mathrm{e}^{-kTs} \qquad (2\text{-}22)$$

$E^*(s)$ 与 $e(kT)$ 直接相关,同时又含有如 e^{-kTs} 的部分,e^{-kTs} 使 $E^*(s)$ 成为 s 的超越函数,给研究离散系统增添了极大的复杂性,也使人们放弃了使用拉普拉斯变换研究离散系统的想法,从而寻求新的途径,z 变换由此应运而生。

2.4.1 z 变换定义

在式(2-22)中作如下定义将会使 $E^*(s)$ 的表达式大大简化,即

$$z = \mathrm{e}^{sT} \qquad (2\text{-}23)$$

式中,s 为拉普拉斯算子;T 为采样周期。

将式(2-23)代入式(2-22)中,可得

$$E(z) = \sum_{k=0}^{\infty} e(kT)z^{-k} \qquad (2\text{-}24)$$

$E(z)$ 即为离散信号 $e^*(t)$ 的 z 变换,常记为

$$E(z) = \mathcal{Z}\left[e^*(t)\right] = \mathcal{Z}\left[e(kT)\right] = \sum_{k=0}^{\infty} e(kT)z^{-k}$$

通常情况下,一个连续信号或连续函数如果可求其拉普拉斯变换,则即可相应求得其 z 变换。

z 变换又称采样拉普拉斯变换,它的引入不仅极大地方便了对离散信号的分析,而且给离散系统分析带来了极大便利,是研究离散系统的重要数学工具。

2.4.2 z 变换方法

求离散信号 z 变换的方法有很多,简便常用的有以下两种方法。

1. 级数求和法

级数求和法是由 z 变换的定义而来的,将式(2-24)展开可得

$$E(z) = e(0) + e(T)z^{-1} + e(2T)z^{-2} + \cdots \qquad (2\text{-}25)$$

注意符号 z 在这个等式中的作用,它表明了信号采集的时刻。例如,如果有

$$E(z) = 1 + 2z^{-1} + 2.1z^{-2} + 2.3z^{-3} + \cdots$$

就可以知道，$t=0$ 时，$e(t)=1$；$t=T$ 时，$e(t)=2$；$t=2T$ 时，$e(t)=2.1\cdots$，以此类推，因此可以用 z^{-k} 替代 e^{-ksT} 来表示 kT 的采样时刻。反过来，若已知连续输入信号 $e(t)$ 或其输出采样信号 $e^*(t)$ 及采样周期 T，则可求序列 $e(kT)$，由式(2-25)可求得 $E(z)$ 的级数展开式。对于常用函数 z 变换的级数形式，通常都可以写出其闭合形式。

例 2-3 求单位阶跃信号 $1(t)$ 的 z 变换。

解：单位阶跃信号 $1(t)$ 采样后的离散信号为单位阶跃序列，在各个采样时刻上的采样值均为 1，即

$$e(kT)=1 \quad (k=0,1,2,\cdots)$$

故由式(2-25)可得

$$E(z)=1+z^{-1}+z^{-2}+\cdots$$

若 $|z^{-1}|<1$，则该级数收敛。利用等比级数求和公式，可得其闭合形式为

$$E(z)=\frac{1}{1-z^{-1}}=\frac{z}{z-1}$$

例 2-4 求指数函数 $e^{-at}(a>0)$ 的 z 变换。

解：指数函数采样后所得的脉冲序列为

$$e(kT)=e^{-akT} \quad (k=0,1,\cdots)$$

将上式代入式(2-25)中，可得

$$E(z)=1+e^{-aT}z^{-1}+e^{-2aT}z^{-2}+e^{-3aT}z^{-3}+\cdots$$

若 $|e^{-aT}z^{-1}|<1$，则该级数收敛。同样，利用等比级数求和公式，其 z 变换的闭合形式为

$$E(z)=\frac{1}{1-e^{-aT}z^{-1}}=\frac{z}{z-e^{-aT}}$$

2. 部分分式法

部分分式法是基于这样的思路得到的：如果已知连续信号或连续函数的拉普拉斯变换式 $E(s)$，通过部分分式法可以展开成一些简单函数的拉普拉斯变换式之和，可求得它们的时间函数 $e(t)$，则可相应求得 $e^*(t)$ 及 $E(z)$，所以可方便地求出 $E(s)$ 对应的 z 变换 $E(z)$。

例 2-5 已知连续函数的拉普拉斯变换为

$$E(s)=\frac{a}{s(s+a)}$$

试求相应的 z 变换 $E(z)$。

解：将 $E(s)$ 展为部分分式，即

$$E(s)=\frac{a}{s(s+a)}=\frac{1}{s}-\frac{1}{s+a}$$

对上式取拉普拉斯反变换，可得

$$e(t)=1-e^{-at}$$

分别求上式等号右边两部分的 z 变换，由例 2-3 及例 2-4 结果可知

$$\mathcal{Z}\big[1(t)\big]=\frac{z}{z-1}$$

$$\mathcal{Z}\big[\mathrm{e}^{-at}\big]=\frac{z}{z-\mathrm{e}^{-aT}}$$

则有

$$E(z)=\frac{z}{z-1}-\frac{z}{z-\mathrm{e}^{-aT}}=\frac{z(1-\mathrm{e}^{-aT})}{z^2-(1+\mathrm{e}^{-aT})z+\mathrm{e}^{-aT}}$$

例 2-6　求正弦函数 $e(t)=\sin\omega t$ 的 z 变换。

解：由欧拉公式

$$e(t)=\sin\omega t=\frac{1}{2\mathrm{j}}\big[\mathrm{e}^{\mathrm{j}\omega t}-\mathrm{e}^{-\mathrm{j}\omega t}\big]$$

分别求各部分的 z 变换，可得

$$\mathcal{Z}\big[e^{*}(t)\big]=\frac{1}{2\mathrm{j}}\left[\frac{1}{1-\mathrm{e}^{\mathrm{j}\omega T}z^{-1}}-\frac{1}{1-\mathrm{e}^{-\mathrm{j}\omega T}z^{-1}}\right]$$

化简后可得

$$E(z)=\frac{z\sin\omega T}{z^2-2z\cos\omega T+1}$$

由例 2-5 和例 2-6 可见，用部分分式法求 z 变换的步骤：连续函数的拉普拉斯变换式 $E(s)\xrightarrow{\text{展开}}E(s)$ 的部分分式 $\xrightarrow{\text{拉普拉斯反变换}}$ 时间函数 $e(t)\xrightarrow{\text{离散}}e(kT)\xrightarrow{z\ \text{变换}}E(z)$。为简便起见，有时可以直接由 $E(s)$ 的部分分式通过查表的方法求得部分分式拉普拉斯变换所对应的 z 变换，最后求得 $E(s)$ 对应的 z 变换。

常用时间函数的 z 变换及拉普拉斯变换对照表如表 2-1 所示。

如例 2-5 中，$E(s)=\dfrac{1}{s}-\dfrac{1}{s+a}$，由表 2-1 可知，$\dfrac{1}{s}$ 对应的 z 变换为 $\dfrac{z}{z-1}$，$\dfrac{1}{s+a}$ 对应的 z 变换为 $\dfrac{z}{z-\mathrm{e}^{-aT}}$，所以

$$E(z)=\frac{z}{z-1}-\frac{z}{z-\mathrm{e}^{aT}}=\frac{z(1-\mathrm{e}^{-aT})}{z^2-(1+\mathrm{e}^{-aT})z+\mathrm{e}^{-aT}}$$

结果相同。

表 2-1　z 变换表

$E(s)$	$e(t)$或$e(k)$	$E(z)$
1	$\delta(t)$	1
e^{-kTs}	$\delta(t-kT)$	z^{-k}
$\dfrac{1}{s}$	$1(t)$	$\dfrac{z}{z-1}$
$\dfrac{1}{s^2}$	t	$\dfrac{Tz}{(z-1)^2}$

$\dfrac{1}{s^3}$	$\dfrac{1}{2}t^2$	$\dfrac{T^2 z(z+1)}{2(z-1)^3}$
$\dfrac{1}{1-\mathrm{e}^{-Ts}}$	$\displaystyle\sum_{k=0}^{\infty}\delta(t-kT)$	$\dfrac{z}{z-1}$
$\dfrac{1}{s+a}$	e^{-at}	$\dfrac{z}{z-\mathrm{e}^{-aT}}$
$\dfrac{1}{(s+a)^2}$	$t\mathrm{e}^{-at}$	$\dfrac{T z\mathrm{e}^{-aT}}{(z-\mathrm{e}^{-aT})^2}$
$\dfrac{a}{s(s+a)}$	$1-\mathrm{e}^{-at}$	$\dfrac{(1-\mathrm{e}^{-aT})z}{(z-1)(z-\mathrm{e}^{-aT})}$
$\dfrac{\omega}{s^2+\omega^2}$	$\sin\omega t$	$\dfrac{z\sin\omega T}{z^2-2z\cos\omega T+1}$
$\dfrac{s}{s^2+\omega^2}$	$\cos\omega t$	$\dfrac{z(z-\cos\omega T)}{z^2-2z\cos\omega T+1}$
$\dfrac{\omega}{(s+a)^2+\omega^2}$	$\mathrm{e}^{-at}\sin\omega t$	$\dfrac{z\mathrm{e}^{-aT}\sin\omega T}{z^2-2z\mathrm{e}^{-aT}\cos\omega T+\mathrm{e}^{-2aT}}$
$\dfrac{s+a}{(s+a)^2+\omega^2}$	$\mathrm{e}^{-at}\cos\omega t$	$\dfrac{z^2+z\mathrm{e}^{-aT}\cos\omega T}{z^2-2z\mathrm{e}^{-aT}\cos\omega T+\mathrm{e}^{-2aT}}$
$\dfrac{1}{s-(1/T)\ln a}$	$a^{t/T}$	$\dfrac{z}{z-a}$

2.4.3　z 变换性质

与拉普拉斯变换类似,z 变换中有一些基本定理,可以使 z 变换运算变得简单和方便。

1. 线性定理

若已知 $e_1(t)$ 和 $e_2(t)$ 的 z 变换分别为 $E_1(z)$ 和 $E_2(z)$,且 a_1 和 a_2 为常数,则有

$$\mathcal{Z}[a_1 e_1(t)\pm a_2 e_2(t)]=a_1 E_1(z)\pm a_2 E_2(z) \tag{2-26}$$

证明:由 z 变换定义可得

$$\mathcal{Z}[a_1 e_1(t)\pm a_2 e_2(t)]=\sum_{k=0}^{\infty}[a_1 e_1(kT)\pm a_2 e_2(kT)]z^{-k}$$

$$=a_1\sum_{k=0}^{\infty}e_1(kT)z^{-k}\pm a_2\sum_{k=0}^{\infty}e_2(kT)z^{-k}$$

$$=a_1 E_1(z)+a_2 E_2(z)$$

式(2-26)表明,z 变换是一种线性变换,其变换过程满足齐次性与均匀性。

2. 实数位移定理

实数位移定理又称为平移定理,实数位移是指整个采样序列在时间轴上左右平移若

干采样周期,左移为超前,右移为延迟。实数位移定理如下:

若 $e(t)$ 的 z 变换为 $E(z)$,则有

$$\mathcal{Z}[e(t-nT)]=z^{-n}E(z) \tag{2-27}$$

及

$$\mathcal{Z}[e(t+nT)]=z^{n}\left[E(z)-\sum_{k=0}^{n-1}e(kT)z^{-k}\right] \tag{2-28}$$

式中,n 为正整数。

证明:由 z 变换定义可得

$$\mathcal{Z}[e(t-nT)]=\sum_{k=0}^{\infty}e(kT-nT)z^{-k}=z^{-n}\sum_{k=0}^{\infty}e[(k-n)T]z^{-(k-n)}$$

令 $m=k-n$,则有

$$Z[e(t-nT)]=z^{-n}\sum_{m=-n}^{\infty}e(mT)z^{-m}$$

根据物理可实现性,$m<0$ 时,$e(mT)=0$,所以上式又可写为

$$\mathcal{Z}[e(t-nT)]=z^{-n}\sum_{m=0}^{\infty}e(mT)z^{-m}=z^{-n}E(z)$$

式(2-27)得证。

又由于

$$\mathcal{Z}[e(t+nT)]=\sum_{k=0}^{\infty}e(kT+nT)z^{-k}$$

上式中取 $n=1$,可得

$$\mathcal{Z}[e(t+T)]=\sum_{k=0}^{\infty}e(kT+T)z^{-k}=z\sum_{k=0}^{\infty}e[(k+1)T]z^{-(k+1)}$$

令 $m=k+1$,上式可写为

$$\mathcal{Z}[e(t+T)]=z\sum_{m=1}^{\infty}e(mT)z^{-m}=z\left[\sum_{m=0}^{\infty}e(mT)z^{-m}-e(0)\right]$$
$$=z[E(z)-e(0)]$$

取 $n=2$,同理可得

$$\mathcal{Z}[e(t+2T)]=z^{2}\sum_{m=2}^{\infty}e(mT)z^{-m}=z^{2}\left[\sum_{m=0}^{\infty}e(mT)z^{-m}-e(0)-e(T)z^{-1}\right]$$
$$=z^{2}\left[E(z)-\sum_{k=0}^{1}e(kT)z^{-k}\right]$$

取 $n=N$,必有

$$\mathcal{Z}[e(t+NT)]=z^{N}\left[E(z)-\sum_{k=0}^{N-1}e(kT)z^{-k}\right]$$

式(2-28)得证。

按照移动的方式,式(2-27)称为滞后定理,式(2-28)称为超前定理。其中,算子 z 有

明确的物理意义，z^{-k} 表示采样信号滞后 k 个采样周期，z^k 表示采样信号超前 k 个采样周期。

实数位移定理可以用来求取离散信号或离散函数的 z 变换，另外，在用 z 变换求解差分方程时经常用到，它可将差分方程转化为 z 域的代数方程，详见本书后面的内容。

例 2-7 试计算 $e^{-a(t-T)}$ 的 z 变换，其中 a 为常数。

解： 由实数位移定理可得

$$\mathcal{Z}[e^{-a(t-T)}] = z^{-1}\mathcal{Z}[e^{-at}] = z^{-1}\frac{z}{z-e^{-aT}} = \frac{1}{z-e^{-aT}}$$

例 2-8 已知 $e(t) = t - T$，求 $E(z)$。

解： $\mathcal{Z}[e(t)] = \mathcal{Z}[t-T] = z^{-1}\mathcal{Z}[t] = z^{-1}\dfrac{Tz}{(z-1)^2} = \dfrac{T}{(z-1)^2}$

3. 复数位移定理

若已知 $e(t)$ 的 z 变换为 $E(z)$，则有

$$\mathcal{Z}[e(t)e^{\mp at}] = E(ze^{\pm aT}) \tag{2-29}$$

式中，a 为常数。

证明： 由 z 变换定义可得

$$\mathcal{Z}[e(t)e^{\mp at}] = \sum_{k=0}^{\infty} e(kT)e^{\mp akT}z^{-k} = \sum_{k=0}^{\infty} e(kT)[ze^{\pm aT}]^{-k}$$

令 $z_1 = ze^{\pm aT}$，则有

$$\mathcal{Z}[e(t)e^{\mp at}] = \sum_{n=0}^{\infty} e(nT)z_1^{-n} = E(ze^{\pm aT})$$

复数位移定理的含义：函数 $e^*(t)$ 乘以指数序列 $e^{\mp akT}$ 的 z 变换，就等于在 $E(z)$ 中以 $ze^{\pm aT}$ 取代原算子 z。

例 2-9 已知 $e(t) = te^{-at}$，求 $E(z)$。

解： 由式(2-29)可得

$$\mathcal{Z}[e(t)] = \mathcal{Z}[te^{-at}] = E[ze^{aT}]$$

令 $e_1(t) = t$，则有

$$E_1[z] = \mathcal{Z}[e_1(t)] = \frac{Tz}{(z-1)^2}$$

所以可得

$$\mathcal{Z}[e(t)] = \frac{Tze^{aT}}{(ze^{aT}-1)^2} = \frac{Tze^{-aT}}{(z-e^{-aT})^2}$$

4. 初值定理

已知 $e(t)$ 的 z 变换为 $E(z)$，且有极限 $\lim\limits_{z\to\infty} E(z)$ 存在，则

$$\lim_{t\to 0}[e^*(t)] = \lim_{z\to\infty} E(z) \tag{2-30}$$

证明： 由 z 变换定义可得

$$E(z) = \sum_{k=0}^{\infty} e(kT)z^{-k} = e(0) + e(T)z^{-1} + e(2T)z^{-2} + \cdots$$

所以

$$\lim_{z \to \infty} E(z) = e(0) = \lim_{t \to 0} e^*(t)$$

得证。

5. 终值定理

若 $e(t)$ 的 z 变换为 $E(z)$，且函数序列 $e(kT)$ 为有限值（$k = 0, 1, 2, \cdots$）且极限 $\lim_{k \to \infty} e(kT)$ 存在，则函数序列的终值可由下式求得：

$$\lim_{k \to \infty} e(kT) = \lim_{z \to 1} (z - 1)E(z) \tag{2-31}$$

证明：由实数位移定理可得

$$\mathcal{Z}[e(t + T)] = zE(z) - ze(0)$$

又

$$\mathcal{Z}[e(t + T)] - \mathcal{Z}[e(t)] = \sum_{k=0}^{\infty} \{e[(k+1)T] - e(kT)\} z^{-k}$$

所以

$$\sum_{k=0}^{\infty} \{e[(k+1)T] - e(kT)\} z^{-k} = (z - 1)E(z) - ze(0)$$

上式两边取 $z \to 1$ 时的极限，可得

$$\lim_{z \to 1} \sum_{k=0}^{\infty} e[(k+1)T - e(kT)]z^{-k} = \sum_{k=0}^{\infty} \{e[(k+1)T] - e(kT)\}$$
$$= \lim_{z \to 1} [(z - 1)E(z) - e(0)]$$

当 $k = N$ 为有限项时，

$$\sum_{k=0}^{N} \{e[(k+1)T] - e(kT)\} = e[(N+1)T] - e(0)$$

令 $N \to \infty$，可得

$$\sum_{k=0}^{\infty} e\{[(k+1)T] - e(kT)\} = \lim_{N \to \infty} \{e[(N+1)T] - e(0)\} = \lim_{k \to \infty} e(kT) - e(0)$$

对照可得

$$\lim_{k \to \infty} e(kT) = \lim_{z \to 1} (z - 1)E(z)$$

得证。

终值定理在采样系统中的应用与 s 域的相同，都用于求取系统的稳态误差。

例 2-10 设 z 变换函数为

$$E(z) = \frac{0.792z^2}{(z - 1)(z^2 - 0.416z + 0.208)}$$

利用终值定理确定 $e(kT)$ 的终值。

解：由式(2-31)可得

$$\lim_{k \to \infty} e(kT) = \lim_{z \to 1} (z-1)E(z) = \lim_{z \to 1} \frac{0.792z^2}{z^2 - 0.416z + 0.208} = 1$$

6. 卷积定理

设 $x(kT)$ 和 $y(kT)$ 为离散信号，其 z 变换分别为 $X(z)$、$Y(z)$，其离散卷积

$$g(kT) = x(kT) * y(kT) = \sum_{n=0}^{\infty} x(nT)y[(k-n)T]$$

则有

$$G(z) = X(z)Y(z) \tag{2-32}$$

证明：由 z 变换定义可得

$$X(z) = \sum_{n=0}^{\infty} x(nT) \cdot z^{-n}$$

$$Y(z) = \sum_{k=0}^{\infty} y(kT) \cdot z^{-k}$$

则有

$$X(z)Y(z) = \sum_{n=0}^{\infty} x(nT) \cdot z^{-n} Y(z)$$

由实数位移定理可得

$$z^{-n}Y(Z) = Z\{y[(k-n)T] = \sum_{k=0}^{\infty} y[(k-n)T]z^{-k}$$

故

$$X(z)Y(z) = \sum_{n=0}^{\infty} x(nT) \sum_{k=0}^{\infty} y[(k-n)T]z^{-k}$$

交换求和次序：

$$X(z)Y(z) = \sum_{k=0}^{\infty} \left\{ \sum_{n=0}^{\infty} x(nT)y[(k-n)T] \right\} z^{-k}$$

$$= \sum_{k=0}^{\infty} \{x(kT) * y(kT)\}z^{-k}$$

$$= \mathcal{Z}[x(kT) * y(kT)]$$

又因为

$$G(z) = Z[g(kT)] = Z[x(kT) * y(kT)]$$

所以

$$X(z)Y(z) = G(z)$$

得证。

卷积定理的意义在于将两个采样函数卷积的 z 变换等价于函数 z 变换的乘积，给分析系统提供了极大方便。

2.4.4 z 反变换

z 反变换是已知 z 变换表达式 $E(z)$ 求相应离散序列 $e(kT)$ 的过程,记为 $e(kT)=\mathcal{Z}^{-1}[E(z)]$。

需要强调的是,由 z 反变换可得到离散信号在 $t=0,T,2T,\cdots$ 离散时刻的信息,但它并没有给出这些时刻之间的信息。

对于基本的函数可以直接查表求其 z 反变换。对于复杂的函数,获得 z 反变换需使用其他方法,主要的有以下三种方法:

1. 部分分式法

与拉普拉斯变换相似,把 z 变换函数式展开成部分分式,并且对每个分式分别做反变换。考虑在对每一个分式做反变换时通常要借助 z 变换表,而 z 变换表中所有 z 变换函数 $E(z)$ 在其分子上普遍都有因子 z,所以应将 $\dfrac{E(z)}{z}$ 展开为部分分式,然后将所得结果的每一项都乘以 z,即得 $E(z)$ 的部分分式展开式。

假设函数 $E(z)$ 可表示为

$$E(z)=\frac{N(z)}{D(z)}=\frac{N(z)}{(z-\mathrm{e}^{-a_1 T})(z-\mathrm{e}^{-a_2 T})\cdots(z-\mathrm{e}^{a_m T})} \tag{2-33}$$

把 $\dfrac{E(z)}{z}$ 按部分分式展开,可得

$$\frac{E(z)}{z}=\frac{k_1}{z-\mathrm{e}^{-a_1 T}}+\frac{k_2}{z-\mathrm{e}^{-a_2 T}}+\cdots+\frac{k_m}{z-\mathrm{e}^{-a_m T}} \tag{2-34}$$

式中,$k_1,k_2,\cdots,k_m$ 获得方法和拉普拉斯变换的相同。

则 z 反变换可以一部分一部分地得到,即

$$\mathcal{Z}^{-1}[E(z)]=\mathcal{Z}^{-1}\left[\frac{k_1 z}{z-\mathrm{e}^{-a_1 T}}\right]+\mathcal{Z}^{-1}\left[\frac{k_2 z}{z-\mathrm{e}^{-a_2 T}}\right]+\cdots+\mathcal{Z}^{-1}\left[\frac{k_m z}{z-\mathrm{e}^{-a_m T}}\right]$$

或

$$e(kT)=k_1\mathrm{e}^{-a_1 kT}+k_2\mathrm{e}^{-a_2 kT}+\cdots+k_m\mathrm{e}^{-a_m kT} \tag{2-35}$$

例 2-11 设 $E(z)=\dfrac{z}{(z-1)(z-\mathrm{e}^{-T})}$,求其 z 反变换。

解:按部分分式法展开 $\dfrac{E(z)}{z}$,即

$$\frac{E(z)}{z}=\frac{k_1}{z-1}+\frac{k_2}{z-\mathrm{e}^{-T}}$$

由于

$$k_1=\lim_{z\to 1}\left(\frac{z-1}{z}\right)E(z)=\frac{1}{1-\mathrm{e}^{-T}}$$

$$k_2=\lim_{z\to \mathrm{e}^{-T}}\left(\frac{z-\mathrm{e}^{-T}}{z}\right)E(z)=-\frac{1}{1-\mathrm{e}^{-T}}$$

将 k_1 和 k_2 表达式代入可得

$$E(z) = \frac{1}{1 - e^{-T}}\left[\frac{z}{z-1} - \frac{z}{z - e^{-T}}\right]$$

查 z 变换表，其反变换为

$$e(kT) = \frac{1}{1 - e^{-T}}\left[1 - e^{-kT}\right]$$

当 $E(z)$ 具有重极点时，系数的获得方法与拉普拉斯变换相似。

2. 幂级数法

幂级数法又称为长除法，通过对 z 变换函数 $E(z)$ 做综合除法，可以得 $E(z)$ 的幂级数展开式，即

$$E(z) = e_0 + e_1 z^{-1} + e_2 z^2 + \cdots \tag{2-36}$$

而根据 z 变换定义，由式(2-36)可直接求得 $e^*(t)$ 的脉冲序列表达式为

$$e^*(t) = e_0\delta(t) + e_1\delta(t - T) + e_2\delta(t - 2T) + \cdots \tag{2-37}$$

例 2-12 设 $E(z) = \dfrac{z^2 - 2z - 1}{z^2 + 3z - 3}$，试用幂级数法求 $E(z)$ 的 z 反变换。

解： $E(z) = \dfrac{z^2 + 2z - 1}{z^2 + 3z - 3}$

利用长除法可得

$$E(z) = 1 - z^{-1} + 5z^{-2} - 18z^{-3} + \cdots$$

故其反变换为

$$e^*(t) = \delta(t) - \delta(t - T) + 5\delta(t - 2T) - 18\delta(t - 3T) + \cdots$$

3. 反演积分法

由式(2-24)可得

$$\begin{aligned} E(z) &= \sum_{k=0}^{\infty} e(kT)z^{-k} \\ &= e(0) + e(T)z^{-1} + e(2T)z^{-2} + \cdots + e(kT)z^{-k} + \cdots \end{aligned} \tag{2-38}$$

若已知 $e(kT)(k = 0, 1, 2, \cdots)$，则相应可得其 z 反变换，即

$$e^*(t) = e(0)\delta(t) + e(T)\delta(t - T) + e(2T)\delta(t - 2T) + \cdots + e(kT)\delta(t - kT) + \cdots$$

为了求得 $e(kT)$，可采用积分方式，因为在求积分值时需用到柯西留数定理，故也称留数法。

为了推导 $e(kT)$，在式(2-38)等号两端乘以 z^{k-1}，可得

$$E(z)z^{k-1} = e(0)z^{k-1} + e(T)z^{k-2} + e(2T)z^{k-3} + \cdots + e(kT)z^{-1} + \cdots \tag{2-39}$$

设 Γ 为 z 平面上包含 $E(z)z^{k-1}$ 全部极点的封闭曲线，且设沿 Γ 反时针方向对式(2-39)等号两端同时积分，可得

$$\begin{aligned} \oint_\Gamma E(z)z^{k-1}\mathrm{d}z = {}& \oint_\Gamma e(0)z^{k-1}\mathrm{d}z + \oint_\Gamma e(T)z^{k-2}\mathrm{d}z + \\ & \oint_\Gamma e(2T)z^{k-3}\mathrm{d}z + \cdots + \oint_\Gamma e(kT)z^{-1}\mathrm{d}z + \cdots \end{aligned} \tag{2-40}$$

由复变函数论可知,对于围绕原点的积分闭合回路 Γ,有如下关系式:

$$\oint_\Gamma z^{n-k-1}\mathrm{d}z = \begin{cases} 0, & k \neq n \\ 2\pi\mathrm{j}, & k = n \end{cases}$$

故在式(2-40)等号右端,除 $\oint_\Gamma e(kT)z^{-1}\mathrm{d}z = e(kT)2\pi\mathrm{j}$ 外,其余各项均为零。由此得到反演积分公式为

$$e(kT) = \frac{1}{2\pi\mathrm{j}}\oint_\Gamma E(z)z^{k-1}\mathrm{d}z \tag{2-41}$$

根据柯西留数定理:设函数 $E(z)z^{k-1}$ 除有限个极点 $z_1, z_2, \cdots, z_n$ 外,在域 G 上是解析的,如果有闭合路径 Γ 包含了这些极点,则有

$$e(kT) = \frac{1}{2\pi\mathrm{j}}\oint_\Gamma E(z)z^{k-1}\mathrm{d}z = \sum_{i=1}^{n}\mathrm{Rs}[E(z)z^{k-1}]_{z \to z_i} \tag{2-42}$$

式中,$\mathrm{Res}[E(z)z^{k-1}]_{z \to z_i}$ 表示函数 $E(z)z^{k-1}$ 在极点 z_i 处的留数。其计算方法如下:

若 $z_i(i=1,2,\cdots,n)$ 为单极点,则有

$$\mathrm{Res}[E(z)z^{k-1}]_{z \to z_i} = \lim_{z \to z_i}[(z - z_i)E(z)z^{k-1}] \tag{2-43}$$

若 $E(z)z^{k-1}$ 有 n 阶重极点 z_i,则有

$$\mathrm{Res}[E(z)z^{k-1}]_{z \to z_i} = \frac{1}{(n-1)!}\lim_{z \to z_i}\frac{\mathrm{d}^{n-1}[(z - z_i)^n E(z)z^{k-1}]}{\mathrm{d}z^{n-1}} \tag{2-44}$$

由此,$e(kT)$ 可求。

例 2-13 求 $E(z) = \dfrac{z}{(z+1)(z+2)}$ 的 z 反变换。

解:采用留数法,此处 $E(z)$ 有两个单极点,分别为 $z_1 = -1$,$z_2 = -2$。且

$$\mathrm{Res}[E(z)z^{k-1}]_{z \to z_1} = \lim_{z \to -1}[(z+1)E(z)z^{k-1}]$$

$$= \lim_{z \to -1}\frac{z^k}{z+2} = (-1)^k$$

$$\mathrm{Res}[E(z)z^{k-1}]_{z \to z_2} = \lim_{z \to -2}[(z+2)E(z)z^{k-1}]$$

$$= \lim_{z \to -2}\frac{z^k}{z+1} = -(-2)^k$$

由式(2-42)可得

$$e(kT) = \sum_{i=1}^{2}\mathrm{Res}[E(z)z^{k-1}]_{z \to z_i} = (-1)^k - (-2)^k$$

则 $e(0) = 0$,$e(T) = 1$,$e(2T) = -3$,以此类推。

故其 z 反变换为

$$e^*(t) = \delta(t - T) - 3\delta(t - 2T) + \cdots$$

2.5 离散系统的差分方程模型

线性离散系统的数学模型和连续系统类似,有差分方程、脉冲传递函数和离散状态空间表达式。脉冲传递函数将在 2.6 节介绍,状态空间表达式将在后面讲述,现在着重介绍离散系统的差分方程模型及如何用 z 变换法求解差分方程。

连续系统可以采用微分方程的形式描述,其中包含连续自变量的函数及其导数;对于离散系统不存在微分,而是用离散自变量的函数以及前后采样时刻离散信号之间的关系来刻画离散控制系统的行为,由此建立起来的方程称为差分方程,它是描述离散系统的基本形式。

离散系统分为多种,本书所讨论的主要是线性定常离散系统,该系统输入与输出的变换关系是线性的,即满足叠加定理,且输入与输出关系不随时间改变,描述线性定常离散系统的方程即线性常系数差分方程。

2.5.1 差分方程

对于一个单输入单输出的线性离散系统,输入脉冲序列用 $r(kT)$ 表示,输出脉冲序列用 $c(kT)$ 表示,且为了简便一般写为 $r(k)$ 或 $c(k)$。显然,kT 时刻的输出 $y(k)$ 除了与此时的输入 $r(k)$ 有关,还与过去采样时刻的输入 $r(k-1)$,$r(k-2)$,$\cdots$ 有关,也与此时刻之前的输出 $c(k-1)$、$c(k-2)$ 有关,用方程描述为

$$c(k) + a_1 c(k-1) + a_2 c(k-2) + \cdots + a_n c(k-n)$$
$$= b_0 r(k) + b_1 r(k-1) + \cdots + b_m r(k-m)$$

上式又可表示为

$$c(k) = -\sum_{i=1}^{n} a_i c(k-i) + \sum_{j=0}^{m} b_j r(k-j) \quad (m \leqslant n) \tag{2-45}$$

式中,a_i、b_j 均为常系数。

式(2-45)称为 n 阶线性常系数差分方程,它在数学上代表一个线性定常离散系统。

对应于同一个系统,也可以用向前差分表示为

$$c(k+n) + a_1 c(k+n-1) + a_2 c(k+n-2) + \cdots + a_n c(k)$$
$$= b_0 r(k+m) + b_1 r(k+m-1) + \cdots + b_m r(k)$$

常系数线性差分方程的求解方法有经典法、迭代法和 z 变换法。与微分方程的经典解法类似,差分方程的经典解法也要求出齐次方程的通解和非齐次方程的一个特解,非常不便。迭代法非常适合在计算机上求解,已知差分方程并且给定输入序列和输出序列的初值,可以利用递推关系在计算机上一步一步地计算出输出序列。

2.5.2 差分方程的迭代求解

下面用一个例题说明差分方程迭代求解的过程。

例 2-14 已知差分方程 $c(k+2) + 3c(k+1) + 2c(k) = r(k)$,且设初始条件 $c(0)=0$,$c(1)=1$,$r(k)=1$,试求 $c(k)$。

解：由已知条件 $c(0)=0,c(1)=1,r(k)=1$，则代入差分方程中可得

$$c(2)=-3c(1)-2c(0)+r(0)=-2$$
$$c(3)=-3c(2)-2c(1)+r(1)=5$$
$$c(4)=-3c(3)-2c(2)+r(2)=-10$$
$$\cdots$$

以此类推，即可得到 k 为任意值时的 $c(k)$ 值。

通常，迭代法只能求得 k 的有限项对应的 $c(k)$ 值，不能得到 $c(k)$ 解的闭合形式。

2.5.3　用 z 变换法求解差分方程

用 z 变换法求解差分方程的实质和用拉普拉斯变换解微分方程类似，对差分方程两端取 z 变换，并利用 z 变换的实数位移定理，得到以 z 为变量的代数方程，然后对代数方程的解 $C(z)$ 取 z 反变换，求得输出序列 $c(k)$。

例 2-15　试用 z 变换法解下列二阶差分方程：

$$c(k+2)+3c(k+1)+2c(k)=r(k)$$

设初始条件 $c(0)=0,c(1)=1,r(k)=1$。

解：对差分方程的每一项进行 z 变换，根据实数位移定理可得

$$\mathscr{Z}[c(k+2)]=z^2C(z)-z^2c(0)-zc(1)=z^2C(z)-z$$
$$\mathscr{Z}[3c(k+1)]=3zC(z)-3c(0)=3zC(z)$$
$$\mathscr{Z}[2c(k)]=2C(z)$$

于是，差分方程转换为 z 的代数方程，即

$$(z^2+3z+2)C(z)=z+\frac{z}{z-1}$$

$$C(z)=\frac{z}{z^2+3z+2}+\frac{z}{(z-1)(z^2+3z+2)}$$

$$=\frac{\frac{1}{6}z}{z-1}+\frac{\frac{1}{2}z}{z+1}+\frac{-\frac{2}{3}z}{z+2}$$

查 z 变换表，求出 z 反变换：

$$c^*(t)=\sum_{k=0}^{\infty}\left[\frac{1}{6}+\frac{1}{2}(-1)^k-\frac{2}{3}(-2)^k\right]\delta(t-kT)$$

即

$$c(k)=\frac{1}{6}+\frac{1}{2}(-1)^k-\frac{2}{3}(-2)^k\quad(k=0,1,2,\cdots)$$

2.6　脉冲传递函数

离散系统的数学模型有三种形式，脉冲传递函数是其中的一种。如果说差分方程对应于连续系统的微分方程，那么脉冲传递函数对应于连续系统的传递函数，它是对离散系统的数学描述，直接反映了离散系统的特征。

2.6.1　脉冲传递函数的定义

连续系统的传递函数定义为零初始条件下输出量的拉普拉斯变换与输入量的拉普拉斯变换之比。对于离散系统,脉冲传递函数定义为零初始条件下系统输入采样信号的 z 变换与输出采样信号的 z 变换之比。

以图 2-24 为例,若系统的初始条件为零,输入信号为 $r(t)$,采样后 $r^*(t)$ 的 z 变换函数为 $R(z)$,系统连续部分的输出为 $c(t)$,采样后 $c^*(t)$ 的 z 变换函数为 $C(z)$,则线性定常离散系统的脉冲传递函数定义为零初始条件下系统输入采样信号的 z 变换与输出采样信号的 z 变换之比,记作

$$G(z) = \frac{C(z)}{R(z)} \tag{2-46}$$

此处,零初始条件是指 $t < 0$ 时输入脉冲序列各采样值 $r(-T), r(-2T), \cdots$ 及输出脉冲序列各采样值 $c(-T), c(-2T), \cdots$ 均为零。

由式(2-46)可知,如果已知系统的脉冲传递函数 $G(z)$ 及输入信号的 z 变换 $R(z)$,那么输出的采样信号为

$$c^*(t) = \mathcal{Z}^{-1}[C(z)] = \mathcal{Z}^{-1}[G(z)R(z)] \tag{2-47}$$

可见与连续系统类似,求解 $c^*(t)$ 的关键是求出系统的脉冲传递函数。

对于大多数实际系统来说,其输出信号往往是连续信号 $c(t)$ 而不是采样信号 $c^*(t)$,如图 2-25 所示。

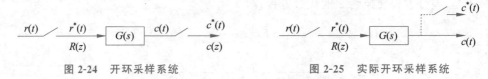

<table>
<tr><td>图 2-24　开环采样系统</td><td>图 2-25　实际开环采样系统</td></tr>
</table>

此时,$C(s) = R^*(s)G(s)$,其中 $R^*(s)$ 是 $R(s)$ 的离散变换式。由式(2-11),即采样信号的性质 3 可得

$$C^*(s) = [R^*(s)G(s)]^* = R^*(s)G^*(s)$$

由采样信号拉普拉斯变换与 z 变换的对应关系可得

$$C(z) = R(z)G(z)$$

可见,通过求得系统的脉冲传递函数 $G(z)$,可以求得 $C(z)$,然后可通过 z 反变换求得 $c^*(t)$,此时求出的只是输出连续信号 $c(t)$ 的采样值。实际上,常在输出端虚设一个采样开关,如图 2-25 中虚线所示,它与输入采样开关同步工作,并且具有相同的采样周期,其输出即为输出连续信号 $c(t)$ 的采样值 $c^*(t)$。若系统实际输出 $c(t)$ 比较平滑且采样频率较高,则可用求得的 $c^*(t)$ 近似估计输出的连续信号 $c(t)$。但必须注意的是此时得到的只是输出信号 $c(t)$ 的采样离散值 $c^*(t)$,而不是 $c(t)$。

2.6.2　脉冲传递函数的物理意义

对于如图 2-24 所示的线性定常离散系统,当输入信号为单位脉冲函数 $\delta(t)$ 时,其输

出即为系统的单位脉冲响应 $g(t)$，若输入信号为 $\delta(t-a)$，则输出信号为 $g(t-a)$。

现在考虑输入信号为一脉冲序列，即

$$r^*(t)=r(0)\delta(t)+r(T)\delta(t-T)+r(2T)\delta(t-2T)+\cdots$$

则 $0 \leqslant t < T$ 时，只有 $r(0)$ 脉冲起作用。因此，在这段时间内

$$c(t)=r(0)g(t) \quad (0 \leqslant t < T)$$

将 $t=0$ 代入上式可得

$$c(0)=r(0)g(0)$$

当 $T \leqslant t < 2T$ 时，只有 $r(0)$ 及 $r(T)$ 起作用，此时有

$$c(t)=r(0)g(t)+r(T)g(t-T) \quad (T \leqslant t < 2t)$$

将 $t=T$ 代入上式可得

$$c(T)=r(0)g(T)+r(T)g(0)$$

同理，当 $2T \leqslant t < 3T$ 时，可得

$$c(2T)=r(0)g(2T)+r(T)g(T)+r(2T)g(0)$$

以此类推，当 $kT \leqslant t < (k+1)T$ 时，可得

$$c(kT)=\sum_{n=0}^{k}r(nT)g[(k-n)T]$$

由于当 $t<0$ 时，$g(t)=0$，故 $n>k$ 时，$g[(k-n)T]=0$。所以

$$c(kT)=\sum_{n=0}^{\infty}r(nT)g[(k-n)T]$$

可见

$$c(kT)=g(kT)*r(kT)$$

由 z 变换的卷积和性质可得

$$C(z)=G(z)R(z)$$

$$G(z)=\frac{C(z)}{R(z)}=\sum_{n=0}^{\infty}g(nT)z^{-n} \tag{2-48}$$

由此可见，$G(z)$ 是系统单位脉冲响应离散信号 $g^*(t)$ 的 z 变换，即

$$G(z)=\mathcal{Z}[g^*(t)] \tag{2-49}$$

脉冲传递函数由此得名。

2.6.3　脉冲传递函数与差分方程

若描述线性定常离散系统的差分方程如式(2-45)所示，即

$$c(k)=-\sum_{i=1}^{n}a_i c(k-i)+\sum_{j=0}^{m}b_j r(k-j)$$

则在零初始条件下，对上式进行 z 变换，并依照 z 变换的实数位移定理，可得

$$C(z)=-\sum_{i=1}^{n}a_i C(z)z^{-i}+\sum_{j=0}^{m}b_j R(z)z^{-j}$$

对上式进行整理，可得

$$G(z) = \frac{C(z)}{R(z)} = \frac{\sum\limits_{j=0}^{m} b_j z^{-j}}{1 + \sum\limits_{i=1}^{n} a_i z^{-i}} \qquad (2\text{-}50)$$

这就是系统脉冲传递函数与差分方程的关系。

$$D(z) = 1 + \sum_{i=1}^{n} a_i z^{-i} = 0$$

称为离散系统脉冲传递函数的特征方程,由该方程解出的根称为特征根。

例 2-16　试求下列二阶差分方程的脉冲传递函数:

$$c(k+2) + 3c(k+1) + 2c(k) = r(k)$$

解:对差分方程的每一项进行 z 变换并取零初始条件,根据实数位移定理可得

$$(z^2 + 3z + 2)C(z) = R(z)$$

所以对应的脉冲传递函数为

$$G(z) = \frac{C(z)}{R(z)} = \frac{1}{z^2 + 3z + 2}$$

特征方程为

$$D(z) = z^2 + 3z + 2$$

特征根为

$$z^2 + 3z + 2 = 0$$

解得 $z_1 = -1, z_2 = -2$。

2.6.4　脉冲传递函数的求法

脉冲传递函数可以根据定义进行求得,但更简便的方法是通过其对应的传递函数 $G(s)$ 求得。

如果已知连续系统或元件的传递函数 $G(s)$,由式(2-49)可知

$$G(z) = \mathcal{Z}[g^*(t)]$$

又

$$g(t) = L^{-1}[G(s)]$$

取其离散值可得 $g^*(t)$,则可求 $G(z)$ 得。

为简便起见,也可直接从 z 变换表中查得 $G(s)$ 对应的 z 变换 $G(z)$。若 $G(s)$ 为阶次较高的有理分式函数,在 z 变换表中找不到相应的 $G(z)$,则可将 $G(s)$ 展成部分分式,查各部分分式对应的 z 变换,从而求得 $G(z)$。

为书写方便,这一过程常表示为

$$G(z) = \mathcal{Z}[G(s)]$$

注意 $G(z)$ 实际对应的是 $g^*(t)$ 的 z 变换。

例 2-17　设某环节的差分方程为

$$c(kT) = r[(k-n)T]$$

试求其脉冲传递函数 $G(z)$。

解：对差分方程取 z 变换，并由实数位移定理可得

$$C(z) = z^{-n} R(z)$$

所以

$$G(z) = \frac{C(z)}{R(z)} = z^{-n}$$

当 $n=1$ 时，$G(z) = z^{-1}$。在离散系统中其物理意义是代表一个延迟环节，它把输入序列右移一个采样周期后再输出。

例 2-18　设图 2-24 所示开环系统中

$$G(s) = \frac{a}{s(s+a)}$$

试求相应的脉冲传递函数 $G(z)$。

解：按照由 $G(s)$ 求 $G(z)$ 的方法，先把 $G(s)$ 分解为部分分式，即

$$G(s) = \frac{1}{s} - \frac{1}{s+a}$$

则有

$$G(z) = \mathcal{Z}[G(s)] = \mathcal{Z}\left[\frac{1}{s}\right] - \mathcal{Z}\left[\frac{1}{s+a}\right] = \frac{z}{z-1} - \frac{z}{z-e^{-aT}} = \frac{z(1-e^{-aT})}{(z-1)(z-e^{-aT})}$$

2.6.5　开环系统脉冲传递函数

1. 有串联环节时的开环系统脉冲传递函数

若开环离散系统由两个或两个以上的串联环节组成，则其脉冲传递函数的求法必须考虑以下两种情况：

1）串联环节之间有采样开关。

如图 2-26 所示，在两个串联连续环节 $G_1(s)$ 和 $G_2(s)$ 之间有理想采样开关隔开。

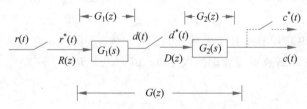

图 2-26　串联环节之间有采样开关的开环离散系统

由脉冲传递函数定义可得

$$D(z) = R(z)G_1(z)$$

$$C(z) = D(z)G_2(z)$$

所以

$$C(z) = R(z)G_1(z)G_2(z)$$

即开环系统脉冲传递函数为

$$G(z) = G_1(z)G_2(z) \tag{2-51}$$

上式表明,由理想采样开关隔开的两个线性环节串联时的脉冲传递函数等于这两个环节各自的脉冲传递函数之积。该结论可推广到 n 个环节串联的情况。

2) 串联环节之间无采样开关

如图 2-27 所示,在两个串联连续环节 $G_1(s)$ 和 $G_2(s)$ 之间无理想采样开关。

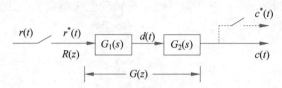

图 2-27 串联环节之间无采样开关的开环采样系统

由图 2-27 可见

$$D(s) = R^*(s)G_1(s)$$

$$C(s) = D(s)G_2(s)$$

$$C(s) = R^*(s)G_1(s)G_2(s)$$

对 $C(s)$ 取离散化,并由采样拉普拉斯变换的性质可得

$$C^*(s) = R^*(z)[G_1G_2(s)]^*$$

取 z 变换,可得

$$C(z) = R(z)G_1G_2(z)$$

即

$$G(z) = G_1G_2(z) \tag{2-52}$$

上式表明,没有理想采样开关隔开的两个线性连续环节串联时的脉冲传递函数等于这两个环节传递函数乘积后的相应 z 变换。该结论同样可推广到类似的 n 个环节串联时的情况。

通常情况下,$G_1(z)G_2(z) \neq G_1G_2(z)$,因此考查有串联环节开环系统的脉冲传递函数时,必须区别其串联环节间有无采样开关。

例 2-19 设开环离散系统分别如图 2-26 和图 2-27 所示,图中

$$G_1(s) = \frac{1}{s}, \quad G_2(s) = \frac{a}{s+a}$$

试分别求其开环系统的脉冲传递函数。

解:对图 2-26 所示的系统,有

$$G(z) = G_1(z)G_2(z) = \mathcal{Z}[G_1(s)]\,\mathcal{Z}[G_2(s)]$$

$$= \frac{z}{z-1}\frac{az}{z-\mathrm{e}^{-aT}} = \frac{az^2}{(z-1)(z-\mathrm{e}^{-aT})}$$

对图 2-27 所示的系统,有

$$G(z) = G_1G_2(z) = \mathcal{Z}[G_1(s)G_2(s)]$$

$$= \mathcal{Z}\left[\frac{1}{s}\frac{a}{s+a}\right] = \mathcal{Z}\left[\frac{1}{s} - \frac{1}{s+a}\right]$$

$$= \mathcal{Z}\left[\frac{1}{s}\right] - \mathcal{Z}\left[\frac{1}{s+a}\right] = \frac{z}{z-1} - \frac{z}{z-\mathrm{e}^{-aT}}$$

$$= \frac{z(1-\mathrm{e}^{-aT})}{(z-1)(z-\mathrm{e}^{-aT})}$$

显然

$$G_1G_2(z) \neq G_1(z)G_2(z)$$

2. 有零阶保持器时的开环系统脉冲传递函数

开环离散系统中包含零阶保持器和连续环节串联的结构如图 2-28 所示。

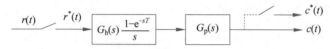

图 2-28　有零阶保持器的开环离散系统

图 2-28 中，$G_h(s)$ 为零阶保持器的传递函数，$G_p(s)$ 为连续环节的传递函数。由于 $G_h(s)$ 不是 s 的有理分式，所以通常的由 $G(s)$ 求 $G(z)$ 的方法无法使用，应做一些变换，变换方法如图 2-29 所示。

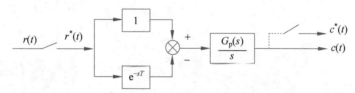

图 2-29　有零阶保持器的开环离散系统等效图

由图 2-29 可以看出，其和图 2-28 是等效的。在图 2-29 中，$c^*(t)$ 为两个分量之和。$c_1^*(t)$ 是 $r^*(t)$ 由 $\dfrac{G_p(s)}{s}$ 环节所产生的响应分量，$c_2^*(t)$ 是 $r^*(t)$ 经 $-\mathrm{e}^{-sT}\dfrac{G_p(s)}{s}$ 环节所产生的响应分量，且可设

$$G_0(s) = \frac{G_p(s)}{s}$$

则有

$$C_1(s) = R^*(s)G_0(s)$$

由采样信号拉普拉斯变换的性质 3 可知

$$C_1^*(s) = R^*(s)G_0^*(s)$$

取 z 变换可得

$$C_1(z) = R(z)G_0(z)$$

又

$$C_2(s) = -R^*(s)\mathrm{e}^{-sT}G_0(s)$$

$$C_2{}^*(s) = -R^*(s)\left[e^{-sT}G_0(s)\right]^*$$

式中：e^{-sT} 可视为延迟一个采样周期的延迟环节。

由拉普拉斯变换的位移定理及 z 变换的实数位移定理可得

$$\mathcal{Z}\left[e^{-sT}G_0(s)\right] = \mathcal{Z}\left[G_0(s-T)\right] = z^{-1}G_0(z)$$

所以

$$C_2(z) = -R(z)G_0(z)z^{-1}$$

$$C(z) = C_1(z) + C_2(z) = (1 - z^{-1})G_0(z)R(z)$$

则相应的系统脉冲传递函数为

$$G(z) = (1 - z^{-1})G_0(z) = (1 - z^{-1})\mathcal{Z}\left[\frac{G_p(s)}{s}\right] \tag{2-53}$$

例 2-20 如图 2-28 所示的离散系统，图中

$$G_p(s) = \frac{a}{s(s+a)}$$

求系统的脉冲传递函数 $G(z)$。

解：$\mathcal{Z}\left[\dfrac{G_p(s)}{s}\right] = \mathcal{Z}\left[\dfrac{a}{(s+a)s^2}\right] = \mathcal{Z}\left[\dfrac{1}{s^2} - \dfrac{1}{a}\left(\dfrac{1}{s} - \dfrac{1}{s+a}\right)\right]$

$$= \frac{Tz}{(z-1)^2} - \frac{1}{a}\left(\frac{z}{z-1} - \frac{z}{z-e^{-aT}}\right)$$

$$= \frac{\dfrac{1}{a}z\left[(e^{-aT}+aT-1)z + (1-aTe^{-aT}-e^{-aT})\right]}{(z-1)^2(z-e^{-aT})}$$

由式（2-53）可得

$$G(z) = (1 - z^{-1})\mathcal{Z}\left[\frac{G_p(s)}{s}\right] = \frac{\dfrac{1}{a}\left[(e^{-aT}+aT-1)z + (1-aTe^{-aT}-e^{-aT})\right]}{(z-1)(z-e^{-aT})}$$

例 2-21 如图 2-30 所示开环系统，图中 $D(z)$ 对应的差分方程为

$$m(kT) = 2e(kT) - e((k-1)T), \quad G_p(s) = \frac{1}{s+1}$$

求系统的开环脉冲传递函数 $G(z)$。

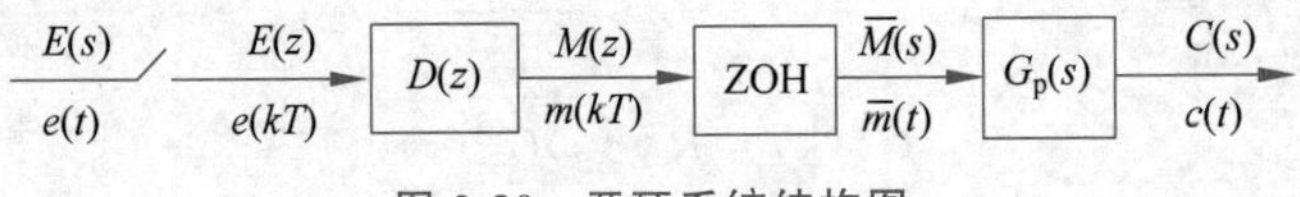

图 2-30 开环系统结构图

解：对差分方程 $m(kT) = 2e(kT) - e[(k-1)T]$ 进行 z 变换，并取初始条件为 0，可得

$$D(z) = \frac{M(z)}{E(z)} = 2 - z^{-1}$$

考虑零阶保持器和 $G_p(s)$ 构成的环节的脉冲传递函数 $G_1(z)$，首先求

$$\mathscr{Z}\left[\frac{G_p(s)}{s}\right] = \mathscr{Z}\left[\frac{1}{(s+1)s}\right] = \mathscr{Z}\left[\frac{1}{s} - \frac{1}{s+1}\right]$$

$$= \mathscr{Z}\left[\frac{1}{s}\right] - \mathscr{Z}\left[\frac{1}{s+1}\right] = \frac{z}{z-1} - \frac{z}{z-e^{-T}}$$

由式(2-53)可得

$$G_1(z) = (1-z^{-1})\,\mathscr{Z}\left[\frac{G_p(s)}{s}\right] = \frac{z-1}{z}\left(\frac{z}{z-1} - \frac{z}{z-e^{-T}}\right) = 1 - \frac{z-1}{z-e^{-T}} = \frac{1-e^{-T}}{z-e^{-T}}$$

由脉冲函数的定义可得

$$M(z) = E(z)D(z)$$

$$C(z) = M(z)G_1(z) = E(z)D(z)G_1(z)$$

所以开环系统的脉冲传递函数为

$$G(z) = \frac{C(z)}{E(z)} = D(z)G_1(z) = \frac{(2z-1)(1-e^{-T})}{z(z-e^{-T})}$$

2.6.6 闭环离散系统脉冲传递函数

由于在闭环离散系统中采样器的位置有多种放置方式,因此闭环离散系统没有唯一的结构图形式。

1. 不考虑干扰信号的影响

图 2-31 是一种比较常见的误差采样闭环离散系统结构,此处没有考虑干扰信号对系统的影响。

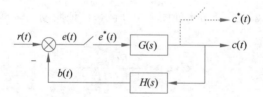

图 2-31 误差采样闭环离散系统

由图 2-31 可见,连续输出信号和误差信号拉普拉斯变换的关系为

$$C(s) = G(s)E^*(s)$$

又

$$E(s) = R(s) - H(s)C(s)$$

因此,有

$$E(s) = R(s) - H(s)G(s)E^*(s)$$

于是,误差采样信号 $e^*(t)$ 的拉普拉斯变换

$$E^*(s) = R^*(s) - HG^*(s)E^*(s)$$

整理可得

$$E^*(s) = \frac{R^*(s)}{1 + HG^*(s)} \tag{2-54}$$

由于

$$C^*(s) = [G(s)E^*(s)]^* = G^*(s)E^*(s) = \frac{G^*(s)}{1+HG^*(s)}R^*(s) \qquad (2\text{-}55)$$

所以对式(2-54)及式(2-55)取 z 变换,可得

$$E(z) = \frac{1}{1+HG(z)} R(z) \qquad (2\text{-}56)$$

$$C(z) = \frac{G(z)}{1+HG(z)} R(z) \qquad (2\text{-}57)$$

根据式(2-56),定义

$$\phi_e(z) = \frac{E(z)}{R(z)} = \frac{1}{1+HG(z)} \qquad (2\text{-}58)$$

为闭环离散系统对于输入量的误差脉冲传递函数。

根据式(2-57),定义

$$\phi(z) = \frac{C(z)}{R(z)} = \frac{G(z)}{1+HG(z)} \qquad (2\text{-}59)$$

为闭环离散系统对于输入量的脉冲传递函数。

式(2-58)和式(2-59)是研究闭环离散系统时常用的两个闭环脉冲传递函数。与连续系统相类似,令 $\phi(z)$ 或 $\phi_e(z)$ 的分母多项式为零,便可得到闭环离散系统的特征方程

$$D(z) = 1 + GH(z) = 0 \qquad (2\text{-}60)$$

通过以上方法可以推导出采样器处于不同位置的其他闭环离散系统的脉冲传递函数。

例 2-22 设闭环离散系统结构如图 2-32 所示,试证明输出采样信号的 z 变换函数为

$$C(z) = \frac{RG(z)}{1+GH(z)}$$

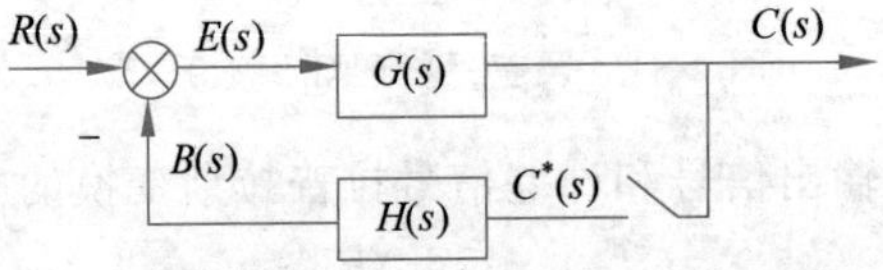

图 2-32 闭环离散系统

解:由图 2-32 可见

$$C(s) = E(s)G(s)$$

$$E(s) = R(s) - H(s)C^*(s)$$

所以

$$C(s) = [R(s) - H(s)C^*(s)]G(s) = RG(s) - HG(s)C^*(s)$$

对其采样后,可得

$$C^*(s) = RG^*(s) - HG^*(s)C^*(s)$$

做 z 变换并整理,可得

$$C(z) = \frac{RG(z)}{1 + HG(z)}$$

由上式可见,本题中解不出 $\dfrac{C(z)}{R(z)}$,因此无法得到离散系统的闭环脉冲传递函数,而只能得到输出采样信号的 z 变换 $C(z)$,从而求得 $c^*(t)$,这在离散系统中是很普遍的。

例 2-23 考虑图 2-33 所示的多环系统,求系统的输出 $C(z)$ 的表达式。

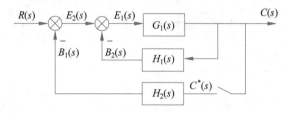

图 2-33 多环采样数据系统

解:由图 2-33 可见,$G_1(s)$ 和 $H_1(s)$ 构成一个反馈环节,化简可得

$$C(s) = \frac{E_2(s)G_1(s)}{1 + H_1(s)G_1(s)}$$

又

$$E_2(s) = R(s) - H_2(s)C^*(s)$$

代入可得

$$C(s) = \frac{R(s)G_1(s) - H_2(s)G_1(s)C^*(s)}{1 + H_1(s)G_1(s)}$$

对其取离散变换,可得

$$C^*(s) = \frac{RG_1^*(s) - H_2G_1^*(s)C^*(s)}{1 + H_1G_1^*(s)}$$

求 z 变换并整理,可得

$$C(z) = \frac{RG_1(z)}{1 + H_1G_1(z) + H_2G_1(z)}$$

典型闭环离散系统及输出 z 变换 $C(z)$ 可参考表 2-2 所列。

表 2-2 典型闭环离散系统及输出 z 变换函数

系统结构图	$c(z)$ 计算式
$R(s) \rightarrow \otimes \rightarrow / \rightarrow G(s) \rightarrow C(s)$，$H(s)$ 反馈	$\dfrac{G(z)R(z)}{1 + GH(z)}$
$R(s) \rightarrow \otimes \rightarrow G_1(s) \rightarrow / \rightarrow G_2(s) \rightarrow C(s)$，$H(s)$ 反馈	$\dfrac{RG_1(z)G_2(z)}{1 + G_2HG_1(z)}$

系统结构图	$c(z)$计算式
R(s) ⊗ G(s) C(s), H(s)	$\dfrac{G(z)R(z)}{1+G(z)H(z)}$
R(s) ⊗ G₁(s) G₂(s) C(s), H(s)	$\dfrac{G_1(z)G_2(z)R(z)}{1+G_1(z)G_2H(z)}$
R(s) ⊗ G₁(s) G₂(s) G₃(s) C(s), H(s)	$\dfrac{RG_1(z)G_2(z)G_3(z)}{1+G_2(z)G_1G_3H(z)}$
R(s) ⊗ G(s) C(s), H(s)	$\dfrac{RG(z)}{1+HG(z)}$
R(s) ⊗ G(s) C(s), H(s)	$\dfrac{R(z)G(z)}{1+G(z)H(z)}$

2. 考虑干扰信号的影响

考虑系统中干扰信号的影响,干扰信号 $n(t)$ 的加入位置如图 2-34 所示。

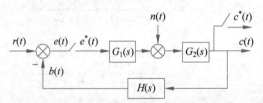

图 2-34　包含干扰信号的误差采样闭环离散系统

由图 2-34 可见,若输入信号 $r(t)=0$,只考虑干扰信号的作用,则干扰信号和输出信号拉普拉斯变换的关系为

$$C(s)=[N(s)+E^*(s)G_1(s)]G_2(s)$$

又

$$E(s)=R(s)-H(s)C(s)=-H(s)C(s)$$

将 $C(s)$ 代入可得

$$E(s)=-H(s)G_2(s)N(s)-E^*(s)H(s)G_1(s)G_2(s)$$

于是,误差采样信号 $e^*(t)$ 的拉普拉斯变换为

$$E^*(s)=-[H(s)G_2(s)N(s)]^*-E^*(s)[H(s)G_1(s)G_2(s)]^*$$

整理可得

$$E^*(s) = \frac{-HG_2N^*(s)}{1 + HG_1G_2^*(s)}$$

所以

$$E(z) = -\frac{HG_2N(z)}{1 + HG_1G_2(z)}$$

由于

$$C^*(s) = [N(s)G_2(s) + E^*(s)G_1(s)G_2(s)]^* = NG_2^*(s) + E^*(s)G_1G_2^*(s)$$

可得

$$C(z) = NG_2(z) + E(z)G_1G_2(z)$$

将

$$E(z) = -\frac{HG_2N(z)}{1 + HG_1G_2(z)}$$

代入上式,可得

$$C(z) = NG_2(z) - \frac{HG_2N(z)}{1 + HG_1G_2(z)}G_1G_2(z) \tag{2-61}$$

同样,本题中解不出 $\dfrac{C(z)}{N(z)}$,因此无法得到系统干扰信号的脉冲传递函数,而只能得到输出采样信号的 z 变换 $C(z)$,从而求得干扰产生的 $c^*(t)$。

2.6.7　计算机控制系统的闭环脉冲传递函数

如图 2-1 所示的典型计算机控制系统,其结构图表示为图 2-35。

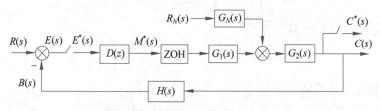

图 2-35　典型计算机控制系统结构图

图中,$D(z)$ 为计算机的控制算法,ZOH 为 D/A 转换器的等效表示,$H(s)$ 为测量环节的传递函数,$R_N(s)$ 为干扰信号的拉普拉斯变换,$G_N(s)$ 为干扰信号的传输通道。计算机的控制算法通常有差分方程和连续传递函数两种形式。若是差分方程形式,则在零初始条件下对其进行 z 变换,可得到如式(2-50)所示的脉冲传递函数形式;若是连续传递函数,则需要通过对连续传递函数进行 z 变换或应用离散化方法求得其脉冲传递函数形式。

1. 只考虑输入信号

根据图 2-35,由脉冲传递函数的定义可得

$$M(z) = E_R(z)D(z)$$

$$C_R(s) = \frac{1-\mathrm{e}^{-Ts}}{s} G_1(s) G_2(s) M^*(s)$$

$$C_R{}^*(s) = \left[\frac{1-\mathrm{e}^{-Ts}}{s} G_1(s) G_2(s)\right]^* M^*(s)$$

由式(2-53)可得，并设

$$G_1(z) = (1-z^{-1})\, \mathcal{Z}\left[\frac{G_1(s)G_2(s)}{s}\right] \tag{2-62}$$

则有

$$C_R(z) = M(z)G_1(z) = E_R(z)D(z)G_1(z) \tag{2-63}$$

又

$$E_R(s) = R(s) - H(s)C_R(s)$$

因此有

$$E_R(s) = R(s) - H(s)\left(\frac{1-\mathrm{e}^{-Ts}}{s}\right)G_1(s)G_2(s)E_R{}^*(s)D^*(s)$$

$$E_R{}^*(s) = R^*(s) - \left[H(s)\left(\frac{1-\mathrm{e}^{-Ts}}{s}\right)G_1(s)G_2(s)\right]^* E_R^*(s)D^*(s)$$

设

$$G(z) = (1-z^{-1})\, \mathcal{Z}\left[\frac{G_1(s)G_2(s)H(s)}{s}\right] \tag{2-64}$$

则有

$$E_R(z) = R(z) - G(z)E_R(z)D(z)$$

$$E_R(z) = \frac{1}{1+D(z)G(z)}R(z) \tag{2-65}$$

将式(2-65)代入式(2-63)，可得

$$\phi(z) = \frac{C_R(z)}{R(z)} = \frac{D(z)G_1(z)}{1+D(z)G(z)} \tag{2-66}$$

由输入信号得到的输出信号为

$$C_R(z) = \phi(z)R(z) = \frac{D(z)G_1(z)}{1+D(z)G(z)}R(z) \tag{2-67}$$

2. 不考虑输入信号，只考虑干扰信号产生的输出

只考虑干扰信号作用的典型计算机控制系统结构图如图 2-36 所示。

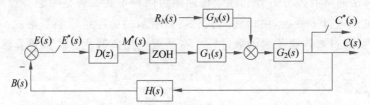

图 2-36　只考虑干扰信号作用的典型计算机控制系统的结构图

由图 2-36 可知

$$C_N(s) = \left[R_N(s)G_N(s) + E_N^*(s)D^*(s)\left(\frac{1-e^{-Ts}}{s}\right)G_1(s) \right]G_2(s)$$

又

$$E_N(s) = R(s) - H(s)C_N(s) = -H(s)C_N(s)$$

将 $C_N(s)$ 代入可得

$$E_N(s) = -H(s)R_N(s)G_N(s)G_2(s) - E_N^*(s)D^*(s)\left(\frac{1-e^{-Ts}}{s}\right)G_1(s)G_2(s)H(s)$$

于是,误差采样信号 $e_N^*(t)$ 的拉普拉斯变换为

$$E_N^*(s) = -[H(s)R_N(s)G_N(s)G_2(s)]^* - E_N^*(s)D^*(s)\left[\left(\frac{1-e^{-Ts}}{s}\right)G_1(s)G_2(s)H(s)\right]^*$$

由式(2-64)可得

$$G(z) = (1-z^{-1})\,\mathcal{Z}\left[\frac{G_1(s)G_2(s)H(s)}{s}\right]$$

整理可得

$$E_N(z) = -\frac{HG_NG_2R_N(z)}{1+D(z)G(z)} \tag{2-68}$$

由于

$$C_N(s) = [R_N(s)G_N(s) + E_N^*(s)D^*(s)\left(\frac{1-e^{-Ts}}{s}\right)G_1(s)]G_2(s)$$

由式(2-62)可知

$$G_1(z) = (1-z^{-1})\,\mathcal{Z}\left[\frac{G_1(s)G_2(s)}{s}\right]$$

$$C_N(z) = R_NG_NG_2(z) + E_N(z)D(z)G_1(z)$$

将式(2-68)代入上式,可得

$$C_N(z) = R_NG_NG_2(z) - \frac{HG_NG_2R_N(z)}{1+D(z)G(z)}D(z)G_1(z) \tag{2-69}$$

则总的输出信号为

$$C(z) = C_R(z) + C_N(z) = \frac{D(z)G_1(z)}{1+D(z)G(z)}R(z) + R_NG_NG_2(z) - \frac{HG_NG_2R_N(z)}{1+D(z)G(z)}D(z)G_1(z) \tag{2-70}$$

可见,与连续系统相同,无论输入信号或干扰信号,其输出信号 z 变换的分母相同,该分母称为系统的特征方程,解出的根称为特征根。

例 2-24 图 2-37 为电阻加热炉的炉温控制系统结构图,其中控制器的脉冲传递函数 $D(z)=1$,加热炉的传递函数 $G_p(s)=\dfrac{2}{s+0.5}$,干扰信号传输通路的传递函数 $G_N(s)=\dfrac{2.5}{s+0.5}$,$H(s)=0.04$,采样周期 $T=0.6\mathrm{s}$,求系统输出 $C(z)$ 的表达式。

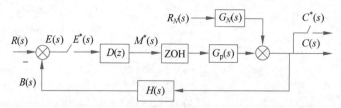

图 2-37 电阻加热炉的炉温控制系统结构图

解：（1）考虑零阶保持器和 $G_p(s)$ 构成环节的脉冲传递函数 $G_1(z)$，首先求

$$\mathscr{Z}\left[\frac{G_p(s)}{s}\right]=\mathscr{Z}\left[\frac{2}{(s+0.5)s}\right]=4\mathscr{Z}\left[\frac{1}{s}-\frac{1}{s+0.5}\right]$$

$$=4\mathscr{Z}\left[\frac{1}{s}\right]-4\mathscr{Z}\left[\frac{1}{s+0.5}\right]=\frac{4z}{z-1}-\frac{4z}{z-\mathrm{e}^{-0.5T}}$$

设

$$G_1(z)=(1-z^{-1})\mathscr{Z}\left[\frac{G_p(s)}{s}\right]=\frac{z-1}{z}\left(\frac{4z}{z-1}-\frac{4z}{z-\mathrm{e}^{-0.5T}}\right)=\frac{4-4\mathrm{e}^{-0.5T}}{z-\mathrm{e}^{-0.5T}}$$

$$D(z)G_1(z)=\frac{4(1-\mathrm{e}^{-0.5T})}{z-\mathrm{e}^{-0.5T}}$$

由式（2-64）可知

$$G(z)=(1-z^{-1})\mathscr{Z}\left[\frac{G_p(s)H(s)}{s}\right]=\frac{0.16-0.16\mathrm{e}^{-0.5T}}{z-\mathrm{e}^{-0.5T}}=0.04G_1(z)$$

$$D(z)G(z)=\frac{0.16(1-\mathrm{e}^{-0.5T})}{z-\mathrm{e}^{-0.5T}}$$

由式（2-66），闭环系统的脉冲传递函数为

$$\phi(z)=\frac{C_R(z)}{R(z)}=\frac{D(z)G_1(z)}{1+D(z)G(z)}=\frac{4(1-\mathrm{e}^{-0.5T})}{(z-\mathrm{e}^{-0.5T})+0.16(1-\mathrm{e}^{-0.5T})}$$

将 $T=0.6$ 代入上式，可得

$$\phi(z)=\frac{4(1-0.74)}{(z-0.74)+0.16(1-0.74)}=\frac{1.04}{z-0.6984}$$

不考虑干扰信号，只考虑输入信号得到的输出为

$$C_R(z)=\phi(z)R(z)=\frac{1.04}{z-0.6984}R(z)$$

不考虑输入信号，只考虑干扰信号产生的输出，由式（2-69）可得

$$C_N(z)=R_NG_N(z)-\frac{0.04R_NG_N(z)}{1+D(z)G(z)}D(z)G_1(z)=\frac{1}{1+0.04D(z)G_1(z)}R_NG_N(z)$$

将

$$D(z)G_1(z)=\frac{4(1-\mathrm{e}^{-0.5T})}{z-\mathrm{e}^{-0.5T}}=\frac{1.04}{z-0.74}$$

代入上式，可得

$$C_N(z)=\frac{z-0.74}{z-0.6984}R_NG_N(z)$$

则总的输出信号为

$$C(z) = C_R(z) + C_N(z) = \frac{1.04}{z - 0.6984} R(z) + \frac{z - 0.74}{z - 0.6984} R_N G_N(z)$$

2.7 离散系统的频率特性

在连续系统中,一个系统或环节的频率特性是指在正弦输入信号作用下输出信号的稳态分量与正弦输入信号之间的关系。其包括幅值比与频率的关系,即幅频特性;相位差与频率的关系,即相频特性。这一概念同样适用于离散系统,只是此时的输入信号和输出信号均需取离散值,如图 2-38 所示。

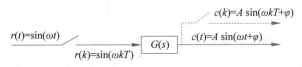

图 2-38 离散系统的频率特性

连续系统中,系统的频率特性与系统的传递函数之间的关系为

$$G(\mathrm{j}\omega) = G(s) \Big|_{s = \mathrm{j}\omega} \tag{2-71}$$

可以证明,离散系统的频率特性与系统的脉冲传递函数之间的关系为

$$G(\mathrm{e}^{\mathrm{j}\omega T}) = G(z) \Big|_{z = \mathrm{e}^{\mathrm{j}\omega T}} \tag{2-72}$$

对于连续系统而言,频率特性是考查当 ω 由 0 到无穷变化,即 s 沿着虚轴变化时的关系;而对于离散系统而言,则是考查当 ω 由 0 到无穷变化,即 z 沿着单位圆($z = \mathrm{e}^{\mathrm{j}\omega T}$)变化时的关系。

2.7.1 离散系统频率特性的计算

离散系统频率特性与连续系统类似,也分为幅频特性和相频特性,即将 $G(\mathrm{e}^{\mathrm{j}\omega T})$ 表示为指数形式为

$$G(\mathrm{e}^{\mathrm{j}\omega T}) = | G(\mathrm{e}^{\mathrm{j}\omega T}) | \angle G(\mathrm{e}^{\mathrm{j}\omega T})$$

式中,$| G(\mathrm{e}^{\mathrm{j}\omega T}) |$ 为幅频特性;$\angle G(\mathrm{e}^{\mathrm{j}\omega T})$ 为相频特性。

离散系统的频率特性通常用对数频率特性表示。

例 2-25 设连续环节的传递函数为

$$G(s) = \frac{1}{s + 1}$$

试求其对应的离散环节的频率特性(设采样周期 $T = 0.5\mathrm{s}$)。

解:对连续环节

$$G(s) = \frac{1}{s + 1}$$

取 z 变换,得到其对应的脉冲传递函数为

$$G(z) = \frac{z}{z - e^{-T}}$$

其对应的频率特性为

$$G(e^{j\omega T}) = \frac{e^{j\omega T}}{e^{j\omega T} - e^{-T}}$$

将 $T = 0.5s$ 代入可得

$$G(e^{j\omega T}) = \frac{e^{j0.5\omega}}{e^{j0.5\omega} - 0.6}$$

进一步可写为

$$G(e^{j\omega T}) = \frac{e^{j0.5\omega}}{\cos 0.5\omega + j\sin 0.5\omega - 0.6}$$

则其幅频特性和相频特性分别为

$$|G(e^{j\omega T})| = \frac{1}{\sqrt{(\cos 0.5\omega - 0.6)^2 + (\sin 0.5\omega)^2}}$$

$$\angle G(e^{j\omega T}) = 0.5\omega - \arctan \frac{\sin 0.5\omega}{\cos 0.5\omega - 0.6}$$

将 ω 由 0 到无穷大代入幅频特性及相频特性中可求出对应不同频率时的数值,按照绘制连续系统波特图的方法取横坐标为对数标度,幅频特性纵坐标以分贝表示,则得到离散系统的频率特性曲线。

在连续系统中,典型环节,如对应例 2-25 的惯性环节等都有近似的简便画法,因此在绘制系统的开环频率特性的波特图时,依据叠加性质可以方便地绘出。但是,对于离散系统的典型环节,如例 2-25 中可以看到,并没有简便的绘制方法,而逐点绘制本身是一个非常烦琐的过程,因此对于离散系统,其频率特性的绘制更多依靠仿真软件的帮助。

例 2-26 设连续环节的传递函数为

$$G_p(s) = \frac{1}{s + 1}$$

试求图 2-39 所示系统的频率特性。设采样周期 $T = 0.5s$。

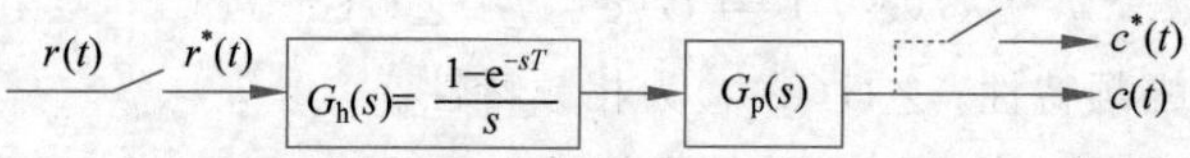

图 2-39　离散系统的开环结构图

解:由式(2-53)可知,其开环脉冲传递函数为

$$G(z) = (1 - z^{-1}) \mathcal{Z}\left[\frac{G_p(s)}{s}\right] = \frac{1 - e^{-T}}{z - e^{-T}}$$

其对应的频率特性为

$$G(e^{j\omega T}) = \frac{1 - e^{-T}}{e^{j\omega T} - e^{-T}}$$

将 $T = 0.5s$ 代入可得

$$G(e^{j\omega T}) = \frac{0.4}{e^{j0.5\omega} - 0.6}$$

进一步可写为

$$G(e^{j\omega T}) = \frac{0.4}{\cos0.5\omega + j\sin0.5\omega - 0.6}$$

则其幅频特性和相频特性分别为

$$|G(e^{j\omega T})| = \frac{0.4}{\sqrt{(\cos0.5\omega - 0.6)^2 + (\sin0.5\omega)^2}}$$

$$\angle G(e^{j\omega T}) = -\arctan\frac{\sin0.5\omega}{\cos0.5\omega - 0.6}$$

由图 2-40 可以清楚地看到,例 2-26 对应离散系统的频率特性图是周期性的,这一特性可以推广至所有的离散系统,下面予以证明。

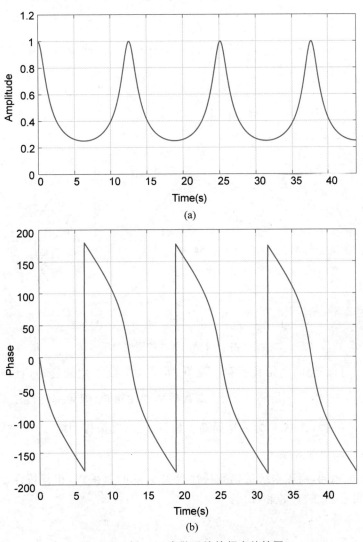

图 2-40　例 2-26 离散系统的频率特性图

2.7.2　离散系统频率特性的图解表示

假设离散系统的脉冲传递函数表示为零极点的形式,则其对应的频率特性为

$$G(e^{j\omega T}) = \frac{\prod\limits_{i=0}^{m} e^{j\omega T} - z_i}{\prod\limits_{j=0}^{n} e^{j\omega T} - p_j} \tag{2-73}$$

为简便起见,假设 $n=2, m=1$,则有

$$G(e^{j\omega T}) = \frac{e^{j\omega T} - z_1}{(e^{j\omega T} - p_1)(e^{j\omega T} - p_2)} \tag{2-74}$$

其幅频特性为

$$|G(e^{j\omega T})| = \frac{|e^{j\omega T} - z_1|}{|e^{j\omega T} - p_1||e^{j\omega T} - p_2|} = \frac{r_1}{l_1 l_2} \tag{2-75}$$

式中,r_1、l_1、l_2 分别为 z_1、p_1、p_2 与单位圆上的点 $e^{j\omega t}$ 之间的距离,如图 2-41(a)所示。

其相频特性为

$$\angle G(e^{j\omega T}) = \angle(e^{j\omega T} - z_1) - [\angle(e^{j\omega T} - p_1) + \angle(e^{j\omega T} - p_2)] = \psi_1 - \varphi_1 - \varphi_2 \tag{2-76}$$

式中,$\psi_1, \varphi_1, \varphi_2$ 分别如图 2-41(a)所示。

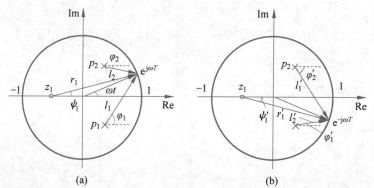

图 2-41　求频率特性的图解表示

由图 2-41 可以看到,当 ω 由 0 到 ∞ 变化时,点 $e^{j\omega t}$ 绕单位圆旋转,且当 $\omega_1' t = \omega_1 t + n \cdot 2\pi$ 时,点 $e^{j\omega_1 T}$ 与 $e^{j\omega_1' T}$ 是同一个点,则其频率特性相同,即频率特性图是 ω 的周期函数,且其周期 $\omega_s = \dfrac{2\pi}{T}$,其中 T 为采样周期。如例 2-26,其采样周期 $T=0.5\text{s}$,则频率特性的周期 $\omega_s = 4\pi$,如图 2-40 所示。

与连续系统相同,离散系统的幅频特性是关于 ω 的偶函数,相频特性是关于 ω 的奇函数,其证明可见图 2-41(a)和(b)。

2.8 离散系统的状态空间描述——状态方程

与连续系统类似,离散系统的状态空间表达式为

$$\begin{cases} x(k+1) = Ax(k) + Bu(k) \\ y(k+1) = Cx(k) + Du(k) \end{cases} \tag{2-77}$$

式中,x 为 n 维状态向量;u 为 m 维输入向量;y 为 p 维输出向量;$A(n \times n)$ 为离散系统的状态转移矩阵;$B(n \times m)$ 为离散系统的输入矩阵或控制转移矩阵;$C(p \times n)$ 为状态输出矩阵;$D(p \times m)$ 为直接传输矩阵;且有

$$x(k) = \begin{bmatrix} x_1(k) \\ x_2(k) \\ \vdots \\ x_n(k) \end{bmatrix}$$

$$y(k) = \begin{bmatrix} y_1(k) \\ y_2(k) \\ \vdots \\ y_p(k) \end{bmatrix}$$

$$u(k) = \begin{bmatrix} u_1(k) \\ u_2(k) \\ \vdots \\ u_m(k) \end{bmatrix}$$

2.8.1 由差分方程建立离散系统状态空间表达式

例 2-27 设离散系统的差分方程为

$$y(k+2) - 1.7y(k+1) + 0.72y(k) = u(k)$$

求其状态空间表达式。

解:设

$$x_1(k) = y(k)$$
$$x_2(k) = x_1(k+1) = y(k+1)$$

则

$$x_2(k+1) = y(k+2) = u(k) + 1.7x_2(k) - 0.72x_1(k)$$

即

$$x_1(k+1) = x_2(k)$$
$$x_2(k+1) = -0.72x_1(k) + 1.7x_2(k) + u(k)$$
$$y(k) = x_1(k)$$

写成如下状态空间表达式：

$$\begin{bmatrix} x_1(k+1) \\ x_2(k+1) \end{bmatrix} = \begin{bmatrix} 0 & 1 \\ -0.72 & 1.7 \end{bmatrix} \begin{bmatrix} x_1(k) \\ x_2(k) \end{bmatrix} + \begin{bmatrix} 0 \\ 1 \end{bmatrix} u(k)$$

$$\boldsymbol{y}(k) = \begin{bmatrix} 1 & 0 \\ 0 & 0 \end{bmatrix} \begin{bmatrix} x_1(k) \\ x_2(k) \end{bmatrix}$$

将其推广至一般情况，即设单输入单输出线性离散系统，若可用 n 阶差分方程描述为

$$y(k+n) + a_1 y(k+n-1) + \cdots + a_n y(k)$$
$$= b_0 u(k+n) + b_1 u(k+n-1) + \cdots + b_n u(k)$$

若方程右端为 $(m+1)$ 项，即存在

$$b_{n-m} u(k+m) + b_{n-m+1} u(k+m-1) + \cdots + b_n u(k)$$

则 $b_0 \sim b_{n-m-1}$ 即为 0。

若

$$y(k+4) + a_1 y(k+3) + a_2 y(k+2) + a_3 y(k+1) + a_4 y(k)$$
$$= b_2 u(k) + b_3 a(k+1) + b_4 u(k)$$

式中，b_0、b_1 为 0。

则可选择状态变量：

$$\begin{cases} x_1(k) = y(k) - h_0 u(k) \\ x_2(k) = x_1(k+1) - h_1 u(k) \\ x_3(k) = x_2(k+1) - h_2 u(k) \\ \quad \vdots \\ x_n(k) = x_{n-1}(k+1) - h_{n-1} u(k) \end{cases}$$

式中

$$\begin{cases} h_0 = b_0 \\ h_1 = b_1 - a_1 h_0 \\ h_2 = b_2 - a_1 h_1 - a_2 h_0 \\ h_3 = b_3 - a_1 h_2 - a_2 h_1 - a_3 h_0 \\ \quad \vdots \\ h_n = b_n - a_1 h_{n-1} - a_2 h_{n-2} - \cdots - a_n h_0 \end{cases}$$

则系统的离散状态空间表达式为式(2-77)所示的一种状态方程形式，其中

$$\boldsymbol{A} = \begin{bmatrix} 0 & 1 & 0 & \cdots & 0 & 0 \\ 0 & 0 & 1 & \cdots & 0 & 0 \\ \vdots & \vdots & \vdots & \ddots & \vdots & \vdots \\ 0 & 0 & 0 & \cdots & 0 & 1 \\ -a_n & -a_{n-1} & -a_{n-2} & \cdots & -a_2 & -a_1 \end{bmatrix}$$

$$B = \begin{bmatrix} h_1 \\ h_2 \\ \vdots \\ h_{n-1} \\ h_n \end{bmatrix}, \quad C = \begin{bmatrix} 1 & 0 & 0 & \cdots & 0 & 0 \end{bmatrix}, \quad D = [h_0] = [b_0]$$

例 2-28 设线性离散系统差分方程为

$$y(k+3) + y(k+2) + 3y(k+1) + 0.15y(k) = 2u(k+1) + u(k)$$

试写出其离散状态空间表达式。

解：$n=3, m=1, a_1=1, a_2=3, a_3=0.15$

$b_0=0, b_1=0, b_2=2, b_3=1$

$h_0 = b_0 = 0$

$h_1 = b_1 - a_1 b_0 = 0$

$h_2 = b_2 - a_1 h_1 - a_2 h_0 = b_2 = 2$

$h_3 = b_3 - a_1 h_2 - a_2 h_1 - a_3 h_0 = b_3 - a_1 h_2 = 1 - 2 = -1$

则系统状态方程空间表达式为

$$x(k+1) = \begin{bmatrix} 0 & 1 & 0 \\ 0 & 0 & 1 \\ -0.15 & -3 & -1 \end{bmatrix} x(k) + \begin{bmatrix} 0 \\ 2 \\ -1 \end{bmatrix} u(k)$$

$$y(k) = \begin{bmatrix} 1 & 0 & 0 \end{bmatrix} x(k)$$

下面以例 2-28 为例讲述该变量选取方法的依据。

设其状态变量的选取如下：

$$x_1(k) = y(k) \tag{2-78}$$

$$x_2(k) = x_1(k+1) \tag{2-79}$$

$$x_3(k) = x_2(k+1) - h_2 u(k) \tag{2-80}$$

将式(2-80)写为

$$x_2(k+1) = x_3(k) + h_2 u(k) \tag{2-81}$$

式(2-81)可进一步写为

$$x_2(k+2) = x_3(k+1) + h_2 u(k+1) \tag{2-82}$$

将式(2-82)中的 $h_2 u(k+1)$ 移到等号左侧,可得

$$x_2(k+2) - h_2 u(k+1) = x_3(k+1)$$

即

$$x_3(k+1) = x_2(k+2) - h_2 u(k+1) \tag{2-83}$$

由式(2-79)可得

$$x_2(k+2) = x_1(k+3)$$

将上式代入式(2-83)可得

$$x_3(k+1) = x_1(k+3) - h_2 u(k+1) \tag{2-84}$$

由式(2-78)可得

$$y(k+3) = x_1(k+3)$$

所以式(2-84)可写为

$$x_3(k+1) = y(k+3) - h_2 u(k+1) \tag{2-85}$$

由系统差分方程

$$y(k+3) + y(k+2) + 3y(k+1) + 0.15y(k) = 2u(k+1) + u(k)$$

可得

$$y(k+3) = -y(k+2) - 3y(k+1) - 0.15y(k) + 2u(k+1) + u(k) \tag{2-86}$$

由式(2-78)、式(2-79)、式(2-81)可得

$$y(k+2) = x_1(k+2) = x_2(k+1) = x_3(k) + h_2 u(k)$$

$$y(k+1) = x_1(k+1) = x_2(k)$$

$$y(k) = x_1(k)$$

代入式(2-86)可得

$$y(k+3) = -x_3(k) - h_2 u(k) - 3x_2(k) - 0.15x_1(k) + 2u(k+1) + u(k)$$

整理上式可得

$$y(k+3) = -0.15x_1(k) - 3x_2(k) - x_3(k) - h_2 u(k) + u(k) + 2u(k+1)$$

代入式(2-85)可得

$$x_3(k+1) = -0.15x_1(k) - 3x_2(k) - x_3(k) - h_2 u(k) +$$
$$u(k) + 2u(k+1) - h_2 u(k+1) \tag{2-87}$$

变量选取要求必须使上式中 $u(k+1)$ 的系数为0,所以 $h_2 = 2$。则上式 $u(k)$ 的系数为 $h_3 = -h_2 + 1 = -1$。即对应为

$$h_0 = b_0 = 0$$

$$h_1 = b_1 - a_1 b_0 = 0$$

$$h_2 = b_2 - a_1 h_1 - a_2 h_0 = b_2 = 2$$

$$h_3 = b_3 - a_1 h_2 - a_2 h_1 - a_3 h_0 = b_3 - a_1 h_2 = 1 - 2 = -1$$

由式(2-79)、式(2-81)、式(2-87)即可得标准形式

$$\boldsymbol{x}(k+1) = \begin{bmatrix} 0 & 1 & 0 \\ 0 & 0 & 1 \\ -0.15 & -3 & -1 \end{bmatrix} \boldsymbol{x}(k) + \begin{bmatrix} 0 \\ 2 \\ -1 \end{bmatrix} u(k)$$

$$y(k) = \begin{bmatrix} 1 & 0 & 0 \end{bmatrix} \boldsymbol{x}(k)$$

2.8.2 由脉冲传递函数建立离散状态方程

1. 直接法

设离散系统的脉冲传递函数为

$$\frac{Y(z)}{U(z)} = G(z) = \frac{b_{n-1}z^{n-1} + b_{n-2}z^{n-2} + \cdots + b_1 z + b_0}{z^n + a_{n-1}z^{n-1} + \cdots + a_1 z + a_0} \tag{2-88}$$

引入辅助变量 $E(z)$,则式(2-88)可写为

$$\frac{Y(z)}{U(z)} = G(z) = \frac{b_{n-1}z^{n-1} + b_{n-2}z^{n-2} + \cdots + b_1 z + b_0}{z^n + a_{n-1}z^{n-1} + \cdots + a_1 z + a_0} \cdot \frac{E(z)}{E(z)} \tag{2-89}$$

可得

$$Y(z) = (b_{n-1}z^{n-1} + b_{n-2}z^{n-2} + \cdots + b_1 z + b_0)E(z) \tag{2-90}$$

考虑零初始条件,式(2-90)写成差分方程为

$$y(k) = b_{n-1}e(k+n-1) + b_{n-2}e(k+n-2) + \cdots + b_1 e(k+1) + b_0 e(k) \tag{2-91}$$

由式(2-89)可得

$$U(z) = (z^n + a_{n-1}z^{n-1} + \cdots + a_1 z + a_0)E(z) \tag{2-92}$$

考虑零初始条件,式(2-92)写成差分方程为

$$u(k) = e(k+n) + a_{n-1}e(k+n-1) + \cdots + a_1 e(k+1) + a_0 e(k) \tag{2-93}$$

由于 $E(z) \rightarrow e(k), zE(z) \rightarrow e(k+1), z^2 E(z) \rightarrow e(k+2), z^n E(k) \rightarrow e(k+n)$,则可定义状态变量为

$$\begin{cases} x_1(k) = e(k) \\ x_2(k) = x_1(k+1) = e(k+1) \\ x_3(k) = x_2(k+1) = e(k+2) \\ \quad\vdots \\ x_n(k) = x_{n-1}(k+1) = e(k+n-1) \end{cases} \tag{2-94}$$

由式(2-93)和式(2-94)可得到状态方程为

$$\begin{cases} x_1(k+1) = x_2(k) \\ x_2(k+1) = x_3(k) \\ x_3(k+1) = x_4(k) \\ \quad\vdots \\ x_n(k+1) = e(k+n) = -a_0 x_1(k) - a_1 x_2(k) - a_2 x_3(k) - \cdots - a_{n-1}x_n(k) + u(k) \end{cases} \tag{2-95}$$

写成矩阵形式为

$$\begin{bmatrix} x_1(k+1) \\ x_2(k+1) \\ \vdots \\ x_n(k+1) \end{bmatrix} = \begin{bmatrix} 0 & 1 & 0 & \cdots & 0 \\ 0 & 0 & 1 & \cdots & 0 \\ \vdots & \vdots & \vdots & \ddots & \vdots \\ -a_0 & -a_1 & -a_2 & \cdots & -a_{n-1} \end{bmatrix} \begin{bmatrix} x_1(k) \\ x_2(k) \\ \vdots \\ x_n(k) \end{bmatrix} + \begin{bmatrix} 0 \\ 0 \\ \vdots \\ 1 \end{bmatrix} u(k) \tag{2-96}$$

或

$$\boldsymbol{x}(k+1) = \boldsymbol{A}\boldsymbol{x}(k) + \boldsymbol{B}u(k)$$

式中

$$\boldsymbol{A} = \begin{bmatrix} 0 & 1 & 0 & \cdots & 0 \\ 0 & 0 & 1 & \cdots & 0 \\ \vdots & \vdots & \vdots & & \vdots \\ -a_0 & -a_1 & -a_2 & \cdots & -a_{n-1} \end{bmatrix}, \quad \boldsymbol{B} = \begin{bmatrix} 0 \\ 0 \\ \vdots \\ 1 \end{bmatrix} \tag{2-97}$$

由(2-91)可得输出方程为

$$y(k) = \begin{bmatrix} b_0 & b_1 & \cdots & b_{n-1} \end{bmatrix} \begin{bmatrix} x_1(k) \\ x_2(k) \\ \vdots \\ x_n(k) \end{bmatrix} \tag{2-98}$$

或

$$y(k) = \boldsymbol{C}x(k) \tag{2-99}$$

式中

$$\boldsymbol{C} = \begin{bmatrix} b_0 & b_1 & \cdots & b_{n-1} \end{bmatrix}$$

因此,式(2-97)和式(2-98)即为式(2-77)所描述离散系统的状态空间表达式。

例 2-29 设离散系统的脉冲传递函数为

$$G(z) = \frac{Y(z)}{U(z)} = \frac{z^2 + 2z + 1}{z^3 + 2z^2 + z + 0.5}$$

试写出其状态空间表达式。

解:由式(2-97)及式(2-98)可得其状态空间表达式为

$$\begin{bmatrix} x_1(k+1) \\ x_2(k+1) \\ x_3(k+1) \end{bmatrix} = \begin{bmatrix} 0 & 1 & 0 \\ 0 & 0 & 1 \\ -0.5 & -1 & -2 \end{bmatrix} \begin{bmatrix} x_1(k) \\ x_2(k) \\ x_3(k) \end{bmatrix} + \begin{bmatrix} 0 \\ 0 \\ 1 \end{bmatrix} u(k)$$

$$y(k) = \begin{bmatrix} 1 & 2 & 1 \end{bmatrix} \begin{bmatrix} x_1(k) \\ x_2(k) \\ x_3(k) \end{bmatrix}$$

对于一个给定的系统,状态变量的形式不是唯一的,不同的状态变量会得到不同的状态空间表达式。但某些特定形式的状态空间表达式便于计算,给分析和设计带来了很多方便。下面讲述如何获得该形式的状态空间表达式。

2. 展开法

设系统的脉冲传递函数为

$$\frac{Y(z)}{U(z)} = \frac{1}{z^2 - 1.7z + 0.72}$$

将该脉冲传递函数展开为串联形式,即

$$\frac{Y(z)}{U(z)} = \frac{1}{z - 0.9} \cdot \frac{1}{z - 0.8}$$

系统的等效框图如图 2-42 所示。

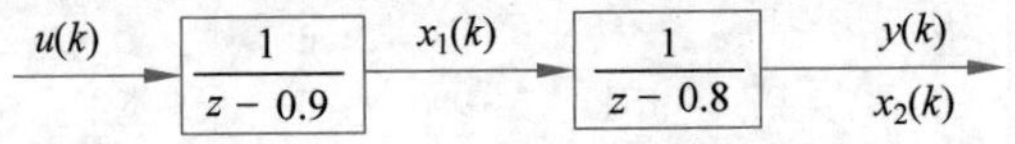

图 2-42 系统的等效框图

根据图 2-42 可知

$$\frac{X_1(z)}{U(z)} = \frac{1}{z - 0.9}, \quad \frac{X_2(z)}{X_1(z)} = \frac{1}{z - 0.8}$$

写成方程为

$$zX_1(z) - 0.9X_1(z) = U(z)$$

$$zX_2(z) - 0.8X_2(z) = X_1(z)$$

转换为差分方程为

$$x_1(k+1) = 0.9x_1(k) + u(k)$$

$$x_2(k+1) = 0.8x_2(k) + x_1(k)$$

$$y(k) = x_2(k)$$

因此,状态空间表达式为

$$\begin{bmatrix} x_1(k+1) \\ x_2(k+1) \end{bmatrix} = \begin{bmatrix} 0.9 & 0 \\ 1 & 0.8 \end{bmatrix} \begin{bmatrix} x_1(k) \\ x_2(k) \end{bmatrix} + \begin{bmatrix} 1 \\ 0 \end{bmatrix} u(k)$$

$$y(k) = \begin{bmatrix} 0 & 1 \end{bmatrix} \begin{bmatrix} x_1(k) \\ x_2(k) \end{bmatrix}$$

同样,也可将该脉冲传递函数展开为并联形式,即

$$\frac{Y(z)}{U(z)} = \frac{10}{z - 0.9} - \frac{10}{z - 0.8}$$

系统的等效框图如图 2-43 所示。

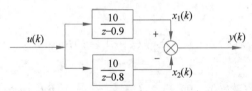

图 2-43　系统的等效框图

根据图 2-43 可得

$$\frac{X_1(z)}{U(z)} = \frac{10}{z - 0.9}, \quad x_1(k+1) = 0.9x_1(k) + 10u(k)$$

$$\frac{X_2(z)}{U(z)} = \frac{10}{z - 0.8}, \quad x_2(k+1) = 0.8x_2(k) + 10u(k)$$

$$y(k) = x_1(k) - x_2(k)$$

因此,状态空间表达式为

$$\begin{bmatrix} x_1(k+1) \\ x_2(k+1) \end{bmatrix} = \begin{bmatrix} 0.9 & 0 \\ 0 & 0.8 \end{bmatrix} \begin{bmatrix} x_1(k) \\ x_2(k) \end{bmatrix} + \begin{bmatrix} 10 \\ 10 \end{bmatrix} u(k)$$

$$y(k) = \begin{bmatrix} 1 & -1 \end{bmatrix} \begin{bmatrix} x_1(k) \\ x_2(k) \end{bmatrix}$$

2.8.3 状态方程的求解

1. 迭代法

假设系统是时不变的，即 $\boldsymbol{A}$、$\boldsymbol{B}$、$\boldsymbol{C}$、$\boldsymbol{D}$ 是常数矩阵，并且 $x(0)$ 和 $u(j)(j=0,1,2,\cdots)$ 是已知的，则对于下列状态空间表达式：

$$\boldsymbol{x}(k+1)=\boldsymbol{A}\boldsymbol{x}(k)+\boldsymbol{B}\boldsymbol{u}(k) \tag{2-100}$$

$$\boldsymbol{y}(k)=\boldsymbol{C}\boldsymbol{x}(k)+\boldsymbol{D}\boldsymbol{u}(k) \tag{2-101}$$

显然，通过迭代的方式可以求得

$$\boldsymbol{x}(1)=\boldsymbol{A}\boldsymbol{x}(0)+\boldsymbol{B}\boldsymbol{u}(0)$$

$$\boldsymbol{x}(2)=\boldsymbol{A}\boldsymbol{x}(1)+\boldsymbol{B}\boldsymbol{u}(1)$$

$$\cdots$$

则有

$$\boldsymbol{x}(2)=\boldsymbol{A}(\boldsymbol{A}\boldsymbol{x}(0)+\boldsymbol{B}\boldsymbol{u}(0))+\boldsymbol{B}\boldsymbol{u}(1)=\boldsymbol{A}^2\boldsymbol{x}(0)+\boldsymbol{A}\boldsymbol{B}\boldsymbol{u}(0)+\boldsymbol{B}\boldsymbol{u}(1)$$

以此类推

$$\boldsymbol{x}(3)=\boldsymbol{A}^3\boldsymbol{x}(0)+\boldsymbol{A}^2\boldsymbol{B}\boldsymbol{u}(0)+\boldsymbol{A}\boldsymbol{B}\boldsymbol{u}(1)+\boldsymbol{B}\boldsymbol{u}(2)$$

则有

$$\boldsymbol{x}(k)=\boldsymbol{A}^k\boldsymbol{x}(0)+\sum_{j=0}^{k-1}\boldsymbol{A}^{(k-1-j)}\boldsymbol{B}\boldsymbol{u}(j)$$

若定义

$$\boldsymbol{\phi}(k)=\boldsymbol{A}^k \tag{2-102}$$

则有

$$\boldsymbol{x}(k)=\boldsymbol{\phi}(k)\boldsymbol{x}(0)+\sum_{j=0}^{k-1}\boldsymbol{\phi}(k-1-j)\boldsymbol{B}\boldsymbol{u}(j) \tag{2-103}$$

$$\boldsymbol{y}(k)=\boldsymbol{C}\boldsymbol{\phi}(k)\boldsymbol{x}(0)+\sum_{j=0}^{k-1}\boldsymbol{C}\boldsymbol{\phi}(k-1-j)\boldsymbol{B}\boldsymbol{u}(j)+\boldsymbol{D}\boldsymbol{u}(k) \tag{2-104}$$

式中，$\boldsymbol{\phi}(k)$ 为状态转移矩阵。

例 2-30 设系统的脉冲传递函数为

$$G(z)=\frac{z+3}{(z+1)(z+2)}$$

系统的初始状态为 0，即 $\boldsymbol{x}(0)=0$，$\boldsymbol{u}(0)=1$，输入为单位阶跃信号，建立其状态空间表达式并用迭代法求取状态方程的解。

解：采用直接法，由式(2-96)～式(2-98)可知，其状态空间表达式为

$$\boldsymbol{x}(k+1)=\begin{bmatrix} 0 & 1 \\ -2 & -3 \end{bmatrix}\boldsymbol{x}(k)+\begin{bmatrix} 0 \\ 1 \end{bmatrix}\boldsymbol{u}(k)$$

$$\boldsymbol{y}(k)=\begin{bmatrix} 3 & 1 \end{bmatrix}\boldsymbol{x}(k)$$

系统的初始状态为 0，$\boldsymbol{x}(0)=0$，$\boldsymbol{u}(0)=1$，$\boldsymbol{u}(k)=1(k=1,2,3,\cdots)$，则有

$$\boldsymbol{x}(1)=\begin{bmatrix} 0 & 1 \\ -2 & -3 \end{bmatrix}\boldsymbol{x}(0)+\begin{bmatrix} 0 \\ 1 \end{bmatrix}\boldsymbol{u}(0)=\begin{bmatrix} 0 \\ 1 \end{bmatrix}$$

$$y(1) = \begin{bmatrix} 3 & 1 \end{bmatrix} \begin{bmatrix} 0 \\ 1 \end{bmatrix} = 1$$

$$x(2) = \begin{bmatrix} 0 & 1 \\ -2 & -3 \end{bmatrix} x(1) + \begin{bmatrix} 0 \\ 1 \end{bmatrix} u(1) = \begin{bmatrix} 0 & 1 \\ -2 & -3 \end{bmatrix} \begin{bmatrix} 0 \\ 1 \end{bmatrix} + \begin{bmatrix} 0 \\ 1 \end{bmatrix} \begin{bmatrix} 1 \end{bmatrix} = \begin{bmatrix} 1 \\ -2 \end{bmatrix}$$

$$y(2) = \begin{bmatrix} 3 & 1 \end{bmatrix} \begin{bmatrix} 1 \\ -2 \end{bmatrix} = 3 - 2 = 1$$

以此类推，可得

$$x(3) = \begin{bmatrix} -2 \\ 5 \end{bmatrix}, \quad y(3) = -1,$$

$$x(4) = \begin{bmatrix} 5 \\ -10 \end{bmatrix}, \quad y(4) = 5$$

$$\cdots$$

2. z 变换法

系统的状态空间表达式如式(2-100)和式(2-101)所示，即

$$x(k+1) = Ax(k) + Bu(k)$$

$$y(k) = Cx(k) + Du(k)$$

对 $x(k+1) = Ax(k) + Bu(k)$ 方程两端取 z 变换，并令 $u(k) = 0$，则有

$$zX(z) - zx(0) = AX(z)$$

$$X(z) = z[zI - A]^{-1} x(0)$$

$$x(k) = \mathcal{Z}^{-1}[X(z)] = \mathcal{Z}^{-1}[z[zI - A]^{-1}] x(0)$$

对比

$$x(k) = \phi(k) x(0) + \sum_{j=0}^{k-1} \phi(k-1-j) Bu(j)$$

可知

$$\phi(k) = \mathcal{Z}^{-1}[z[zI - A]^{-1}] \tag{2-105}$$

对于例 2-30 所示的系统，有

$$A = \begin{bmatrix} 0 & 1 \\ -2 & -3 \end{bmatrix}$$

$$[zI - A] = \begin{bmatrix} z & -1 \\ 2 & z+3 \end{bmatrix}$$

$$|zI - A| = z^2 + 3z + 2 = (z+1)(z+2)$$

$$z[zI - A]^{-1} = \begin{bmatrix} \dfrac{z(z+3)}{(z+1)(z+2)} & \dfrac{z}{(z+1)(z+2)} \\[2mm] \dfrac{-2z}{(z+1)(z+2)} & \dfrac{z^2}{(z+1)(z+2)} \end{bmatrix}$$

$$= \begin{bmatrix} \dfrac{2z}{z+1} + \dfrac{-z}{z+2} & \dfrac{z}{z+1} + \dfrac{-z}{z+2} \\[2mm] \dfrac{-2z}{z+1} + \dfrac{2z}{z+2} & \dfrac{-z}{z+1} + \dfrac{2z}{z+2} \end{bmatrix} = \mathcal{Z}(\phi(k))$$

因此,有

$$\phi(k) = \mathscr{Z}^{-1}[z[zI - A]^{-1}] = \begin{bmatrix} 2(-1)^k - (-2)^k & (-1)^k - (-2)^k \\ -2(-1)^k + 2(-2)^k & -1(-1)^k + 2(-2)^k \end{bmatrix}$$

2.8.4 计算机控制系统的开环状态空间表达式的建立

假设一个连续的控制对象 $G_p(s)$,其状态空间表达式为

$$\begin{cases} \dot{\boldsymbol{v}}(t) = \boldsymbol{A}_c\,\boldsymbol{v}(t) + \boldsymbol{B}_c\boldsymbol{u}(t) \\ \boldsymbol{y}(t) = \boldsymbol{C}_c\,\boldsymbol{v}(t) + \boldsymbol{D}_c\boldsymbol{u}(t) \end{cases}$$

由连续环节的状态方程求解可知

$$\boldsymbol{v}(t) = \boldsymbol{\phi}_c(t)\,\boldsymbol{v}(0) + \int_0^t \boldsymbol{\phi}_c(t-\tau)\boldsymbol{B}_c\boldsymbol{u}(\tau)\mathrm{d}\tau$$

式中

$$\boldsymbol{\phi}_c(t) = 1 + \boldsymbol{A}_c t + \boldsymbol{A}_c^2\frac{t^2}{2!} + \boldsymbol{A}_c^3\frac{t^3}{3!} + \cdots = \mathscr{L}^{-1}[[s\boldsymbol{I} - \boldsymbol{A}_c]^{-1}]$$

取 t_0 为初始时间,则有

$$\boldsymbol{v}(t) = \boldsymbol{\phi}_c(t-t_0)\,\boldsymbol{v}(t_0) + \int_{t_0}^t \boldsymbol{\phi}_c(t-\tau)\boldsymbol{B}_c\boldsymbol{u}(\tau)\mathrm{d}\tau$$

式中

$$\boldsymbol{\phi}_c(t-t_0) = \sum_{k=0}^{\infty}\frac{\boldsymbol{A}_c^k(t-t_0)^k}{k!}$$

当其与零阶保持器相连时,如图 2-44 所示。

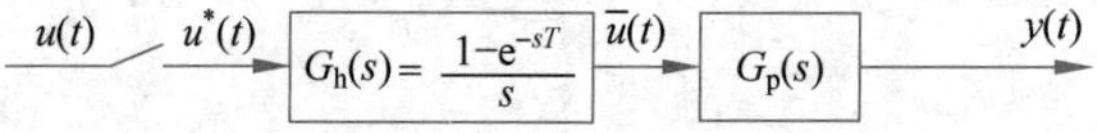

$$\xrightarrow{u(t)}\ u^*(t)\quad \boxed{G_h(s) = \frac{1-\mathrm{e}^{-sT}}{s}}\ \xrightarrow{\bar{u}(t)}\ \boxed{G_p(s)}\ \xrightarrow{y(t)}$$

图 2-44 离散系统的开环结构图

设 $t = kT + T, t_0 = kT$,则由零阶保持器的特性,在 $kT \leqslant t < kT + T$ 时,$\boldsymbol{u}(t) = \boldsymbol{u}(kT)$,所以有

$$\boldsymbol{v}(kT + T) = \boldsymbol{\phi}_c(T)\,\boldsymbol{v}(kT) + \boldsymbol{u}(kT)\int_{kT}^{kT+T}\boldsymbol{\phi}_c(kT + T - \tau)\boldsymbol{B}_c\mathrm{d}\tau$$

令 $\tau = kT + \sigma$,则有

$$\int_{kT}^{kT+T}\boldsymbol{\phi}_c(kT + T - \tau)\boldsymbol{B}_c\mathrm{d}\tau = \int_0^T\boldsymbol{\phi}_c(T - \sigma)\boldsymbol{B}_c\mathrm{d}\sigma$$

令

$$\boldsymbol{x}(kT) = \boldsymbol{v}(kT), \quad \boldsymbol{A} = \boldsymbol{\phi}_c(T), \quad \boldsymbol{B} = \int_0^T\boldsymbol{\phi}_c(T - \sigma)\boldsymbol{B}_c\mathrm{d}\sigma$$

$$\boldsymbol{C} = \boldsymbol{C}_c, \quad \boldsymbol{D} = \boldsymbol{D}_c$$

式中

$$\boldsymbol{A} = \boldsymbol{\phi}_c(T) = \boldsymbol{I} + \boldsymbol{A}_c T + \boldsymbol{A}_c^2\frac{T^2}{2!} + \boldsymbol{A}_c^3\frac{T^3}{3!} + \cdots$$

则图 2-44 所示环节的状态空间表达式为

$$\boldsymbol{x}(k+1) = \boldsymbol{A}\boldsymbol{x}(k) + \boldsymbol{B}\boldsymbol{u}(k)$$
$$\boldsymbol{y}(k) = \boldsymbol{C}\boldsymbol{x}(k) + \boldsymbol{D}\boldsymbol{u}(k)$$

即其状态空间表达式可求。

令 $\eta = T - \sigma$, 则有

$$\int_0^T \boldsymbol{\phi}_c(T-\sigma)\mathrm{d}\sigma = \int_T^0 \boldsymbol{\phi}_c(\eta)(-\mathrm{d}\eta) = \int_0^T \boldsymbol{\phi}_c(\eta)\mathrm{d}\eta$$

$$= \int_0^T \left(\boldsymbol{I} + \boldsymbol{A}_c\eta + \boldsymbol{A}_c{}^2 \frac{\eta^2}{2!} + \boldsymbol{A}_c{}^3 \frac{\eta^3}{3!} + \cdots \right)\mathrm{d}\eta$$

$$= \boldsymbol{I}T + \boldsymbol{A}_c \frac{T^2}{2!} + \boldsymbol{A}_c{}^2 \frac{T^3}{3!} + \boldsymbol{A}_c{}^3 \frac{T^4}{4!} + \cdots$$

所以有

$$\boldsymbol{B} = \left[\boldsymbol{I}T + \boldsymbol{A}_c \frac{T^2}{2!} + \boldsymbol{A}_c{}^2 \frac{T^3}{3!} + \cdots \right] \boldsymbol{B}_c$$

例 2-31 如图 2-45 所示的离散系统, 若

$$T = 0.1\mathrm{s}, \quad G_p(s) = \frac{10}{s(s+10)}$$

求其状态空间表达式。

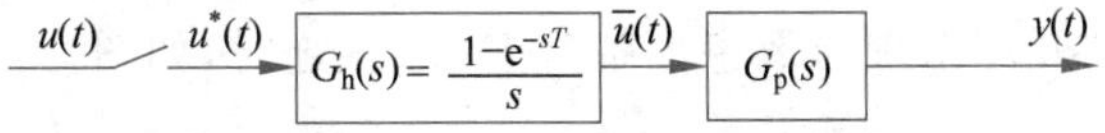

图 2-45 离散系统的开环结构图

解: 已知

$$G_p(s) = \frac{10}{s(s+10)}$$

按照连续系统的分析方法, 可得

$$\frac{Y(s)}{\overline{U}(s)} = \frac{10}{s(s+10)}$$

$$s(s+10)Y(s) = 10\overline{U}(s)$$

即

$$\ddot{y} + 10\dot{y} = 10\overline{u}$$

取 $x_1(t) = y, x_2(t) = \dot{y}$, 则可得

$$\dot{x}_1(t) = x_2(t) = \dot{y}$$
$$\dot{x}_2(t) = \ddot{y} = -10\dot{y} + 10\overline{u} = -10x_2(t) + 10\overline{u}$$

将其转换为状态空间表达式, 即

$$\begin{cases} \dot{\boldsymbol{x}}(t) = \begin{bmatrix} 0 & 1 \\ 0 & -10 \end{bmatrix} \boldsymbol{x}(t) + \begin{bmatrix} 0 \\ 10 \end{bmatrix} \overline{u}(t) \\ y(t) = \begin{bmatrix} 1 & 0 \end{bmatrix} \boldsymbol{x}(t) \end{cases}$$

则

$$\boldsymbol{\phi}_c(t) = \mathcal{L}^{-1}\left[\left[s\boldsymbol{I} - \boldsymbol{A}_c\right]^{-1}\right] = \mathcal{L}^{-1}\begin{bmatrix} s & -1 \\ 0 & s+10 \end{bmatrix}^{-1}$$

$$= \mathcal{L}^{-1}\begin{bmatrix} \dfrac{1}{s} & \dfrac{1}{s(s+10)} \\ 0 & \dfrac{1}{s+10} \end{bmatrix} = \begin{bmatrix} 1 & 0.1(1-e^{-10t}) \\ 0 & e^{-10t} \end{bmatrix}$$

同样,可得

$$\int_0^T \boldsymbol{\phi}_c(\tau)\mathrm{d}\tau = \begin{bmatrix} \tau & 0.1\tau + 0.01e^{-10\tau} \\ 0 & -0.1e^{-10\tau} \end{bmatrix}_0^T = \begin{bmatrix} T & 0.1T - 0.01 + 0.01e^{-10T} \\ 0 & 0.1 - 0.1e^{-10T} \end{bmatrix}$$

即

$$\boldsymbol{A} = \boldsymbol{\phi}_c(T)\Big|_{T=0.1} = \begin{bmatrix} 1 & 0.0632 \\ 0 & 0.368 \end{bmatrix}$$

$$\boldsymbol{B} = \left[\int_0^T \boldsymbol{\phi}_c(\tau)\mathrm{d}\tau\right]\boldsymbol{B}_c = \begin{bmatrix} 0.1 & 0.00368 \\ 0 & 0.0632 \end{bmatrix}\begin{bmatrix} 0 \\ 10 \end{bmatrix} = \begin{bmatrix} 0.0368 \\ 0.632 \end{bmatrix}$$

因此,图 2-45 所示环节的状态空间表达式为

$$\boldsymbol{x}(k+1) = \begin{bmatrix} 1 & 0.0632 \\ 0 & 0.368 \end{bmatrix}\boldsymbol{x}(k) + \begin{bmatrix} 0.0368 \\ 0.632 \end{bmatrix}\boldsymbol{u}(k)$$

$$\boldsymbol{y}(k) = \begin{bmatrix} 1 & 0 \end{bmatrix}\boldsymbol{x}(k)$$

当图 2-45 所示的开环系统与数字控制器 $D(z)$ 相连时,如图 2-46 所示。

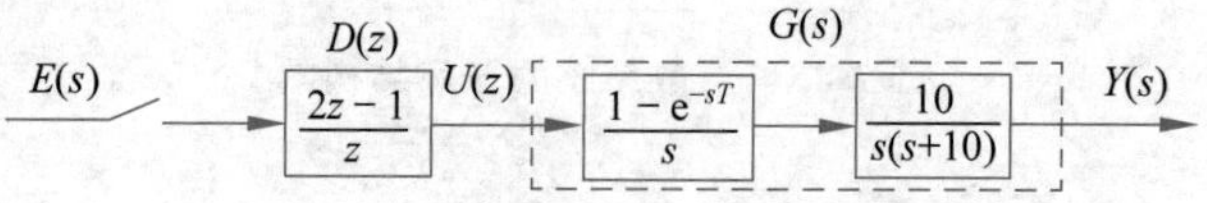

图 2-46　离散系统的开环结构图

由于

$$\frac{U(z)}{E(z)} = 2 - z^{-1}$$

令

$$x_3(k) = e(k-1)$$

则

$$u(k) = 2e(k) - x_3(k)$$

由例 2-31 可知,被控对象部分的状态空间表达式为

$$\boldsymbol{x}(k+1) = \begin{bmatrix} 1 & 0.0632 \\ 0 & 0.368 \end{bmatrix}\boldsymbol{x}(k) + \begin{bmatrix} 0.0368 \\ 0.632 \end{bmatrix}\boldsymbol{u}(k)$$

$$\boldsymbol{y}(k) = \begin{bmatrix} 1 & 0 \end{bmatrix}\boldsymbol{x}(k)$$

将 $u(k) = 2e(k) - x_3(k)$ 代入,可得

$$x_1(k+1) = x_1(k) + 0.0632x_2(k) - 0.0368x_3(k) + 0.0736e(k)$$

$$x_2(k+1) = 0.368x_2(k) - 0.632x_3(k) + 1.264e(k)$$

$$x_3(k+1) = e(k)$$

则其状态空间表达式为

$$\boldsymbol{x}(k+1) = \begin{bmatrix} 1 & 0.0632 & -0.0368 \\ 0 & 0.368 & -0.632 \\ 0 & 0 & 0 \end{bmatrix} \boldsymbol{x}(k) + \begin{bmatrix} 0.0736 \\ 1.264 \\ 1 \end{bmatrix} e(k)$$

$$\boldsymbol{y}(k) = \begin{bmatrix} 1 & 0 & 0 \end{bmatrix} \boldsymbol{x}(k)$$

2.8.5 计算机控制系统的闭环状态空间表达式的建立

下面举例说明计算机控制系统的闭环状态空间表达式的建立方法。

例 2-32 如图 2-47 所示的直流电动机位置控制系统,若

$$T = 0.1 \mathrm{s}, \quad G_\mathrm{p}(s) = \frac{10}{s(s+10)}, \quad D(z) = \frac{0.9z - 0.8}{z - 0.9}$$

求其状态空间表达式。

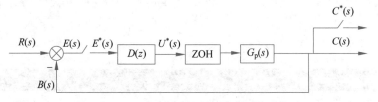

图 2-47 直流电动机位置控制系统的结构图

解:(1) 数字部分。

$$\frac{U(z)}{E(z)} = \frac{0.9z - 0.8}{z - 0.9} = 0.9 + \frac{0.01}{z - 0.9}$$

$$U(z) = 0.9E(z) + \frac{0.01}{z - 0.9}E(z)$$

设

$$x_3(z) = \frac{1}{z - 0.9}E(z)$$

即

$$x_3(k+1) = 0.9x_3(k) + e(k)$$

$$u(k) = 0.01x_3(k) + 0.9e(k)$$

(2) 广义被控对象部分。

由例 2-31 可知

$$\boldsymbol{x}(k+1) = \begin{bmatrix} 1 & 0.0632 \\ 0 & 0.368 \end{bmatrix} \boldsymbol{x}(k) + \begin{bmatrix} 0.0368 \\ 0.632 \end{bmatrix} \boldsymbol{u}(k)$$

$$\boldsymbol{y}(k) = \begin{bmatrix} 1 & 0 \end{bmatrix} \boldsymbol{x}(k)$$

(3) 反馈部分。

由图 2-47 可知

$$c(k) = y(k)$$

$$e(k) = r(k) - y(k) = r(k) - x_1(k)$$

所以有

$$x_3(k+1) = 0.9x_3(k) - x_1(k) + r(k)$$

$$u(k) = 0.01x_3(k) + 0.9(r(k) - x_1(k))$$

由广义被控对象部分的状态方程可得

$$x_1(k+1) = x_1(k) + 0.0632x_2(k) + 0.0368(0.01x_3(k) + 0.9(r(k) - x_1(k)))$$
$$= 0.967x_1(k) + 0.0632x_2(k) + 0.000368x_3(k) + 0.033r(k)$$
$$x_2(k+1) = 0.368x_2(k) + 0.632(0.01x_3(k) + 0.9(r(k) - x_1(k)))$$
$$= -0.569x_1(k) + 0.368x_2(k) + 0.00632x_3(k) + 0.569r(k)$$
$$x_3(k+1) = -x_1(k) + 0.9x_3(k) + r(k)$$

由此得到闭环系统的状态方程为

$$\boldsymbol{x}(k+1) = \begin{bmatrix} 0.967 & 0.0632 & 0.000368 \\ -0.569 & 0.368 & 0.00632 \\ -1 & 0 & 0.9 \end{bmatrix} \boldsymbol{x}(k) + \begin{bmatrix} 0.033 \\ 0.569 \\ 1 \end{bmatrix} \boldsymbol{r}(k)$$

$$\boldsymbol{y}(k) = \begin{bmatrix} 1 & 0 & 0 \end{bmatrix} \boldsymbol{x}(k)$$

2.9 本章小结

对系统中信号进行正确的描述以及对系统进行准确的建模是计算机控制系统性能分析和改善的基础。本章首先对计算机控制系统中的信号进行数学描述,介绍计算机控制系统中的信号类型及信号的转换过程,包括采样过程的数学描述以及保持器的数学描述。

采样过程的存在使系统的分析由 s 域转至 z 域成为必要,接下来介绍了 z 变换和 z 反变换;在此基础上,引入计算机控制系统的数学描述,包括时域描述的差分方程,z 域描述的脉冲传递函数,以及频域描述的系统频率特性和状态空间描述的状态方程。

习题

1. 下列信号被理想采样开关采样,采样周期为 T,试写出采样信号的表达式。

(1) $f(t) = 1(t)$ (2) $f(t) = te^{-at}$ (3) $f(t) = e^{-at}\sin\omega t$

2. 试确定下列函数的 $F^*(s)$ 的闭合形式,其中 $u(t)$ 为单位阶跃信号:

(1) $f(t) = te^{-at}$ (2) $f(t) = \cos\omega t$ (3) $f(t) = e^{a(t-4T)}u(t-4T)$

3. 已知 $f(t)$ 的拉普拉斯变换式 $F(s)$,试求采样信号的拉普拉斯变换式 $F^*(s)$ 的闭合形式。

(1) $F(s) = \dfrac{1}{s(s+1)}$ (2) $F(s) = \dfrac{1}{(s+1)(s+2)}$

(3) $F(s) = \dfrac{s+2}{s^2(s+1)}$ (4) $F(s) = \dfrac{2}{s^2+2s+5}$

4. 已知 $f(t)$ 的拉普拉斯变换式 $F(s)$,试求采样信号的拉普拉斯变换式 $F^*(s)$ 的闭合形式。

(1) $F(s)=\dfrac{1-\mathrm{e}^{-Ts}}{s(s+1)}$ \qquad (2) $F(s)=\dfrac{\mathrm{e}^{-2Ts}}{(s+1)(s+2)}$

5. 若数字计算机的输入信号 $f(t)=5\mathrm{e}^{-10t}$，试根据采样定理选择合理的采样周期 T。信号中的最高频率 ω_m 定义为 $|F(\mathrm{j}\omega_m)|=0.1|F(0)|$。

6. 已知信号 $x=A\cos(4\pi t)$，试画出该信号的频谱曲线以及它通过采样器后的信号频谱。设采样器的采样周期分别为 $\dfrac{1}{8}\mathrm{s}$、$\dfrac{1}{3}\mathrm{s}$ 和 $\dfrac{1}{2}\mathrm{s}$。解释本题结果。

7. 已知信号 $x=\cos(4\pi t)$ 和 $y=\cos(16\pi t)$，若 $T_s=0.1\mathrm{s}$ 试求其采样信号的 $x(kT)$ 及 $y(kT)$，比较其结果并说明由此结果所得结论。

8. 已知频率 2Hz 的信号 $x=A\cos(4\pi t)$，通过采样频率 6Hz 的采样器以后，又由零阶保持器恢复成连续信号，试画出恢复以后信号的频域曲线，并写出小于 10Hz 的频率成分，当采样频率为 20Hz 时，情况又如何？ 比较结果。

9. 已知信号 $x=A\cos(3t)$，通过采样角频率 6rad/s 的采样器以后，又由零阶保持器恢复成连续信号。

(1) 恢复后的信号中哪个频率成分的幅值最大？

(2) 该频率成分的幅值和辐角是多少？

(3) 恢复后的信号中有哪些频率成分（小于 20rad/s），分别求其幅值和辐角。

10. 求下列信号采样后的 z 变换 $E(z)$ 的闭合形式（已知采样周期为 T），其中 $u(t)$ 为单位阶跃信号：

(1) $e(t)=\mathrm{e}^{-at}$。

(2) $e(t)=\mathrm{e}^{-a(t-T)}u(t-T)$。

(3) $e(t)=\mathrm{e}^{-a(t-5T)}u(t-5T)$。

11. 已知信号 $e(t)=\mathrm{e}^{-at}$ 采样后的 z 变换为

$$E(z)=1+\left(\frac{1}{2}\right)z^{-1}+\left(\frac{1}{2}\right)^2 z^{-2}+\left(\frac{1}{2}\right)^3 z^{-3}+\cdots$$

采样周期 $T=0.2\mathrm{s}$，试确定 a 的值。

12. 已知信号 $e(t)$ 采样后的 z 变换 $E(z)$ 的闭合形式为

$$E(z)=\frac{z-b}{z^2-cz+d}$$

求信号 $\mathrm{e}^{-at}e(t)$ 采样后的 z 变换 $E(z)$ 的闭合形式。

13. 已知信号 $e(t)$ 的拉普拉斯变换式为

$$E(s)=\frac{2(1-\mathrm{e}^{-6s})}{s(s+4)}$$

求该信号采样后的 z 变换 $E(z)$ 的闭合形式，其中采样周期 $T=1\mathrm{s}$。

14. 求下列拉普拉斯变换式对应信号采样后的 z 变换 $E(z)$：

(1) $E(s)=\dfrac{1}{(s+a)(s+b)}$ \qquad (2) $E(s)=\dfrac{1}{s(s+1)^2}$

15. 求下列函数的 z 反变换：

(1) $E(z) = \dfrac{z^3 + 5z + 1}{z(z-1)(z-0.2)}$

(2) $E(z) = \dfrac{z}{(z-1)^2(z-2)}$

16. 用长除法、部分分式法和留数法求 $E(z) = \dfrac{10z}{(z-1)(z-2)}$ 的 z 反变换。

17. 用 z 变换法求解下列差分方程：

(1) $c(k+2) - 6c(k+1) + 8c(k) = r(k)$

$r(t) = 1(t)$，起始条件 $\begin{cases} c(0) = 0 \\ c(1) = 0 \end{cases}$

(2) $c(k) + c(k-1) = r(k) - r(k-1)$

$r(t) = \begin{cases} 1, & k \text{ 为偶数} \\ 0, & k \text{ 为奇数} \end{cases}$，起始条件 $c(0) = 1$

18. 已知以下离散系统的差分方程，初始条件为零，求系统的脉冲传递函数。

$c(k) + 0.5c(k-1) - c(k-2) + 0.5c(k-3) = 4r(k) - r(k-2) - 0.6r(k-3)$

19. 如图所示系统，设

$$t_0 = 2T, \quad G(s) = \frac{1 - e^{-Ts}}{s(s+1)}$$

求其脉冲传递函数。

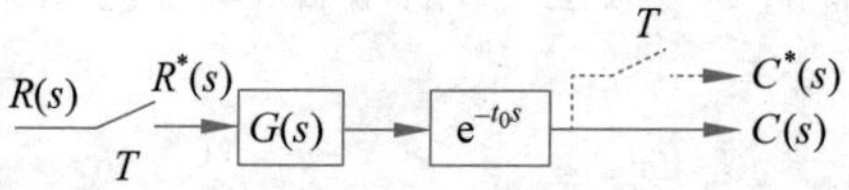

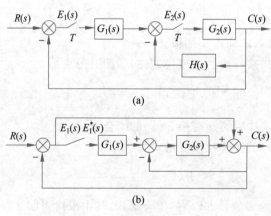

习题 19 图

20. 试求如图所示闭环采样系统的输出 z 变换 $C(z)$，假定所有的采样器是同步工作的。

(a)

(b)

习题 20 图

21. 输入信号 $r(t)$ 及系统结构如图所示：

(1) 求 $\{r_n\}$ 及 $\{c_n\}$ 的 z 变换；

（2）求脉冲序列 $\{c_n\}$，当 n 为 0、1、2、3、4 时的数值；

（3）用初值定理和终值定理求 c_0 及 c_∞。

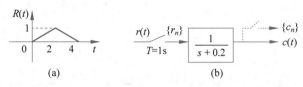

习题 21 图

22. 求如图所示系统对于单位阶跃信号的输出响应 $C(z)$。

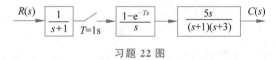

习题 22 图

23. 一机器臂关节的结构如图所示，信号 $M(s)$ 采样后加到系统中，$E_a(s)$ 是伺服电动机的输入电压，$\theta_m(s)$ 是电动机的转角，输出 $\theta_a(s)$ 是机器臂的角度，$K=2.4$，$T=0.1\mathrm{s}$，求脉冲传递函数 $\dfrac{\theta_a(z)}{M(z)}$。

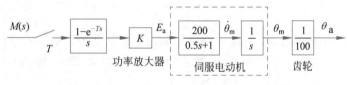

习题 23 图

24. 机器人臂关节控制系统如图所示，若 $K=1.4$，$T=0.3\mathrm{s}$，$D(z)=1.1$，求系统的脉冲传递函数 $\dfrac{\theta_a(z)}{\theta_c(z)}$。

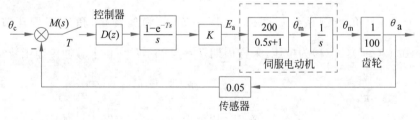

习题 24 图

25. 卫星姿态角控制系统结构如图所示，控制信号是电压 $e(t)$，零阶保持器的输出 $m(t)$ 通过放大器和推进器转化为扭矩 $\tau(t)$，系统的输出是卫星的姿态角，求其脉冲传递函数 $\dfrac{\theta(z)}{E(z)}$。

26. 卫星姿态角控制系统如图所示，$D(z)=1$，$T=0.5\mathrm{s}$，$K=4$，$J=0.2$，$H_k=0.05$，求系统的脉冲传递函数 $\dfrac{\theta(z)}{R(z)}$。

习题 25 图

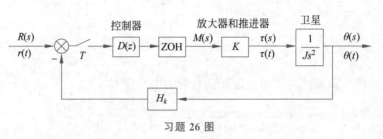

习题 26 图

27. 包含数字滤波器的系统如图所示,滤波器对应的差分方程为 $m(k)=0.8m(k-1)+0.1e(k)$,采样频率为 $1\,\mathrm{Hz}$,$G_\mathrm{p}(s)=\dfrac{1}{s+0.2}$,求其脉冲传递函数 $\dfrac{C(z)}{E(z)}$。

$$E(s) \quad e(KT) \quad \boxed{滤波器\ D(z)} \quad m(KT) \quad \boxed{ZOH} \quad \boxed{控制对象\ G_\mathrm{p}(s)} \quad C(s)$$

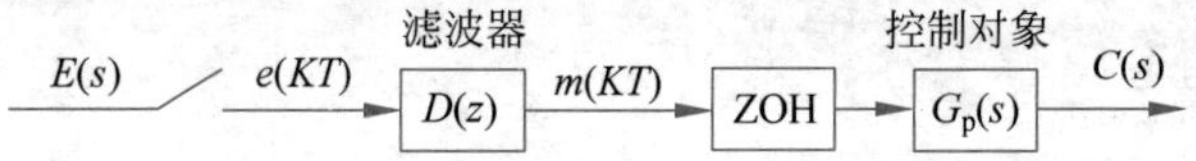

习题 27 图

28. 包含数字滤波器的系统如图所示,滤波器对应的差分方程为 $m(k+1)=0.5e(k+1)-0.4e(k)+0.458m(k)$,采样频率为 $10\,\mathrm{Hz}$,控制对象的传递函数 $G_\mathrm{p}(s)=\dfrac{5}{(s+1)(s+2)}$,求其脉冲传递函数 $\dfrac{C(z)}{E(z)}$。

$$E(s) \quad e(KT) \quad \boxed{滤波器\ D(z)} \quad m(KT) \quad \boxed{ZOH} \quad \boxed{控制对象\ G_\mathrm{p}(s)} \quad C(s)$$

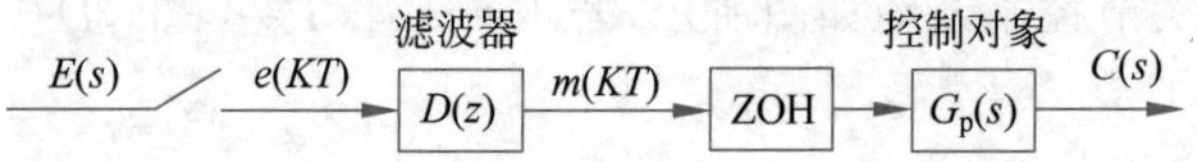

习题 28 图

29. 天线偏转角控制系统如图所示,图中 $\theta(t)$ 为偏转角,角度测量环节的输出 $v_0(kT)=0.4\theta(kT)$,$v_0(t)$ 为电压,采样周期 $T=0.05\mathrm{s}$,$K=1$,求脉冲传递函数 $\dfrac{\theta(z)}{R(z)}$。

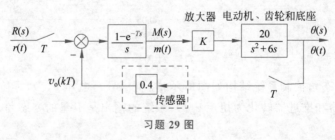

习题 29 图

30. 天线控制系统如图所示,$D(z)=1$,$T=0.05\mathrm{s}$,$K=20$,求系统的脉冲传递函数 $\dfrac{\theta(z)}{R(z)}$。

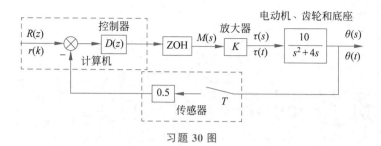

习题 30 图

31. 设线性离散系统的差分方程如下,试写出离散状态空间表达式。

(1) $y(k+2)+6y(k+1)+5y(k)=2e(k)$

(2) $y(k+2)+6y(k+1)+5y(k)=e(k+1)+2e(k)$

(3) $y(k+2)+6y(k+1)+5y(k)=3e(k+2)+e(k+1)+2e(k)$

32. $G(z)=\dfrac{Y(z)}{U(z)}=\dfrac{2}{z(z-1)}$,试写出三种状态方程表达式。

33. $x(k+1)=\begin{bmatrix} 0 & 1 \\ 0 & 3 \end{bmatrix}x(k)+\begin{bmatrix} 1 \\ 1 \end{bmatrix}u(k)$,$y(k)=\begin{bmatrix} -2 & 1 \end{bmatrix}x(k)$,设系统初始状态为 0,

用迭代法求解状态方程的解和系统对于单位阶段输入信号的输出响应 $y(k)$。

34. $x(k+1)=\begin{bmatrix} 1 & 0 \\ 0 & 0.5 \end{bmatrix}x(k)+\begin{bmatrix} 2 \\ 1 \end{bmatrix}u(k)$,$y(k)=\begin{bmatrix} 1 & 2 \end{bmatrix}x(k)$

设 $x(0)=\begin{bmatrix} -1 & 2 \end{bmatrix}^{\mathrm{T}}$,$u(k)=0(k=0,1,2,\cdots)$

(1) 求 $\phi(k)$。

(2) 求状态方程的解和输出响应 $y(k)$。

(3) 用迭代法求解状态方程的解和输出响应 $y(k)$。

第 3 章

计算机控制系统分析

与连续控制系统一样,离散控制系统的性能也包括稳定性、稳态性能和动态性能,下面将从这三方面对计算机控制系统的性能进行分析,并进一步讨论根轨迹法及频率法在计算机控制系统中的应用。

3.1 稳定性分析

3.1.1 离散系统的稳定性

若离散系统在有界输入序列作用下其输出序列也是有界的,则称该离散系统是稳定的。稳定的系统具有稳定性。

线性定常连续系统在时域稳定的充要条件是系统特征方程的根均具有负实部,线性定常离散系统在时域稳定的充要条件是系统特征方程的根均位于单位圆内,下面予以证明。

设线性定常离散系统的脉冲传递函数为

$$G(z) = \frac{C(z)}{R(z)} = \frac{\sum_{j=0}^{m} b_j z^{-j}}{1 + \sum_{i=1}^{n} a_i z^{-i}} \tag{3-1}$$

则其特征方程为

$$1 + \sum_{i=1}^{n} a_i z^{-i} = 0 \tag{3-2}$$

将其进行因式分解,得到

$$\prod_{i=1}^{n} (z - p_i) = (z - p_1)(z - p_2) \cdots (z - p_n) = 0 \tag{3-3}$$

式中,$p_1, p_2, \cdots, p_n$ 为系统的特征根。假设其各不相同,则式(3-1)可写为

$$C(z) = R(z)G(z) = R(z) \frac{K \prod_{j=1}^{m} (z - z_j)}{\prod_{i=1}^{n} (z - p_i)} \tag{3-4}$$

式中，$z_1, z_2, \cdots, z_m$ 为系统的零点；$R(z)$ 为输入信号的 z 变换。

将式(3-4)展开成部分分式，得到

$$C(z) = \frac{c_1 z}{z - p_1} + \frac{c_2 z}{z - p_2} + \cdots + \frac{c_n z}{z - p_n} + C_R(z) \qquad (3\text{-}5)$$

式中，$C_R(z)$ 为由输入信号极点得到的部分分式。

对式(3-5)进行 z 反变换，则对应特征根 z_i 的反变换式为

$$\mathcal{Z}^{-1} \left[\frac{c_i z}{z - p_i} \right] = c_i (p_i)^k \qquad (3\text{-}6)$$

若 p_i 的模小于 1，即在单位圆内，则可得到

$$\lim_{k \to \infty} c_i (p_i)^k = 0 \qquad (3\text{-}7)$$

根据离散系统稳定性的定义，若输入信号为有界序列，则由 $C_R(z)$ 经 z 反变换得到的式子也有界；若输出信号为有界序列，则所有的特征根对应的 z 反变换均应满足式(3-7)，即所有特征根均位于单位圆内。上述结论对于 $G(z)$ 中有重根时仍然成立。

因此，线性定常离散系统在时域稳定的充要条件为：当脉冲传递函数的特征方程的所有特征根 p_i 的模 $|p_i| < 1(i = 1, 2, \cdots, n)$，即均处于 z 平面的单位圆内时，该系统是稳定的。

3.1.2 离散系统的稳定性判据

已知线性定常离散系统在时域稳定的充要条件，则可以通过求解系统特征方程的根从而判断系统是否稳定。当离散系统阶数较低时，该方法非常简便。但是，随着阶数的升高，直接求解特征方程会很困难，应用计算机软件可以很方便地解决这一问题，如 MATLAB 中的 roots 命令。除了直接求解特征根的方法，与连续系统类似，对离散系统进行稳定性判断时也可以应用稳定判据。

1. 朱利(Jury)判据

朱利判据是直接在 z 域内应用的稳定性判据，类似于连续系统中的赫尔维茨(Hurwitz)判据。它是根据离散系统闭环特征方程 $D(z) = 0$ 的系数，判别其根是否严格位于 z 平面的单位圆内，从而判断该离散系统是否稳定。

设离散系统 n 阶闭环特征方程为

$$D(z) = a_0 z^n + a_1 z^{n-1} + a_2 z^{n-2} + \cdots + a_n \quad (a_0 > 0)$$

朱利稳定判据的必要条件为

$$D(1) > 0, \quad (-1)^n D(-1) > 0$$

满足必要条件后，构建朱利表如下：

行	列				
1	a_0	a_1	a_2		a_{n-1} a_n
2	a_n	a_{n-1}	a_{n-2}		a_1 a_0
3	b_0	b_1	b_2		b_{n-1}

行	列					
4	b_{n-1}	b_{n-2}	b_{n-3}		b_1	b_0
5	c_0	c_1	c_2		c_{n-2}	
6	c_{n-2}	c_{n-3}	c_{n-4}		c_1	c_0
...						
$m-2$	l_0	l_1				
$m-1$	l_1	l_0				
m	m_0					

由表可见,第一行是由 $a_0 \sim a_n$ 的原有系数组成,第二行是由同样的系数按相反的顺序构成,1、2 行构成一个行对,3、4 行构成一个行对,注意到下一个行对系数的序号总比上一个行对小 1。

不同的系数可按下式估算:

$$b_i = \begin{vmatrix} a_0 & a_{n-i} \\ a_n & a_i \end{vmatrix} \quad (i=0,1,2,\cdots,n-1)$$

$$c_i = \begin{vmatrix} b_0 & b_{n-1-i} \\ b_{n-1} & b_i \end{vmatrix} \quad (i=0,1,2,\cdots,n-2)$$

$$d_i = \begin{vmatrix} c_0 & c_{n-2-i} \\ c_{n-2} & c_i \end{vmatrix} \quad (i=0,1,2,\cdots,n-3)$$

$$\cdots$$

$$m_0 = \begin{vmatrix} l_0 & l_1 \\ l_1 & l_0 \end{vmatrix}$$

若 $b_0 > 0, c_0 > 0, \cdots, l_0, m_0 > 0$,则离散系统就是稳定的;否则,系统不稳定。

对于二阶离散系统,设其特征方程为

$$D(z) = a_0 z^2 + a_1 z + a_2 \quad (a_0 > 0)$$

满足必要条件

$$D(1) = a_0 + a_1 + a_2 > 0 \quad (a_0 > 0)$$

$$D(-1) = a_0 - a_1 + a_2 > 0 \quad (a_0 > 0)$$

可得 $a_0 + a_2 > a_1 (a_0 > 0)$,构造朱利表如下:

行	列			行	列	
1	a_0	a_1	a_2	4	b_1	b_0
2	a_2	a_1	a_0	5	c_0	
3	b_0	b_1				

$$b_0 = \begin{vmatrix} a_0 & a_2 \\ a_2 & a_0 \end{vmatrix} = a_0{}^2 - a_2{}^2$$

$$b_1 = \begin{vmatrix} a_0 & a_1 \\ a_2 & a_1 \end{vmatrix} = a_1(a_0 - a_2)$$

$b_0 > 0$，可得 $a_0 > |a_2|$。

$$c_0 = b_0^2 - b_1^2 = (a_0^2 - a_2^2)^2 - a_1^2(a_0 - a_2)^2$$
$$= (a_0 + a_2)^2(a_0 - a_2)^2 - a_1^2(a_0 - a_2)^2$$
$$= [(a_0 + a_2)^2 - a_1^2](a_0 - a_2)^2$$

由必要条件得到 $a_0 + a_2 > a_1(a_0 > 0)$，可得 $c_0 > 0$。

因此，二阶离散系统判断稳定的充要条件是 $D(1) > 0(a_0 > 0)$，$D(-1) > 0(a_0 > 0)$ 以及 $a_0 > |a_2|$。

例 3-1 已知系统的特征方程

$$D(z) = z^3 + 2z^2 + 1.9z + 0.8$$

试用朱利判据判断系统的稳定性。

解：在构建朱利表前，先检查 $D(1)$ 和 $D(-1)$，即

$$D(1) = 1 + 2 + 1.9 + 0.8 = 5.7, \quad D(1) > 0$$

$$D(-1) = -1 + 2 - 1.9 + 0.8 = -0.1, \quad (-1)^n D(1) > 0$$

可见，满足前两个条件，构造朱利表如下：

行	列			
1	1	2	1.9	0.8
2	0.8	1.9	2	1
3	0.36	0.48	0.3	
4	0.3	0.48	0.36	
5	0.0396	0.0288		
6	0.0288	0.0396		
7	0.0007			

满足约束条件，系统稳定。

2. 劳斯(Routh)稳定判据

为了使用劳斯判据，需要在与 s 域类似的域上进行判断，通过使用 ω 变换（双线性变换），可以把 z 域单位圆内的部分映射到 ω 域的左半平面，从而使应用劳斯判据判稳成为可能。

如果令

$$z = \frac{\omega + 1}{\omega - 1} \quad \text{或} \quad z = \frac{1 + \omega}{1 - \omega} \tag{3-8}$$

则有

$$\omega = \frac{z + 1}{z - 1} \quad \text{或} \quad \omega = \frac{z - 1}{z + 1} \tag{3-9}$$

式(3-8)和式(3-9)表明，复变量 z 与 ω 互为线性变换，故 ω 变换又称双线性变换。令

复变量

$$z = x + \mathrm{j}y, \quad \omega = u + \mathrm{j}v$$

代入式(3-9)可得

$$u + \mathrm{j}v = \frac{(x^2 + y^2) - 1}{(x - 1)^2 + y^2} - \mathrm{j}\,\frac{2y}{(x - 1)^2 + y^2}$$

显然,有

$$u = \frac{(x^2 + y^2) - 1}{(x - 1)^2 + y^2}$$

由于上式中分母始终为正,因此 $u=0$ 等价于 $x^2 + y^2 = 1$,$u<0$ 等价于 $x^2 + y^2 < 1$,$u>0$ 等价于 $x^2 + y^2 > 1$。可见,经过变换,z 域单位圆映射为 ω 域的虚轴,z 域单位圆内映射为 ω 域左半平面,z 域单位圆外映射为 ω 域右半平面,如图 3-1 所示。

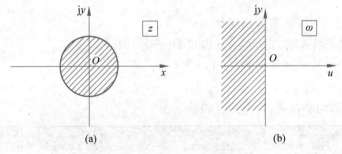

图 3-1　z 域到 w 域的映射

由 ω 变换可知,通过从 z 域到 ω 域的变换,线性定常离散系统 z 域的特征方程 $D(z)$ 转换为 ω 域特征方程 $D(\omega)$,则 z 域的稳定条件即所有特征根均处于单位圆内转换为 ω 域的稳定条件,特征方程的根严格位于左半平面。而该条件正是 s 平面上应用劳斯稳定判据的条件,所以根据 ω 域的特征方程系数直接应用劳斯判据即可以判断离散系统的稳定性,同时还能给出特征根处于单位圆外的个数。

例 3-2　设离散系统 z 域的特征方程为

$$D(z) = z^3 + 2z^2 + 1.9z + 0.8$$

使用双线性变换并用劳斯判据确定稳定性。

解:对 $D(z)$ 作双线性变换,即将

$$z = \frac{\omega + 1}{\omega - 1}$$

代入 $D(z)$ 中,可得

$$D(z) = \left(\frac{\omega + 1}{\omega - 1}\right)^3 + 2\left(\frac{\omega + 1}{\omega - 1}\right)^2 + 1.9\left(\frac{\omega + 1}{\omega - 1}\right) + 0.8 = 0$$

化简后,可得 ω 域特征方程为

$$5.7\omega^3 + 0.7\omega^2 + 1.5\omega + 0.1 = 0$$

则构造成劳斯表如下:

$$
\begin{array}{ccc}
\omega^3 & 5.7 & 1.5 \\
\omega^2 & 0.7 & 0.1 \\
\omega^1 & 0.69 & 0 \\
\omega^0 & 0.1 &
\end{array}
$$

由劳斯表第一列系数可以看出，没有符号变化，表明系统是稳定的。若在第一列中有符号变化，则变化的数目和 ω 域上处于右半平面的极点个数相同，也和 z 域上单位圆外特征根的个数相同。

例 3-3 设直流电动机位置控制系统结构如图 3-2 所示，采样周期 $T=0.1\mathrm{s}$，控制器增益为 K，直流电动机模型简化为 $\dfrac{K_\mathrm{m}}{s(T_\mathrm{m}s+1)}$，其中电动机时间常数 $T_\mathrm{m}=0.1$，电动机增益时间常数 $K_\mathrm{m}=1$，试求系统稳定时 K 的取值范围。

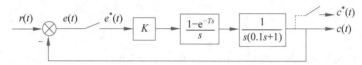

图 3-2　直流电动机位置控制系统结构图

解：先求系统的开环脉冲传递函数 $G(z)$。由图中可以看出，连续环节包含零阶保持器，则由式(2-53)可得

$$
G(z)=\frac{z-1}{z}\cdot K\cdot \mathcal{Z}\left[\frac{10}{s^2(s+10)}\right]=0.1\cdot\frac{z-1}{z}\cdot K\cdot\mathcal{Z}\left[\frac{10}{s^2}-\frac{1}{s}+\frac{1}{s+10}\right]
$$

查 z 变换表并化简，可得

$$
G(z)=0.1\cdot\frac{z-1}{z}\cdot K\cdot\left[\frac{10Tz}{(z-1)^2}-\frac{z}{z-1}+\frac{z}{z-e^{-10T}}\right]
$$

$T=0.1\mathrm{s}$，$e^{-1}=0.368$，代入上式可得

$$
G(z)=0.1\cdot K\cdot\frac{0.368z+0.264}{(z-1)(z-0.368)}
$$

再求闭环脉冲传递函数：

$$
\phi(z)=\frac{G(z)}{1+G(z)}=\frac{0.0368Kz+0.0264K}{z^2+(0.0368K-1.368)z+0.0264K+0.368}
$$

则特征方程为

$$
D(z)=z^2+(0.0368K-1.368)z+0.0264K+0.368=0
$$

作双线性变换，将 $z=\dfrac{\omega+1}{\omega-1}$ 代入上式化简后可得

$$
0.0632K\omega^2+(1.264-0.0528K)\omega+(2.736-0.0104K)=0
$$

则劳斯表为

$$
\begin{array}{ccc}
\omega^2 & 0.0632K & 2.736-0.0104K \\
\omega^1 & 1.264-0.0528K & 0 \\
\omega^0 & 2.736-0.0104K & 0
\end{array}
$$

由劳斯表,系统稳定时,K 值应满足

$$K>0, \quad 1.264-0.0528K>0, \quad 2.736-0.0104K>0$$

即 $0<K<24$。

故系统稳定的 K 值范围是 $0<K<24$。

对于 $G(s)=\dfrac{10K}{s(s+10)}$ 的单位反馈连续系统来说,只要 $K>0$,系统总是稳定的。而由例 3-3 的结论来看,加入采样开关,当 K 超过一定值时,将使系统变得不稳定。因此,采样周期一定时,加大开环增益会使离散系统的稳定性变差。

另外,当开环增益一定时,加大采样周期,会使系统的信息丢失增加,也可能使系统变得不稳定。

如例 3-3 中,取 $T=0.2$,则 $e^{-2}=0.135$,代入可得

$$G(z)=\frac{0.1135Kz+0.0594K}{z^2-1.135z+0.135}$$

特征方程为

$$D(z)=z^2+(0.1135K-1.135)z+0.0594K+0.135=0$$

做双线性变换后的特征方程为

$$0.1729K\omega^2+(1.73-0.1188K)\omega+2.27-0.0541K=0$$

系统稳定的 K 值范围是 $0<K<14.56$。

可见,增大采样周期,K 值的稳定范围缩小了。

例 3-4 判断例 2-24 所示电阻加热炉炉温控制系统的稳定性。

解:由例 2-24,闭环系统的脉冲传递函数为

$$\phi(z)=\frac{C(z)}{R(z)}=\frac{D(z)G_1(z)}{1+D(z)G(z)}=\frac{4(1-e^{-0.5T})}{(z-e^{-0.5T})+0.16(1-e^{-0.5T})}$$

当 $T=0.6$ 时,有

$$\phi(z)=\frac{1.04}{z-0.6984}$$

只有一个特征根 $z_1=0.6984$,位于单位圆内,系统稳定。

3.2 稳态性能分析

离散系统的稳态性能是用稳态误差来表征的。与连续系统类似,离散系统稳态误差和系统本身及输入信号都有关系,在系统特性中起主要作用的是系统的型别以及开环增益。稳态误差既可用级数的方法求取,也可用终值定理求取。应用终值定理,方法简便,所以较常使用。

3.2.1 稳态误差计算

闭环系统如图 3-3 所示。图中 $G(s)$ 为连续部分的传递函数,$e(t)$ 为系统连续误差信号,$e^*(t)$ 为系统采样误差信号。由式(2-58)可知

$$\phi_e(z) = \frac{E(z)}{R(z)} = \frac{1}{1 + GH(z)}$$

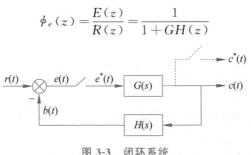

图 3-3　闭环系统

若 $\phi_e(z)$ 极点全部严格位于 z 平面上的单位圆内,即系统稳定,则应用 z 变换的终值定理可求出采样瞬时的终值误差,即

$$e^*(\infty) = \lim_{t \to \infty} e^*(t) = \lim_{z \to 1}(z-1)E(z) = \lim_{z \to 1} \frac{(z-1)R(z)}{[1 + GH(z)]} \tag{3-10}$$

由于离散系统没有唯一的典型结构图形式,误差脉冲传递函数也给不出一般的计算公式,因此在利用 z 变换终值定理求稳态误差时,必须按实际系统求出 $\phi_e(z)$,然后求取 $e^*(\infty)$。

利用 z 变换终值定理求取采样系统的稳态误差是一种基本方法,与连续系统类似,人们依然在寻求通过定义误差系数来简化稳态误差的计算过程。

对于一个采样系统,设 $G_k(z) = GH(z) = \mathcal{Z}[G(s)H(s)]$,其静态位置误差系数为

$$K_p = \lim_{z \to 1}[1 + G_k(z)] \tag{3-11}$$

静态速度误差系数为

$$K_v = \lim_{z \to 1}(z-1)G_k(z) \tag{3-12}$$

静态加速度误差系数为

$$K_a = \lim_{z \to 1}(z-1)^2 G_k(z) \tag{3-13}$$

应用静态误差系数,对于图 3-3 所示的典型误差采样系统,可求出不同输入信号下稳态误差的值。

若

$$r(t) = 1(t), \quad R(z) = \frac{z}{z-1}$$

则有

$$e^*(\infty) = \lim_{z \to 1} \frac{(z-1)R(z)}{[1 + G_k(z)]} = \lim_{z \to 1} \frac{1}{1 + G_k(z)} = \frac{1}{K_p} \tag{3-14}$$

若

$$r(t) = t, \quad R(z) = \frac{Tz}{(z-1)^2}$$

则有

$$e^*(\infty) = \lim_{z \to 1} \frac{(z-1)R(z)}{[1 + G_k(z)]} = \lim_{z \to 1} \frac{T}{(z-1)G_k(z)} = \frac{T}{K_v} \tag{3-15}$$

若
$$r(t) = \frac{t^2}{2}, \quad R(z) = \frac{T^2 z(z+1)}{2(z-1)^3}$$

则有

$$e^*(\infty) = \lim_{z \to 1} \frac{(z-1)R(z)}{[1+G_k(z)]} = \lim_{z \to 1} \frac{T^2(z+1)}{2(z-1)^2[1+G_k(z)]} = \frac{T^2}{K_a} \tag{3-16}$$

由此可见,应用静态误差系数,根据系统结构和输入信号可以方便地表示出采样系统的稳态误差。

为了简化求误差系数的过程,和连续系统类似,需要考查静态误差系数和系统型别的关系。对于采样系统,按照开环极点在 $z=1$ 的个数定义系统的型别,若 $G(z)$ 在 $z=1$ 有 0 个、1 个、2 个…极点,则系统的型别分别是 0 型、I 型、II 型…。下面分析系统型别与静态误差系数的关系。

由式(3-11),即

$$K_p = \lim_{z \to 1} [1 + G_k(z)]$$

可知:若 $G_k(z)$ 在 $z=1$ 的极点个数为 0,则 K_p 为有限值;若 $G_k(z)$ 在 $z=1$ 时的极点个数大于或等于 1,则 $K_p = \infty$。可见,对 0 型系统,$K_p \neq \infty$;对于 I 型及以上系统,$K_p = \infty$。

由式(3-12),即

$$K_v = \lim_{z \to 1} (z-1)G_k(z)$$

可知:若 $G_k(z)$ 在 $z=1$ 的极点个数为 0,则 $K_v = 0$;若 $G_k(z)$ 在 $z=1$ 的极点个数为 1,则 K_p 为有限值;若 $G_k(z)$ 在 $z=1$ 的极点个数大于或等于 2,则 $K_p = \infty$。可见,对 0 型及 I 型系统,$K_v \neq \infty$;对于 II 型及以上系统,$K_v = \infty$。

同理,对于 0 型、I 型、II 型系统,$K_a \neq \infty$,对于 III 型及以上系统,$K_a = \infty$。

对于图 3-3 所示的典型误差采样系统,考察不同类型的系统的静态误差系数及用静态误差系数表示稳态误差,可得到表 3-1。

表 3-1 典型误差采样系统的误差系数和稳态误差

$z=1$ 的开环极点个数	系统型别	静态误差系数			稳态误差 $e(\infty)$		
		K_p	K_v	K_a	$1(t)$	t	$\dfrac{t^2}{2}$
0	0 型	F	0	0	$\dfrac{1}{K_p}$	∞	∞
1	I 型	∞	F	0	0	$\dfrac{T}{K_v}$	∞
2	II 型	∞	∞	F	0	0	$\dfrac{T^2}{K_a}$
3	III 型	∞	∞	∞	0	0	0

注:F 代表有限值且不为 0。

例 3-5 采样系统结构如图 3-4 所示，采样周期 $T=0.2\mathrm{s}$，输入信号 $r(t)=1+t+\dfrac{1}{2}t^2$，试计算系统的稳态误差。

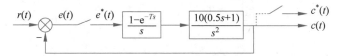

图 3-4 采样系统结构图

解：由图 3-4 可知，该系统为单位反馈误差采样系统，且连续环节中包含有零阶保持器，在求其稳态误差时，可利用表 3-1 中的结果。

求 $e^*(\infty)$ 需分三步进行：

（1）求 $G(z)$。系统中有零阶保持器，由式（2-53）可得

$$G(z)=\frac{z-1}{z}\mathcal{Z}\left[\frac{10(0.5s+1)}{s^3}\right]=\frac{z-1}{z}\mathcal{Z}\left[\frac{10}{s^3}+\frac{5}{s^2}\right]$$

查 z 变换表，可得

$$G(z)=\frac{z-1}{z}\left[\frac{5T^2z(z+1)}{(z-1)^3}+\frac{5Tz}{(z-1)^2}\right]$$

将采样周期 $T=0.2\mathrm{s}$ 代入并化简，可得

$$G(z)=\frac{1.2z-0.8}{(z-1)^2}$$

（2）判别系统的闭环稳定性。由式（2-60），闭环特征方程为

$$D(z)=1+G(z)=0$$

展开可得

$$(z-1)^2+1.2z-0.8=0$$

即

$$z^2-0.8z+0.2=0$$

进行 ω 变换，将 $z=\dfrac{\omega+1}{\omega-1}$ 代入上式并整理，可得

$$0.4\omega^2+1.6\omega+2=0$$

列劳斯表：

$$
\begin{array}{lll}
\omega^2 & 0.4 & 2 \\
\omega^1 & 1.6 & 0 \\
\omega^0 & 2 &
\end{array}
$$

可见闭环系统稳定。

（3）求 $e^*(\infty)$。先求静态误差系数。

$$G(z)=\frac{1.2z-0.8}{(z-1)^2}$$

可见系统为 Ⅱ 型系统，所以

$$K_p = \infty, \quad K_v = \infty, \quad K_a = \lim_{z \to 1}(z-1)^2 G(z) = 0.4$$

由表 3-1 可知,对于 $r(t) = 1 + t + \dfrac{1}{2}t^2$ 作用下的稳态误差为

$$e(\infty) = \frac{1}{K_p} + \frac{T}{K_v} + \frac{T^2}{K_a} = 0 + 0 + \frac{0.04}{0.4} = 0.1$$

3.2.2 典型计算机控制系统稳态误差计算

典型计算机控制系统结构图如图 3-5 所示。

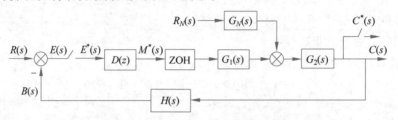

图 3-5 典型计算机控制系统结构图

由式(2-64)、式(2-65)和式(2-68)可知

$$G(z) = (1 - z^{-1})\, \mathcal{Z}\!\left[\frac{G_1(s)G_2(s)H(s)}{s}\right]$$

$$E_R(z) = \frac{1}{1 + D(z)G(z)} R(z)$$

$$E_N(z) = -\frac{HG_N G_2 R_N(z)}{1 + D(z)G(z)}$$

对于输入信号,对照典型采样系统图 3-3,$G_k(z) = D(z)G(z)$,其静态误差系数的定义及不同输入信号下稳态误差的值依然如式(3-11)~式(3-16)所示,考查不同类型的系统的静态误差系数及用静态误差系数表示稳态误差仍然可应用表 3-1。

对于干扰信号,应用静态误差系数的方法不再适用,和连续系统相同,干扰信号的稳态误差只能采用终值定理求得,且由于很多系统并不能直接求出 $\phi_{en}(z)$,而只能求出 $E_N(z)$,故只能对 $E_N(z)$ 应用终值定理求稳态误差。

例 3-6 若输入信号及干扰信号均为单位阶跃信号,$T = 0.6\text{s}$,求例 2-24 所示炉温控制系统的稳态误差。

解:由式(2-65)可知

$$E_R(z) = \frac{1}{1 + D(z)G(z)} R(z)$$

由例 2-24 可知

$$G_k(z) = D(z)G(z) = \frac{0.16(1 - e^{-0.5T})}{z - e^{-0.5T}}$$

系统为 0 型系统,对于阶跃输入信号的稳态误差为

$$e_{\text{ssr}}^{*} = \frac{1}{K_{\text{p}}}$$

由于

$$K_{\text{p}} = \lim_{z \to 1}[1 + G_k(z)] = \lim_{z \to 1}\left[1 + \frac{0.16(1 - e^{-0.5T})}{z - e^{-0.5T}}\right] = 1.16$$

则可得

$$e_{\text{ssr}}^{*} = \frac{1}{K_{\text{p}}} = 0.862$$

由式(2-68)可知

$$E_N(z) = -\frac{HG_N G_2 R_N(z)}{1 + D(z)G(z)}$$

由于

$$G_N(s) = \frac{2.5}{s + 0.5}, \quad H(s) = 0.04, \quad G_2(s) = 1$$

$$HG_N G_2 R_N(z) = 0.04\,\mathscr{Z}\left[\frac{2.5}{s + 0.5} \cdot \frac{1}{s}\right] = 0.2\,\mathscr{Z}\left[\frac{1}{s} - \frac{1}{s + 0.5}\right] = \frac{0.2z(1 - e^{-0.5T})}{(z - 1)(z - e^{-0.5T})}$$

则可得

$$E_N(z) = -\frac{\dfrac{0.2z(1 - e^{-0.5T})}{(z - 1)(z - e^{-0.5T})}}{1 + \dfrac{0.16(1 - e^{-0.5T})}{(z - e^{-0.5T})}} = -\frac{0.2z(1 - e^{-0.5T})}{(z - 1)[z - e^{-0.5T} + 0.16(1 - e^{-0.5T})]}$$

由终值定理可得

$$e_{\text{ssn}}^{*} = \lim_{t \to \infty} e_n^{*}(t) = \lim_{z \to 1}(z - 1)E_N(z)$$

$$= -\lim_{z \to 1}\frac{z - 1}{1}\frac{0.2z(1 - e^{-0.5T})}{(z - 1)[z - e^{-0.5T} + 0.16(1 - e^{-0.5T})]} = -\lim_{z \to 1}\frac{0.2}{1.16} = -0.1724$$

所以系统总的稳态误差为

$$e_{\text{ss}}^{*} = e_{\text{ssr}}^{*} + e_{\text{ssn}}^{*} = 0.862 - 0.1724 = 0.6896$$

3.3 动态性能分析

前两节主要介绍了离散系统稳定的充要条件及稳态误差的计算,但工程上不仅要求系统是稳定的,而且希望它具有良好的动态品质。通常,如果已知离散控制系统的数学模型(差分方程、脉冲传递函数等),通过递推计算及 z 变换法不难求出典型输入作用下的系统输出信号的脉冲序列 $c^{*}(t)$,通过对脉冲序列 $c^{*}(t)$ 进行分析可以很方便地得到系统的动态性能。

例 **3-7** 设直流电动机位置控制系统结构如图 3-2 所示,其中输入信号为单位阶跃信号 $r(t) = 1(t)$,采样周期 $T = 0.1\text{s}$,控制器增益 $K = 10$,直流电动机模型简化为 $\dfrac{K_{\text{m}}}{s(T_{\text{m}}s + 1)}$,其中电动机时间常数 $T_{\text{m}} = 0.1$,电动机增益时间常数 $K_{\text{m}} = 1$,试分析该系统的动态性能。

解：由例 3-3 可得

$$\phi(z) = \frac{G(z)}{1+G(z)} = \frac{0.0368Kz + 0.0264K}{z^2 + (0.0368K - 1.368)z + 0.0264K + 0.368}$$

将 $K=10$ 代入上式，可得

$$\phi(z) = \frac{G(z)}{1+G(z)} = \frac{0.368z + 0.264}{z^2 - z + 0.632}$$

将 $R(z) = z/z-1$ 代入，可求出单位阶跃序列响应的 z 变换，即

$$C(z) = \phi(z)R(z) = \frac{0.368z^{-1} + 0.264z^{-2}}{1 - 2z^{-1} + 1.632z^{-2} - 0.632z^{-3}}$$

利用长除法将 $C(z)$ 展成无穷幂级数，即

$$C(z) = 0.368z^{-1} + z^{-2} + 1.4z^{-3} + 1.4z^{-4} + 1.147z^{-5} +$$
$$0.895z^{-6} + 0.802z^{-7} + 0.868z^{-8} + \cdots$$

由 z 变换定义，输出序列 $c(nT)$ 为

$$C(0) = 0, \quad C(T) = 0.368, \quad C(2T) = 1$$
$$C(3T) = 1.4, \quad C(4T) = 1.4, \quad C(5T) = 1.147$$
$$C(6T) = 0.895, \quad C(7T) = 0.802, \cdots$$

得到的 $T=0.1\text{s}$ 时单位阶跃响应曲线如图 3-6 所示。

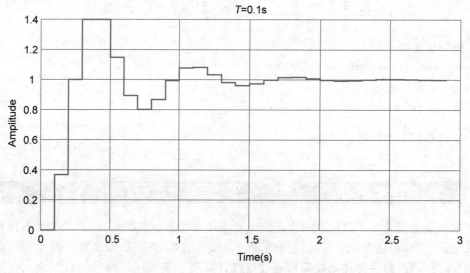

图 3-6　$T=0.1\text{s}$ 时单位阶跃响应曲线

由图 3-6 求得系统的近似性能指标：上升时间 $t_r = 0.2\text{s}$，峰值时间 $t_p = 0.4\text{s}$，调节时间 $t_s = 1.2\text{s}$（5%误差带），超调量 $\sigma\% = 40\%$。

如果该系统为连续系统，即其开环传递函数为

$$G(s) = \frac{100}{s(s+10)}$$

则其闭环传递函数为

$$\phi(s) = \frac{100}{s^2 + 10s + 100}$$

连续系统单位阶跃响应曲线如图 3-7 所示。

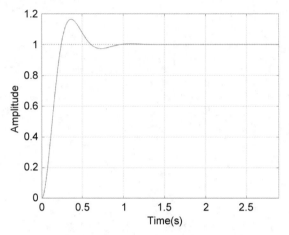

图 3-7　连续系统单位阶跃响应曲线

由二阶系统的性能指标与参数的对应关系可知,阻尼比 $\xi = 0.5$,自然振荡角频率 $\omega_n = 10$,性能指标:上升时间 $t_r = 0.243$s,峰值时间 $t_p = 0.3626$s,调节时间 $t_s = 0.6$s,超调量 $\sigma\% = 16.3\%$。对比可知,系统离散化后性能下降。

同样,如果改变离散系统的采样周期,如将例 3-7 中系统的采样周期增大为 0.2s,由例 3-3 可知,其开环传递函数为

$$G(z) = \frac{0.1135Kz + 0.0594K}{z^2 - 1.135z + 0.135}$$

同样,将 $K = 10$ 代入可得

$$\phi(z) = \frac{1.135z + 0.6}{z^2 + 0.735}$$

此时系统的单位阶跃响应曲线如图 3-8 所示。

由图 3-8 求得系统的近似性能指标:上升时间 $t_r = 0.2$s,峰值时间 $t_p = 0.5$s,调节时间 $t_s = 4$s(5%误差带),超调量 $\sigma\% = 73\%$。由此可知,增大采样周期,系统的性能变差。

系统的性能不仅与采样周期有关,而且与系统的参数密切相关,如果系统的参数改变,那么系统的性能也会相应改变。

例 3-7 中,若直流电动机位置控制系统中电动机的时间常数存在误差,从而使其模型相应改变,如变为

$$G(s) = \frac{1}{s(0.2s + 1)}$$

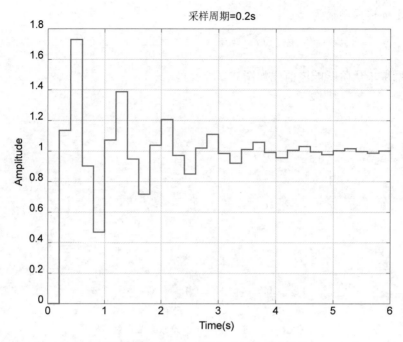

图 3-8　$T=0.2$s 时单位阶跃响应曲线

则系统的开环脉冲传递函数为

$$G(z) = \frac{z-1}{z} \mathcal{Z}\left[\frac{5}{s^2(s+5)}\right] = 20\frac{z-1}{z}\mathcal{Z}\left[\frac{0.5}{s^2} - \frac{0.1}{s} + \frac{0.1}{s+5}\right]$$

查 z 变换表并化简,可得

$$G(z) = 20\frac{z-1}{z}\left[\frac{0.5Tz}{(z-1)^2} - \frac{0.1z}{z-1} + \frac{0.1z}{z-\mathrm{e}^{-5T}}\right]$$

$T=0.1$s,$\mathrm{e}^{-0.5}=0.606$,代入上式可得

$$G(z) = \frac{0.212z + 0.182}{(z-1)(z-0.606)}$$

闭环脉冲传递函数为

$$\phi(z) = \frac{G(z)}{1+G(z)} = \frac{0.212z + 0.182}{z^2 - 1.394z + 0.788}$$

此时的单位阶跃响应曲线与原系统的单位阶跃响应曲线对比如图 3-9 所示。

由图 3-9 可见,参数改变后系统的近似性能指标:上升时间 $t_\mathrm{r}=0.3$s,峰值时间 $t_\mathrm{p}=0.5$s,调节时间 $t_\mathrm{s}=2.1$s,超调量 $\sigma\%=55.6\%$。可见,随着电动机时间常数增加,系统的动态性能变差,这一点和连续系统是一致的。

大多数情况下,系统的参数受多种因素影响,建模时只能取其近似值,所以计算得到的系统性能只是实际性能指标的近似。当系统的参数和模型不能精确获得时,如何估算系统的性能指标就是面临的一个实际问题。随着科学技术的发展,基于数据驱动的机器学习和深度学习为系统建模提供了崭新的思路,鉴于篇幅,不再赘述,读者可参阅相关

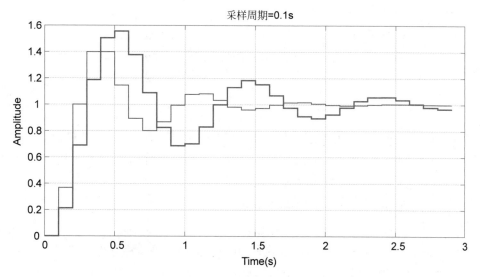

图 3-9 改变电动机参数后单位阶跃响应曲线对比

书籍。

由例 3-7 可见,通过求解系统输出信号的脉冲序列 $c^*(t)$ 可以定量地分析系统的动态性能,但有时需要对系统动态性能做定性分析,此时需要考查离散系统的闭环极点在 z 平面上的分布与系统动态性能的关系。

设闭环脉冲传递函数为

$$G(z) = \frac{C(z)}{R(z)} = \frac{\sum\limits_{j=0}^{m} b_j z^{-j}}{1 + \sum\limits_{i=1}^{n} a_i z^{-i}} = \frac{K_0 \prod\limits_{j=1}^{m}(z - z_j)}{\prod\limits_{i=1}^{n}(z - p_i)} \quad (m \leqslant n)$$

式中,$z_j(j = 1, 2, \cdots, m)$ 表示 $\phi(z)$ 的零点,$p_i(i = 1, 2, \cdots, n)$ 表示 $\phi(z)$ 的极点,它们既可以是实数,也可以是共轭复数。若离散系统稳定,则所有闭环极点应严格位于 z 平面上的单位圆内,即 $|p_i| < 1(i = 1, 2, \cdots n)$。为便于讨论,假定 $\phi(z)$ 无重极点,且系统的输入为单位阶跃信号。此时

$$r(t) = 1(t), \quad R(z) = \frac{z}{z - 1}$$

系统输出的 z 变换为

$$C(z) = \phi(z) R(z) = \phi(z) \frac{z}{z - 1}$$

将 $\dfrac{C(z)}{z}$ 展成部分分式,则有

$$\frac{C(z)}{z} = \phi(1) \frac{1}{z - 1} + \sum_{i=1}^{n} \frac{C_i}{z - p_i}$$

式中,C_i 为 $\dfrac{C(z)}{z}$ 在各极点处的留数,其获得方法与拉普拉斯变换的相同。

于是

$$C(z) = \phi(1)\frac{z}{z-1} + \sum_{i=1}^{n}\frac{C_i z}{z - p_i}$$

对于上式取 z 反变换,可得系统的输出脉冲序列为

$$c(k) = \phi(1)1(t) + \sum_{i=1}^{n}C_i(p_i)^k \tag{3-17}$$

式(3-17)等号右边第一项为输出脉冲序列的稳态分量,第二项为动态分量,根据 p_i 在 z 平面上分布的不同,其对应的动态性能也不相同。下面分两种情况进行讨论:

1. 闭环极点为实轴上的单极点

若 p_i 位于实轴上,则其对应的瞬态分量为

$$c_i(k) = c_i p_i^k \tag{3-18}$$

因此,当 p_i 位于 z 平面上不同位置时,其对应的脉冲响应序列也不相同:

(1) 当 $p_i > 1$ 时,$c(k)$ 为发散脉冲序列。

(2) 当 $p_i = 1$ 时,$c(k)$ 为等幅脉冲序列。

(3) 当 $0 < p_i < 1$ 时,$c(k)$ 为单调衰减正脉冲序列,且 p_i 越接近 0,衰减越快。

(4) 当 $-1 < p_i < 0$ 时,$c(k)$ 是交替变化符号的衰减脉冲序列。

(5) 当 $p_i = -1$ 时,$c(k)$ 是交替变化符号的等幅脉冲序列。

(6) 当 $p_i < -1$ 时,$c(k)$ 是交替变化符号的发散脉冲序列。

p_i 在 z 平面的位置与相应脉冲响应序列关系如图 3-10 所示。

2. 闭环极点为共轭复数极点

设 p_i 和 $\bar{p}_i$ 为一对共轭复数极点,其表达式为

$$p_i, \quad \bar{p}_i = |p_i| e^{\pm j\theta_i}$$

式中,θ_i 为共轭复极点 p_i 的相角,从 z 平面上的正实轴算起,逆时针为正。

由式(3-18)可知,一对共轭复数所对应的瞬态分量为

$$c_{i,i}(k) = c_i p_i^k + \bar{c}_i \bar{p}_i^k \tag{3-19}$$

由复变函数理论可知,共轭复数极点所对应的留数 c_i 及 $\bar{c}_i$ 也是共轭复数对。

设 $c_i, \bar{c}_i = |c_i| e^{\pm j\varphi_i}$,有

$$c_{i,i}(k) = |c_i||p_i|^k e^{j(k\theta_i + \varphi_i)} + |c_i||p_i|^k e^{-j(k\theta_i + \varphi_i)}$$
$$= 2|c_i||p_i|^k \cos(k\theta_i + \varphi_i) \tag{3-20}$$

由式(3-20)可见,一对共轭复数极点所对应的瞬态分量 $c_{i,i}(k)$ 按振荡规律变化,其振荡的角频率与 θ_i 有关,θ_i 越大,振荡的角频率就越高。

当 p_i 处于不同位置时,其对应的脉冲响应序列如下:

(1) 当 $|p_i| > 1$ 时,$c(k)$ 为发散振荡脉冲序列。

(2) 当 $|p_i| = 1$ 时,$c(k)$ 为等幅振荡脉冲序列。

(3) 当 $|p_i| < 1$ 时,$c(k)$ 为衰减振荡脉冲序列。

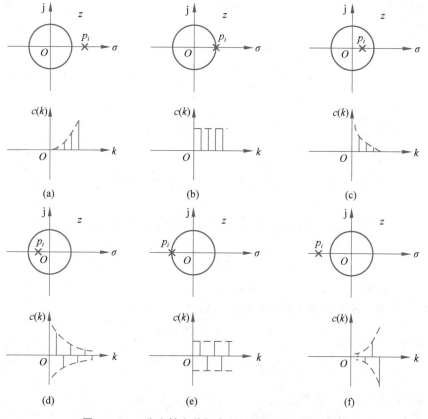

图 3-10 p_i 为实轴上单极点所对应的脉冲响应序列

其对应关系如图 3-11 所示。

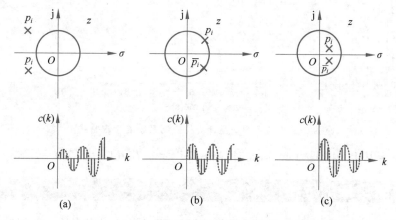

图 3-11 p_i 为共轭复极点所对应的脉冲响应序列

综上所述,离散系统动态响应的基本特性取决于极点在 z 平面上的分布,极点越靠近原点,动态响应衰减得越快,极点的辐角越趋于零,动态响应振荡的频率越低,因此为使系统具有较为满意的动态性能,其闭环极点最好分布在单位圆的右半部且尽量靠近原点。

例 3-8　若输入信号及干扰信号均为单位阶跃信号,求例 2-24 所示电阻炉炉温控制系统的动态性能。

解：由例 2-24,总的输出信号为

$$C(z) = C_R(z) + C_N(z) = \frac{1.04}{z - 0.6984} R(z) + \frac{z - 0.74}{z - 0.6984} R_N G_N(z)$$

$$G_N R_N(z) = \mathscr{Z}\left[\frac{2.5}{s + 0.5} \cdot \frac{1}{s}\right] = \frac{5z(1 - e^{-0.5T})}{(z - 1)(z - e^{-0.5T})}$$

将 $T = 0.6$ 代入上式,可得

$$G_N R_N(z) = \mathscr{Z}\left[\frac{2.5}{s + 0.5} \cdot \frac{1}{s}\right] = \frac{1.3z}{(z - 1)(z - 0.74)}$$

$$C(z) = \frac{1.04}{z - 0.6984}\frac{z}{z - 1} + \frac{z - 0.74}{z - 0.6984}\frac{1.3z}{(z - 1)(z - 0.74)}$$

$$= \frac{2.34z}{(z - 0.6984)(z - 1)} = \frac{7.759z}{z - 1} - \frac{7.759z}{z - 0.6984}$$

$$c(kT) = 7.759(1 - 0.6984^k)$$

电阻炉炉温计算机控制系统的响应曲线如图 3-12 所示。

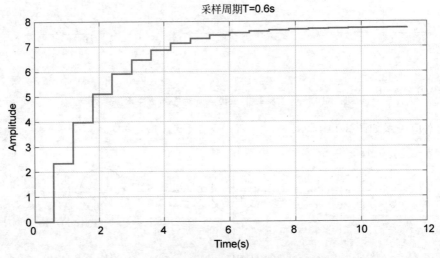

采样周期T=0.6s

图 3-12　电阻炉炉温计算机控制系统的响应曲线

可以确定其上升时间为 4.2s,此时,当 $c(7T) = 7.759(1 - 0.081) = 7.13$。

3.4　根轨迹法的应用

离散系统的根轨迹法与连续系统类似,同样是研究当系统的某一个参数变化时闭环极点变化的轨迹。

在离散系统中,若特征方程定义为

$$D(z) = 1 + G_k(z) = 0$$

或

$$G_k(z) = -1 \tag{3-21}$$

$D(z)$ 为闭环离散系统的特征方程，$G_k(z)$ 为系统的等效开环脉冲传递函数，其一般表示形式为

$$G_k(z) = \frac{K_g \prod\limits_{j=1}^{m} (z - z_{oj})}{\prod\limits_{i=1}^{n} (z - p_{oi})} \tag{3-22}$$

式中，K_g 为开环根轨迹增益；z_{oj} 为系统的开环零点；p_{oi} 为系统的开环极点。

故离散系统的根轨迹方程为

$$\frac{K_g \prod\limits_{j=1}^{m} (z - z_{oj})}{\prod\limits_{i=1}^{n} (z - p_{oi})} = -1 \tag{3-23}$$

由于离散系统的根轨迹方程与连续系统的根轨迹方程在形式上完全类似，所依据的幅值条件和辐角条件也完全一致，因此连续系统根轨迹的绘图规则和方法可以不加改变地应用于离散系统。由于连续系统的开环传递函数 $G_k(s)$ 为 s 的有理分式函数，而离散系统的开环脉冲传递函数 $G_k(z)$ 为 z 的有理分式函数，因此根轨迹与系统特性之间的关系有所差异。例如，在连续系统中临界稳定点是根轨迹与虚轴的交点，而在离散系统中则是根轨迹与单位圆的交点。

例 3-9 直流电动机位置控制系统，其开环脉冲传递函数为

$$G_k(z) = 10 \cdot K \cdot \frac{(e^{-T} + T - 1)z + 1 - e^{-T} - Te^{-T}}{(z-1)(z - e^{-T})}$$

分别绘出采样周期 T 为 1s、2s，参数 K 变化时系统的根轨迹，并判断系统稳定时 K 的范围。

解：(1) 当采样周期 $T = 1s$ 时，有

$$G_k(z) = 10 \cdot K \cdot \frac{0.368z + 0.264}{(z-1)(z - 0.368)}$$

应用根轨迹的绘制方法，可以求得

① 根轨迹起点为 $z = 0.368$ 及 $z = 1$，终点为 $z = -0.7174$ 及 $z = -\infty$。

② 有两条根轨迹分支且根轨迹对称于实轴。

③ 渐近线角度为 π。

④ 实轴上 $z = 0.368$ 至 $z = 1$，$z = -0.7174$ 至 $z = -\infty$ 为根轨迹部分。

⑤ 分离点由下式确定：

$$\frac{1}{d - 0.368} + \frac{1}{d - 1} = \frac{1}{d + 0.7174}$$

解得 $d_1 = -2.1$，$d_2 = 0.65$，复平面上的根轨迹是以 $z = -0.7174$ 为圆心、半径为 1.38 的圆。

⑥ 和单位圆的交点。

根据幅值条件

$$\left| 10 \cdot K \cdot \frac{0.368z + 0.264}{(z-1)(z-0.368)} \right| = 1$$

解得 $K = 0.24$。

也可以应用双线性变换,由劳斯判据求得 K 的稳定范围为 $0 < K < 0.24$。由以上绘出根轨迹图如图 3-13(a) 所示,图中虚线小圆为单位圆。

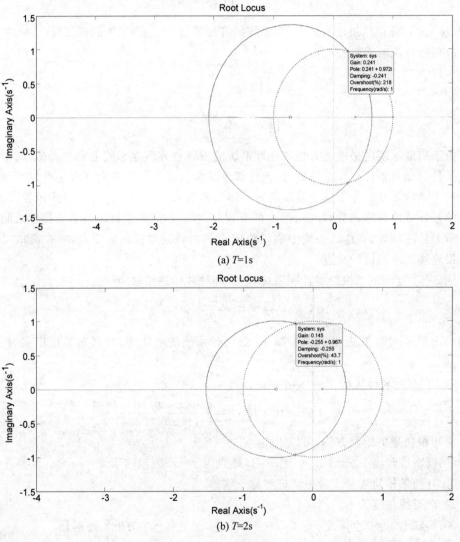

(a) $T = 1\text{s}$

(b) $T = 2\text{s}$

图 3-13 根轨迹图

(2) 当采样周期 $T = 2\text{s}$ 时,有

$$G(z) = 10 \cdot K \cdot \frac{1.135z + 0.6}{z^2 - 1.135z + 0.135}$$

① 根轨迹起点为 $z = 0.135$ 及 $z = 1$,终点为 $z = -0.53$ 及 $z = -\infty$。

② 有两条根轨迹分支且根轨迹对称于实轴。

③ 渐近线角度为 π。

④ 实轴上 $z=0.135$ 至 $z=1$，$z=-0.53$ 至 $z=-\infty$ 为根轨迹部分。

⑤ 分离点为 $d_1=-1.54$，$d_2=0.48$。

⑥ 与单位圆的交点 $K=0.144$。

故系统稳定时 K 的范围是 $0<K<0.144$。

由以上给出根轨迹图如图 3-13(b)所示。

由图中同样可以发现，系统的稳定性不仅与 K 有关，而且与采样周期 T 有关，在相同的 K 值时，采样周期越小，系统越容易稳定。

3.5　频率法的应用

频率法对于连续系统而言是很重要的分析方法，对于离散系统同样重要。但是正如2.7 节提到的那样，绘制离散系统的频率特性曲线是非常烦琐的过程，直接在 z 域应用频率法并不方便，相反使用双线性变换到 ω 域后应用频率法的方法却发展起来。

前面介绍过，双线性变换将 z 域的单位圆之内和之外分别映射到 ω 域的左、右半平面，稳定的范围由单位圆内映射为虚轴左侧，因此映射后即可应用连续系统的频率法分析系统的性能。即映射后系统的频率特性是映射后的表达式 $G(\omega)$ 令 $\omega=j\omega_\omega$ 获得的，即

$$G(\omega)=G(z)\Big|_{z=\frac{1+\omega}{1-\omega}}$$

$$G(j\omega_\omega)=G(\omega)\Big|_{\omega=j\omega_\omega} \tag{3-24}$$

式中，ω_ω 为虚频率。

虚频率 ω_ω 与实际频率 ω 的关系如下：

$$\omega\Big|_{\omega=j\omega_\omega}=\frac{z-1}{z+1}\Big|_{z=e^{j\omega T}} \tag{3-25}$$

即

$$j\omega_\omega=\frac{e^{j\omega T}-1}{e^{j\omega T}+1}=j\tan(\omega T/2)$$

或

$$\omega_\omega=\tan(\omega T/2) \tag{3-26}$$

既然 $T=2\pi/\omega_s$ 则 $\omega_\omega=\tan(\pi\omega/\omega_s)$，所以对应关系为

$$\omega=0,\quad \omega_\omega=0$$

$$\omega=\frac{\omega_s}{2},\quad \omega_\omega=\infty$$

$$\omega=-\frac{\omega_s}{2},\quad \omega_\omega=-\infty$$

由上可见,当 ω 从 $-\dfrac{\omega_s}{2}$ 到 $\dfrac{\omega_s}{2}$ 在 s 域变化时,ω_ω 相应的频率由 $-\infty$ 变化到 ∞。由于离散系统频率特性的周期性特点,只要考虑 $-\dfrac{\omega_s}{2}<\omega<\dfrac{\omega_s}{2}$ 的范围就足够。

这样由闭环采样系统的特征方程

$$1+G_k(z)=0$$

经 ω 变换并令 $\omega=\mathrm{j}\omega_\omega$,可得

$$1+G_k(\mathrm{j}\omega_\omega)=0$$

它与连续系统中的奈奎斯特判据所依据的表达式

$$1+G_k(\mathrm{j}\omega)=0$$

是一致的,因此在连续系统中讨论的频率响应分析法可用来分析离散系统的特性。

1. 波特图

波特图是按频率变化以 log 标注幅值及相移的图形,用 $\omega=\mathrm{j}\omega_\omega$ 代替频率变化,使用连续系统中的方法即可绘制波特图。

例 3-10 直流电动机位置控制系统,当采样周期 $T=1\mathrm{s}$,$K=0.1$,其开环脉冲传递函数为

$$G_k(z)=\frac{0.368z+0.264}{(z-1)(z-0.368)}$$

把 $G(z)$ 经双线性变换后绘制波特图。

解:将 $z=\dfrac{1+\omega}{1-\omega}$ 代入,$G(z)$ 变为

$$G_k(\omega)=\frac{0.632-0.528\omega-0.104\omega^2}{\omega(1.264+2.736\omega)}$$

将 $\omega=\mathrm{j}\omega_\omega$ 代入上式,可得

$$G_k(\mathrm{j}\omega_\omega)=\frac{0.632-0.528\mathrm{j}\omega_\omega+0.104\omega_\omega^2}{\mathrm{j}\omega_\omega(1.264+2.736\mathrm{j}\omega_\omega)}$$

幅频和相频函数分别为

$$|G_k(\mathrm{j}\omega_\omega)|=\frac{\sqrt{(0.632+0.104\omega_\omega^2)^2+(0.528\omega_\omega)^2}}{\omega_\omega\sqrt{1.264^2+(2.736\omega_\omega)^2}}$$

$$\arg G_k(\mathrm{j}\omega_\omega)=\arctan\frac{-0.528\omega_\omega}{0.632+0.104\omega_\omega^2}-90°-\arctan\frac{2.736\omega_\omega}{1.264}$$

波特图如图 3-14 所示。

2. 奈奎斯特图

同样可以用连续系统的绘制方法绘制 ω 域上的奈奎斯特图。

例 3-11 电动机直流调速系统,当采样周期 $T=1\mathrm{s}$ 时,其开环脉冲传递函数为

$$G(z)=10\cdot K\cdot\frac{0.368z+0.264}{(z-1)(z-0.368)}$$

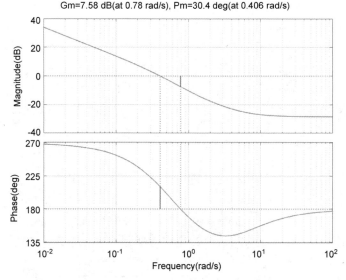

图 3-14 ω 域上的波特图

绘制其奈奎斯特图,并求系统稳定的 K 值范围。

解：由双线性变换得

$$G_k(j\omega_\omega) = 10 \cdot K \cdot \frac{0.632 - 0.528j\omega_\omega + 0.104\omega_\omega{}^2}{j\omega_\omega(1.264 + 2.736j\omega_\omega)}$$

ω 域上的奈奎斯特图如图 3-15 所示。

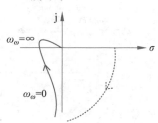

图 3-15 ω 域上的奈奎斯特图

由图 3-15 可见,当

$$G_k(j\omega_\omega) = 10 \cdot K \cdot \frac{0.632 - 0.528j\omega_\omega + 0.104\omega_\omega{}^2}{j\omega_\omega(1.264 + 2.736j\omega_\omega)} = -1$$

时,系统临界稳定,此时 $K = 0.24$ 为系统稳定的临界 K 值。该结论与根轨迹法及时域法得到的结果一致。

3.6 本章小结

本章主要对计算机控制系统的性能进行分析,包括系统的稳定性分析、稳态性能分析和动态性能分析。

对计算机控制系统稳定性可以使用朱利判据和劳斯判据进行判断,前者可直接在 z

域使用,后者需要使用双线性变换变换到 ω 域进行。

在对计算机控制系统的性能分析中,主要讨论了闭环极点对系统动态性能的影响及根轨迹法和频率响应法在计算机控制系统中的应用,其中根轨迹法可以直接应用于 z 域,而频率响应法则应通过双线性变换到 ω 域进行。

为了分析计算机控制系统的稳态性能,定义了系统的静态误差系数及稳态误差,应用静态误差系数,根据系统结构和输入信号可以很方便地求出系统的稳态误差。

习题

1. 离散系统的特征方程如下,用朱利判据判断系统的稳定性。

(1) $z^2 - 1.2z + 0.3 = 0$ (2) $z^2 - 1.6z + 1 = 0$

(3) $z^3 - 2.2z^2 + 1.55z - 0.35 = 0$ (4) $z^3 - 1.9z^2 + 1.4z - 0.45 = 0$

2. 系统如图所示,其中 $T = 1\text{s}, a = 2$,应用劳斯判据求使系统稳定的临界 K 值。

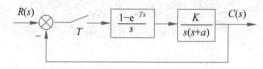

习题 2 图

3. 系统如图所示,其中 $T = 1\text{s}, D(z) = K, K > 0$。

(1) 求使系统稳定的 K 值范围。

(2) 若 $T = 0.1\text{s}$,再求使系统稳定的 K 值范围。

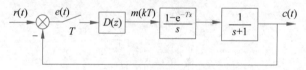

习题 3 图

4. 机器人臂关节控制系统如图所示,若 $T = 0.1\text{s}, D(z) = 1$,已知

$$\mathscr{Z}\left[\frac{1 - \mathrm{e}^{-Ts}}{s} \cdot \frac{4}{s(s+2)}\right] = \frac{0.01873z + 0.0175}{(z-1)(z-0.8187)}$$

用劳斯判据和朱利判据判断 K 的稳定域。

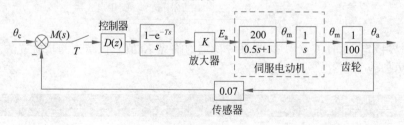

习题 4 图

5. 天线偏转角控制系统如图所示,其中 $\theta(t)$ 是偏转角,角度测量环节的输出 $v(kT) = 0.4\theta(kT)$,$v(t)$ 为电压,$T = 0.05\text{s}$,已知

$$\mathcal{Z}\left[\frac{1-\mathrm{e}^{-Ts}}{s} \cdot \frac{20}{s(s+6)}\right] = \frac{0.02268z + 0.0205}{(z-1)(z-0.7408)}$$

用劳斯判据和朱利判据判断 K 的稳定域。

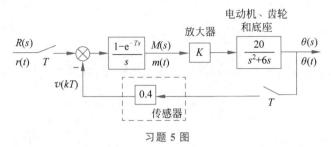

习题 5 图

6. 卫星方位角控制系统如图所示,$D(z)=1$,$T=0.1\mathrm{s}$,$J=0.1$,$H_k=0.02$,已知

$$\mathcal{Z}\left[\frac{1-\mathrm{e}^{-Ts}}{s} \cdot \frac{10}{s^2}\right] = \frac{0.05(z+1)}{(z-1)^2}$$

用劳斯判据和朱利判据判断 K 的稳定域。

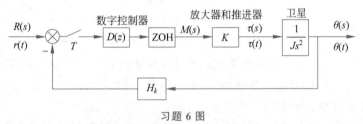

习题 6 图

7. 已知采样系统如图所示,$T=2\mathrm{s}$,已知

$$G(z) = \frac{K(z+0.8)}{(z-1)(z-0.6)}$$

用劳斯判据和朱利判据判断 K 的稳定域。

习题 7 图

8. 已知采样系统如图所示,$T=0.25\mathrm{s}$。

(1) 求使系统稳定的 K 值范围。

(2) 当 $r(t)=2+t$ 时,欲使稳态误差小于 0.1,试求 K 值。

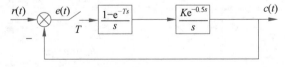

习题 8 图

9. 系统如图所示,其中 $T=1\mathrm{s}$,$D(z)$ 的差分方程为 $m(kT)=Ke(kT)$,$K>0$,确定

系统稳定 K 的取值范围,若稳定,求系统对于单位阶跃输入信号的稳态误差。

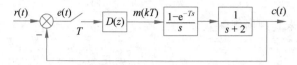

习题 9 图

10. 求如图所示系统对于单位阶跃输入信号的响应,设 $T=0.1\text{s}$。

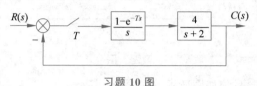

习题 10 图

11. 如图所示系统。

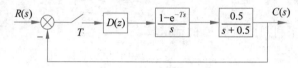

习题 11 图

(1) 设 $T=0.4\text{s}$,$D(z)=1$,求系统对于单位阶跃输入信号的输出响应。

(2) 若系统为连续系统,即图中的采样开关,$D(z)$ 及零阶保持器均不存在,求系统对于单位阶跃输入信号的输出响应。

(3) 对比连续系统及离散系统在 t 为 2s、4s、6s、8s、10s 时输出响应的数值,并分别求系统的调节时间(2%的误差带)。

(4) 若 $T=2\text{s}$,$D(z)=1$,重新回答上述问题。

12. 系统如图所示。

(1) 设 $T=1\text{s}$,$K=1$,$a=2$,求系统的单位阶跃响应。

(2) 设 $T=1\text{s}$,$a=1$,求使系统稳定的临界 K 值。

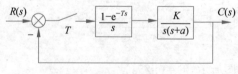

习题 12 图

13. 机器人臂关节控制系统如图所示,$D(z)=1$。

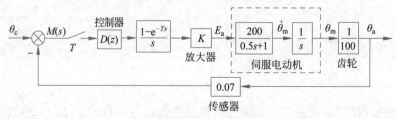

习题 13 图

（1）若 $K=10$，$T=0.1\text{s}$，输入为 20 倍的单位阶跃信号，求系统的输出 $\theta_a(z)$；

（2）判断系统的稳定性，若稳定，求其终值 $\theta_a(\infty)$。

14. 卫星方位角控制系统如图所示，$D(z)=1$，$T=1\text{s}$，$K=2$，$J=0.2$，$H_K=0.04$。

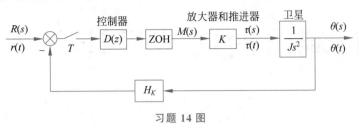

习题 14 图

（1）求系统对于单位阶跃信号的输出响应 $\theta(z)$。

（2）判断系统的稳定性，若稳定，求其终值 $\theta(\infty)$。

15. 绘出如图所示系统的 z 域根轨迹，并确定使系统临界稳定的增益 K 值。

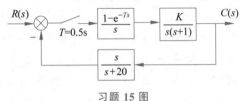

习题 15 图

16. 如图所示闭环采样系统，其中 $G_0(s)$ 为零阶保持器，想要获得输出脉冲幅值为一个衰减振荡响应，对 K 有什么要求，假定

$$G_0G_1(z)=\frac{K(z+0.71)}{(z-1)(z-0.37)}\quad(T=1\text{s})$$

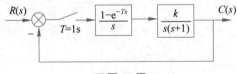

习题 16 图

17. 求如图所示系统的开环频率特性（波特图）。

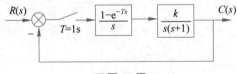

习题 17 图

第 **4** 章

数字控制器的间接设计方法

计算机作为数字控制器,是计算机控制系统的核心,可以用程序实现常规及复杂控制规律,调整方便,能够得到满意的控制效果。数字控制器的设计方法通常分为间接设计方法、直接设计方法以及状态空间设计方法。

本章介绍数字控制器的间接设计方法,也称为连续域-离散化设计方法、连续设计方法或模拟化设计方法,是指忽略控制回路中的采样器和零阶保持器,在给定系统性能指标的条件下,首先在 s 域中按连续系统进行初步设计,得到连续控制律 $D(s)$,然后利用不同的离散化方法,将连续控制器离散为等效的数字控制器 $D(z)$,并由计算机程序来实现。相比 z 平面,工程技术人员更熟悉 s 平面,因此数字控制器的间接设计方法易于接受和掌握,得到了广泛应用。

4.1 数字控制器的间接设计原理

典型的计算机控制系统如图 4-1 所示,系统的输入 $r(t)$ 经采样后得到 $r(kT)$,输出 $y(t)$ 经测量变送模块和 A/D 转换器变为数字量 $y(kT)$,二者相减后,得到 $e(kT)=r(kT)-y(kT)$。将 $e(kT)$ 送入数字控制器,依据设定的控制策略,经运算后输出数字控制量 $u(kT)$,$u(kT)$ 经过 D/A 转换器后得到 $u(t)$,经过执行机构,控制被控对象的输出 $y(t)$。

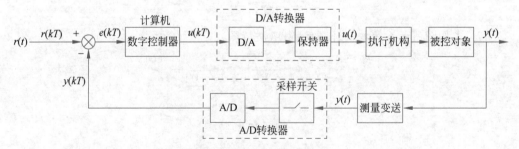

图 4-1　典型的计算机控制系统

将图 4-1 所示的计算机控制系统假想为一个连续控制系统,如图 4-2 所示,将 A/D 转换器、D/A 转换器(包含零阶保持器)以及实现数字控制器的计算机合并,看作一个模拟环节,其输入为误差 $E(s)$,输出为控制量 $U(s)$,等效连续传递函数为 $D_e(s)$。获得 $D_e(s)$ 后,根据性能要求选取合适的近似方法及工程离散化方法,就可以得到数字控制器 $D(z)$。

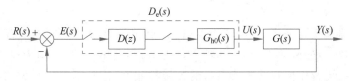

图 4-2　假想的连续控制系统

随着计算机技术的发展,计算机控制系统中的数字控制器运算速度和精度可以足够高,经过运算,既不会降低系统精度,也不会产生较大的滞后影响。在构建计算机控制系统时,可以根据控制系统的带宽需求,选择 A/D 转换器和 D/A 转换器的转换速度,根据控制精度的要求,选择 A/D 转换器和 D/A 转换器的位数(字长)。

在实际应用中,D/A 转换器具有零阶保持器的作用,当信息通过 D/A 转换器时,它将当前时刻 kT 的控制信号保持到下一控制时刻 $(k+1)T$,使得信号发生幅值衰减和相位滞后,有可能导致控制系统的性能发生变化。下面简单分析这个问题。

1. A/D 转换器的频率特性

若不考虑量化效应,则可以将 A/D 转换器看作一个理想的采样开关。设有模拟信号 $y(t)$,其频率特性为 $Y(j\omega)$,则 $y(t)$ 的采样信号 $y^*(t)$ 的频率特性为

$$Y^*(j\omega) = \frac{1}{T} \sum_{k=-\infty}^{\infty} Y(j\omega + jk\omega_s) \qquad (4\text{-}1)$$

式中,T 为采样周期;ω_s 为采样角频率,$\omega_s = 2\pi/T$。

在采样周期足够小且控制系统具有低通特性的情况下,式(4-1)可近似为

$$Y^*(j\omega) = \frac{1}{T} Y(j\omega) \qquad (4\text{-}2)$$

进而,A/D 转换器的频率特性可近似为

$$\frac{Y^*(j\omega)}{Y(j\omega)} \approx \frac{1}{T} \qquad (4\text{-}3)$$

2. D/A 转换器的频率特性

本质上,D/A 转换器可抽象为零阶保持器,具有低通特性。已知零阶保持器 ZOH 的传递函数为

$$G_{h0}(s) = \frac{1 - e^{-sT}}{s} \qquad (4\text{-}4)$$

其频率特性为

$$G_{h0}(j\omega) = T \frac{\sin(\omega T/2)}{\omega T/2} e^{-j\omega T/2} \qquad (4\text{-}5)$$

当系统带宽 $\omega_b \ll \omega_s$ 时,在通带内,$\dfrac{\sin(\omega T/2)}{\omega T/2} \approx 1$,上式可近似为

$$G_{h0}(j\omega) \approx T e^{-j\omega T/2} \qquad (4\text{-}6)$$

3. 数字控制器

利用计算机实现控制算法,传递函数为 $D(z)$,其频率特性可表示为 $D(e^{j\omega T})$。

4. 数字控制器设计原理

间接设计的本质就是将 A/D 转换器、D/A 转换器及数字控制器三部分看作一个整体,称为等效连续传递函数 $D_e(s)$,其输入量 $E(s)$ 和输出量 $U(s)$ 均为模拟量。这样,可将计算机控制系统看作控制器为 $D_e(s)$ 的连续控制系统,从而可以借鉴成熟的连续域控制器设计方法。$D_e(s)$ 的传递函数为

$$D_e(s) \approx \frac{1}{T} D(s) T e^{-sT/2} = D(s) e^{-sT/2} \tag{4-7}$$

其中:$e^{-sT/2}$ 为 A/D 转换器和 D/A 转换器合起来的近似环节,反映了零阶保持器的相位滞后特性;$D(s)$ 为数字算法 $D(z)$ 的等效传递函数。

可以看出,由于存在 $e^{-sT/2}$,等效后的数字控制系统特性不同于相应的模拟控制系统。因此,等效数字控制系统也就称不上"等效"。为了避免出现这种情况,在设计模拟控制器时可以先将被控对象模型修改为

$$G_0(s) = G(s) e^{-sT/2} \tag{4-8}$$

由于 $e^{-sT/2}$ 不是有理分式,为了便于计算,可用一阶泊松近似为

$$e^{-sT/2} = \frac{1}{1 + sT/2} \tag{4-9}$$

这样,连续域的等效控制系统可简化为图 4-3 所示系统,以此设计模拟控制器 $D(s)$,进而离散为数字控制器 $D(z)$,称为 s 平面修正设计法。限于篇幅,本书不再介绍这种方法,感兴趣的读者可参阅相关文献。

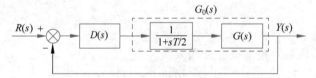

图 4-3 计算机控制系统的等效连续系统

由式(4-7)可得,$D_e(s)$ 的频率特性可近似为

$$D_e(j\omega) \approx D(e^{j\omega T}) e^{-j\omega T/2} \tag{4-10}$$

从式(4-10)可以看出,在采样周期 T 足够小的情况下,$D_e(j\omega)$ 与 $D(e^{j\omega T})$ 之间只存在较小的相位滞后。例如,当采样角频率 ω_s 取系统带宽 ω_b 的 10 倍时,零阶保持器带来的附加相位滞后为

$$\varphi_{h0}(\omega) = \frac{\omega T}{2} < \frac{\omega_b T}{2} = \frac{\omega_b}{2} \frac{2\pi}{\omega_s} = \frac{\pi}{10} = 18°$$

可见是比较小的。因此,当 $\omega_b \ll \omega_s$ 时,通常可以忽略零阶保持器的影响,不需要进行 s 平面修正设计,直接利用 $D(s)$ 近似 $D_e(s)$,进而将 $D(s)$ 离散化为数字控制器 $D(z)$。本章将介绍这种设计方法。

以上分析表明,在选择合适的 A/D 转换器和 D/A 转换器基础上,采样周期 T 应该尽可能小一些,使得计算机控制系统中的零阶保持器在系统工作频段内产生的附加相位滞后足够小,避免所设计的计算机控制系统的相角稳定裕量下降过大。

通过以上分析得到数字控制器的间接设计方法流程如图 4-4 所示。首先,根据第 2 章给出的原则选择采样周期 T;其次,将保持器的动态特性归并到被控对象模型中,构成广义被控对象模型;然后,依据给定的系统性能指标,按照连续控制系统理论设计出模拟控制器 $D(s)$;接着,选取一种离散化方法,将设计出的模拟控制器离散为数字控制器 $D(z)$;最后,根据 $D(z)$ 写出相应的差分方程或状态空间表示形式的数字控制信号 $u(k)$,在计算机上编程实现。

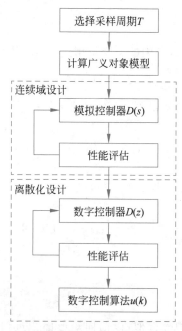

图 4-4 数字控制器间接设计方法的流程

4.2 工程离散化方法

由于计算机控制系统是离散系统,所以需要将基于连续域设计的模拟控制器 $D(s)$ 转换为离散系统的数字控制器 $D(z)$,$D(z)$ 的动态特性应近似于 $D(s)$ 的动态特性。从数学角度看,将 $D(s)$ 离散为 $D(z)$ 的本质就是将微分方程转化为差分方程,以便数值计算。因此,计算数学中微分方程的各种数值计算方法,如龙格-库塔(Runge-Kutta)法、阿达姆斯(Adams)法等均可应用于模拟控制器的离散化。然而,不同的离散化方法具有不同的特点,离散化后的 $D(z)$ 与 $D(s)$ 的特性接近程度也不尽相同。本节介绍几种常用的、实用的工程近似离散化方法。

4.2.1 前向差分变换法

1. 离散化公式

前向差分变换法也称欧拉(Euler)变换法,这种离散化方法的思想是将微分运算用等效差分来近似,得到一个逼近给定微分方程的差分方程。在 z 变换中,z 变量的级数表示

式为

$$z = \mathrm{e}^{Ts} = 1 + Ts + \frac{(Ts)^2}{2!} + \cdots \qquad (4\text{-}11)$$

取式(4-11)等号右边中的前两项作为 z 与 s 的近似关系式,可得

$$z \overset{\wedge}{=} 1 + Ts \qquad (4\text{-}12)$$

由此可得

$$s = \frac{z-1}{T} \qquad (4\text{-}13)$$

前向差分变换法就是将 $D(s)$ 中的 s 变量用式(4-13)代换为 z,得到 $D(z)$,即

$$D(z) = D(s) \Big|_{s = \frac{z-1}{T}} \qquad (4\text{-}14)$$

前向差分也可通过数值微分得到,将连续域中的一阶微分近似为一阶前向差分,用平均导数近似瞬时导数,即

$$\frac{\mathrm{d}u}{\mathrm{d}t} \Big|_{t=kT} \approx \frac{\Delta u(kT)}{T} = \frac{u\big[(k+1)T\big] - u\big[kT\big]}{T} \qquad (4\text{-}15)$$

对式(4-15)等号左边进行拉普拉斯变换,右边进行 z 变换,若数字信号和模拟信号特性相同,得

$$sU(s) = \frac{zU(z) - U(z)}{T}$$

也可得

$$s = \frac{z-1}{T}$$

前向差分法是一种矩形积分近似,以前向矩形面积近似代替积分面积。设 $D(s) = 1/s$,则 $u(k) = u(k-1) + Te(k-1)$,即输出量 $u(k)$ 是由矩形面积 $Te(k-1)$ 累加而成的,如图4-5所示。显然,当采样周期 T 较大时,这种近似方法的精度较差。

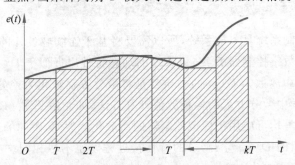

图 4-5　前向差分变换与前向矩形积分

2. 主要特性

对于 s 平面虚轴,令 $s = \mathrm{j}\omega$,则由(4-12)可得 $z = 1 + \mathrm{j}\omega T$,说明 s 平面的虚轴映射到 z 平面是一条过实轴1且平行于虚轴的直线,如图4-6(a)所示。

对于 s 左半平面,设 $s = -\sigma + \mathrm{j}\omega$,则

$$z = 1 - \sigma + j\omega T \tag{4-16}$$

此时，σ 从 0 至 ∞，相当于 $z=1$ 的左边区域，如图 4-6(a)所示。对上式两端取模平方，可得

$$|z|^2 = (1+\sigma T)^2 + (\omega T)^2 \tag{4-17}$$

令 $|z|=1$，即单位圆，则其对应为 s 平面上的一个圆，即

$$(1+\sigma T)^2 + (\omega T)^2 = 1$$

或

$$\left(\frac{1}{T} + \sigma\right)^2 + \omega^2 = \frac{1}{T^2} \tag{4-18}$$

分析式(4-18)可得以下结论：

(1) z 平面上的单位圆，即 $|z|=1$，对应于 s 平面上的以 $\left(-\dfrac{1}{T}, j0\right)$ 为圆心、以 $\dfrac{1}{T}$ 为半径的圆。

(2) z 平面上的单位圆内部，即 $|z|<1$，对应于上述圆的内部。

(3) z 平面上的单位圆外部，即 $|z|>1$，对应于上述圆的外部。

$D(s)$ 和 $D(z)$ 的稳定区域映射关系如图 4-6(b)中的阴影部分所示。可以看出，即使 $D(s)$ 稳定，利用前向差分变换得到的 $D(z)$ 也不一定稳定，只有 $D(s)$ 的极点都位于 s 左半平面以 $\dfrac{1}{T}$ 为半径的圆内部，所求得的 $D(z)$ 才是稳定的。如果 $D(s)$ 存在离 s 平面虚轴较远的点，只能采用较小的采样周期 T，增大圆的半径，才能保证 $D(z)$ 稳定。

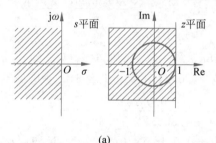

(a)

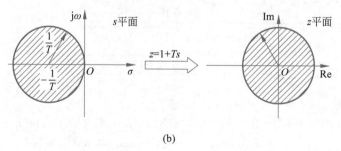

(b)

图 4-6　前向差分变换的频率映射关系

3. 应用

前向差分变换法是一种不安全的变换，无法保证稳定性，尽管变换简单，但使用较少。

例 4-1 已知某控制系统的模拟控制器 $D(s) = \dfrac{0.81}{s^2 + 0.72s + 0.81}$，$T$ 为 0.1s、0.2s、0.3s、0.5s、0.9s，采用前向差分法离散，利用计算机仿真，分析采样周期对控制器性能的影响。

解：(1) 用前向差分法，将 $s = \dfrac{z-1}{T}$ 代入 $D(s)$，可得

$$D(z) = \frac{U(z)}{E(z)} = \frac{0.81}{\left(\dfrac{z-1}{T}\right)^2 + 0.72\dfrac{z-1}{T} + 0.81}$$

$$= \frac{b}{z^2 + a_1 z + a_2} = \frac{bz^{-2}}{1 + a_1 z^{-1} + a_2 z^{-2}}$$

式中：

$$b = 0.81T^2, \quad a_1 = 0.72T - 2, \quad a_2 = 1 - 0.72T + 0.81T^2 。$$

(2) 当 $T = 0.1\text{s}$ 时，$b = 0.0081$，$a_1 = -1.928$，$a_2 = 0.9361$，可得

$$D_1(z) = \frac{0.0081z^{-2}}{1 - 1.928z^{-1} + 0.9361z^{-2}}$$

$$z_{1,2} = 0.964 \pm 0.0825\text{j} = 0.9675\angle 0.0854 = r_1 \angle \theta_1$$

$$\xi_1 = \frac{-\ln r_1}{\sqrt{\ln^2 r_1 + \theta_1^2}} = \frac{-\ln 0.9675}{\sqrt{\ln^2 0.9675 + 0.0854^2}} = 0.3608$$

$$\omega_{n1} = \frac{1}{T}\sqrt{\ln^2 r_1 + \theta_1^2} = \frac{\sqrt{\ln^2 0.9675 + 0.0854^2}}{0.1} = 0.9152$$

等效差分方程为

$$u_1(k) = 1.928u_1(k-1) - 0.9361u_1(k-2) + 0.0081e(k-2)$$

(3) 当 $T = 0.2\text{s}$ 时，$b = 0.0324$，$a_1 = -1.856$，$a_2 = 0.8884$，可得

$$D_2(z) = \frac{0.0324z^{-2}}{1 - 1.856z^{-1} + 0.8884z^{-2}}$$

$$z_{1,2} = 0.928 \pm 0.165\text{j} = 0.9425\angle 0.1759 = r_2 \angle \theta_2$$

$$\xi_2 = \frac{-\ln r_2}{\sqrt{\ln^2 r_2 + \theta_2^2}} = \frac{-\ln 0.9425}{\sqrt{\ln^2 0.9425 + 0.1759^2}} = 0.3188$$

$$\omega_{n2} = \frac{1}{T}\sqrt{\ln^2 r_2 + \theta_2^2} = \frac{\sqrt{\ln^2 0.9425 + 0.1759^2}}{0.2} = 0.9281$$

等效差分方程为

$$u_2(k) = 1.856u_2(k-1) - 0.8884u_2(k-2) + 0.0324e(k-2)$$

(4) 当 $T = 0.3\text{s}$ 时，$b = 0.0729$，$a_1 = -1.784$，$a_2 = 0.8569$，可得

$$D_3(z) = \frac{0.0729z^{-2}}{1 - 1.784z^{-1} + 0.8569z^{-2}}$$

$$z_{1,2} = 0.892 \pm 0.2475\text{j} = 0.9257\angle 0.2706 = r_3 \angle \theta_3$$

$$\xi_3 = \frac{-\ln r_3}{\sqrt{\ln^2 r_3 + \theta_3^2}} = \frac{-\ln 0.9257}{\sqrt{\ln^2 0.9257 + 0.2706^2}} = 0.2744$$

$$\omega_{n3} = \frac{1}{T}\sqrt{\ln^2 r_3 + \theta_3^2} = \frac{\sqrt{\ln^2 0.9257 + 0.2706^2}}{0.3} = 0.9381$$

等效差分方程为

$$u_3(k) = 1.784u_3(k-1) - 0.8569u_3(k-2) + 0.0729e(k-2)$$

（5）当 $T = 0.5\text{s}$ 时，$b = 0.2025$，$a_1 = -1.64$，$a_2 = 0.8425$，可得

$$D_4(z) = \frac{0.2025z^{-2}}{1 - 1.64z^{-1} + 0.8425z^{-2}}$$

$$z_{1,2} = 0.82 \pm 0.4124\text{j} = 0.9179\angle 0.466 = r_4\angle\theta_4$$

$$\xi_4 = \frac{-\ln r_4}{\sqrt{\ln^2 r_4 + \theta_4^2}} = \frac{-\ln 0.9179}{\sqrt{\ln^2 0.9179 + 0.466^2}} = 0.1808$$

$$\omega_{n4} = \frac{1}{T}\sqrt{\ln^2 r_4 + \theta_4^2} = \frac{\sqrt{\ln^2 0.9179 + 0.466^2}}{0.5} = 0.9477$$

等效差分方程为

$$u_4(k) = 1.64u_4(k-1) - 0.8425u_4(k-2) + 0.2025e(k-2)$$

（6）当 $T = 0.9\text{s}$ 时，$b = 0.6561$，$a_1 = -1.352$，$a_2 = 1.0081$，可得

$$D_5(z) = \frac{0.6561z^{-2}}{1 - 1.352z^{-1} + 1.0081z^{-2}}$$

$$z_{1,2} = 0.676 \pm 0.7424\text{j} = 1.004\angle 0.8322 = r_5\angle\theta_5$$

$$\xi_5 = \frac{-\ln r_5}{\sqrt{\ln^2 r_5 + \theta_5^2}} = \frac{-\ln 1.004}{\sqrt{\ln^2 1.004 + 0.8322^2}} = -0.0048$$

$$\omega_{n5} = \frac{1}{T}\sqrt{\ln^2 r_5 + \theta_5^2} = \frac{\sqrt{\ln^2 1.004 + 0.8322^2}}{0.9} = 0.9246$$

等效差分方程为

$$u_5(k) = 1.352u_5(k-1) - 1.0081u_5(k-2) + 0.6561e(k-2)$$

（7）稳定性分析。$D(s)$ 是稳定的，$\xi = 0.4$，$\omega_n = 0.9\text{rad/s}$，两个根分别为 $s_{1,2} = -0.36 \pm 0.8249\text{j}$。

若使 $D(z)$ 稳定，则需要满足以下朱利判据：

$$\begin{cases} |\Delta(0)| = |1 - 0.72T + 0.81T^2| < 1 \\ \Delta(1) = 1 + (0.72T - 2) + (1 - 0.72T + 0.81T^2) > 0 \\ \Delta(-1) = 1 - (0.72T - 2) + (1 - 0.72T + 0.81T^2) > 0 \end{cases}$$

求解以上方程组，可以看出，用前向差分法离散 $D(s)$ 时，必须满足

$$0 < T < 0.8889$$

因而，$D_1(z) \sim D_4(z)$ 是稳定的，但 $D_5(z)$ 是不稳定的。实际上，当 $T = 0.9\text{s}$ 时，$D(s)$ 的两个极点 $s_{1,2}$ 将落在以 $(-1/0.9, \text{j}0)$ 为圆心、以 $r = 1/T = 1.11$ 为半径的圆外，利用前向

差分法离散后,$D_5(z)$的极点就不能落在 z 平面的单位圆内,即离散后的控制器不稳定。

（8）仿真分析。

模拟控制器及其离散控制器的阶跃响应如图 4-7 所示,频率响应特性如图 4-8 所示。通过上述的计算以及仿真可以看出,相比原连续控制器,离散控制器的幅值裕度和相角裕度均变小。当采样周期很小(T 为 0.1s、0.2s)时,利用前向差分变换法,离散后的控制器与

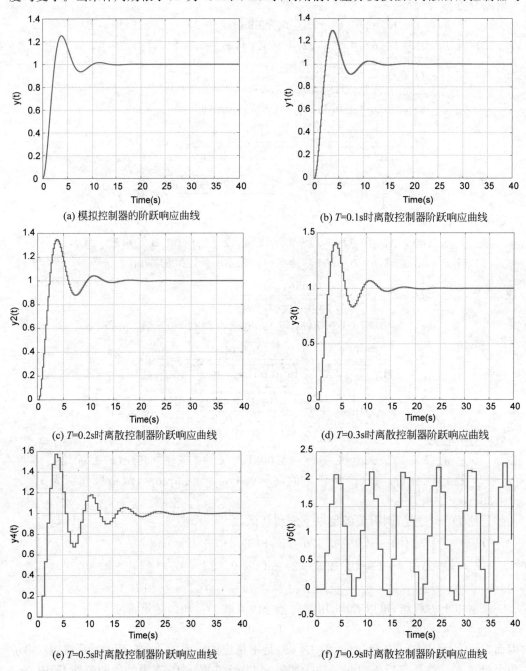

(a) 模拟控制器的阶跃响应曲线

(b) T=0.1s时离散控制器阶跃响应曲线

(c) T=0.2s时离散控制器阶跃响应曲线

(d) T=0.3s时离散控制器阶跃响应曲线

(e) T=0.5s时离散控制器阶跃响应曲线

(f) T=0.9s时离散控制器阶跃响应曲线

图 4-7　前向差分变换法的单位阶跃响应曲线

原连续控制器的特性相差较小；随着采样周期的增大（T 为 0.3s、0.5s），离散后的控制器与原连续控制器的特性相差越来越大，甚至不稳定（T 为 0.9s）。特别注意的是，当采样周期 T 增大到 0.5s 时，$D_4(z)$ 的阶跃响应曲线的超调量达到 57.4%，且相角裕度小于 0，此时控制器已经无法稳定工作。因此，利用前向差分变换法时需要选择尽可能小的采样周期。

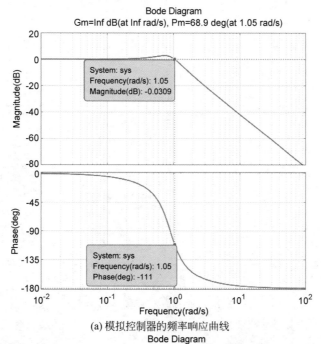

(a) 模拟控制器的频率响应曲线

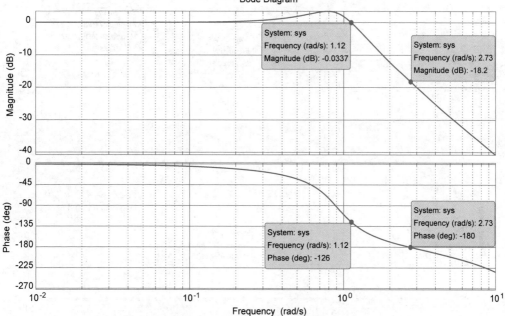

(b) T=0.1s时离散控制器频率响应曲线

图 4-8　前向差分变换法的频率响应曲线

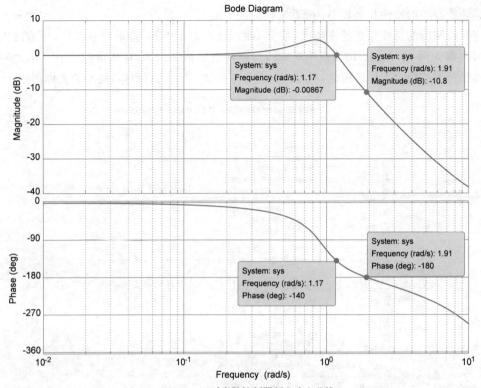

(c) $T=0.2s$时离散控制器频率响应曲线

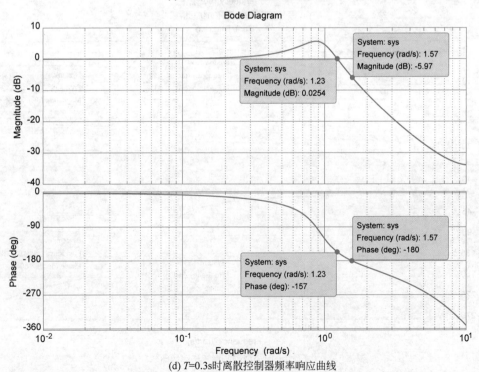

(d) $T=0.3s$时离散控制器频率响应曲线

图 4-8 （续）

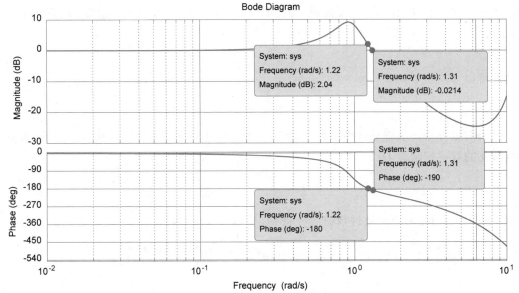

(e) T=0.5s时离散控制器频率响应曲线

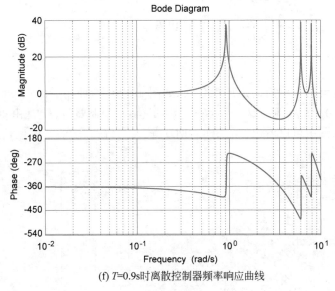

(f) T=0.9s时离散控制器频率响应曲线

图 4-8 （续）

4.2.2 后向差分变换法

1. 离散化公式

后向差分变换法也称 Fowler 变换法。与前向差分变换法类似,后向差分变换的思想也是将微分运算用等效差分来近似,得到一个逼近给定微分方程的差分方程。在 z 变换中,z 变量定义为

$$z^{-1} = \mathrm{e}^{-Ts} = 1 - Ts + \frac{(Ts)^2}{2!} + \cdots \qquad (4\text{-}19)$$

由于 z 不是 s 的有理函数,不便处理,为此取等式右边中的前两项作为 z 与 s 的近似关系式,可得

$$z^{-1} \overset{\wedge}{=} 1 - Ts \tag{4-20}$$

由此可得

$$s = \frac{1 - z^{-1}}{T} \tag{4-21}$$

后向差分变换法就是将模拟控制器 $D(s)$ 中的 s 变量用式(4-21)变换为 z 变量,得到离散化的数字控制器 $D(z)$,即

$$D(z) = D(s) \Big|_{s = \frac{1 - z^{-1}}{T}} \tag{4-22}$$

同样,后向差分也可通过数值微分得到,模拟量 $u(t)$ 的微分为 $\dfrac{\mathrm{d}u}{\mathrm{d}t}$,$\dfrac{\mathrm{d}u}{\mathrm{d}t}$ 的后向差分为 $\dfrac{u(kT) - u[(k-1)T]}{T}$,后向差分变换就是用 $\dfrac{u(kT) - u[(k-1)T]}{T}$ 代替 $\dfrac{\mathrm{d}u}{\mathrm{d}t}$,即

$$\frac{\mathrm{d}u}{\mathrm{d}t} \Big|_{t=kT} \approx \frac{\Delta u(kT)}{T} = \frac{u(kT) - u[(k-1)T]}{T} \tag{4-23}$$

在复数域中,$sF(s) \to \dfrac{1 - z^{-1}}{T}F(z)$,所以有

$$s = \frac{1 - z^{-1}}{T}$$

后向差分变换法也称后向矩形积分法,如图 4-9 所示,即用后向矩形面积近似代替积分面积。设 $D(s) = 1/s$,则 $u(k) = u(k-1) + Te(k)$,控制量 $u(k)$ 是由矩形面积 $Te(k)$ 累加而成的。从图中可以看出,当采样周期 T 较大时,该方法的精度也较差。

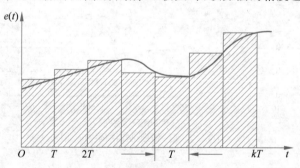

图 4-9　后向差分变换与后向矩形积分

2. 主要特性

下面分析后向差分法中 s 平面与 z 平面之间的映射关系。

由(4-20)定义的 s 与 z 的关系是一对一的映射关系,对 s 平面虚轴,令 $s = \mathrm{j}\omega$,可得

$$z = \frac{1}{1 - \mathrm{j}\omega T} = \frac{1}{2} + \frac{1}{2}\frac{1 + \mathrm{j}\omega T}{1 - \mathrm{j}\omega T} = \frac{1}{2} + \frac{1}{2}\mathrm{e}^{\mathrm{j}2\arctan\omega T} \tag{4-24}$$

可以看出,s 平面的虚轴在 z 平面上的映射是 $\left| z - \dfrac{1}{2} \right| = \dfrac{1}{2}$ 的圆,如图 4-10 所示。

对于 s 左半平面,令 $s=\sigma+\mathrm{j}\omega$,将 s 代入式(4-20),可得

$$z = \frac{1}{1-\sigma T - \mathrm{j}\omega T} = \frac{1}{2} + \frac{1}{2}\frac{1+\sigma T + \mathrm{j}\omega T}{1-\sigma T - \mathrm{j}\omega T} \qquad (4\text{-}25)$$

取模的平方,则有

$$\left|z - \frac{1}{2}\right|^2 = \frac{1}{4}\frac{(1+\sigma T)^2 + (\omega T)^2}{(1-\sigma T)^2 + (\omega T)^2} \qquad (4\text{-}26)$$

由 $\sigma<0$ 可知,s 左半平面在 z 平面上的映像位于 $\left|z-\dfrac{1}{2}\right|=\dfrac{1}{2}$ 的圆内,如图 4-10 所示。

同理可得,s 右半平面在 z 平面上的映像位于该圆的外部。

综合以上分析,后向差分变换法的主要特点如下:

(1) 变换简单易行,不需要对 $D(s)$ 进行 z 变换。

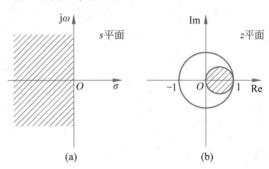

图 4-10 后向差分变换的 s 与 z 的映射关系

(2) 若 $D(s)$ 稳定,则 $D(z)$ 一定稳定;对于一些不稳定的 $D(s)$,若能映射到 z 平面单位圆内的一个小圆内,即 $\left|z-\dfrac{1}{2}\right|<\dfrac{1}{2}$,则相应的 $D(z)$ 仍然稳定。

(3) 后向差分变换法不满足 z 变换的定义 $z=\mathrm{e}^{Ts}$,导致 s 平面和 z 平面的映射关系发生了变化,s 左半平面在 z 平面上的映像位于 $\left|z-\dfrac{1}{2}\right|=\dfrac{1}{2}$ 的圆内。因此,与连续控制器相比,离散后的数字控制器在时间响应和频率响应方面,均产生了严重的畸变。

(4) 变换前后的稳态增益不变,即 $D(s)\Big|_{s=0} = D(z)\Big|_{z=1}$。

3. 应用

严重的频率映射畸变导致后向差分变换精度较低,使其应用受到一定的限制。但由于变换计算简单,在系统性能要求不高且采样周期 T 较小的应用场合,后向差分变换有一定的应用。

例 4-2 已知某控制系统的模拟控制器 $D(s)=\dfrac{0.81}{s^2+0.72s+0.81}$,$T$ 为 0.1s、0.2s、0.3s、0.5s、0.9s,采用后向差分法离散,利用计算机仿真,分析采样周期对控制器性能的影响。

解:(1) 用后向差分法,将 $s=\dfrac{1-z^{-1}}{T}$ 代入 $D(s)$,可得

$$D(z) = \frac{U(z)}{E(z)} = \frac{0.81}{\left(\dfrac{1-z^{-1}}{T}\right)^2 + 0.72\dfrac{1-z^{-1}}{T} + 0.81}$$

$$= \frac{b}{z^{-2} + a_1 z^{-1} + a_2} = \frac{bz^2}{1 + a_1 z + a_2 z^2}$$

式中

$$b = 0.81T^2, a_1 = -(0.72T + 2), a_2 = 1 + 0.72T + 0.81T^2$$

（2）当 $T = 0.1s$ 时，$b = 0.0081$，$a_1 = -2.072$，$a_2 = 1.0801$，可得

$$D_1(z) = \frac{0.0081}{z^{-2} - 2.072z^{-1} + 1.0801}$$

$$z_{1,2} = 0.9592 \pm 0.0764j = 0.9622 \angle 0.0795 = r_1 \angle \theta_1$$

$$\xi_1 = \frac{-\ln r_1}{\sqrt{\ln^2 r_1 + \theta_1^2}} = \frac{-\ln 0.9622}{\sqrt{\ln^2 0.9622 + 0.0795^2}} = 0.4363$$

$$\omega_{n1} = \frac{1}{T} \sqrt{\ln^2 r_1 + \theta_1^2} = \frac{\sqrt{\ln^2 0.9622 + 0.0795^2}}{0.1} = 0.883$$

等效差分方程为

$$u_1(k) = 1.9183u_1(k-1) - 0.9258u_1(k-2) + 0.0075e(k-2)$$

（3）当 $T = 0.2s$ 时，$b = 0.0324$，$a_1 = -2.144$，$a_2 = 1.1764$，可得

$$D_2(z) = \frac{0.0324}{z^{-2} - 2.144z^{-1} + 1.1764}$$

$$z_{1,2} = 0.9113 \pm 0.1402j = 0.922 \angle 0.1527 = r_2 \angle \theta_2$$

$$\xi_2 = \frac{-\ln r_2}{\sqrt{\ln^2 r_2 + \theta_2^2}} = \frac{-\ln 0.922}{\sqrt{\ln^2 0.922 + 0.1527^2}} = 0.4697$$

$$\omega_{n2} = \frac{1}{T} \sqrt{\ln^2 r_2 + \theta_2^2} = \frac{\sqrt{\ln^2 0.922 + 0.1527^2}}{0.2} = 0.8648$$

等效差分方程为

$$u_2(k) = 1.8225u_2(k-1) - 0.8501u_2(k-2) + 0.0275e(k-2)$$

（4）当 $T = 0.3s$ 时，$b = 0.0729$，$a_1 = -2.216$，$a_2 = 1.2889$，可得

$$D_3(z) = \frac{0.0729}{z^{-2} - 2.216z^{-1} + 1.2889}$$

$$z_{1,2} = 0.8596 \pm 0.192j = 0.8808 \angle 0.2197 = r_3 \angle \theta_3$$

$$\xi_3 = \frac{-\ln r_3}{\sqrt{\ln^2 r_3 + \theta_3^2}} = \frac{-\ln 0.8808}{\sqrt{\ln^2 0.8808 + 0.2197^2}} = 0.5001$$

$$\omega_{n3} = \frac{1}{T} \sqrt{\ln^2 r_3 + \theta_3^2} = \frac{\sqrt{\ln^2 0.8808 + 0.2197^2}}{0.3} = 0.8458$$

等效差分方程为

$$u_3(k) = 1.7193u_3(k-1) - 0.7759u_3(k-2) + 0.0566e(k-2)$$

（5）当 $T=0.5\mathrm{s}$ 时，$b=0.2025$，$a_1=-2.36$，$a_2=1.5625$，可得

$$D_4(z)=\frac{0.2025}{z^{-2}-2.36z^{-1}+1.5625}$$

$$z_{1,2}=0.7552\pm0.264\mathrm{j}=0.8\angle0.3362=r_4\angle\theta_4$$

$$\xi_4=\frac{-\ln r_4}{\sqrt{\ln^2 r_4+\theta_4^2}}=\frac{-\ln0.8}{\sqrt{\ln^20.8+0.3362^2}}=0.5529$$

$$\omega_{\mathrm{n4}}=\frac{1}{T}\sqrt{\ln^2 r_4+\theta_4^2}=\frac{\sqrt{\ln^20.8+0.3362^2}}{0.5}=0.8071$$

等效差分方程为

$$u_4(k)=1.5104u_4(k-1)-0.64u_4(k-2)+0.1296e(k-2)$$

（6）当 $T=0.9\mathrm{s}$ 时，$b=0.6561$，$a_1=-2.648$，$a_2=2.3041$，可得

$$D_5(z)=\frac{0.6561}{z^{-2}-2.648z^{-1}+2.3041}$$

$$z_{1,2}=0.5746\pm0.3222\mathrm{j}=0.6588\angle0.511=r_5\angle\theta_5$$

$$\xi_5=\frac{-\ln r_5}{\sqrt{\ln^2 r_5+\theta_5^2}}=\frac{-\ln0.6588}{\sqrt{\ln^20.6588+0.511^2}}=0.6325$$

$$\omega_{\mathrm{n5}}=\frac{1}{T}\sqrt{\ln^2 r_5+\theta_5^2}=\frac{\sqrt{\ln^20.6588+0.511^2}}{0.9}=0.7331$$

等效差分方程为

$$u_5(k)=1.1493u_5(k-1)-0.434u_5(k-2)+0.2848e(k-2)$$

（7）**仿真分析**。模拟控制器及其对应离散控制器的阶跃响应如图 4-11 所示，频率响应特性如图 4-12 所示。通过上述计算以及仿真可以看出，当采样周期很小（T 为 0.1s、0.2s）时，离散后的控制器与原连续控制器的特性相差较小；随着采样周期的增大，离散后的控制器与原连续控制器的特性相差变大。

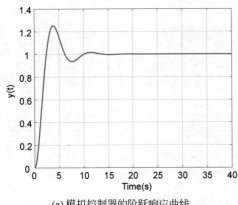

(a) 模拟控制器的阶跃响应曲线

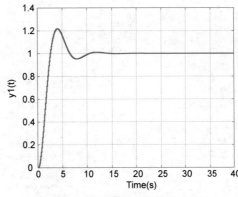

(b) $T=0.1\mathrm{s}$ 时离散控制器阶跃响应曲线

图 4-11　后向差分变换法的单位阶跃响应曲线

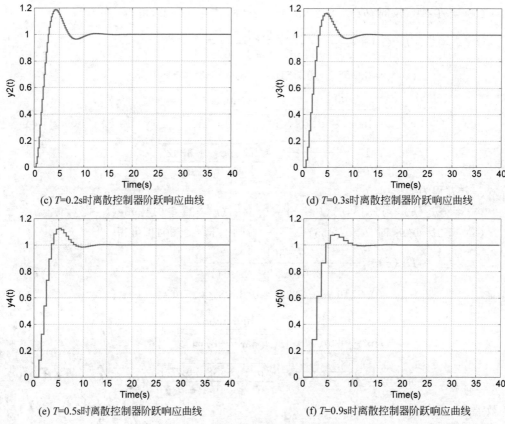

(c) $T=0.2$s时离散控制器阶跃响应曲线

(d) $T=0.3$s时离散控制器阶跃响应曲线

(e) $T=0.5$s时离散控制器阶跃响应曲线

(f) $T=0.9$s时离散控制器阶跃响应曲线

图 4-11 （续）

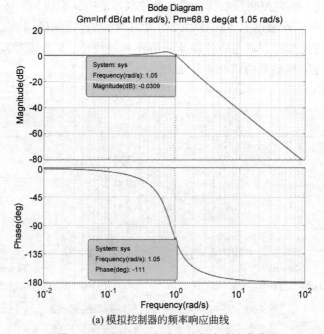

(a) 模拟控制器的频率响应曲线

图 4-12 后向差分变换法的频率响应曲线

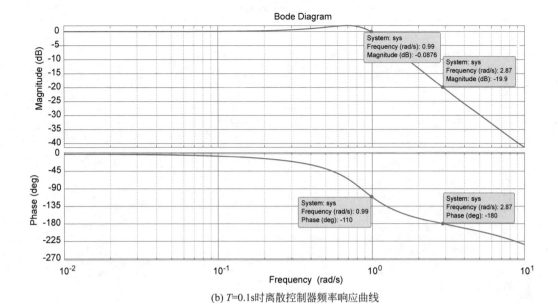

(b) $T=0.1\mathrm{s}$ 时离散控制器频率响应曲线

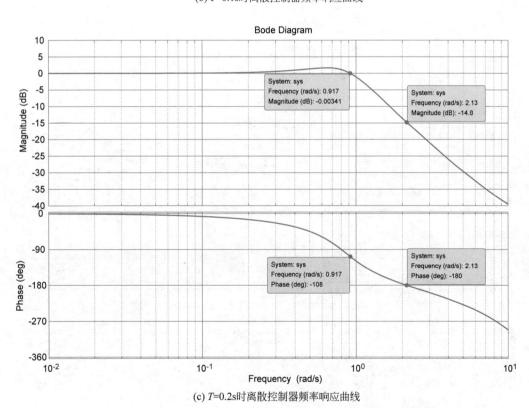

(c) $T=0.2\mathrm{s}$ 时离散控制器频率响应曲线

图 4-12　（续）

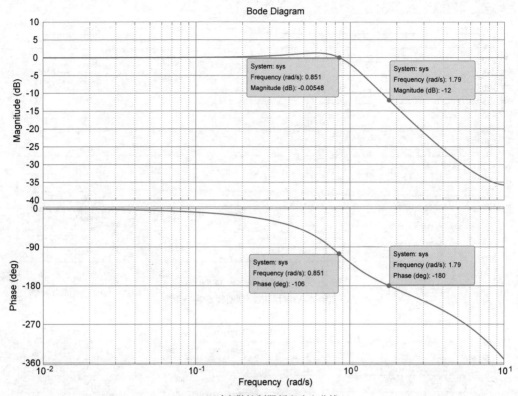

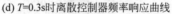

(d) T=0.3s时离散控制器频率响应曲线

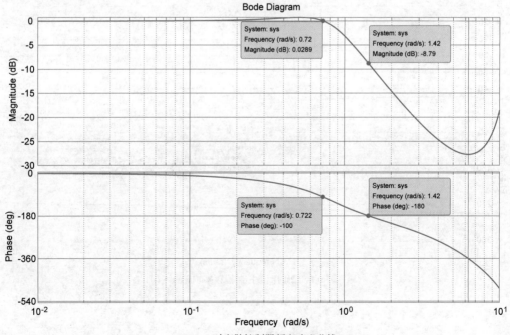

(e) T=0.5s时离散控制器频率响应曲线

图 4-12 （续）

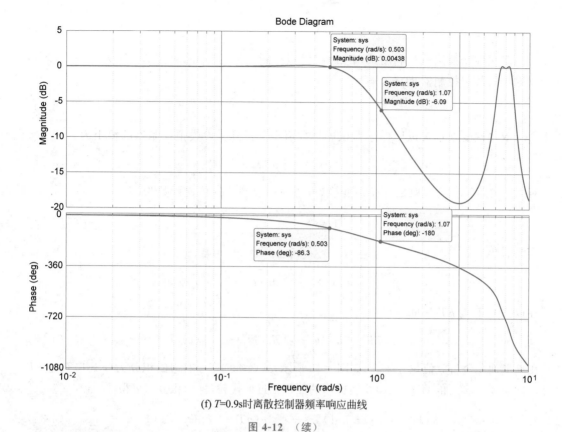

(f) $T=0.9$s时离散控制器频率响应曲线

图 4-12 （续）

4.2.3 双线性变换法

1. 离散化公式

双线性变换法也称 Tustin 变换法,是基于梯形面积近似积分的方法。根据 z 变换的定义可知,$z = e^{Ts}$,利用泰勒级数将其展开,可得

$$z = e^{sT} = \frac{e^{\frac{sT}{2}}}{e^{-\frac{sT}{2}}} = \frac{1 + \frac{sT}{2} + \cdots}{1 - \frac{sT}{2} + \cdots} \tag{4-27}$$

在式(4-27)中,分子分母取前两项近似,即

$$e^{\frac{sT}{2}} \approx 1 + \frac{sT}{2}, e^{-\frac{sT}{2}} \approx 1 - \frac{sT}{2}$$

于是

$$z = \frac{1 + \frac{sT}{2}}{1 - \frac{sT}{2}} \tag{4-28}$$

进而可得

$$s = \frac{2}{T}\frac{z-1}{z+1} \tag{4-29}$$

双线性变换法就是利用式(4-29)将模拟控制器 $D(s)$ 中的 s 变量代换为 z 变量,得到离散化的数字控制器 $D(z)$,即

$$D(z) = D(s)\bigg|_{s=\frac{2}{T}\frac{z-1}{z+1}} \tag{4-30}$$

双线性变换也可以用梯形面积进行数值积分得到。设模拟控制器的输出为

$$u(t) = \int_0^t e(t)\,\mathrm{d}t \tag{4-31}$$

对式(4-31)等号两边取拉普拉斯变换,可得模拟控制器的传递函数为

$$D(s) = \frac{U(s)}{E(s)} = \frac{1}{s} \tag{4-32}$$

容易看出

$$\frac{\mathrm{d}u(t)}{\mathrm{d}t} = e(t), \quad \int_{t_0}^t \mathrm{d}u(t) = \int_{t_0}^t e(t)\,\mathrm{d}t$$

在 $(k-1)T$ 与 kT 区间,可得

$$u(kT) = u[(k-1)T] + \int_{(k-1)T}^{kT} e(t)\,\mathrm{d}t \tag{4-33}$$

用梯形面积进行数值积分运算,如图 4-13 所示,式(4-33)等号右边的积分为 $(k-1)T$ 与 kT 区间曲线下 $e(t)$ 的面积,该面积用梯形的面积来近似代替(梯形积分),可得

$$u(kT) = u[(k-1)T] + \frac{T}{2}\{e(kT) + e[(k-1)T]\} \tag{4-34}$$

对式(4-34)等号两边求 z 变换,可得

$$U(z) = z^{-1}U(z) + \frac{T}{2}[E(z) + z^{-1}E(z)] \tag{4-35}$$

进而可得

$$D(z) = \frac{U(z)}{E(z)} = \frac{T}{2}\frac{1+z^{-1}}{1-z^{-1}} \tag{4-36}$$

比较式(4-36)与式(4-32),令 $D(z) = D(s)$,则得到与式(4-30)相同的变换算法。

2. 主要特性

下面分析双线性变换法 s 平面与 z 平面的映射关系。

对 s 平面虚轴,令 $s = \mathrm{j}\omega$,由式(4-28)可得

$$z = \frac{1+\mathrm{j}\omega T/2}{1-\mathrm{j}\omega T/2} = e^{\mathrm{j}2\arctan(\omega T/2)} \tag{4-37}$$

可以看出,s 平面的虚轴映射在 z 平面的单位圆上,如图 4-14 所示。

对 s 左平面,令 $s = \sigma + \mathrm{j}\omega$,代入式(4-28)可得

$$z = \frac{(1+\sigma T/2) + \mathrm{j}\omega T/2}{(1-\sigma T/2) - \mathrm{j}\omega T/2} \tag{4-38}$$

式(4-38)等号两边取模的平方,可得

$$| z |^2 = \frac{(1+\sigma T/2)^2 + (\omega T/2)^2}{(1-\sigma T/2)^2 + (\omega T/2)^2} \tag{4-39}$$

由 $\sigma < 0$ 可知，s 左半平面在 z 平面上的映像位于单位圆内。

同理可得，s 右半平面在 z 平面上的映像位于单位圆外。

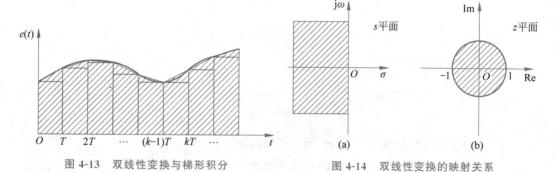

图 4-13　双线性变换与梯形积分　　　　图 4-14　双线性变换的映射关系

通过以上分析可知，双线性变换法的主要特点如下：

(1) 离散化精度高于差分变化法。

(2) 双线性变换的映射是一对一的非线性映射（z 变换的映射是重叠映射）。

(3) 若 $D(s)$ 稳定，则变换后的 $D(z)$ 也稳定。

(4) 不存在频率混叠现象。

(5) 变换前后的频率响应发生畸变，在低频段，$D(z)$ 的频率响应与 $D(s)$ 的频率响应相近；在高频段，相对于 $D(s)$ 的频率响应，$D(z)$ 的频率响应发生了严重畸变。

(6) 双线性变换前后环节的稳态增益不变，即 $D(s)\big|_{s=0} = D(z)\big|_{z=1}$，连续控制器离散化后，不需要修正稳态增益。

(7) 双线性变换后 $D(z)$ 的阶次不变，且分子和分母具有相同的阶次。若 $D(s)$ 的分子为 m 阶，分母为 n 阶，则 $D(z)$ 分子上必有因子 $(z+1)^{n-m}$，即在 $z=-1$ 处有 $n-m$ 重零点。由于 $z=-1$ 处的频率为 $\omega_s/2$，于是下式成立：

$$\left| D(e^{j\omega T}) \right|_{\omega = \frac{\omega_s}{2}} = 0 \tag{4-40}$$

即当 $\omega = \omega_s/2$ 时，幅频特性为零。

对特点(5)进一步分析如下：

令 ω_A 为 s 域的角频率，ω_D 为 z 域角频率，由式(4-29)可得

$$j\omega_A = \frac{2}{T} \frac{e^{j\omega_D T} - 1}{e^{j\omega_D T} + 1} = \frac{2}{T} \frac{e^{j\omega_D \frac{T}{2}} - e^{-j\omega_D \frac{T}{2}}}{e^{j\omega_D \frac{T}{2}} + e^{-j\omega_D \frac{T}{2}}}$$

$$= \frac{2}{T} \frac{j \dfrac{e^{j\omega_D \frac{T}{2}} - e^{-j\omega_D \frac{T}{2}}}{2j}}{\dfrac{e^{j\omega_D \frac{T}{2}} + e^{-j\omega_D \frac{T}{2}}}{2}} = \frac{2}{T} \frac{j\sin\left(\omega_D \dfrac{T}{2}\right)}{\cos\left(\omega_D \dfrac{T}{2}\right)}$$

$$= j\frac{2}{T}\tan\left(\omega_{\mathrm{D}}\frac{T}{2}\right) \tag{4-41}$$

由此可得

$$\omega_{\mathrm{A}} = \frac{2}{T}\tan\left(\omega_{\mathrm{D}}\frac{T}{2}\right) \tag{4-42}$$

$$\omega_{\mathrm{D}} = \frac{2}{T}\arctan\left(\omega_{\mathrm{A}}\frac{T}{2}\right) \tag{4-43}$$

对式(4-42)求导可得

$$\frac{\mathrm{d}\omega_{\mathrm{A}}}{\mathrm{d}\omega_{\mathrm{D}}} = \frac{1}{\cos^2\left(\omega_{\mathrm{D}}\dfrac{T}{2}\right)} \tag{4-44}$$

ω_{A} 和 ω_{D} 的关系如图 4-15 所示,当 s 平面的频率 ω_{A} 沿虚轴从 0 变到 ∞ 时,z 平面的角频率沿单位圆从 0 变到 $\frac{\omega_{\mathrm{s}}}{2}$,即 $\frac{\pi}{T}$。由此可见,双线性变换把连续域频率 $0<\omega_{\mathrm{A}}<\infty$ 压缩成一个有限的频率范围 $0<\omega_{\mathrm{D}}<\frac{\pi}{T}$,使得频率发生了较大畸变。当然,正是由于这种非线性压缩,才使双线性变换不会产生频率混叠。

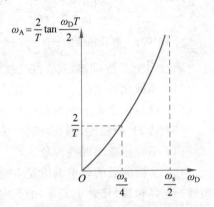

图 4-15 双线性变换的频率关系

结合式(4-42)~ 式(4-44)以及图 4-15 可以看出,当 $\omega_{\mathrm{D}}=0$ 时,$\omega_{\mathrm{A}}=0$。当采样周期 T 较小,且 $\omega_{\mathrm{D}}T$ 和 $\omega_{\mathrm{A}}T$ 均足够小时,$\dfrac{\mathrm{d}\omega_{\mathrm{A}}}{\mathrm{d}\omega_{\mathrm{D}}}\rightarrow 1$,即斜率趋于 1,于是 $\omega_{\mathrm{A}}\approx\dfrac{2}{T}\dfrac{\omega_{\mathrm{D}}T}{2}=\omega_{\mathrm{D}}$。在固定 T 的条件下,随着 ω_{D} 的增大,$\dfrac{\mathrm{d}\omega_{\mathrm{A}}}{\mathrm{d}\omega_{\mathrm{D}}}$ 增大,$\omega_{\mathrm{A}}-\omega_{\mathrm{D}}$ 越来越大,非线性变大,频率响应畸变越严重。在低频段,双线性变换中 s 域和 z 域的频率近似保持线性关系,频率响应失真较小。另外,采样周期 T 越小,线性段越宽。在高频段,当 z 域 $\omega_{\mathrm{D}}\rightarrow\dfrac{\omega_{\mathrm{s}}}{2}$ 时,$\tan\left(\omega_{\mathrm{D}}\dfrac{T}{2}\right)\rightarrow\tan\left(\dfrac{\pi}{2}\right)$,但 s 域频率 $\omega_{\mathrm{A}}\rightarrow\infty$,且随着 ω_{D} 增大,ω_{A} 迅速增大,频率畸变更加严重,响应特性失真越大,如图 4-16 所示。很容易看出,尽管连续环节 $D(\mathrm{j}\omega_{\mathrm{A}})$ 在高频段的频率范围较宽,但通过双线性变换后,其频率特性 $D(\mathrm{e}^{\mathrm{j}\omega_{\mathrm{D}}T})$ 的频率范围变得很窄,产生了高频压缩现象。

3. 应用

双线性变换法精度较高,使用方便,是工程上应用较为普遍的一种离散化方法。但是,该方法在高频率段特性畸变严重,主要用于低通环节的离散化,不适用于高通环节的离散化。

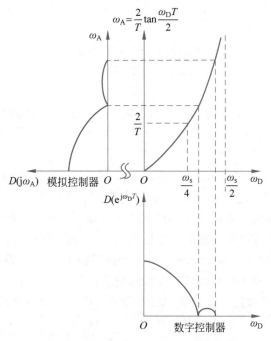

图 4-16 双线性变换导致的频率响应畸变

例 4-3 已知某控制系统的模拟控制器 $D(s) = \dfrac{0.81}{s^2 + 0.72s + 0.81}$，$T$ 为 $0.1\mathrm{s}$、$0.3\mathrm{s}$、$0.9\mathrm{s}$，采用双线性变换法离散，利用计算机仿真，分析采样周期对控制器性能的影响。

解：(1) 用双线性变换法，将 $s = \dfrac{2}{T}\dfrac{z-1}{z+1}$ 代入 $D(s)$，可得

$$D(z) = \frac{U(z)}{E(z)} = \frac{0.81}{\left(\dfrac{2}{T}\dfrac{z-1}{z+1}\right)^2 + 0.72\,\dfrac{2}{T}\dfrac{z-1}{z+1} + 0.81} = \frac{b(z+1)^2}{z^2 + a_1 z + a_2}$$

式中

$$b = \frac{0.81T^2}{4 + 1.44T + 0.81T^2}, \quad a_1 = \frac{1.62T^2 - 8}{4 + 1.44T + 0.81T^2}, \quad a_2 = \frac{4 - 1.44T + 0.81T^2}{4 + 1.44T + 0.81T^2}$$

当 $T = 0.1\mathrm{s}$ 时，有

$$D_1(z) = \frac{0.002(z+1)^2}{z^2 - 1.9228z + 0.9306}$$

同理，当 $T = 0.3\mathrm{s}$ 时，有

$$D_2(z) = \frac{0.0162(z+1)^2}{z^2 - 1.7435z + 0.8082}$$

当 $T = 0.9\mathrm{s}$ 时，有

$$D_3(z) = \frac{0.1102(z+1)^2}{z^2 - 1.1236z + 0.5645}$$

（2）当 $T=0.1\mathrm{s}$ 时，$\xi_1=0.3995$，$\omega_{n1}=0.8996$。

等效差分方程为

$$u_1(k)=1.9228u_1(k-1)-0.9306u_1(k-2)+0.002e(k)+0.004e(k-1)+0.002e(k-2)$$

（3）当 $T=0.3\mathrm{s}$ 时，$\xi_2=0.396$，$\omega_{n2}=0.8963$。

等效差分方程为

$$u_2(k)=1.7435u_2(k-1)-0.8082u_2(k-2)+0.0162e(k)+0.0324e(k-1)+0.0162e(k-2)$$

（4）当 $T=0.9\mathrm{s}$ 时，$\xi_3=0.3663$，$\omega_{n3}=0.8671$。

等效差分方程为

$$u_3(k)=1.1236u_3(k-1)-0.5645u_3(k-2)+0.1102e(k)+0.2205e(k-1)+0.1102e(k-2)$$

以上计算结果表明，连续控制 $D(s)$ 的零点数少于极点数，经过双线性变换后，$D(z)$ 的零极点数相等，这是由于双线性变换将整个 s 平面一一对应变换到 z 平面，因此 $D(s)$ 在无穷远处的零点，经双线性变换后被变换到 $z=-1$ 处。

$D(s)$ 是稳定的，$\xi=0.4$，$\omega_n=0.9\mathrm{rad/s}$。变换后的 $D(z)$，其阻尼比和自然频率均与原连续环节非常接近，这表明双线性变换法的精度较高，性能较好。

（5）仿真分析。模拟控制器 $D(s)$ 及其离散控制器 $D(z)$ 的阶跃响应如图 4-17 所示，

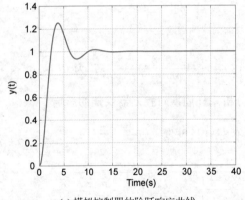

(a) 模拟控制器的阶跃响应曲线

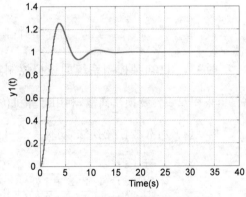

(b) $T=0.1\mathrm{s}$时离散控制器阶跃响应曲线

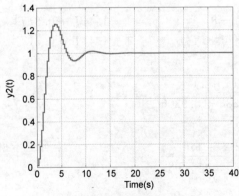

(c) $T=0.3\mathrm{s}$时离散控制器阶跃响应曲线

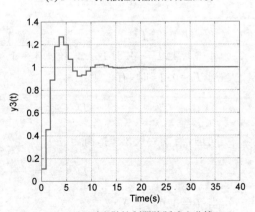

(d) $T=0.9\mathrm{s}$时离散控制器阶跃响应曲线

图 4-17　双线性变换法的单位阶跃响应曲线

频率响应特性如图 4-18 所示。通过仿真可以看出，当频率较低时，连续环节与离散环节的特性接近；当采样周期很小时，离散后的控制器与原连续控制器的特性非常一致；随着采样周期的增大，离散后的控制器与原连续控制器的特性相差变大；双线性变换后的离散环节，其频率特性消除了混叠现象。

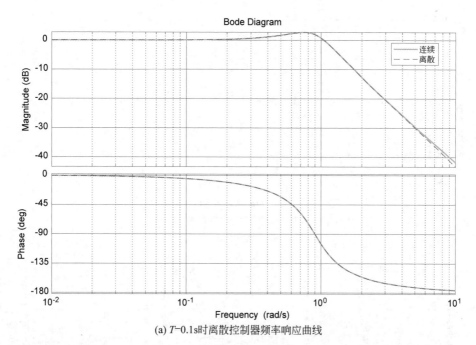

(a) $T=0.1$s时离散控制器频率响应曲线

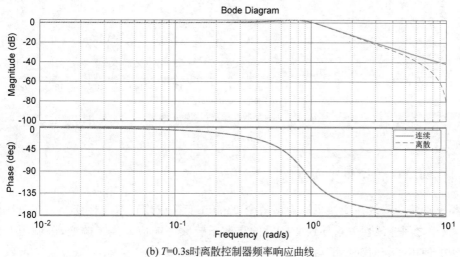

(b) $T=0.3$s时离散控制器频率响应曲线

图 4-18　双线性变换法的频率响应曲线

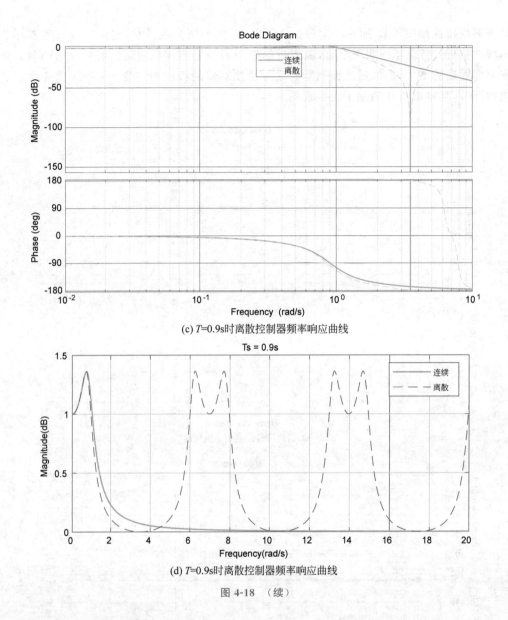

(c) T=0.9s时离散控制器频率响应曲线

(d) T=0.9s时离散控制器频率响应曲线

图 4-18 （续）

4.2.4 频率预畸变双线性变换法

频率预畸变双线性变换也称为预畸变 Tustin 变换或修正双线性变换。在双线性变换中，频率之间非线性关系导致变换后的离散系统频率响应发生了畸变，限制了双线性变换法的使用。若对变换前后的频率特性有以下特殊要求：

（1）系统要求变换前后在选定频率 ω_1 处的频率特性保持不变，且在其附近变换前后的频率特性也较接近，如陷波器的陷波频率。

（2）系统要求低频响应特性或高频响应特性保持不变。

在以上两种情况下，除了提高采样角频率 ω_s 外，还可以采用频率预畸变的方法进行补偿,即采用频率预畸变双线性变换法。下面介绍两种常用的频率预畸变双线性变换法。

1. 在选定频率 ω_1 处频率特性保持不变的离散化公式(方法一)

(1) 为了保证双线性变换后在 ω_1 处的频率特性保持不变,依式(4-42),连续控制器应预畸变为

$$s^* = \frac{\frac{2}{T}\tan\left(\omega_1\frac{T}{2}\right)}{\omega_1}s \tag{4-45}$$

于是,可得

$$D(s^*) = D(s)\Big|_{s = \frac{\omega_1}{\frac{2}{T}\tan\left(\omega_1\frac{T}{2}\right)}s^*} \tag{4-46}$$

(2) 对预畸变后的连续控制器 $D(s^*)$ 进行双线性变换,可得

$$D(z) = D(s^*)\Big|_{s^* = \frac{2}{T}\frac{z-1}{z+1}} \tag{4-47}$$

比较式(4-46)与式(4-47),可得频率预畸变的双线性变换法为

$$D(z) = D(s)\Big|_{s = \frac{\omega_1}{\tan\left(\omega_1\frac{T}{2}\right)}\frac{z-1}{z+1}} \tag{4-48}$$

通过上述畸变方法,对于选定频率 ω_1 的输入信号,连续控制器和设计得到的离散控制器在 ω_1 处的频域响应一致,但在其他频率处仍有畸变。

2. 在各转折频率处频率特性保持不变的离散化公式(方法二)

若待预畸变的特定频率是模拟控制器 $D(s)$ 的各转折频率,即 $D(s)$ 中的零点或极点 $s+a_i$,则可以采用以下三个步骤进行预畸变:

(1) 将模拟控制器 $D(s)$ 中的零点或极点 $s+a_i$,以 a_i^* 代替 a_i,即

$$s + a_i \rightarrow s + a_i^*\Big|_{a_i^* = \frac{2}{T}\tan\frac{a_iT}{2}} \tag{4-49}$$

于是,$D(s) \rightarrow D(s, a^*)$。若 $D(s)$ 中含有二阶因子 s^2+bs+c,则首先将其化成标准形式 $\left(\frac{s}{a}\right)^2 + 2\xi\left(\frac{s}{a}\right) + 1$,然后以 a^* 代替 a。

(2) 对 $D(s, a^*)$ 做双线性变换,即

$$D(z, a) = D(s, a^*)\Big|_{s = \frac{2}{T}\frac{z-1}{z+1}} \tag{4-50}$$

(3) 调整增益。由于频率预畸变后挪动了 $D(s)$ 的零点和极点,直流增益和高频增益均发生了变化,需要从保证变换前后直流增益不变或高频增益不变为出发点进行增益调整。

若要求 $D(s)$ 为低通特性,则需要保证变换后的 $D(z)$ 与 $D(s)$ 的直流增益相等,即

$$D(z)\Big|_{z=1} = kD(z, a)\Big|_{z=1} = D(s)\Big|_{s=0} \tag{4-51}$$

可得,$k = \dfrac{D(s)\Big|_{s=0}}{D(z, a)\Big|_{z=1}}$,则

$$D(z) = kD(z,a) \tag{4-52}$$

同理,若要求 $D(s)$ 为高通特性,则需要保证变换后的 $D(z)$ 与 $D(s)$ 的高频增益相等,即

$$D(z)\Big|_{z=-1} = kD(z,a)\Big|_{z=-1} = D(s)\Big|_{s=\infty} \tag{4-53}$$

可得, $k = \dfrac{D(s)\big|_{s=\infty}}{D(z,a)\big|_{z=-1}}$,则

$$D(z) = kD(z,a) \tag{4-54}$$

从以上分析可以看出,这种频率预畸变双线性变换方法的主要改进在于使得 $D(z)$ 和 $D(s)$ 对各转折频率、零频率或高频的响应得以匹配。

3. 主要特性

频率预畸变双线性变换在本质上仍为双线性变换,因此具有双线性变换的各种特征。由于采用了频率预畸变进行修正,可以保证离散后的频率特性在指定频率处与连续频率特性相等,但在其他频率处,仍有畸变。

4. 应用举例

频率预畸变双线性变换主要用于将连续控制器离散为数字控制器时,要求在某一特定频率(方法一)以及各转折频率(方法二)处,离散前后的频率特性保持不变的场合。

例 4-4 已知某控制系统的模拟控制器 $D(s) = \dfrac{0.81}{s^2 + 0.72s + 0.81}$, $T=1\mathrm{s}$,采用频率预畸变双线性变换法离散,设特定频率 $\omega_1 = 1\mathrm{rad/s}$ 。

解:(1)利用方法一进行频率预畸变,可得

$$s = \frac{\omega_1}{\tan\left(\omega_1 \dfrac{T}{2}\right)} \frac{z-1}{z+1} = 1.8305\frac{z-1}{z+1}$$

(2)求 $D(z)$

$$D(z) = D(s)\Big|_{s=1.8305\frac{z-1}{z+1}} = \frac{0.81z^2 + 1.62z + 0.81}{5.48z^2 - 5.08z + 2.84}$$

(3)仿真分析。模拟控制器 $D(s)$ 及其离散控制器 $D(z)$ 的频率响应特性如图 4-19 所示。从图 4-19(a)可以看出,对于双线性变换,在特定频率为 $\omega_1 = 1\mathrm{rad/s}$ 处,连续环节与离散环节的特性相差较大。从图 4-19(b)可以看出,采用频率预畸变双线性变换法后,在特定频率为 $\omega_1 = 1\mathrm{rad/s}$ 处,连续环节与离散环节的特性相同,而且在其附近两者的频率响应也较接近。

例 4-5 已知模拟控制器 $D(s) = \dfrac{s+0.5}{0.2s+1}$, $T=0.1\mathrm{s}$,用频率预畸变双线性变换法将 $D(s)$ 离散为数字控制器 $D(z)$,分别按低通和高通要求。

解:(1)基于方法二,按式(4-49)做频率预畸变,可得

$$D(s) = \frac{s+0.5}{0.2(s+5)}$$

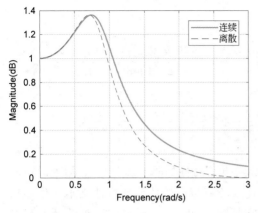 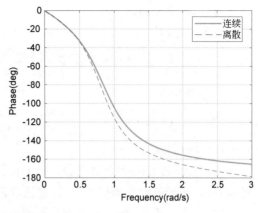

(a) 双线性变换法

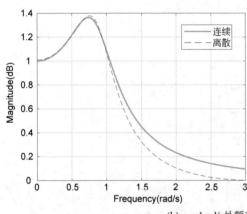 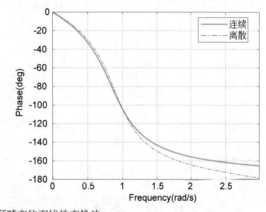

(b) $\omega_1 = 1\text{rad/s}$ 处频率预畸变的双线性变换法

图 4-19 双线性和频率预畸变法(方法一)的频率响应曲线

$$D(s,a^{*}) = \frac{s + \dfrac{2}{T}\tan\dfrac{0.5T}{2}}{0.2\left(s + \dfrac{2}{T}\tan\dfrac{5T}{2}\right)} = 5\frac{s + 0.5001}{s + 5.1068}$$

(2) 对 $D(s,a^{*})$ 做双线性变换,可得

$$D(z,a) = 5\frac{s + 0.5001}{s + 5.1068}\Big|_{s=\frac{2}{T}\frac{z-1}{z+1}} = 5\frac{20.5001z - 19.4999}{25.1068z - 14.8932}$$

(3) 调整增益。

按低通要求:

$$k_{\text{low}} = \frac{D(s)\big|_{s=0}}{D(z,a)\big|_{z=1}} = \frac{0.5}{0.4896} = 1.0212$$

按高通要求:

$$k_{\text{high}} = \frac{D(s)\big|_{s=\infty}}{D(z,a)\big|_{z=-1}} = \frac{5}{5} = 1$$

所以,数字控制器 $D(z)$:

按低通要求:

$$D_1(z) = 1.0212 \times 5 \frac{20.5001z - 19.4999}{25.1068z - 14.8932} = 5.1062 \frac{20.5001z - 19.4999}{25.1068z - 14.8932}$$

按高通要求:

$$D_2(z) = 1 \times 5 \frac{20.5001z - 19.4999}{25.1068z - 14.8932} = 5 \frac{20.5001z - 19.4999}{25.1068z - 14.8932}$$

(4) 仿真分析。

模拟控制器 $D(s)$ 及其离散控制器 $D(z)$ 的频率响应特性如图 4-20 所示。从图 4-20(a) 可以看出,按低通要求调整增益后,在低频段,连续环节与离散环节的特性基本一致。从图 4-20(b) 可以看出,按高通要求调整增益后,在高频段,即 $\omega = 5\mathrm{rad/s}$ 处,连续环节与离散环节的特性一致,而且在其附近两者的频率响应也较接近。

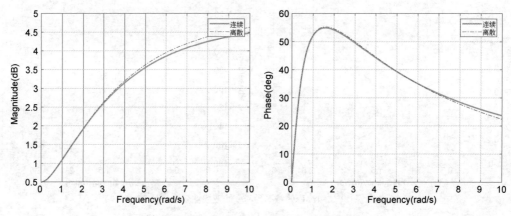

(a) 按低通调整增益的频率预畸变双线性变换法

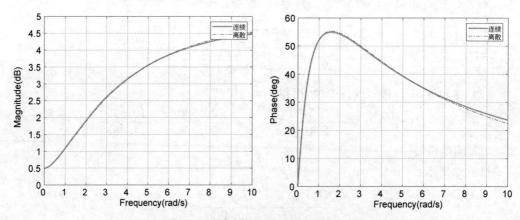

(b) 按高通调整增益的频率预畸变双线性变换法

图 4-20　双线性和频率预畸变法(方法二)的频率响应曲线

4.2.5　脉冲响应不变法

脉冲响应不变法也称为 z 变换法,其基本思想是变换后的数字控制器 $D(z)$ 的单位脉冲响应 $h(kT)$,与模拟控制器 $D(s)$ 的单位脉冲响应 $h(t)$ 的采样序列相等。按照这一原则将 $D(s)$ 离散成 $D(z)$ 的方法,就是脉冲响应不变法,如图 4-21 所示。

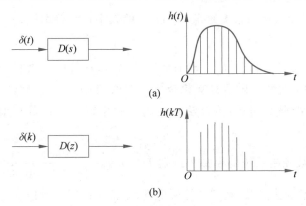

图 4-21　脉冲响应不变法

1. 离散化公式

在已知模拟控制器 $D(s)$ 的情况下,可以利用第 2 章介绍的各种 z 变换方法,直接求得数字控制器 $D(z)$,即 $D(z)=\mathcal{Z}[D(s)]$。假设 $D(s)$ 可表示为如下部分分式:

$$D(s)=\sum_{i=1}^{N}\frac{A_i}{s+a_i} \tag{4-55}$$

利用查表法可直接求得数字控制器为

$$D(z)=\mathcal{Z}[D(s)]=\sum_{i=1}^{N}\frac{A_i}{1-\mathrm{e}^{-a_iT}z^{-1}} \tag{4-56}$$

2. 主要特性

由于脉冲响应不变法实质上就是 z 变换法,因此 s 平面与 z 平面的映射关系是基于 $z=\mathrm{e}^{sT}$ 的。s 左半平面映射到 z 平面的单位圆内,若 $D(s)$ 稳定,则变换后的 $D(z)$ 也是稳定的。但是,由于从 s 平面到 z 平面的映射不是单值关系,用脉冲响应不变法求得的数字控制器 $D(z)$ 的频率特性与原模拟控制器 $D(s)$ 的频率特性有较大的差别,产生频谱混叠现象。根据第 2 章可知,s 平面角频率 ω_A 与 z 平面角频率 ω_D 之间的关系为

$$z\Big|_{\omega_D}=\mathrm{e}^{\mathrm{j}\omega_A T}=\mathrm{e}^{\mathrm{j}(\omega_A T+2k\pi)}=\mathrm{e}^{\mathrm{j}T\left(\omega_A+k\frac{2\pi}{T}\right)}=\mathrm{e}^{\mathrm{j}(\omega_A+k\omega_s)T}$$

即 s 平面采样角频率 ω_s 整数倍的所有点,均映射到 z 平面上的同一频率点。因此,在发生混叠现象的情况下,若高频混入感兴趣的低频范围,则离散后的频率响应畸变更加严重。解决频率混叠现象有以下两种方法:

(1) 提高采样频率 ω_s,应取 $\omega_s\geqslant10\omega_m$,使得数字控制器频率特性 $D(\mathrm{e}^{\mathrm{j}\omega T})$ 的各个分频谱在频率轴上的距离较大,在模拟控制器工作的低频段,$D(\mathrm{e}^{\mathrm{j}\omega T})$ 与模拟控制器的频率

特性 $D(\text{j}\omega)$ 近似或相等。

（2）采用前置滤波器，衰减高频分量。

脉冲响应不变的特点概括如下：

（1）$D(z)$ 和 $D(s)$ 有相同的脉冲响应序列。

（2）若 $D(s)$ 稳定，则 $D(z)$ 也稳定。

（3）$D(z)$ 容易出现频率混叠现象，与 $D(s)$ 的频率特性差别较大。

3. 应用

用脉冲响应不变法求取求解 $D(z)$ 看起来严格，从计算的角度看，复杂 $D(s)$ 的 z 变换是一个比较烦琐的过程。随着计算机技术的发展，利用计算机软件求取 $D(z)$ 变得相对容易；但由于频谱混叠问题，该方法只适用于频率特性为锐截止型的模拟控制器离散化。

例 4-6 已知某控制系统的模拟控制器 $D(s) = \dfrac{0.81}{s^2 + 0.72s + 0.81}$，$T$ 为 0.1s、0.5s、1s，采用脉冲响应不变法离散，利用计算机仿真，分析采样周期对控制器性能的影响。

解：（1）求 $D(z)$

$$D(s) = \frac{0.81}{s^2 + 0.72s + 0.81} = \frac{0.81}{(s + 0.36 - 0.8249\text{j})(s + 0.36 + 0.8249\text{j})}$$

$$= \frac{0.9819 \times 0.8249}{(s + 0.36)^2 + 0.8249^2}$$

查 z 变换表，可得

$$D(z) = 0.9819 \times \frac{z\text{e}^{-0.36T}\sin(0.8249T)}{z^2 - 2z\text{e}^{-0.36T}\cos(0.8249T) + \text{e}^{-0.72T}}$$

$$= \frac{bz}{z^2 - a_1 z + a_2} = \frac{bz^{-1}}{1 - a_1 z^{-1} + a_2 z^{-2}}$$

式中

$$b = 0.9819\text{e}^{-0.36T}\sin(0.8249T), \quad a_1 = 2\text{e}^{-0.36T}\cos(0.8249T), \quad a_2 = \text{e}^{-0.72T}$$

（2）当 $T = 0.1\text{s}$ 时，$\xi_1 = 0.4$，$\omega_{\text{n}1} = 0.9$。

$$D_1(z) = \frac{0.0078z^{-1}}{1 - 1.9227z^{-1} + 0.9305z^{-2}}$$

等效差分方程为

$$u_1(k) = 1.9227u_1(k-1) - 0.9305u_1(k-2) + 0.0078e(k-1)$$

（3）当 $T = 0.5\text{s}$ 时，$\xi_2 = 0.4$，$\omega_{\text{n}2} = 0.9$。

$$D_2(z) = \frac{0.1644z^{-1}}{1 - 1.5305z^{-1} + 0.6977z^{-2}}$$

等效差分方程为

$$u_2(k) = 1.5305u_2(k-1) - 0.6977u_2(k-2) + 0.1644e(k-1)$$

（4）当 $T=1\mathrm{s}$ 时，$\xi_3=0.4$，$\omega_{n3}=0.9$。

$$D_3(z)=\frac{0.5032z^{-1}}{1-0.947z^{-1}+0.4868z^{-2}}$$

等效差分方程为

$$u_3(k)=0.947u_3(k-1)-0.4868u_3(k-2)+0.5032e(k-1)$$

以上计算结果表明，利用脉冲响应不变法，离散后的控制器 $D(z)$，其阻尼比和自然频率均与原连续环节相等。$D(s)\big|_{s=0}=1$，$D_1(z)\big|_{z=1}=1$，$D_2(z)\big|_{z=1}=0.9833$，$D_3(z)\big|_{z=1}=0.9822$，可以看出，当采样周期 T 增大时，稳态增益减小。

（5）仿真分析。模拟控制器 $D(s)$ 及其离散控制器 $D(z)$ 的阶跃响应如图4-22所示，频率响应特性如图4-23所示。从图4-22可以看出，连续环节与离散环节的阶跃响应特性一致。从图4-23可以看出，随着 T 的增大，控制器的相位裕度迅速减小，当 $T=1\mathrm{s}$ 时，相位裕度仅为1°。另外，离散后的数字控制器在高频段畸变比较严重。

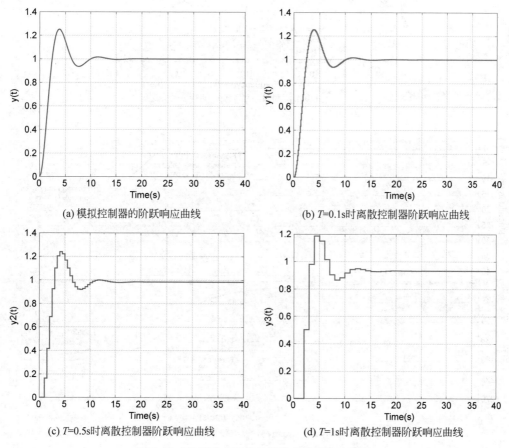

图 4-22　脉冲响应不变法的单位阶跃响应曲线

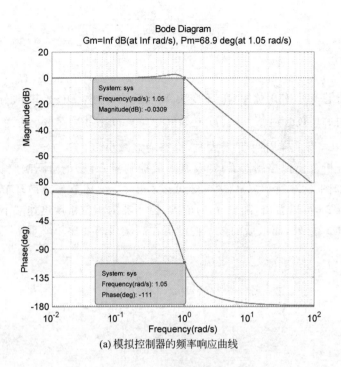

(a) 模拟控制器的频率响应曲线

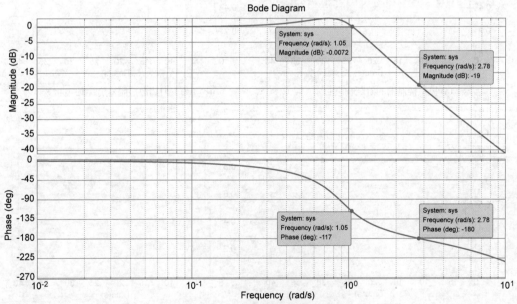

(b) $T=0.1\mathrm{s}$时离散控制器频率响应曲线

图 4-23　脉冲响应不变法的频率响应曲线

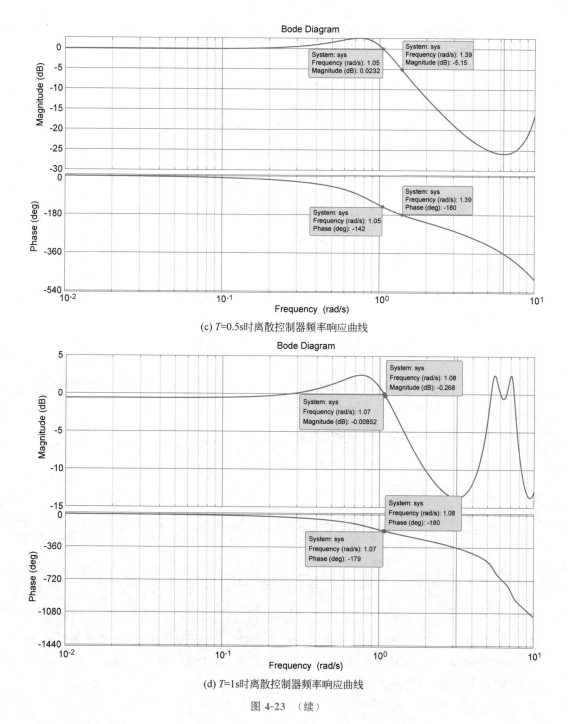

(c) T=0.5s时离散控制器频率响应曲线

(d) T=1s时离散控制器频率响应曲线

图 4-23　（续）

4.2.6　阶跃响应不变法

阶跃响应不变法也称为带虚拟保持器的 z 变换法,其基本思想是变换后的数字控制器 $D(z)$ 的单位阶跃响应 $h(kT)$ 与模拟控制器 $D(s)$ 的单位阶跃响应 $h(t)$ 的采样序列相等。按照这一原则将 $D(s)$ 离散成 $D(z)$ 的方法就是阶跃响应不变法,如图 4-24 所示。

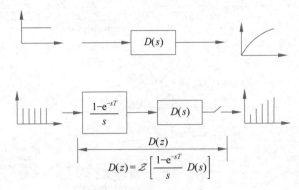

图 4-24 阶跃响应不变法

1. 离散化公式

令 $D(z)$ 的单位阶跃响应 $h(kT)$ 与模拟控制器 $D(s)$ 的单位阶跃响应 $h(t)$ 的采样序列相等,可得

$$\mathcal{Z}^{-1}\left[\frac{z}{z-1}D(z)\right] = \mathcal{L}^{-1}\left[\frac{1}{s}D(s)\right]\Big|_{t=kT} \tag{4-57}$$

式中, $\mathcal{Z}^{-1}\left[\dfrac{z}{z-1}D(z)\right]$ 为 $D(z)$ 的阶跃响应; $\mathcal{L}^{-1}\left[\dfrac{1}{s}D(s)\right]\Big|_{t=kT}$ 为 $D(s)$ 的阶跃响应的采样序列。

对式(4-57)等号两边进行 z 变换,可得

$$\frac{z}{z-1}D(z) = \mathcal{Z}\left\{\left[\frac{1}{s}D(s)\right]\right\} \tag{4-58}$$

进而可得

$$D(z) = (1-z^{-1})\,\mathcal{Z}\left\{\left[\frac{1}{s}D(s)\right]\right\} \tag{4-59}$$

或

$$D(z) = \mathcal{Z}\left\{\left[\frac{1-e^{-sT}}{s}D(s)\right]\right\} \tag{4-60}$$

上式表明,采用带虚拟零阶保持器 z 变换得到的数字控制器 $D(z)$ 与原模拟控制器 $D(s)$ 有相同的阶跃响应序列。把零阶保持器加进 $D(s)$ 再进行离散化,较单纯使用脉冲响应不变法离散 $D(s)$ 更接近于连续系统。需要注意,这里的零阶保持器是一个虚拟的数学模型,并没有真实的物理零阶保持器。

2. 主要特性

该方法引入了零阶保持器,虽然保持了阶跃响应和稳态增益不变的特性,但并未从根本上改变 z 变换的性质。阶跃响应不变的特点概括如下:

(1) $D(z)$ 和 $D(s)$ 有相同的阶跃响应序列。

(2) 若 $D(s)$ 稳定,则 $D(z)$ 也稳定。

（3）$D(z)$ 与 $D(s)$ 对于非阶跃信号的响应序列以及频率响应均不相同，只有近似关系。

（4）由于零阶保持器具有低通滤波特性，使得变换后的控制器，频率混叠现象有所改善。

（5）零阶保持器的引入带来了相位滞后，导致稳定裕度变小，若采样频率较低，则需要进行补偿。

3. 应用

阶跃响应不变法也需要 z 变换，同样具有 z 变换法的缺点，故应用较少。

例 4-7 已知某控制系统的模拟控制器 $D(s) = \dfrac{0.81}{s^2 + 0.72s + 0.81}$，$T$ 为 0.2s、0.5s、1s，采用阶跃响应不变法离散，利用计算机仿真，分析采样周期对控制器性能的影响。

解：（1）求 $D(z)$

$$D(z) = \mathcal{Z}\left[\frac{1 - \mathrm{e}^{-sT}}{s} \cdot \frac{0.81}{s^2 + 0.72s + 0.81}\right] = (1 - z^{-1})\,\mathcal{Z}\left[\frac{1}{s} \cdot \frac{0.81}{s^2 + 0.72s + 0.81}\right]$$

$$= (1 - z^{-1})\,\mathcal{Z}\left[\frac{1}{s} - \frac{s + 0.36}{(s + 0.36)^2 + 0.8249^2} - 0.4364 \times \frac{0.8249}{(s + 0.36)^2 + 0.8249^2}\right]$$

查 z 变换表，可得

$$D(z) = (1 - z^{-1})\left[\frac{z}{z - 1} - \frac{z^2 - z\mathrm{e}^{-0.36T}\cos(0.8249T)}{z^2 - 2z\mathrm{e}^{-0.36T}\cos(0.8249T) + \mathrm{e}^{-0.72T}} - \right.$$

$$\left. 0.4364 \times \frac{z\mathrm{e}^{-0.36T}\sin(0.8249T)}{z^2 - 2z\mathrm{e}^{-0.36T}\cos(0.8249T) + \mathrm{e}^{-0.72T}}\right]$$

$$= \frac{b_1 z + b_2}{z^2 - a_1 z + a_2} = \frac{b_1 + b_2 z^{-1}}{1 - a_1 z^{-1} + a_2 z^{-2}}$$

式中

$$a_1 = 2\mathrm{e}^{-0.36T}\cos(0.8249T), \quad a_2 = \mathrm{e}^{-0.72T}$$

$$b_1 = -\left[a_1 + \mathrm{e}^{-0.36T}\cos(0.8249T) + 0.4364\mathrm{e}^{-0.36T}\sin(0.8249T) + 1\right]$$

$$b_2 = a_2 - \mathrm{e}^{-0.36T}\cos(0.8249T) - 0.4364\mathrm{e}^{-0.36T}\sin(0.8249T)$$

（2）当 $T = 0.2\text{s}$ 时，$\xi_1 = 0.4$，$\omega_{n1} = 0.9$。

$$D_1(z) = \frac{0.0154z + 0.0147}{z^2 - 1.8358z + 0.8659} = \frac{0.0154z^{-1} + 0.0147z^{-2}}{1 - 1.8358z^{-1} + 0.8659z^{-2}}$$

等效差分方程为

$$u_1(k) = 1.8358u_1(k-1) - 0.8659u_1(k-2) + 0.0154e(k-1) + 0.0147e(k-2)$$

（3）当 $T = 0.5\text{s}$ 时，$\xi_2 = 0.4$，$\omega_{n2} = 0.9$。

$$D_2(z) = \frac{0.0887z + 0.0786}{z^2 - 1.5305z + 0.6977} = \frac{0.0887z^{-1} + 0.0786z^{-2}}{1 - 1.5305z^{-1} + 0.6977z^{-2}}$$

等效差分方程为

$$u_2(k) = 1.5305u_2(k-1) - 0.6977u_2(k-2) + 0.0887e(k-1) + 0.0786e(k-2)$$

（4）当 $T=1\text{s}$ 时，$\xi_3=0.4$，$\omega_{n3}=0.9$。

$$D_3(z)=\frac{0.3029z+0.2369}{z^2-0.9469z+0.4868}=\frac{0.3029z^{-1}+0.2369z^{-2}}{1-0.9469z^{-1}+0.4868z^{-2}}$$

等效差分方程为

$$u_3(k)=0.9469u_3(k-1)-0.4868u_3(k-2)+0.3029e(k-1)+0.2369e(k-2)$$

以上计算结果表明，利用阶跃响应不变法，离散后的控制器 $D(z)$，其阻尼比和自然频率均与原连续环节相等。$D(s)\big|_{s=0}=D_1(z)\big|_{z=1}=D_2(z)\big|_{z=1}=D_3(z)\big|_{z=1}=1$，说明零阶保持器的加入，保持了稳态增益不变的特性。

（5）仿真分析。模拟控制器 $D(s)$ 及其离散控制器 $D(z)$ 的阶跃响应如图 4-25 所示，频率响应特性如图 4-26 所示。从图 4-25 可以看出，连续环节与离散环节的阶跃响应特性一致。从图 4-26（c）和（d）可以看出，零阶保持器的引入带来了相位滞后，降低了稳定裕度。另外，离散后的数字控制器存在频率混叠现象。

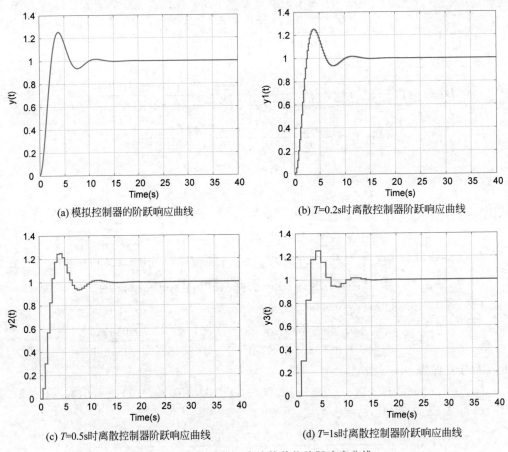

(a) 模拟控制器的阶跃响应曲线

(b) $T=0.2\text{s}$ 时离散控制器阶跃响应曲线

(c) $T=0.5\text{s}$ 时离散控制器阶跃响应曲线

(d) $T=1\text{s}$ 时离散控制器阶跃响应曲线

图 4-25　阶跃响应不变法的单位阶跃响应曲线

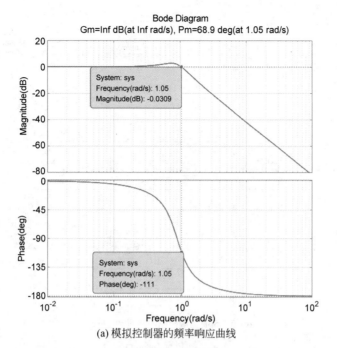

(a) 模拟控制器的频率响应曲线

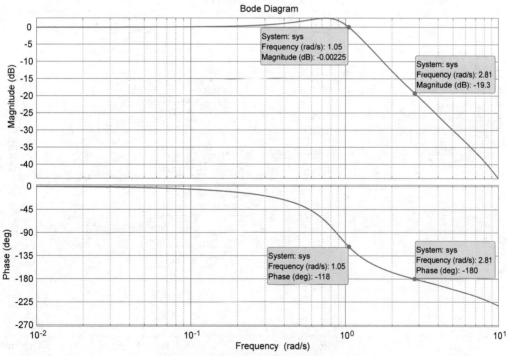

(b) T=0.2s时离散控制器频率响应曲线

图4-26 阶跃响应不变法的频率响应曲线

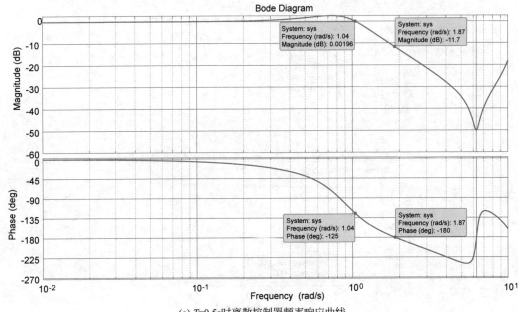

(c) $T=0.5$s时离散控制器频率响应曲线

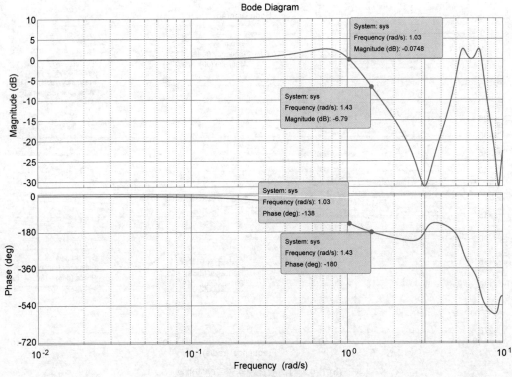

(d) $T=1$s时离散控制器频率响应曲线

图 4-26 （续）

4.2.7 零极点匹配法

零极点匹配法又称匹配 z 变换法。无论是连续系统还是离散系统,系统的零极点位置都决定了系统的性能。在 z 变换时,s 平面与 z 平面的极点是依 $z=\mathrm{e}^{sT}$ 关系对应的,但零点不存在这种对应关系。零极点匹配法就是将 $D(s)$ 的零点和极点(包括无穷远处的零极点)均按 $z=\mathrm{e}^{sT}$ 关系一一对应地映射到 z 平面上。

1. 离散化公式

设模拟控制器 $D(s)$ 的零极点形式为

$$D(s)=\frac{K_s\prod\limits_{i=1}^{m}(s+z_i)}{\prod\limits_{i=1}^{n}(s+p_i)} \tag{4-61}$$

式中,K_s 为模拟控制器的增益。

按照 $z=\mathrm{e}^{sT}$,$D(s)$ 和 $D(z)$ 的映射关系如表 4-1 所示。

表 4-1 $D(s)$ 和 $D(z)$ 的零极点匹配映射关系

连续控制器 $D(s)$	离散控制器 $D(z)$	连续控制器 $D(s)$	离散控制器 $D(z)$
$s+a$	$z-\mathrm{e}^{-aT}$	$(s+a-\mathrm{j}b)(s+a+\mathrm{j}b)$	$z^2-2\mathrm{e}^{-aT}z\cos bT+\mathrm{e}^{-2aT}$
s	$z-1$	无穷远零、极点	$z+1$

零极点匹配映射后的数字控制器为

$$D(z)=\frac{K_z\prod\limits_{i=1}^{m}(z-\mathrm{e}^{-z_iT})}{\prod\limits_{i=1}^{n}(z-\mathrm{e}^{-p_iT})}(z+1)^{n-m} \tag{4-62}$$

式中,K_z 为数字控制器的增益,其值的选择要与 K_s 相匹配,其匹配方法主要包括以下三种:

(1) 若要求 $D(s)$ 为低通特性,则按低频增益进行匹配,即

$$\left.|D(s)|\right|_{s=0}=\left.|D(z)|\right|_{z=1} \tag{4-63}$$

(2) 若 $D(s)$ 的分子中包含 s 因子,或要求 $D(s)$ 为高通特性,则按高频增益进行匹配,即

$$\left.|D(s)|\right|_{s=\infty}=\left.|D(z)|\right|_{z=-1} \tag{4-64}$$

(3) 若要求 $D(s)$ 在某一频率 ω_1 的频率特性,则按指定频率 ω_1 处的增益进行匹配,即

$$|D(\mathrm{j}\omega_1)|=|D(\mathrm{e}^{\mathrm{j}\omega_1 T})| \tag{4-65}$$

2. 主要特性

零极点匹配法的主要特性如下:

(1) 零极点匹配法是基于 z 变换法实现的,即 $z=\mathrm{e}^{sT}$,s 左平面映射到 z 平面的单位圆内,所以若 $D(s)$ 稳定,则 $D(z)$ 一定稳定。

(2) 该方法要求对 $D(s)$ 分解为零极点形式,且需要进行增益匹配。

(3) 该方法能够获得双线性变换的效果,故不会产生频率混叠。分析如下:对于

式(4-61)所示的模拟控制器 $D(s)$,若采用双线性变换 $s=\dfrac{2}{T}\dfrac{z-1}{z+1}$,则得到的数字控制器 $D(z)$ 的分子和分母具有相同的阶次,且分子中包含 $(z+1)^{n-m}$ 因子,形式与零极点匹配法得到的数字控制器式(4-62)相同;从 s 左平面映射到 z 平面时,零极点匹配法和双线性变换法的映射域相同,都是 s 左平面映射到 z 平面的单位圆内,因此,两者的效果接近,都不会产生频率混叠。

在零极点匹配法中,如果将 $D(s)$ 中的所有无穷远零点均映射到 $D(z)$ 中的零点 $z=-1$,那么不管 $D(s)$ 的分子、分母阶次差是多少,$D(z)$ 的分子、分母阶次总是相等的。但是实际应用中,如果考虑控制器实时计算的延迟,希望控制器的单位脉冲有一步延迟,则可以将一个 $s=\infty$ 的零点映射为 $z=\infty$ 的零点,此时 $D(z)$ 的分子比分母低一阶。MATLAB 工具箱中的零极点匹配指令,就是采用这种方法配置零点的。

3. 应用

随着计算机仿真技术的发展,零极点匹配法的应用越来越广泛。

例 4-8 已知某控制系统的模拟控制器 $D(s)=\dfrac{0.81}{s^2+0.72s+0.81}$,$T$ 为 0.2s、0.5s、1s,采用零极点匹配法离散,利用计算机仿真,分析采样周期对控制器性能的影响。

解:(1)零极点映射。

根据零极点匹配规则,需要对 $D(s)$ 进行因式分解。两个复数根为

$$s_{1,2}=-0.36\pm0.8249\mathrm{j}$$

极点映射在 z 平面为

$$z_{1,2}=\mathrm{e}^{(-0.36\pm0.8249\mathrm{j})T}$$

$D(s)$ 有两个位于无穷远的零点,其映射为 $(z+1)^2$。

这样,零极点匹配后的 $D(z)$ 为

$$D(z)=\frac{K(z+1)^2}{z^2-2z\mathrm{e}^{-0.36T}\cos(0.8249T)+\mathrm{e}^{-0.72T}}$$

$$=K\frac{(z+1)^2}{z^2-a_1z+a_2}=K\frac{(1+z^{-1})^2}{1-a_1z^{-1}+a_2z^{-2}}$$

式中,$a_1=2\mathrm{e}^{-0.36T}\cos(0.8249T)$;$a_2=\mathrm{e}^{-0.72T}$;$K$ 为增益匹配系数。

确定稳态增益系数。根据式(4-63)可得

$$\left|\frac{K(1+1)^2}{1-2\mathrm{e}^{-0.36T}\cos(0.8249T)+\mathrm{e}^{-0.72T}}\right|=1$$

(2)当 $T=0.2\mathrm{s}$ 时,$a_1=1.8358$,$a_2=0.8659$,$K=0.0075$,$\xi_1=0.4$,$\omega_{n1}=0.9$。

控制器的零点和极点数相等,本例为双零点环节,即

$$D_1(z)=\frac{0.0075z^2+0.015z+0.0075}{z^2-1.8358z+0.8659}=\frac{0.0075+0.015z^{-1}+0.0075z^{-2}}{1-1.8358z^{-1}+0.8659z^{-2}}$$

等效差分方程为

$$u_1(k)=1.8358u_1(k-1)-0.8659u_1(k-2)+0.0075e(k)+$$
$$0.015e(k-1)+0.0075e(k-2)$$

利用 MATLAB 工具箱进行零极点匹配,其零点数比极点数少一个,本例为单零点环节,即

$$D_1(z) = \frac{0.015z + 0.015}{z^2 - 1.8358z + 0.8659} = \frac{0.015z^{-1} + 0.015z^{-2}}{1 - 1.8358z^{-1} + 0.8659z^{-2}}$$

等效差分方程为

$$u_1(k) = 1.8358u_1(k-1) - 0.8659u_1(k-2) + 0.015e(k-1) + 0.015e(k-2)$$

（3）当 $T=0.5\text{s}$ 时,$a_1=1.5305$,$a_2=0.6977$,$K=0.0418$,$\xi_2=0.4$,$\omega_{n2}=0.9$。

双零点控制器为

$$D_2(z) = \frac{0.0418z^2 + 0.0836z + 0.0418}{z^2 - 1.5305z + 0.6977} = \frac{0.0418 + 0.0836z^{-1} + 0.0418z^{-2}}{1 - 1.5305z^{-1} + 0.6977z^{-2}}$$

等效差分方程为

$$u_2(k) = 1.5305u_2(k-1) - 0.6977u_2(k-2) + 0.0418e(k) +$$
$$0.0836e(k-1) + 0.0418e(k-2)$$

单零点控制器为

$$D_2(z) = \frac{0.0836z + 0.0836}{z^2 - 1.5305z + 0.6977} = \frac{0.0836z^{-1} + 0.0836z^{-2}}{1 - 1.5305z^{-1} + 0.6977z^{-2}}$$

等效差分方程为

$$u_2(k) = 1.5305u_2(k-1) - 0.6977u_2(k-2) + 0.0836e(k-1) + 0.0836e(k-2)$$

（4）当 $T=1\text{s}$ 时,$a_1=0.9469$,$a_2=0.4868$,$K=0.135$,$\xi_3=0.4$,$\omega_{n3}=0.9$。

双零点控制器为

$$D_3(z) = \frac{0.135z^2 + 0.27z + 0.135}{z^2 - 0.9469z + 0.4868} = \frac{0.135 + 0.27z^{-1} + 0.135z^{-2}}{1 - 0.9469z^{-1} + 0.4868z^{-2}}$$

等效差分方程为

$$u_3(k) = 0.9469u_3(k-1) - 0.4868u_3(k-2) + 0.135e(k) +$$
$$0.27e(k-1) + 0.135e(k-2)$$

单零点控制器为

$$D_3(z) = \frac{0.2699z + 0.2699}{z^2 - 0.9469z + 0.4868} = \frac{0.2699z^{-1} + 0.2699z^{-2}}{1 - 0.9469z^{-1} + 0.4868z^{-2}}$$

等效差分方程为

$$u_3(k) = 0.9469u_3(k-1) - 0.4868u_3(k-2) + 0.2699e(k-1) + 0.2699e(k-2)$$

以上计算结果表明,利用零极点匹配法离散后的控制器 $D(z)$,其阻尼比和自然频率均与原连续环节相等。$D(s)\big|_{s=0} = D_1(z)\big|_{z=1} = D_2(z)\big|_{z=1} = D_3(z)\big|_{z=1} = 1$,说明零阶保持器的加入,保持了稳态增益不变的特性。

（5）仿真分析。模拟控制器 $D(s)$ 及其离散控制器 $D(z)$ 的阶跃响应如图 4-27 所示,频率响应特性如图 4-28 所示。从图 4-27 可以看出,连续环节与离散环节的阶跃响应特性基本一致。从图 4-28 可以看出,零极点匹配法可以消除频率混叠,但采用单零点匹配时,其相位延迟较大。

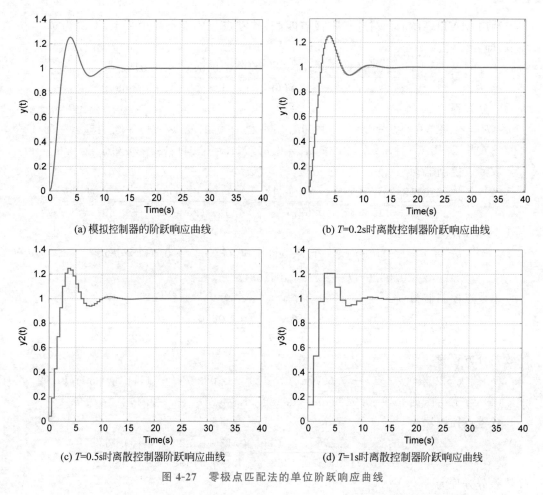

(a) 模拟控制器的阶跃响应曲线   (b) T=0.2s时离散控制器阶跃响应曲线

(c) T=0.5s时离散控制器阶跃响应曲线   (d) T=1s时离散控制器阶跃响应曲线

图 4-27   零极点匹配法的单位阶跃响应曲线

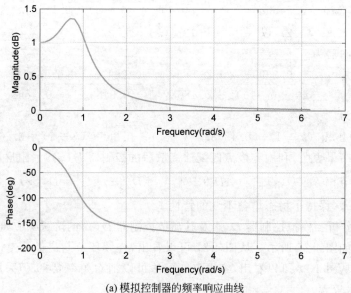

(a) 模拟控制器的频率响应曲线

图 4-28   零极点匹配法的频率响应曲线

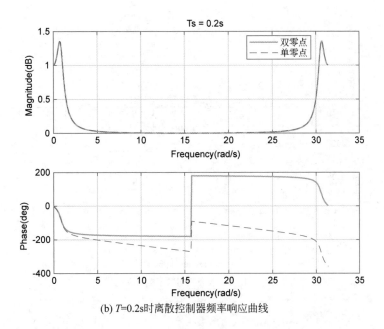

(b) T=0.2s时离散控制器频率响应曲线

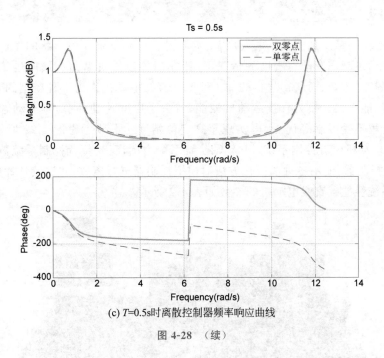

(c) T=0.5s时离散控制器频率响应曲线

图 4-28 （续）

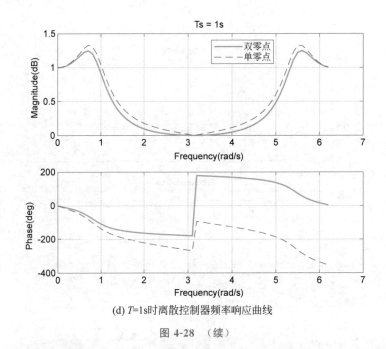

(d) T=1s时离散控制器频率响应曲线

图 4-28 （续）

4.3 应用实例

  随着高速、高精度加工技术的发展,常需要对零件和复杂几何形状的型面进行加工。龙门能够在满足静态及动态刚度的情况下,让龙门柱沿导轨纵向和横向进给,并使工作台和工件保持静止,从而获得优良的加工性能。直线电动机作为一种新型的直接驱动方式,能够将电能直接转换为直线运动机械能,省去了中间传动环节,具有动态响应高、速度快以及行程不受限制等优点,可实现超高定位精度。本节考虑图 4-29 所示的龙门式 XY 型直线电动机位置控制系统,以 X 轴位置系统为例,建立位置控制系统数学模型,设计模拟 PD 控制器,使用各种离散化方法对模拟控制器进行离散,并比较各种离散控制器作用下的系统性能。直线电动机的参数如表 4-2 所示。

图 4-29 龙门式 XY 型直线电动机控制系统(图片由北京灵思创奇公司提供)

表 4-2 **X** 轴直线电动机的参数

X 轴参数名称	参数值	**X** 轴参数名称	参数值
电阻 R/Ω	8.4	磁通 $\lambda_{\mathrm{f}}/\mathrm{Wb}$	0.0773
极对数 p_{n}	4	质量 M/kg	0.7
极距 $\tau_{\mathrm{p}}/\mathrm{mm}$	15	力矩系数 $K_{\mathrm{f}}/(\mathrm{N/A})$	48.6

X 轴直线电动机位置控制系统如图 4-30 所示。

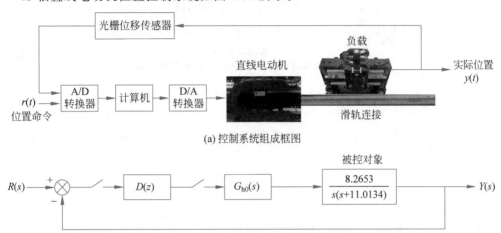

(a) 控制系统组成框图

(b) 控制系统原理框图

图 4-30 **X** 轴直线电动机位置控制系统

1. d-q 坐标系下永磁同步直流电动机位置控制系统建模

不失一般性,假设忽略铁芯磁阻,不计涡流和磁滞损耗,永磁材料的电导率为零,相绕组中感应电动势(EMF)均匀正弦分布。

选择 $i_d = 0$ 的矢量控制方法,将交流电动机的电流矢量分解为励磁电流分量 i_d 和转矩电流分量 i_q,使这两个分量彼此正交且互相独立,分别进行调节,最终完成对电机转矩的高性能控制。X 轴位置控制系统的数学模型为

$$\dot{y} = \frac{K_{\mathrm{f}} u_q}{L_q M s^2 + M R s + \dfrac{\pi}{\tau_{\mathrm{p}}} p_{\mathrm{n}} K_{\mathrm{f}} \lambda_{\mathrm{f}}} \tag{4-66}$$

$$K_{\mathrm{f}} = \frac{3}{2} \frac{\pi}{\tau_{\mathrm{p}}} p_{\mathrm{n}} \lambda_{\mathrm{f}} \tag{4-67}$$

式中,y 为直流电动机的位移;u_q 为 q 轴定子电枢电压;L_q 为 q 轴电感;R 为定子绕组电阻;p_{n} 为极对数;τ_{p} 为极距;λ_{f} 为磁通;M 为被控对象质量;K_{f} 为力矩系数。

忽略 q 轴电感,即 $L_q = 0$,令 $u = u_q$ 为控制器输出,y 为系统输出,则式(4-66)可简化为

$$\ddot{y} + \frac{\pi p_{\mathrm{n}} \lambda_{\mathrm{f}}}{M R \tau_{\mathrm{p}}} \dot{y} = \frac{K_{\mathrm{f}}}{R M} u \tag{4-68}$$

令 $a = \dfrac{\pi p_{\mathrm{n}} \lambda_{\mathrm{f}}}{M R \tau_{\mathrm{p}}}$,$b = \dfrac{K_{\mathrm{f}}}{R M}$,则被控对象的传递函数为

$$G(s) = \frac{Y(s)}{U(s)} = \frac{b}{s(s+a)} \qquad (4\text{-}69)$$

由表 4-2 的参数可得

$$a = 11.0134, \quad b = 8.2653$$

将 a、b 代入式(4-69),可得

$$G(s) = \frac{Y(s)}{U(s)} = \frac{8.2653}{s(s+11.0134)} \qquad (4\text{-}70)$$

被控对象的频率特性如图 4-31 所示。

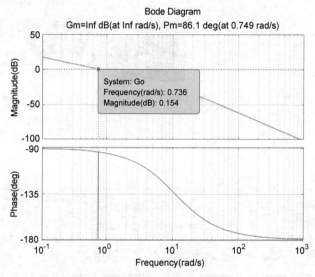

图 4-31　直线电动机的频率特性

2. 设计要求

针对 X 轴直线电动机位置控制系统,要求在连续域内设计模拟控制器 $D(s)$,然后用 4.2 节介绍的常用工程离散化方法设计 $D(z)$,使系统满足以下设计要求:

(1) 超调量 $\sigma\% \leqslant 15\%$。

(2) 调节时间 $t_s \leqslant 0.5\mathrm{s}$。

(3) 上升时间 $t_r \leqslant 0.2\mathrm{s}$。

(4) 相位稳定裕度 $\gamma_m \geqslant 50°$,幅值稳定裕度 $L_h \geqslant 6\mathrm{dB}$。

(5) 采样周期 T 为 $0.005\mathrm{s}$、$0.05\mathrm{s}$。

3. 模拟控制器 $D(s)$ 设计

假设 $D(s)=1$,即未接入控制器,闭环控制系统的阶跃响应曲线如图 4-32 所示,各项性能指标见表 4-3。可以看出,闭环系统的性能无法满足设计要求。

利用根轨迹法或频率响应法,依据上述性能指标设计连续控制器 $D(s)$,在此不再赘述,得到的控制器为

$$D(s) = 15 + 0.2s$$

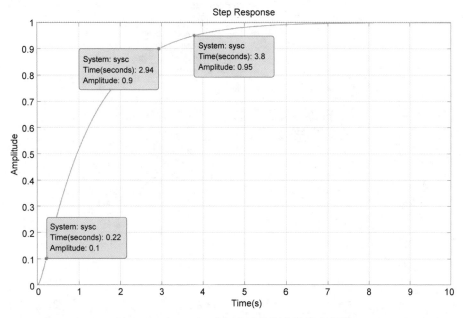

图 4-32 $D(s)=1$ 时闭环系统的阶跃响应曲线

表 4-3 模拟控制器作用下的系统性能指标

模拟控制器 $D(s)$	闭环谐振峰值 M_r/dB	闭环带宽 ω_b/(rad/s)	增益裕度 k_g/dB	相位裕度 γ/(°)	超调量 $\sigma\%/\%$	上升时间 t_r/s	调节时间 t_s/s
$D(s)=1$	0	0.8	∞	86.1	0	2.734	3.81
$D(s)=15+0.2s$	0.607	13.3	∞	58	12	0.1574	0.464

设计好的连续控制系统框图如图 4-33 所示,闭环系统的单位阶跃响应如图 4-34 所示,开环系统的对数频率特性如图 4-35 所示,各项性能指标见表 4-3。可以看出,设计得到的控制系统能够满足所有的性能指标。

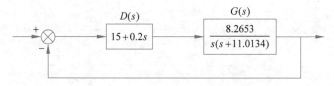

图 4-33 $D(s)=15+0.2s$ 时连续控制系统框图

4. 数字控制器 $D(z)$ 设计

下面利用 4.2 节介绍的工程离散化方法,对模拟控制器 $D(s)=15+0.2s$ 进行离散,计算机控制系统的框图如图 4-36 所示。由表 4-3 可知,闭环系统的带宽 $\omega_b=13.3$rad/s,根据采样定理,$\omega_s \geqslant 2\omega_b = 26.6$ rad/s,因而允许的最大采样周期 $T_{max}=0.2362$s。为了对比常用离散化方法的控制性能,需要求解被控对象的广义模型 $G(z)$,用于闭环系统的仿真验证。

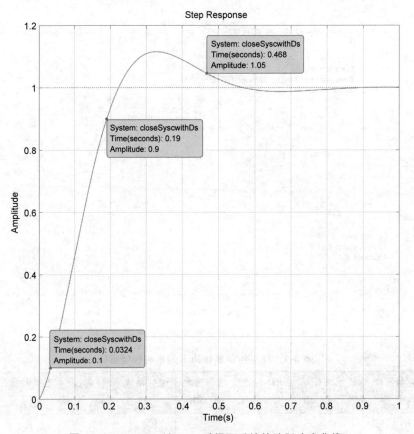

图 4-34　$D(s)=15+0.2s$ 时闭环系统的阶跃响应曲线

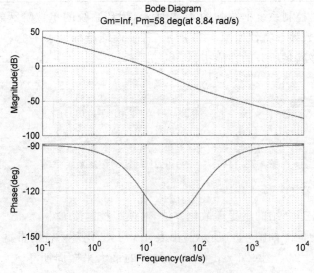

图 4-35　$D(s)G(s)$ 的对数频率特性

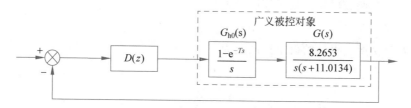

图 4-36 $D(z)$ 控制下的计算机控制系统框图

$$G(z) = \mathcal{Z}\left[\frac{1 - e^{-sT}}{s} \cdot \frac{8.2653}{s(s + 11.0134)}\right]$$

$$= (1 - z^{-1}) \mathcal{Z}\left[-\frac{0.0681}{s} + \frac{0.7505}{s^2} + \frac{0.0681}{s + 11.0134}\right]$$

$$= \frac{z - 1}{z}\left[-\frac{0.0681z}{z - 1} + \frac{0.7505Tz}{(z - 1)^2} + \frac{0.0681z}{z - e^{-11.0134T}}\right]$$

$$= \frac{b_1 z + b_2}{(z - 1)(z - e^{-11.0134T})} = \frac{b_1 z + b_2}{z^2 - a_1 z + a_2}$$

式中

$b_1 = 0.0681(e^{-11.0134T} - 1) + 0.7505T$, $\quad b_2 = 0.0681 - (0.7505T + 0.0681)e^{-11.0134T}$

$a_1 = 1 + e^{-11.0134T}$, $\quad a_2 = e^{-11.0134T}$

（1）当 $T = 0.005\text{s}$ 时，被控对象的广义模型为

$$G(z) = \frac{0.0001038z + 0.000097}{z^2 - 1.946z + 0.9464}$$

前向差分变换法得到的数字控制器为

$$D_1(z) = 40z - 25$$

后向差分变换法得到的数字控制器为

$$D_2(z) = \frac{0.275z - 0.2}{0.005z}$$

双线性变换法得到的数字控制器为

$$D_3(z) = \frac{0.475z - 0.325}{0.005z + 0.005}$$

阶跃响应不变法得到的数字控制器为

$$D_4(z) = \frac{15.2z - 0.2}{z}$$

零极点匹配法得到的数字控制器（此例中，$D(s)$ 的分母比分子低一阶，即分母有一个位于 $s = \infty$ 处的极点，将其映射为 $z = -1$ 处的极点）为

$$D_5(z) = \frac{95.94z - 65.94}{z + 1}$$

（2）当 $T = 0.05\text{s}$ 时，被控对象的广义模型为

$$G(z) = \frac{0.008689z + 0.0072}{z^2 - 1.577z + 0.5766}$$

前向差分变换法得到的数字控制器为

$$D_1(z) = 4z + 11$$

后向差分变换法得到的数字控制器为

$$D_2(z) = \frac{0.95z - 0.2}{0.05z}$$

双线性变换法得到的数字控制器为

$$D_3(z) = \frac{1.15z + 0.35}{0.05z + 0.05}$$

阶跃响应不变法得到的数字控制器为

$$D_4(z) = \frac{15.2z - 0.2}{z}$$

零极点匹配法得到的数字控制器为

$$D_5(z) = \frac{30.72z - 0.7225}{z + 1}$$

(3) 当 $T = 0.1\mathrm{s}$ 时,被控对象的广义模型为

$$G(z) = \frac{0.02959z + 0.02051}{z^2 - 1.332z + 0.3324}$$

前向差分变换法得到的数字控制器为

$$D_1(z) = 2z + 13$$

后向差分变换法得到的数字控制器为

$$D_2(z) = \frac{1.7z - 0.2}{0.1z}$$

双线性变换法得到的数字控制器为

$$D_3(z) = \frac{1.9z + 1.1}{0.1z + 0.1}$$

阶跃响应不变法得到的数字控制器为

$$D_4(z) = \frac{15.2z - 0.2}{z}$$

零极点匹配法得到的数字控制器为

$$D_5(z) = \frac{30.02z - 0.0166}{z + 1}$$

5. 仿真分析

不同离散方法得到的数字控制器作用下的阶跃响应如图 4-37、图 4-39 和图 4-41 所示,频率响应特性如图 4-38、图 4-40 和图 4-42 所示,相应性能指标见表 4-4、表 4-5 和表 4-6。

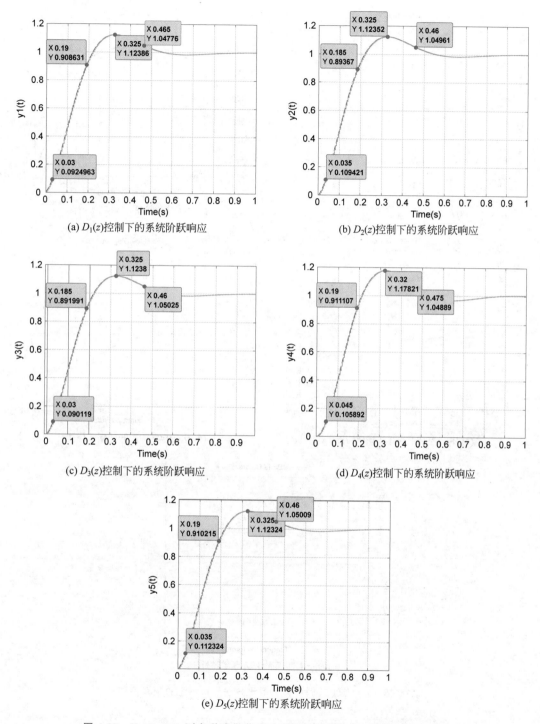

(a) $D_1(z)$控制下的系统阶跃响应

(b) $D_2(z)$控制下的系统阶跃响应

(c) $D_3(z)$控制下的系统阶跃响应

(d) $D_4(z)$控制下的系统阶跃响应

(e) $D_5(z)$控制下的系统阶跃响应

图 4-37 $T=0.005s$ 时各种离散化方法所得控制器作用下的系统阶跃响应

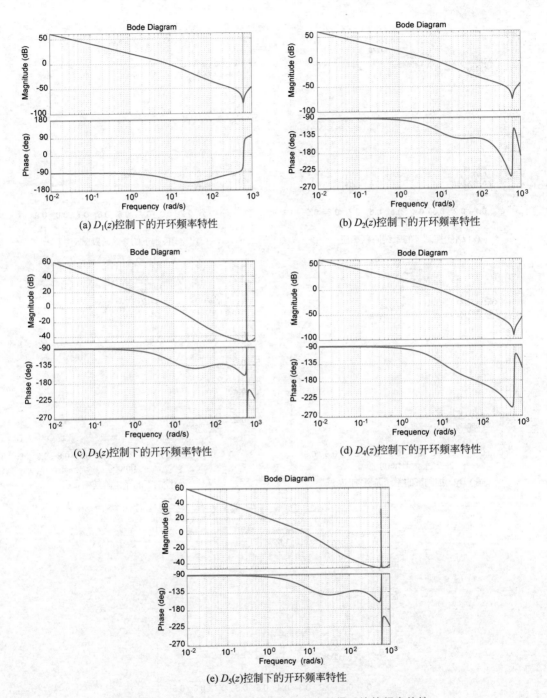

(a) $D_1(z)$控制下的开环频率特性

(b) $D_2(z)$控制下的开环频率特性

(c) $D_3(z)$控制下的开环频率特性

(d) $D_4(z)$控制下的开环频率特性

(e) $D_5(z)$控制下的开环频率特性

图 4-38　$T=0.005s$ 时各种离散化方法所得系统的频率特性

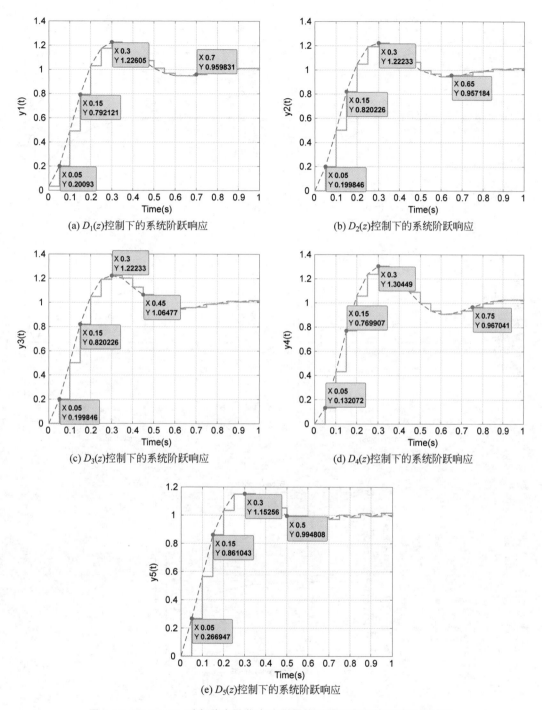

(a) $D_1(z)$ 控制下的系统阶跃响应

(b) $D_2(z)$ 控制下的系统阶跃响应

(c) $D_3(z)$ 控制下的系统阶跃响应

(d) $D_4(z)$ 控制下的系统阶跃响应

(e) $D_5(z)$ 控制下的系统阶跃响应

图 4-39　$T=0.05$s 时各种离散化方法所得控制器作用下的系统阶跃响应

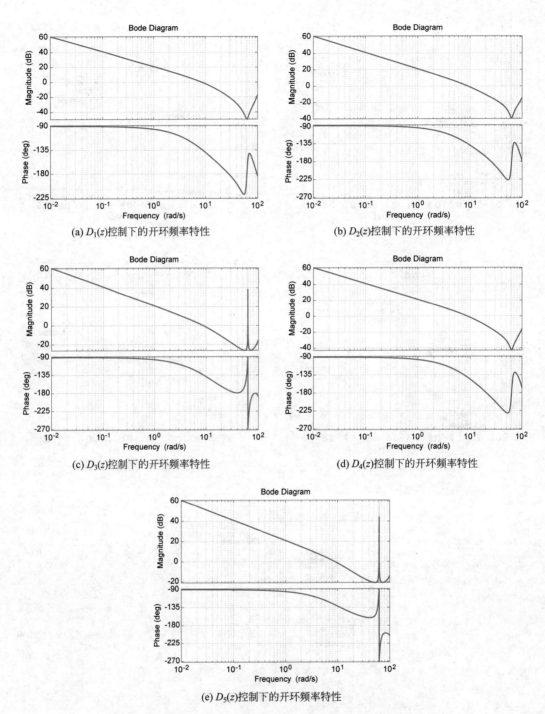

(a) $D_1(z)$控制下的开环频率特性

(b) $D_2(z)$控制下的开环频率特性

(c) $D_3(z)$控制下的开环频率特性

(d) $D_4(z)$控制下的开环频率特性

(e) $D_5(z)$控制下的开环频率特性

图 4-40　$T=0.05\mathrm{s}$ 时各种离散化方法所得系统的频率特性

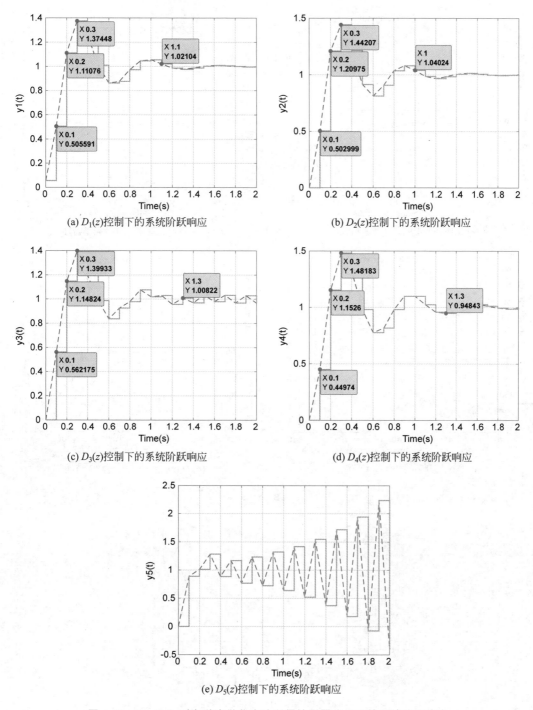

(a) $D_1(z)$控制下的系统阶跃响应

(b) $D_2(z)$控制下的系统阶跃响应

(c) $D_3(z)$控制下的系统阶跃响应

(d) $D_4(z)$控制下的系统阶跃响应

(e) $D_5(z)$控制下的系统阶跃响应

图 4-41　$T=0.1\mathrm{s}$ 时各种离散化方法所得控制器作用下的系统阶跃响应

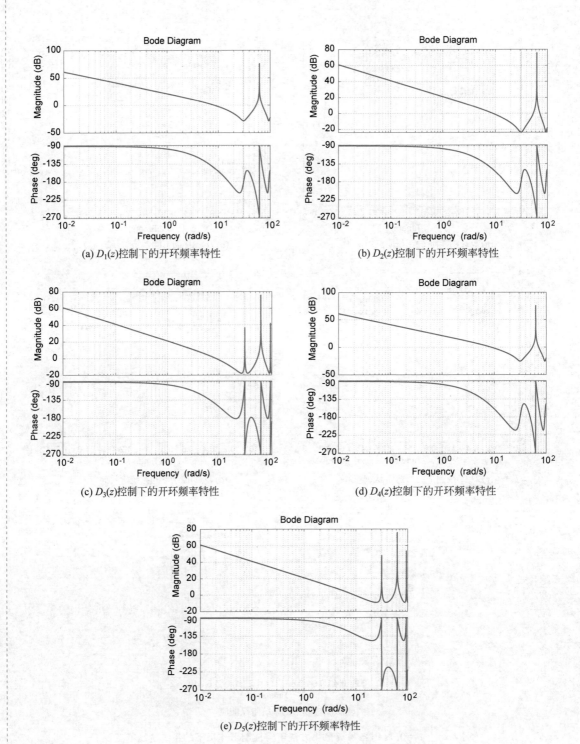

(a) $D_1(z)$控制下的开环频率特性

(b) $D_2(z)$控制下的开环频率特性

(c) $D_3(z)$控制下的开环频率特性

(d) $D_4(z)$控制下的开环频率特性

(e) $D_5(z)$控制下的开环频率特性

图 4-42 $T = 0.1s$ 时各种离散化方法所得系统的频率特性

表 4-4 $T=0.005s$ 时不同离散方法所得离散控制器作用下的系统性能指标

离散化方法	闭环谐振峰值 M_r/dB	闭环带宽 $\omega_b/(rad/s)$	增益裕度 k_g/dB	相位裕度 $\gamma/(\degree)$	超调量 $\sigma\%/\%$	上升时间 t_r/s	调节时间 t_s/s
前向差分变换法	0.715	13.5	∞	57	12.386	0.16	0.465
后向差分变换法	0.723	13.6	45.1	57	12.352	0.15	0.46
双线性变换法	0.719	13.6	∞	57	12.38	0.155	0.46
阶跃响应不变法	1.48	14.4	31.7	50	17.821	0.145	0.475
零极点匹配法	0.712	13.6	∞	57	12.324	0.155	0.46

表 4-5 $T=0.05s$ 时不同离散方法所得离散控制器作用下的系统性能指标

离散化方法	闭环谐振峰值 M_r/dB	闭环带宽 $\omega_b/(rad/s)$	增益裕度 k_g/dB	相位裕度 $\gamma/(\degree)$	超调量 $\sigma\%/\%$	上升时间 t_r/s	调节时间 t_s/s
前向差分变换法	2.12	14.2	19.8	46	12.261	0.1477	0.7
后向差分变换法	2.41	15.7	14	45	12.385	0.1335	0.65
双线性变换法	2.2	14.9	∞	46	12.223	0.1425	0.65
阶跃响应不变法	3.52	15.2	12	39	13.045	0.1379	0.75
零极点匹配法	1.28	14.7	∞	52	15.256	0.1425	0.5

表 4-6 $T=0.1s$ 时不同离散方法所得离散控制器作用下的系统性能指标

离散化方法	闭环谐振峰值 M_r/dB	闭环带宽 $\omega_b/(rad/s)$	增益裕度 k_g/dB	相位裕度 $\gamma/(\degree)$	超调量 $\sigma\%/\%$	上升时间 t_r/s	调节时间 t_s/s
前向差分变换法	4.62	13.8	10.2	35	37.448	0.1454	1.1
后向差分变换法	5.84	15.7	7.32	31	44.207	0.1363	1
双线性变换法	4.78	14.8	11.8	34	39.933	0.1399	1.3
阶跃响应不变法	6.86	14.7	6.73	38	48.183	0.1418	1.3
零极点匹配法	1.46	16.7	∞	50	—	—	—

以上闭环仿真结果表明,当采样周期 $T=0.005s$ 时,采样角频率 $\omega_s=1256rad/s$, $\omega_s \gg \omega_b$,除阶跃响应不变法外,各种离散化方法所得的控制器其闭环系统的性能与连续系统基本一致。

当采样周期 T 增大至 $0.05s$ 时,采样角频率 $\omega_s=125.6rad/s$,$\omega_s \approx 9.5\omega_b$,各种离散化方法的性能均下降较大,阶跃响应不变法所得系统的频率特性下降最大,零极点匹配法所得的离散系统除超调量略大于性能要求外,其余性能指标均满足要求。但是,其他方法得到的离散系统,性能指标均不满足要求。

当采样周期 T 增大至 $0.1s$ 时,采样角频率 $\omega_s=62.8rad/s$,$\omega_s \approx 4.7\omega_b$,各种离散化方法的性能均大幅下降,所得的离散系统,均不满足性能要求。

以上仿真和经验表明,当采样周期 T 取值很小时,各种离散化方法均能取得良好的近似度,但都无法获得和连续控制器 $D(s)$ 完全相同的特性,闭环系统的性能均有所下降。随着采样周期 T 的增大,各离散方法的性能迅速下降,甚至导致系统不稳定。因此,在应用中需要综合比较各种离散化方法的仿真结果,选取效果最适合的离散化方法。

4.4 本章小结

本章主要介绍了计算控制系统中数字控制器的间接设计方法,即连续域-离散化设计方法,主要包括前向差分变换法、后向差分变换法、双线性变换法、频率预畸变双线性变换法、脉冲响应不变法、阶跃响应不变法以及零极点匹配法七种常用方法。这几种方法各有特点,但相比来说,双线性变换具有一些优良的特性,在工程中应用较为广泛。在学习中,应该深刻理解各种方法的变换方法及其主要特性,尤其是对系统稳定性和频率响应特性的影响。

间接设计方法是一种近似设计方法,其目的是用一个离散的系统去近似连续系统,其核心问题是如何将连续域设计所得到的模拟控制器 $D(s)$ 近似变换为离散域控制器 $D(z)$。可近似设计的条件是采样频率足够高,即采样周期足够小。

理论分析和仿真结果表明,尽管所有离散化方法得到的 $D(z)$ 都无法取得和连续控制器 $D(s)$ 完全相同的特性,但是,当采样频率相对系统截止频率或最高频率取得较高(4~10 倍或以上)时,通常各种离散化方法都可以取得较好的近似度。因此,在设计数字控制器时应该综合比较各种方法的数字仿真结果,选取效果最佳的一种方法。通常情况下,双线性变换法、频率预畸变双线性变换法和零极点匹配法具有较好的特性,可以取得比较满意的结果,在设计时优先选用。

习题

1. 离散控制器能够近似模拟控制器的条件是什么?

2. 模拟控制器的离散化方法有哪些?各种方法的主要特征是什么?

3. 设模拟控制器的传递函数 $D(s) = \dfrac{1}{s^2 + 4s + 5}$,采样周期 $T = 1s$,分别采用前向差分法和后向差分法将其离散化,画出 s 域和 z 域极点的位置并分析稳定性。

4. 用双线性变换法求下列模拟控制器 $D(s)$ 的等效数字控制器 $D(z)$,采样周期 T 为 $0.1s$、$1s$,采用双线性变换法离散,利用计算机仿真,分析采样周期对控制器性能的影响。

(1) $D(s) = \dfrac{5(s+1)}{s}$ (2) $D(s) = \dfrac{1}{s(s+2)}$ (3) $D(s) = \dfrac{3s+2}{s+1}$

5. 设模拟控制器的传递函数 $D(s) = \dfrac{1}{s+5}$,采样周期 $T = 0.1s$,采用频率预畸变双线性变换法将其离散化,使变换前后在 $\omega = 4\text{rad/s}$ 的频率特性保持不变。

6. 已知采样周期 $T = \dfrac{\pi}{18}\text{s}$,用脉冲响应不变法计算模拟控制器 $D(s) = \dfrac{3}{s^2 + 6s + 18}$ 的等效数字控制器 $D(z)$。

7. 用阶跃响应不变法求下列模拟控制器 $D(s)$ 的等效数字控制器 $D(z)$,采样周期 $T = 1s$。

(1) $D(s)=\dfrac{2}{s+1}$　　　(2) $D(s)=\dfrac{3s+1}{(s+1)^2}$　　　(3) $D(s)=\dfrac{s}{s^2+4s+8}$

8. 设模拟控制器传递函数 $D(s)=\dfrac{s+13}{s^2+4s+13}$,采样周期 $T=1\text{s}$,用零极点匹配法将其离散化,并按低通特性匹配增益。

9. 在直播职业足球比赛时常用一种悬挂在空中的新型可遥控摄像系统,摄像机可以在运动场上方上下移动,控制摄像机移动的滑轮上的电动机控制系统如图所示,其中,模拟控制器 $D(s)=\dfrac{a+s}{s}$,$G_\text{h}(s)$ 为零阶保持器的传递函数,$G_0(s)=\dfrac{1}{s}$,采样周期 $T=1\text{s}$。

(1) 用后向差分法将 $D(s)$ 离散化,要求系统稳定,求 a 的范围。

(2) 用双线性变换法将 $D(s)$ 离散化,要求系统稳定,求 a 的范围。

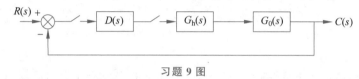

习题 9 图

10. 设超前校正网络 $D(s)=\dfrac{5(s+1)}{s+5}$,采样周期 $T=0.1\text{s}$。

(1) 用双线性变换法求其脉冲传递函数 $D(z)$。

(2) 分别画出 $D(s)$、$D(z)$ 的波特图,比较两者的频率特性。

11. 设模拟控制器的传递函数 $D(s)=\dfrac{1}{s+4}$,采样周期 $T=0.5\text{s}$。

(1) 用双线性变换法求其脉冲传递函数 $D_1(z)$。

(2) 指定在频率 $\omega_1=4$ 处频率特性保持不变,用频率预畸变双线性变换法求其脉冲传递函数 $D_2(z)$(按低通特性)。

(3) 当 $\omega=4\text{rad/s}$ 时,计算 $D(s)$、$D_1(z)$、$D_2(z)$ 的幅值与相位。

12. 造纸机以适当的速度在滤布上沉淀适量的纤维悬浮物(纤维浆),然后经过脱水、轧平、干燥等工序,制造出成品纸张。在造纸过程中控制纸张的厚度尤为关键,决定着是否能制造出高质量的纸张。某造纸机控制系统如图所示,其中,被控对象 $G(s)=\dfrac{1}{s(s+10)}$,控制器 $D(s)=\dfrac{0.35(s+0.06)}{s+0.004}$,利用 MATLAB 解决以下问题:

(1) 用双线性变换法将 $D(s)$ 离散为 $D(z)$。

(2) 分别计算采样周期 T 为 0.1s、1s、2s 时的系统单位阶跃响应,计算超调量和调节时间。

习题 12 图

（3）说明间接设计与采样周期 T 的关系。

13. 近年来,研究人员研发了一种名为有线遥控驾驶系统的新型飞行控制系统,如图所示。在此系统中,一些特定的部件由机械连接方式改为电子连接方式,便于用计算机来监视、控制和协调飞行的各种动作。针对如图所示的有线遥控驾驶系统的翼面飞机控制系统,已知采样周期 $T=0.01\text{s}$,要求利用间接设计方法设计数字控制器 $D(z)$,使其满足以下性能:

（1）超调量 $\sigma\% \leqslant 15\%$。

（2）调节时间 $t_s < 1\text{s}$。

（3）上升时间 $t_r < 0.1\text{s}$。

习题 13 图

14. 恒温加热水杯通过控制加热功率使水杯里的水恒定在设定温度,让用户随时随地都能喝到温度适宜的水,提高了生活质量。该水温控制系统如图所示,采样周期 $T=0.1\text{s}$,试利用间接设计方法设计控制器 $D(z)$,使得:

（1）超调量 $\sigma\% \leqslant 15\%$。

（2）调节时间 $t_s < 1\text{s}$。

（3）上升时间 $t_r < 0.3\text{s}$。

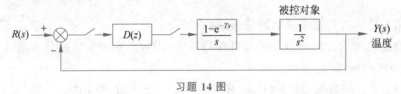

习题 14 图

第 **5** 章

数字**PID**控制器的设计方法

PID 控制是指按偏差的比例(Proportional)、积分(Integral)和微分(Differential)的线性组合构成的反馈控制律,是技术最成熟的控制规律,具有原理简单、直观易懂、鲁棒性强、易于工程实现、适用面广等优点。PID 控制产生于 20 世纪 20 年代,是最早发展起来的控制策略。1922 年,Nicolas Minorsky 第一次提出了 PID 控制律,指出控制作用应由误差、误差的积分和误差的导数这三项组成。经过深入的理论研究和广泛的应用实践,PID 控制取得了巨大的成功,积累了丰富的经验。特别是在工业过程控制中,由于被控对象的结构和参数不能完全掌握,系统参数又经常发生变化,无法建立精确的数学模型,运用控制理论方法进行综合,成本很高且无法取得预期的效果。但是,采用 PID 控制,经在线调整,往往能够得到满意的控制效果,因此 PID 控制一直是工程控制中应用最广泛的一类基本控制律,目前仍有 90%以上的控制回路具有 PID 结构。

在早期的控制系统中,PID 控制也是最主要的自动控制方式。伴随着计算机技术的发展,现代控制理论在实用性方面获得了很大进展,解决了许多经典控制理论无法解决的问题。这一现象使很多人认为,新的控制理论和技术可以取代 PID 控制。但后来的发展说明,PID 控制仍然是在工程控制中应用最为广泛的一种控制方法。

自 20 世纪 70 年代以来,随着计算机技术的飞速发展和应用普及,由计算机实现的数字 PID 控制逐渐取代模拟 PID 控制。在计算机控制系统中,计算机作为控制器,可以利用程序方便地实现数字 PID 控制律,而且调整方便,能够得到满意的控制效果。实践证明,与连续 PID 控制相比,数字 PID 控制不仅很容易将 PID 控制律数字化,而且可以进一步利用计算机灵活的逻辑处理功能,开发出多种不同形式的、完善的 PID 控制算法,克服了连续 PID 控制中存在的各种问题,使得数字 PID 控制的功能和适用性更强,更能满足工程应用对控制算法的要求。

本章主要介绍基本 PID 控制算法、各种改进的 PID 控制算法以及 PID 控制器的参数整定。

5.1 数字 PID 控制基本算法

数字 PID 控制器源于模拟 PID 控制器,其本质是利用一阶后向差分法将模拟 PID 控制器进行离散。数字 PID 基本算法包括位置式 PID 算法和增量式 PID 算法,下面分别介绍这两种基本算法。

1. 模拟 PID 与位置式数字 PID 算法

典型的单回路 PID 控制系统如图 5-1 所示。

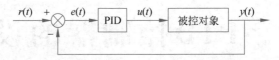

图 5-1 典型的单回路 PID 控制系统

模拟 PID 控制器的输出方程为

$$u(t) = K_p \left[e(t) + \frac{1}{T_i} \int_0^t e(\tau) d\tau + T_d \frac{de(t)}{dt} \right] \tag{5-1}$$

式中，$u(t)$ 为 PID 控制器的输出控制量；$e(t)$ 为 PID 控制器输入的系统偏差量；K_p 为比例系数；T_i 为积分时间常数；T_d 为微分时间常数。

对式(5-1)做拉普拉斯变换，可得模拟 PID 控制器的传递函数为

$$D(s) = \frac{U(s)}{E(s)} = K_p \left(1 + \frac{1}{T_i s} + T_d s \right) = K_p + K_i \frac{1}{s} + K_d s \tag{5-2}$$

式中，$K_i = K_p/T_i$ 为积分系数；$K_d = K_p T_d$ 为微分系数。

由式(5-1)和式(5-2)可知，PID 控制就是用系统偏差量 $e(t)$ 的比例、积分、微分的线性组合构成控制量 $u(t)$。PID 控制器中三项控制作用的物理意义如下：

(1) 比例控制。比例控制能够按比例迅速反应系统的偏差，系统一旦出现了偏差，比例控制立即产生控制作用，减少偏差。

(2) 积分控制。积分控制能够消除系统稳态误差，提高无差度。只要系统存在偏差，积分控制项的输出控制量就会不断增大，直至偏差消除为零时，积分作用停止，积分控制项的输出量才会保持不变，为一常值。

(3) 微分控制。微分控制能够反应系统偏差的变化率，具有预见性，能预见偏差变化的趋势，在偏差尚未形成之前，产生超前的控制作用，阻止偏差的变化。此外，微分控制反应的是变化率，当输入没有变化时，微分控制的输出控制量为零。因此，微分控制不能单独使用，需要与另外两种控制规律相结合，组成 PD 或 PID 控制器。

综合以上三种控制作用的物理意义可以看出，PID 控制算法蕴含了动态控制过程中的过去(积分控制)、现在(比例控制)和将来(微分控制)的信息。在工程应用时，合理选择三项控制作用，构成所需的控制律，可以使动态过程快速、平稳、准确，取得良好的控制效果。

由于式(5-1)包含理想微分 $\frac{de(t)}{dt}$，用模拟控制器难以实现，所以称为"理想"PID 控制器。在数字控制中可以利用差分数值来近似理想微分。选取第 4 章所讲的任一离散方法，就可以将理想模拟 PID 控制器 $D(s)$ 离散化为相应的数字 PID 控制器 $D(z)$。采用一阶后向差分变换法对模拟控制器 $D(s)$，即对式(5-2)进行离散化，可得数字控制器为

$$D(z) = \frac{U(z)}{E(z)} = D(s) \Big|_{s = \frac{1-z^{-1}}{T}} = K_p + K_i \frac{1}{1 - z^{-1}} + K_d (1 - z^{-1}) \tag{5-3}$$

式中，T 为采样周期；$K_i = K_p \dfrac{T}{T_i}$ 为积分系数；$K_d = K_p \dfrac{T_d}{T}$ 为微分系数。

对式(5-3)进行 z 反变换，可得差分方程形式的理想数字 PID 位置式控制输出为

$$u(k) = K_p e(k) + K_i \sum_{i=0}^{k} e(i) + K_d [e(k) - e(k-1)] \tag{5-4}$$

也可以采用后向差分近似代替微分进行推导，令

$$\begin{cases} u(t) \approx u(kT) \\ e(t) \approx e(kT) \\ \displaystyle\int_0^t e(t)\mathrm{d}t \approx T \sum_{i=1}^{k} e(iT) \\ \dfrac{\mathrm{d}e(t)}{\mathrm{d}t} \approx \dfrac{e(kT) - e[(k-1)T]}{T} \end{cases} \tag{5-5}$$

省略采样周期 T，记 kT 为 k，将式(5-5)中的各项代入式(5-1)中，同样可得位置式 PID 算法式(5-4)，请读者自行推导。

通常情况下，计算机控制器的输出量 $u(k)$ 直接控制执行机构，如在流量调节系统中 $u(k)$ 的值与控制阀门的开度一一对应，所以式(5-4)称为位置式 PID 算法。

2. 增量式数字 PID 算法

位置式 PID 算法中包含数字积分项 $\sum_{i=0}^{k} e(i)$，需要存储过去全部偏差量，累加运算编程计算量较大，使用不太方便。在工程应用中，为了简化运算，通常将该式改为递推算法。由式(5-4)可以得到 $(k-1)T$ 时刻的 PID 输出表达式为

$$u(k-1) = K_p e(k-1) + K_i \sum_{i=0}^{k-1} e(i) + K_d [e(k-1) - e(k-2)] \tag{5-6}$$

用式(5-4)减去式(5-6)，可得

$$\begin{aligned} \Delta u(k) &= u(k) - u(k-1) \\ &= K_p [e(k) - e(k-1)] + K_i e(k) + K_d [e(k) - 2e(k-1) + e(k-2)] \end{aligned} \tag{5-7}$$

式(5-7)即为增量式数字 PID 控制算法，简称增量式 PID 算法。在该算法中，计算机仅输出控制量的增量 $\Delta u(k)$，对应于执行机构(如阀门、步进电动机等)的位置调节增量，即 k 时刻相对于 $k-1$ 时刻的改变量。增量式 PID 算法比位置式 PID 算法应用更广泛，主要原因是增量式 PID 算法具有以下优点：

(1) 增量式 PID 算法更安全。一旦计算机出现故障，使控制信号为零时，执行机构(如阀门、步进电动机等)的位置(如阀门的开度、步进电动机的驱动脉冲)仍能保持前一时刻的位置 $u(k-1)$，因而对系统不会带来较大的扰动。

(2) 增量式 PID 算法在计算时不需要进行累加，仅需最近几次误差的采样值。从式(5-7)可以看出，控制量的增量计算相对简单，通常采用平移法将历史数据 $e(k-1)$ 和 $e(k-2)$ 保存起来，即可完成计算。

数字 PID 增量式算法和位置式 PID 算法本质相同,只是形式不同,两者对系统的控制作用完全相同,但是采用增量式 PID 算法系统工作会更安全。

进一步整理式(5-7),可得增量式 PID 算法为

$$\Delta u(k) = K_p[e(k) - e(k-1)] + K_i e(k) + K_d[e(k) - 2e(k-1) + e(k-2)]$$
$$= (K_p + K_i + K_d)e(k) - (K_p + 2K_d)e(k-1) + K_d e(k-2)$$
$$= K_p[Ae(k) - Be(k-1) + Ce(k-2)] \tag{5-8}$$

式中

$$A = \frac{K_p + K_i + K_d}{K_p}, \quad B = \frac{K_p + 2K_d}{K_p}, \quad C = \frac{K_d}{K_p}$$

可以看出,增量式 PID 算法的实质是根据三个时刻的误差采样值进行适当加权计算,求得控制器输出增量 $\Delta u(k)$。通过调整加权系数 A、B、C 的值,就可以获得不同的控制性能。

在实际工程应用中,究竟选用位置式数字 PID 算法还是增量式数字 PID 算法,取决于执行机构的控制特性和接口形式。对于具有积分特性(累加功能)的执行机构,如步进电动机、液压阀门等,应该采用增量式数字 PID 算法;若执行机构无积分特性,则应采用位置式数字 PID 算法。

3. 位置式数字 PID 递推算法

利用增量式 PID 算法 $\Delta u(k) = u(k) - u(k-1)$ 可以获得位置式数字 PID 算法的递推算式:

$$u(k) = u(k-1) + \Delta u(k)$$
$$= u(k-1) + K_p[e(k) - e(k-1)] + K_i e(k) +$$
$$K_d[e(k) - 2e(k-1) + e(k-2)] \tag{5-9}$$

为了便于计算,将式(5-9)展开,合并同类项,可得

$$u(k) = u(k-1) + K_0 e(k) + K_1 e(k-1) + K_2 e(k-2) \tag{5-10}$$

式中

$$K_0 = K_p + K_i + K_d, \quad K_1 = -(K_p + 2K_d), \quad K_2 = K_d$$

式(5-10)只表示了各次误差量对控制输出值的影响,但已经无法看出是 PID 表达式,也看不出比例、积分、微分作用的直接关系了。在计算过程中,选择合适的 K_p、K_i 和 K_d,存储最近的 3 个误差采样值 $e(k)$、$e(k-1)$ 和 $e(k-2)$,就可以求得控制器输出值 $u(k)$ 的值。

在工程应用中为了确保数字 PID 控制算法的实时性,可以进一步将式(5-10)写成如下实现形式:

$$\begin{cases} u(k) = K_0 e(k) + A(k-1) \\ A(k-1) = u(k-1) + K_1 e(k-1) + K_2 e(k-2) \end{cases} \tag{5-11}$$

这样的算式需要的存储量和计算量都很小,计算机运算过程中的延时最短,计算流程如图 5-2 所示。实际上,由于简单实用,式(5-11)才是位置式 PID 算法的常用形式。

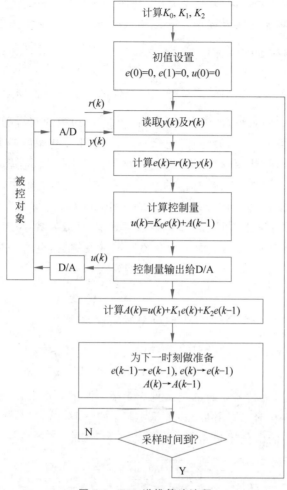

图 5-2　PID 递推算法流程

5.2　数字 PID 控制的改进算法

　　数字 PID 控制基本算法是由连续 PID 控制算法演变而来的,应用非常广泛。长期以来,为了解决各种实际问题,人们对数字 PID 控制算法的研究不断深化,特别是随着计算机技术的发展,人们在 PID 基本算法的基础上做了许多改进或完善,形成了各种改进型的数字 PID 控制算法,实现了生产过程的更有效控制。实践证明,采用数字 PID 控制器的改进算法后,计算机控制系统的控制效果往往优于连续控制系统。本节介绍几种常用的数字 PID 控制算法改进措施。

5.2.1　数字 PID 控制的微分改进算法

　　在理想 PID 控制中,理想微分控制项$\dfrac{de(t)}{dt}$对于幅度变化快的强扰动反应非常灵敏,但执行机构一般具有低通特性,其带宽有限,动作速度相对较慢,无法及时响应微分控制作用,使得理想微分控制无法发挥抑制扰动来改善系统动态性能的作用,从而导致理想 PID 控制的实际控制效果并不理想。另外,$\dfrac{\mathrm{d}e(t)}{\mathrm{d}t}=\dfrac{\mathrm{d}r(t)}{\mathrm{d}t}-\dfrac{\mathrm{d}y(t)}{\mathrm{d}t}$,通常情况下,系统调节结束后,$\dfrac{\mathrm{d}r(t)}{\mathrm{d}t}$的变化不大,但受测量噪声以及外部冲击扰动等因素的影响,$\dfrac{\mathrm{d}y(t)}{\mathrm{d}t}$的值经常会很大,但持续时间很短,即微分控制对偏差量 $e(t)$ 中的测量噪声以及外部扰动非常敏感。也就是说,偏差量 $e(t)$ 经过理想微分后,会产生变化幅度较大的噪声输出,降低了控制器输出的信噪比,从而影响了系统的控制性能,同时控制器输出值的高频分量会引起机械系统的抖振,增加了执行机构的磨损。在实际工程应用中,为了解决理想微分存在的上述不足,通常在理想微分环节甚至整个 PID 控制器前面串接一个低通滤波环节,构成实际 PID 控制算法,相应的数字控制算法称为实际数字 PID 控制算法。实际 PID 控制算法通常有三种形式,下面分别介绍这三种控制器,选取一阶后向差分法,将模拟控制器离散为数字控制器,推导出数字控制器算法。

1. 不完全微分的数字 PID 控制算法

不完全微分 PID 控制的模拟控制器传递函数为

$$D(s)=\frac{U(s)}{E(s)}=K_{\mathrm{p}}\left(1+\frac{1}{T_{\mathrm{i}}s}+\frac{T_{\mathrm{d}}}{1+\dfrac{T_{\mathrm{d}}}{K_{\mathrm{d}}}s}s\right) \tag{5-12}$$

式中,K_{d} 为微分增益,其他各系数的定义见 5.1 节,控制器如图 5-3 所示。可以看出,实际 PID 控制被分成两个环节的并联,一个是实际 PI 控制环节,另一个是串接一阶低通滤波器(一阶惯性环节)的微分控制环节。

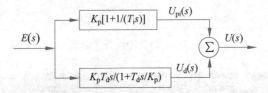

图 5-3 不完全微分的实际 PID 控制器结构框图

实际 PI 控制环节

$$D_{\mathrm{pi}}(s)=\frac{U_{\mathrm{pi}}(s)}{E(s)}=K_{\mathrm{p}}\left(1+\frac{1}{T_{\mathrm{i}}s}\right)$$

根据式(5-5)给出的近似,可得其输出为

$$u_{\mathrm{pi}}(k)=K_{\mathrm{p}}e(k)+\frac{K_{\mathrm{p}}T}{T_{\mathrm{i}}}\sum_{j=0}^{k}e(j) \tag{5-13}$$

进而可得

$$u_{\mathrm{pi}}(k-1)=K_{\mathrm{p}}e(k-1)+\frac{K_{\mathrm{p}}T}{T_{\mathrm{i}}}\sum_{j=0}^{k-1}e(j) \tag{5-14}$$

用式(5-13)减去式(5-14),可得实际 PI 控制环节的输出增量为

$$\Delta u_{\text{pi}}(k) = K_{\text{p}}\left(1 + \frac{T}{T_{\text{i}}}\right)e(k) - K_{\text{p}}\dot{e}(k-1) \tag{5-15}$$

串接一阶低通滤波器的微分控制环节

$$D_{\text{d}}(s) = \frac{K_{\text{p}}T_{\text{d}}s}{1 + \dfrac{T_{\text{d}}}{K_{\text{d}}}s}$$

根据式(5-5)给出的近似,可得其输出为

$$u_{\text{d}}(k) = \frac{T_{\text{d}}}{T_{\text{d}} + K_{\text{d}}T}\{u_{\text{d}}(k-1) + K_{\text{p}}K_{\text{d}}[e(k) - e(k-1)]\} \tag{5-16}$$

进而可得

$$u_{\text{d}}(k-1) = \frac{T_{\text{d}}}{T_{\text{d}} + K_{\text{d}}T}\{u_{\text{d}}(k-2) + K_{\text{p}}K_{\text{d}}[e(k-1) - e(k-2)]\} \tag{5-17}$$

用式(5-16)减去式(5-17),可得串接一阶低通滤波器的微分控制环节的输出增量为

$$\Delta u_{\text{d}}(k) = \frac{T_{\text{d}}}{T_{\text{d}} + K_{\text{d}}T}\{\Delta u_{\text{d}}(k-1) + K_{\text{p}}K_{\text{d}}[e(k) - 2e(k-1) + e(k-2)]\} \tag{5-18}$$

实际 PID 控制的总控制输出增量为

$$\Delta u(k) = \Delta u_{\text{pi}}(k) + \Delta u_{\text{d}}(k) \tag{5-19}$$

实际 PID 控制的总控制输出递推公式为

$$u(k) = u(k-1) + \Delta u(k) \tag{5-20}$$

在这种实际 PID 控制中,串接在微分控制环节后的一阶低通滤波环节的作用是抑制高频噪声,降低理想微分控制项对于偏差变化的响应速度,从而使微分控制环节适应执行机构的动作速度。当 $e(t)$ 发生阶跃突变时,完全微分控制仅在 $e(t)$ 突变的一个周期内起作用,而不完全微分的控制作用按指数规律逐渐衰减到零,可以延续多个周期,且第一个周期的微分作用减弱,如图 5-4 所示。从式(5-12)可以看出,K_{d} 增大,滤波作用减弱,微分作用增强;K_{d} 减小,滤波作用增强,微分作用减弱。在工程应用中,调节 K_{d} 可以得到不同的控制效果。

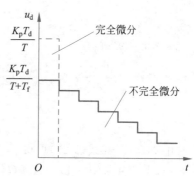

图 5-4　不完全微分 PID 控制的作用

2. 微分先行的数字 PID 控制算法

在给定值频繁且大幅变化的场合,微分项常会引起执行机构剧烈动作,导致系统超调量过大甚至发生振荡。为了适应这种给定值频繁变化的应用,需要对 PID 控制器进行改进,从而出现了微分先行的 PID 控制器,具体结构有两种,如图 5-5 所示。注意,图中系数 $\alpha < 1$。

在图 5-5(a)中,对给定值和输出量均有微分作用,称为偏差微分先行。这种微分先

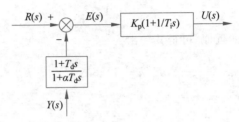

(a) 偏差微分先行

(b) 输出微分先行

图 5-5 微分先行的 PID 控制算法

行的 PID 控制通常应用于串级控制的副控制回路。下面推导位置式控制算法的输出 $u(k)$：

$$U(s) = K_p(1 + 1/(T_i s)) \frac{1 + T_d s}{1 + \alpha T_d s} E(s) \tag{5-21}$$

整理上式，可得

$$U(s)(T_i s + \alpha T_i T_d s^2) = K_p E(s)[1 + (T_i + T_d)s + T_i T_d s^2] \tag{5-22}$$

根据(5-5)中的

$$\frac{\mathrm{d}e(t)}{\mathrm{d}t} \approx \frac{e(k) - e(k-1)}{T}$$

进一步计算可得

$$\frac{\mathrm{d}^2 e(t)}{\mathrm{d}t^2} \approx \frac{1}{T}\left(\frac{e(k) - e(k-1)}{T} - \frac{e(k-1) - e(k-2)}{T}\right)$$

$$= \frac{e(k) - 2e(k-1) + e(k-2)}{T^2} \tag{5-23}$$

由式(5-22)和式(5-23)可得

$$u(k) = A_1 u(k-1) + A_2 u(k-2) + B_1 e(k) + B_2 e(k-1) + B_3 e(k-2) \tag{5-24}$$

式中

$$A_1 = 1 + \frac{\alpha T_i T_d}{T_i T + \alpha T_i T_d}, \quad A_2 = -\frac{\alpha T_i T_d}{T_i T + \alpha T_i T_d}$$

$$B_1 = K_p \frac{T^2 + T(T_i + T_d) + T_i T_d}{T_i T + \alpha T_i T_d}, \quad B_2 = -K_p \frac{T(T_i + T_d) + 2T_i T_d}{T_i T + \alpha T_i T_d},$$

$$B_3 = K_p \frac{T_i T_d}{T_i T + \alpha T_i T_d}$$

增量式的控制算法由读者自行完成。

在图 5-5(b)中，只对输出量微分，而对给定信号不起微分作用，称为输出微分先行。

在这种算法中,微分部分只与连续几个控制周期的输出值有关,而与给定值无关,给定值的阶跃变化不会造成高频的干扰。这种微分先行的 PID 控制适合给定信号频繁升降的场合,可以避免给定信号的大幅改变而导致的超调过大。这种算法的推导不再赘述,感兴趣的读者可以自己尝试。

3. 带低通滤波器的数字 PID 控制算法

带滤波器 PID 控制的模拟控制器传递函数为

$$D(s) = \frac{U(s)}{E(s)} = \frac{K_p}{1 + \frac{T_d}{K_d}s}\Big(1 + \frac{1}{T_i s} + T_d s\Big) \tag{5-25}$$

对比式(5-2)和式(5-25)可以看出,带滤波器的 PID 控制算法就是利用一阶低通滤波器对理想 PID 控制器的整个输出控制量进行滤波,如图 5-6 所示。可以看出,低通滤波器不仅对微分项起作用,而且对比例和积分项起作用。在实际工程应用中噪声和扰动在比例和积分项中也会有所体现,只是在微分项中的负面作用更明显。所以,对理想 PID 控制器的整个输出控制量进行滤波是合理且实用的。另外,可调参数 K_d 的作用与不完全微分的数字 PID 控制算法相同。

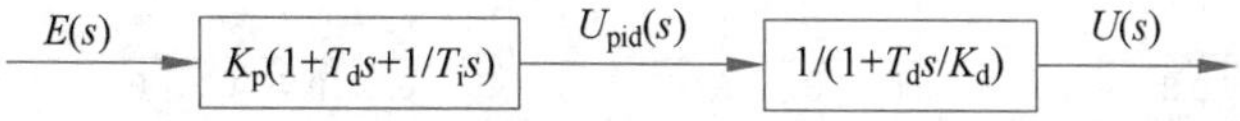

$$E(s) \longrightarrow \boxed{K_p(1+T_d s+1/T_i s)} \xrightarrow{U_{pid}(s)} \boxed{1/(1+T_d s/K_d)} \xrightarrow{U(s)}$$

图 5-6 带滤波器的实际 PID 控制器结构框图

重新整理由式(5-7)表示的理想 PID 控制器输出增量 $\Delta u_{pid}(k)$,可得

$$\Delta u_{pid}(k) = K_p\Big(1 + \frac{1}{T_i} + \frac{T_d}{T}\Big)e(k) - K_p\Big(1 + \frac{2T_d}{T}\Big)e(k-1) + \frac{K_p T_d}{T}e(k-2)$$

$$\tag{5-26}$$

将理想 PID 控制器输出增量 $\Delta u_{pid}(t)$ 看作输入信号,通过传递函数为 $\dfrac{1}{1 + \dfrac{T_d}{K_d}s}$ 的一

阶低通滤波环节,其离散输出信号 $\Delta u(k)$ 计算如下

$$\frac{\Delta u(s)}{\Delta u_{pid}(s)} = \frac{1}{1 + \frac{T_d}{K_d}s} \Rightarrow \Delta u(s)\Big(1 + \frac{T_d}{K_d}s\Big) = \Delta u_{pid}(s)$$

$$\Rightarrow \Delta u(k) + \frac{T_d}{K_d T}\big[\Delta u(k) - \Delta u(k-1)\big] = \Delta u_{pid}(k) \tag{5-27}$$

整理上式,可得带滤波器的 PID 控制器的输出控制增量为

$$\Delta u(k) = \frac{T_d}{T_d + K_d T}\Delta u(k-1) + \frac{K_d T}{T_d + K_d T}\Delta u_{pid}(k) \tag{5-28}$$

带滤波器的 PID 控制器的输出控制量 $u(k)$ 的递推公式为

$$u(k) = u(k-1) + \Delta u(k) \tag{5-29}$$

例 5-1 考虑 4.3 节中的龙门式 XY 型直线电动机速度控制系统,以 X 轴速度控制系统为例,观察不同微分改进算法的效果,设 $T=0.001$s。

解:PID 控制器的设计参见 5.6 节,取 $K_p=40$,$K_i=0.5$,$K_d=1$。分别采用不完全微分法($T_{i1}=100$,$T_{d1}=0.01$)、微分先行法($T_{i2}=100$,$T_{d2}=0.01$)和低通滤波器法($T_{i3}=100$,$T_{d3}=1$,$\alpha=0.5$)改进 PID 控制器中理想微分存在的不足。采用微分改进算法后的系统阶跃响应如图 5-7 所示。可以看出,三种微分改进算法均明显提高了控制系统的动态性能。

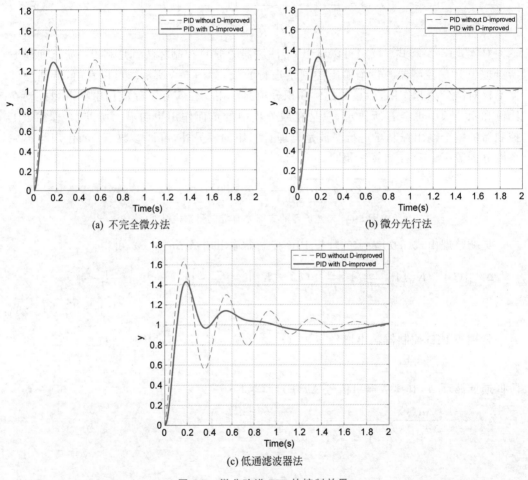

(a) 不完全微分法 (b) 微分先行法

(c) 低通滤波器法

图 5-7 微分改进 PID 的控制效果

5.2.2 数字 PID 控制的积分改进算法

在 PID 控制中,积分控制的作用是消除控制系统的稳态误差(残差),提高系统的稳态精度,然而积分作用会产生负相移,导致闭环系统的稳定裕度变小,系统的动态性能变差。特别地,控制系统突然启动或停止,给定信号大幅度改变时,控制器的输入端会出现较大的偏差(系统的给定值和输出值之间的偏差),不可能在短时间内消除,经过 PID 算法中积分项的累积后,控制器输出量 $u(k)$ 有可能快速增大(或减小),甚至使执行机构达到了机械或物理特性所能达到的极限(如阀门全开或全关)。但是,系统的偏差仍未消除,因而积分作用控制量继续增大(或减小),此时执行机构已经处于极限位置而无相应动作,从而导致被控量出现长时间的波动,这种现象通常称为积分饱和。当发生积分饱和时,控制系统处于一种非线性状态,无法根据控制器输入偏差的变化按预期控制规律来调节控制量。由于积分项非常大,一般要经过相当长的时间才能减到正常值,因此系统会产生严重的超调和响应延迟。在实际工程应用中这种现象是不能容忍的,必须加以改进。解决积分饱和现象的关键是限制积分,使积分累积值不要过大,既可以发挥积分作用消除系统稳态误差的功能,又能避免积分作用对系统动态性能的不利影响。采用数字 PID 控制的积分改进算法,计算机控制系统不仅在性能方面远优于连续控制系统,而且适用性更强。下面介绍几种常用的积分饱和改进措施。

1. 积分分离的 PID 算法

积分分离法的基本思想是:当系统偏差 $e(k)$ 大于规定的阈值时,取消积分作用,只用 PD 控制,避免积分作用使系统的稳定性降低,超调量增大;等到被控量接近给定值,$e(k)$ 小于规定阈值时,才引入积分作用,采用 PID 控制,以便消除静差,提高控制精度。因此,积分分离的 PID 控制算法又称 PD-PID 控制算法,如图 5-8 所示。

积分分离的 PID 控制算法为

$$u(k) = K_p e(k) + \alpha K_i \sum_{j=0}^{k} e(j) + K_d [e(k) - e(k-1)] \tag{5-30}$$

式中

$$\alpha = \begin{cases} 0, & |e(k)| > \varepsilon \\ 1, & |e(k)| \leqslant \varepsilon \end{cases}$$

ε 为积分分离阈值。

积分分离的 PID 控制算法流程如图 5-9 所示。

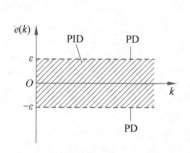

图 5-8　积分分离的 PID 控制算法

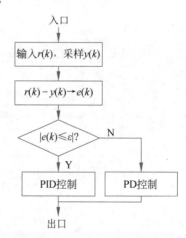

图 5-9　积分分离的 PID 控制算法流程

积分分离法的偏差阈值 ε 是控制算法中的一个可调参数,需要根据被控对象特性及控制要求来确定,既不能过大也不能过小。若 ε 过大,则达不到积分分离的目的;若 ε 过小,则系统由 PD 控制,系统偏差 $e(k)$ 有可能无法进入积分区,始终无法启动积分作用,导致系统出现较大的残差。

2. 变速积分的 PID 算法

在积分分离的 PID 控制算法中,当系统偏差 $e(k)$ 增大至阈值 ε 时,积分项前面的系数 $\alpha=0$,积分不再起作用;当 $e(k)$ 减小至阈值 ε 设定的误差带时,积分项累加系统偏差 $e(k)$,积分项前面的系数 $\alpha=1$。在实际工程应用中 α 是突变的,使得控制器的输出值也发生了突变,造成了执行机构的较大波动,加大了机械系统的磨损。变速积分的基本思想是:根据系统偏差 $e(k)$ 来实时改变积分项的累加速度,本质上就是改进的积分分离法。$e(k)$ 越大,累加速度越慢,积分作用越弱;反之,积分作用越强。在变速积分的 PID 控制算法中,α 的变化不仅是缓慢的,而且是连续的,对积分项施加线性控制。因此,变速积分的 PID 控制算法比积分分离的 PID 控制算法性能更优。

变速积分的 PID 控制算法为

$$u(k) = K_p e(k) + \alpha K_i \sum_{j=0}^{k} e(j) + K_d [e(k) - e(k-1)] \tag{5-31}$$

式中

$$\alpha = \begin{cases} 0, & |e(k)| > \varepsilon_2 \\ [\varepsilon_2 - e(k)]/(\varepsilon_2 - \varepsilon_1), & \varepsilon_1 \leqslant |e(k)| \leqslant \varepsilon_2 \\ 1, & |e(k)| < \varepsilon_1 \end{cases}$$

ε_1 和 ε_2 分别为积分分离的下限和上限阈值。变速积分的 PID 控制算法流程如图 5-10 所示。

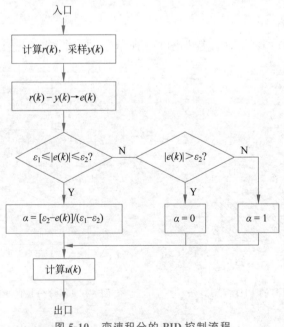

图 5-10　变速积分的 PID 控制流程

3. 遇限削弱积分法

遇限削弱积分法的基本思想是：当控制输出量 $u(k)$ 进入饱和区后，只执行削弱积分项的累加运算，停止使积分项增加的累加运算。因此，在计算 $u(k)$ 时，先判断 $u(k-1)$ 是否超过阈值。若 $u(k-1)$ 已经超过某个方向的输出阈值时，积分只累加反方向的 $e(k)$ 值。

遇限削弱积分法的算法如下：

(1) 若 $u(k-1) \geqslant u_{\max}$ 且 $e(k) \geqslant 0$，则不进行积分累加。

(2) 若 $u(k-1) \geqslant u_{\max}$ 且 $e(k) < 0$，则进行积分累加。

(3) 若 $u(k-1) \leqslant u_{\min}$ 且 $e(k) \leqslant 0$，则不进行积分累加。

(4) 若 $u(k-1) \leqslant u_{\min}$ 且 $e(k) > 0$，则进行积分累加。

对比遇限削弱积分法和积分分离法可以看出，尽管两者都是通过停止积分作用实现的，但停止积分累加的条件完全不同。积分分离法取消或引入积分作用的条件是系统的输入偏差 $e(k)$，而遇限削弱积分法取消或引入积分作用的条件是控制输出量 $u(k-1)$。因此，遇限削弱积分法能够有效避免控制输出量 $u(k)$ 长时间滞留在饱和区内。遇限削弱积分法的控制流程如图 5-11 所示。

4. 饱和停止积分法

饱和停止积分法的基本思想是：当控制器输出量 $u(k)$ 输出未达到饱和时，积分作用正常累加；当控制作用达到饱和时，停止积分作用。

饱和停止积分法的算法如下：

(1) 若 $|u(k-1)| \geqslant u_{\max}$，则停止积分累加。

(2) 若 $|u(k-1)| < u_{\max}$，则进行积分累加。

饱和停止积分法的优点是简单易行，但相比遇限削弱积分法，不太容易使系统退出饱和。饱和停止积分法的控制流程如图 5-12 所示。

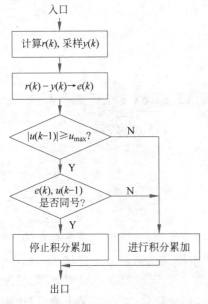

图 5-11　遇限削弱积分的 PID 控制流程

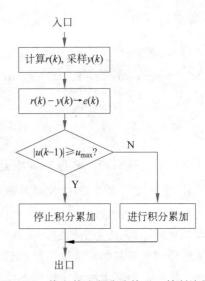

图 5-12　饱和停止积分法的 PID 控制流程

例 5-2　考虑 4.3 节中的龙门式 XY 型直线电动机速度控制系统,以 X 轴速度控制系统为例,观察不同积分改进算法的效果,设 $T=0.001\mathrm{s}$。

解:PID 控制器的设计参见 5.6 节,取 $K_p=40$,$K_i=0.5$,$K_d=1$。分别采用积分分离法($\varepsilon=0.2$)、变速积分法($\varepsilon_1=0.1$,$\varepsilon_2=0.2$)、遇限削弱法($u_{max}=1.2$,$u_{min}=0.8$)和饱和停止法($u_{max}=1.2$)改进 PID 控制器中的积分饱和问题。用积分改进算法后的系统阶跃响应如图 5-13 所示。可以看出,四种积分改进算法都明显改善了系统的动态性能,减小了超调量,缩短了调节时间。

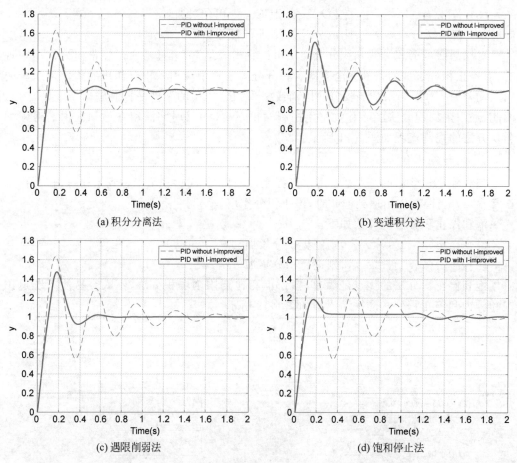

(a) 积分分离法　　　　　　　　　　(b) 变速积分法

(c) 遇限削弱法　　　　　　　　　　(d) 饱和停止法

图 5-13　积分改进 PID 的控制效果

5.2.3　数字 PID 控制的其他改进算法

1. 带死区的数字 PID 控制算法

在计算机控制系统中,由于系统特性和计算精度等问题,系统偏差总是存在的,使得系统频繁动作,无法完全稳定。在系统设计时,有时希望系统的调节不要过于频繁,从而消除频繁调整引起的系统输出量持续波动。例如,在工艺流程控制系统中,控制系统的目标是使产品的某个性能达到预先设计的指标要求,即被控量(产品的某个参数)达到工艺要求的精度,系统偏差 $e(k)$ 小于要求的预期值即可,而不是达到无限小,甚至为零,否则会付出很大的代价。一方面,频繁的动作使得执行机构持续抖动,加速了机械系统的磨损;另一方面,在复杂的工艺控制过程中有多个控制系统并存,互相协调工作,各个被控量之间可能存在耦合关系,过分追求某个指标的最优,可能会影响其他指标,因此一个控制系统的性能应该"适可而止",达到设定目标即可。

引入死区主要是为了消除稳定点附近的波动,带死区的数字 PID 控制算法结构如图 5-14 所示,相应的算法如下:

(1) 若 $|e(k)| > \varepsilon$,则 $e_1(k) = e(k)$。

(2) 若 $|e(k)| \leq \varepsilon$,则 $e_1(k) = 0$。

式中,ε 为死区设置值,可根据具体被控制过程特性决定。需要说明的是,死区的大小对系统的影响是不同的。若死区 ε 太小,则可能达不到预期的效果;若死区 ε 太大,则可能对系统的正常变化造成严重滞后;若死区 $\varepsilon = 0$,则为常规 PID 控制。因此,需要根据具体的被控对象和性能要求来设定死区的大小。

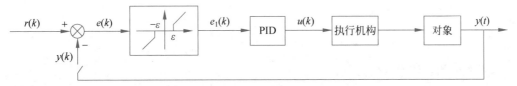

图 5-14　带死区的数字 PID 控制系统

带死区的数字 PID 控制流程如图 5-15 所示。

2. 带前馈补偿的 PID 控制算法

PID 控制比较适用于以阶跃响应性能为主要考查指标的调节系统,如速度、温度、电压或位置等参量保持恒定或在给定范围之内缓慢变化的控制过程。但对于设定值持续快速变化的随动系统,除了考查系统的阶跃响应性能外,还需要考查系统对速度、加速度输入信号的跟踪性能。引入积分环节可以提高系统的类型,从而提高闭环系统的无差度,但是积分环节导致系统的稳定性变差,因此很难同时解决跟踪精度和系统稳定性之间的矛盾。另外,反馈控制是按照系统的跟踪偏差 $e(k)$ 进行控制的,当系统输出与输入有偏差时,反馈控制器才能朝着减小系统偏差的方向进行控制,因此这种反馈控制方式在时间上存在一定的滞后。在普通的调节系统中使用反馈控制器可以达到系统的精度要求,但对于高精度的随动控制系统,仅使用反馈控制器控制可能无法满足系统的高精度要求。为了解决以上问题,可以引入前馈补偿控制,构成既利用系统偏差

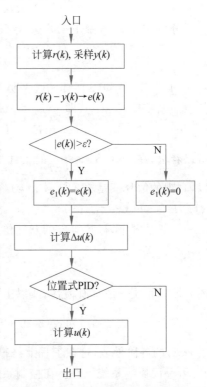

图 5-15　带死区的数字 PID 控制流程

$e(k)$进行闭环控制,又利用系统输入 $r(k)$ 进行开环控制的复合控制系统,如图 5-16 所示。

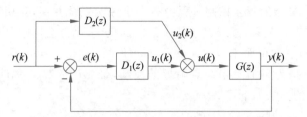

图 5-16　带前馈补偿的数字控制系统结构图

由图 5-16 可得

$$U(z) = E(z)D_1(z) + R(z)D_2(z) \tag{5-32}$$

$$Y(z) = G(z)U(z) = G(z)[E(z)D_1(z) + R(z)D_2(z)] \tag{5-33}$$

$$E(z) = R(z) - G(z)[E(z)D_1(z) + R(z)D_2(z)] \tag{5-34}$$

系统的误差传递函数为

$$\Phi_e(z) = \frac{E(z)}{R(z)} = \frac{1 - D_2(z)G(z)}{1 + D_1(z)G(z)} \tag{5-35}$$

系统的闭环传递函数为

$$\Phi(z) = \frac{Y(z)}{R(z)} = \frac{[D_1(z) + D_2(z)]G(z)}{1 + D_1(z)G(z)} \tag{5-36}$$

分析式(5-35),令 $1 - D_2(z)G(z) = 0$,可得

$$D_2(z) = \frac{1}{G(z)} \tag{5-37}$$

此时,$\Phi_e(z) = 0, \Phi(z) = 1$。这表明,若不考虑系统初始条件,则系统输出 $y(k)$ 时刻复现任意的系统输入 $r(k)$,即 $y(k) \equiv r(k)$。进一步,由式(5-33)可得

$$Y(z) = E(z)D_1(z)G(z) + R(z)D_2(z)G(z) \tag{5-38}$$

可以看出,在 $D_2(z) = \dfrac{1}{G(z)}$ 的条件下,要使 $Y(z) = R(z)$,则 $E(z)D_1(z)G(z) = 0$。所以,直观的解释就是输入信号 $r(k)$ 经由 $D_2(z)G(z)$ 到达系统输出端 $y(k)$,即 $Y(z) = R(z)D_2(z)G(z) = R(z)$。

一般情况下,被控对象的开环传递函数为

$$G(z) = \frac{b_0 z^m + b_1 z^{m-1} + \cdots + b_{m-1}z + b_m}{a_0 z^n + a_1 z^{n-1} + \cdots + a_{n-1}z + a_n} \tag{5-39}$$

因为控制系统一般都有惯性,所以上式中 $m < n$。

综合分析式(5-37)和式(5-39)可以看出,为了实现 $D_2(z) = \dfrac{1}{G(z)}$,就需要求取输入量 $r(k)$ 的各阶导数,这在工程上是很难实现的。另外,微分阶次越高,对输入噪声干扰越敏感,反而影响系统工作。在控制系统建模时,所建立的被控对象模型 $G(z)$ 和实际系统越接近,得到的前馈补偿控制器模型越准确,系统的跟踪精度越高。在实际工程应用中,

设计前馈补偿控制 $D_2(z)$ 时,无法满足 $D_2(z) = \dfrac{1}{G(z)}$,只能做到 $D_2(z) \approx \dfrac{1}{G(z)}$。通常仅取输入信号的一、二阶微分,正好可以补偿等速和等加速度偏差。

在图 5-16 中,令 $D_2(z) = 0$,即不考虑前馈补偿,则系统的闭环传递函数为

$$\Phi(z) = \frac{Y(z)}{R(z)} = \frac{D_1(z)G(z)}{1 + D_1(z)G(z)} \tag{5-40}$$

对比式(5-36)和式(5-40)可以看出,加入前馈补偿后,系统闭环传递函数中的特征多项式 $1 + D_1(z)G(z)$ 没有变化,也就是说,前馈补偿不会影响原有系统的稳定性。因此,前馈补偿在一定程度上可以解决系统精度和稳定性之间的矛盾。若前馈补偿运用得当,则可以使被控变量不会因系统给定信号变化而产生偏差,相比反馈控制,前馈控制能更加及时地施加控制作用,并且不受系统滞后的影响。

在实际运算中,对输入信号 $r(k)$ 取一阶、二阶微分,就可以得到前馈信号,即

$$u_2(k) = K_v[r(k) - r(k-1)] + K_a[r(k) - 2r(k-1) + r(k-2)] \tag{5-41}$$

式中,K_v 和 K_a 分别为速度补偿系数和加速度补偿系数。

因此,带前馈补偿的位置式 PID 算法如下:

$$u(k) = u_1(k) + u_2(k)$$

$$= K_p e(k) + K_i \sum_{i=0}^{k} e(i) + K_d[e(k) - e(k-1)] +$$

$$K_v[r(k) - r(k-1)] + K_a[r(k) - 2r(k-1) + r(k-2)] \tag{5-42}$$

5.3 Smith 预估补偿数字 PID 控制器

在工业过程(如热工、化工)控制中,物料和能量的传输存在延时,使得许多被控对象具有延迟特性(纯滞后),传递函数为 $G(s) = G_0(s)e^{-\tau s}$。以图 5-17 所示的带钢冷连轧厚度控制系统为例,图中 h_r 为出口厚度参考值,h 为出口厚度实际值,Δh 为出口厚度差,ΔS 为辊缝调节量。带钢从轧机运行到射线式测厚仪需要较长的时间,即存在纯滞后时间 τ。

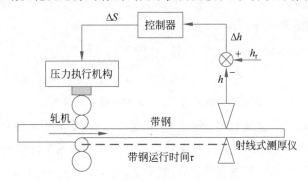

图 5-17　带钢冷连轧厚度控制系统原理图

一般认为,当难控度 $\tau/T_0 > 0.3$ 时(T_0 为对象的主导时间常数),则该过程是具有大滞后或大延迟的过程。实践证明,当难控度 $\tau/T_0 > 0.5$ 时,常规的 PID 控制很难获得较

满意的控制性能,甚至产生振荡。分析其原因,简单来说由于被控对象中的延迟环节 $e^{-\tau s}$ 产生负相移 $\varphi(\omega) = -\tau\omega$,且与频率 ω 成正比,而其幅频特性与频率无关,幅值恒为 1,这使得控制回路的稳定裕度下降。为了保证控制回路稳定且有一定的裕度,控制器只能取很小的比例系数以及很大的积分时间常数。然而,这样的系统其控制性能必然很差,动态偏差很大,调节过程缓慢,抑制扰动的能力很弱。因此,纯滞后对象称为"难以控制的单元"。长期以来,人们对纯滞后对象的控制做了大量的研究,代表性的方法有 Smith 预估补偿控制和大林算法。本章结合 PID 控制,介绍 Smith 预估补偿控制方法,大林算法将在第 6 章中讲解。

5.3.1 Smith 预估补偿控制方法

Smith 预估补偿控制方法是美国学者 O. J. M. Smith 于 1957 年提出的,是一种针对纯滞后被控对象,建立在模型基础上的补偿控制策略。尽管 Smith 预估补偿控制的设计思想非常清晰,但由于模拟仪表无法实现这种补偿,因而在提出后一直处于理论研究阶段,无法应用于实际模拟控制系统。随着计算机控制技术的发展,现在人们可以利用计算机程序方便地实现纯滞后补偿控制,取得良好的控制效果。

在图 5-18 所示的单回路反馈控制系统中,$D(s)$ 为模拟控制器的传递函数,$G(s) = G_0(s)e^{-\tau s}$ 为被控对象的传递函数,$G_0(s)$ 为被控对象中不包含纯滞后部分的传递函数,$e^{-\tau s}$ 为被控对象纯滞后部分的传递函数。

系统的闭环传递函数为

$$\Phi(s) = \frac{D(s)G_0(s)e^{-\tau s}}{1 + D(s)G_0(s)e^{-\tau s}} \tag{5-43}$$

系统的特征方程为

$$1 + D(s)G_0(s)e^{-\tau s} = 0 \tag{5-44}$$

从系统的特征方程可以看出,系统难以稳定的根本原因是系统闭环特征方程含有纯滞后环节 $e^{-\tau s}$。显然,$e^{-\tau s}$ 使系统的稳定性下降,尤其当 τ 比较大时,系统就会不稳定。因此,常规的控制规律 $D(s)$ 很难使闭环系统获得满意的控制性能。解决这一问题的思想是消去特征方程中的纯滞后环节。

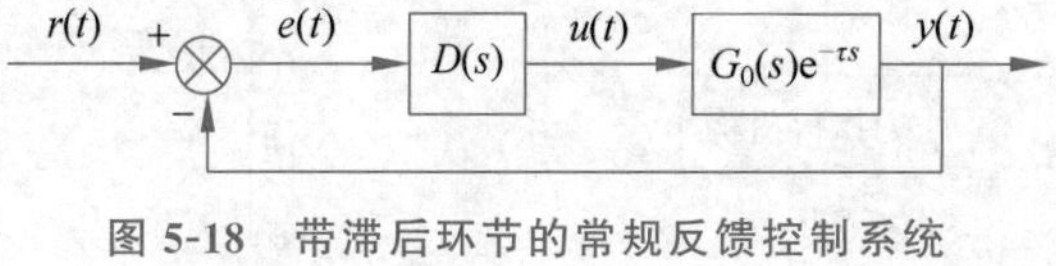

图 5-18 带滞后环节的常规反馈控制系统

从图 5-18 可以看出,系统特征方程含有纯滞后环节,是因为系统的反馈通道中含有纯滞后环节。为了分析方便,将被控对象 $G_0(s)e^{-\tau s}$ 分解为两个环节的串联,即 $G_0(s)$ 和 $e^{-\tau s}$,如图 5-19 所示。若反馈通道不包含纯滞后环节,即将 $y_0(t)$ 反馈到输入端,则系统的稳定性将得到根本改善,这就是 Smith 期望的反馈回路配置。显然,这个方案是行不通的。这给我们一个启发:如果能引入一个与对象并联的被控对象模型 $\hat{G}_0(s)e^{-\hat{\tau}s}$,使得 $\hat{G}_0(s) = G_0(s)$,$\hat{\tau} = \tau$,将控制输出 $u(t)$ 加到这个模型上,并用模型 $\hat{G}_0(s)$ 的输出信号

$y'_\text{m}(t)$ 来代替虚拟信号 $y_0(t)$ 反馈到输入端，就可以得到与期望反馈配置相同的控制效果，从而改善控制系统的性能。这就是 Smith 预估控制的初步方案，如图 5-20 所示。

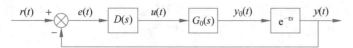

图 5-19　串联滞后环节的反馈控制系统

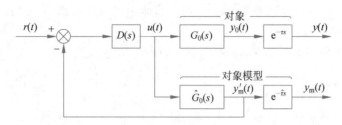

图 5-20　Smith 预估补偿控制初步方案

如果有负载扰动或被控对象模型不准确，Smith 预估控制的初步方案就难以获得理想的控制效果。负载扰动或模型不准确所产生的偏差 $y_\text{e}(t)=y(t)-y_\text{m}(t)$，为了补偿该偏差，将 $y_\text{e}(t)$ 作为第二个反馈信号。这就是完整的 Smith 预估补偿控制方案，如图 5-21 所示。

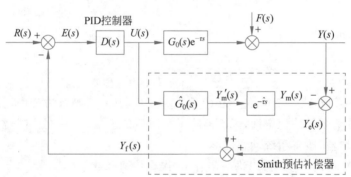

图 5-21　Smith 预估补偿 PID 控制系统

从图 5-21 可以看出，Smith 预估补偿控制方案是在系统中引入一个补偿环节 $G_\tau(s)$

$$G_\tau(s)=\hat{G}_0(s)(1-\mathrm{e}^{-\hat{\tau}s}) \tag{5-45}$$

来补偿延迟环节 $\mathrm{e}^{-\tau s}$ 的影响。该补偿环节称为 Smith 预估补偿控制器。由图可以看出，若补偿器中的模型精确，即

$$\hat{G}_0(s)\mathrm{e}^{-\hat{\tau}s}=G_0(s)\mathrm{e}^{-\tau s}$$

则被控对象输出 $Y(s)$ 与模型输出 $Y_\text{m}(s)$ 之差为

$$Y_\text{e}(s)=Y(s)-Y_\text{m}(s)=F(s)+[G_0(s)\mathrm{e}^{-\tau s}-\hat{G}_0(s)\mathrm{e}^{-\hat{\tau}s}]U(s)=F(s) \tag{5-46}$$

即等于外界扰动量，而与控制量 $U(s)$ 无关。这表明，控制量 $U(s)$ 不能通过被控对象 $G_0(s)\mathrm{e}^{-\tau s}$ 由 $Y_\text{e}(s)$ 通路构成反馈回路，而只能通过模型 $\hat{G}_0(s)$ 和控制器 $D(s)$ 构成反馈回路，被控对象 $G_0(s)\mathrm{e}^{-\tau s}$ 处于反馈回路外面。拉普拉斯变换的位移定理说明，被控对

象的延迟特性 $e^{-\tau s}$ 只起到延迟的作用,将控制作用在时间轴上推迟了一段时间 τ,而外界扰动 $F(s)$ 仍然可以经由 $Y_e(s)$ 通路作用到控制回路上,由控制回路加以抑制,控制系统的过渡过程和其他性能指标都与被控对象特性为 $G_0(s)$(无纯滞后)时完全相同。由于通过补偿器获得的系统反馈信号 $Y_f(s) = Y'_m(s) + Y_e(s) = Y'_m(s) + F(s)$,其中 $Y'_m(s)$ 相当于在输入为 $E(s)$、控制器为 $D(s)$、被控对象为 $\hat{G}_0(s)e^{-\hat{\tau}s}$ 的开环系统中串上一个传递函数为 $e^{\hat{\tau}s}$ 的环节,也就是系统输出 $Y(s)$ 在未来 τ 时间的预测估计值 $\hat{y}(t+\tau)$,故而称该补偿器为预估补偿器。

由图 5-21 可得系统输出 $Y(s)$ 对于输入 $R(s)$ 的传递函数为

$$\Phi(s) = \frac{Y(s)}{R(s)} = \frac{D(s)G_0(s)e^{-\tau s}}{1 + D(s)\hat{G}_0(s) + D(s)[G_0(s)e^{-\tau s} - \hat{G}_0(s)e^{-\hat{\tau}s}]} \tag{5-47}$$

系统的特征方程为

$$1 + D(s)\hat{G}_0(s) + D(s)[G_0(s)e^{-\tau s} - \hat{G}_0(s)e^{-\hat{\tau}s}] = 0 \tag{5-48}$$

若模型设计精确,即 $\hat{G}_0(s) = G_0(s)$,$\hat{\tau} = \tau$,则系统的特征方程可写为

$$1 + D(s)\hat{G}_0(s) = 0 \tag{5-49}$$

或

$$1 + D(s)G_0(s) = 0 \tag{5-50}$$

同时,式(5-47)可写为

$$\Phi(s) = \frac{Y(s)}{R(s)} = \frac{D(s)G_0(s)}{1 + D(s)\hat{G}_0(s)}e^{-\tau s} \tag{5-51}$$

比较式(5-44)和式(5-50),经 Smith 预估补偿后,从系统特征方程中消除了纯滞后环节,它将不会影响系统的稳定性,因而消除了纯滞后的影响,于是在控制器设计时可以使用较大的开环增益,改善系统动态性能。

从式(5-49)式(5-51)可以进一步看出,误差传递函数

$$\Phi_e(s) = \frac{E(s)}{R(s)} = \frac{1}{1 + D(s)\hat{G}_0(s)}$$

中不含 $e^{-\tau s}$,这再次表明延迟特性不会影响控制回路的动态特性。因此,PID 控制器的参数只需要按照被控对象中 $G_0(s)$ 的特性进行整定,而不必考虑 $e^{-\tau s}$ 的影响。

5.3.2 Smith 预估补偿数字 PID 控制器设计

Smith 预估补偿数字 PID 控制策略用计算机实现非常方便。为了便于计算,将图 5-21 等效变换成图 5-22。

用计算机实现的 Smith 预估补偿控制系统如图 5-23 所示。可以看出,Smith 预估补偿的数字 PID 控制器由两部分组成:一部分是由 $D(s)$ 离散化得到的数字 PID 控制器 $D(z)$;另一部分是 Smith 预估补偿器。如果数字 PID 的控制算法是已知的,控制器设计的核心问题就是 Smith 预估补偿器的数字算法。

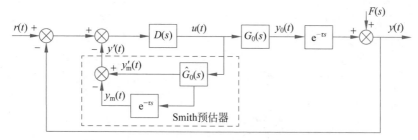

图 5-22　等效的 Smith 预估补偿控制系统

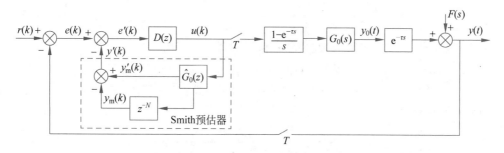

图 5-23　数字 Smith 预估补偿 PID 控制系统

1. Smith 预估补偿器的计算机实现

数字 Smith 预估补偿器是由模拟 Smith 预估补偿器通过等效离散化获得的,下面针对几种常见的对象,给出模拟 Smith 预估补偿算法,并求解相应的纯滞后数字补偿控制器。

(1) 设对象特性为

$$G(s) = \frac{K e^{-\tau s}}{1 + T_1 s} \tag{5-52}$$

式中,τ 为对象的纯滞后时间; T_1 为对象的惯性时间常数。

Smith 预估补偿器的传递函数为

$$D_\tau(s) = \frac{K}{1 + T_1 s}(1 - e^{-\hat{\tau} s}) \tag{5-53}$$

Smith 预估补偿器 $D_\tau(s)$ 的结构如图 5-24 所示。

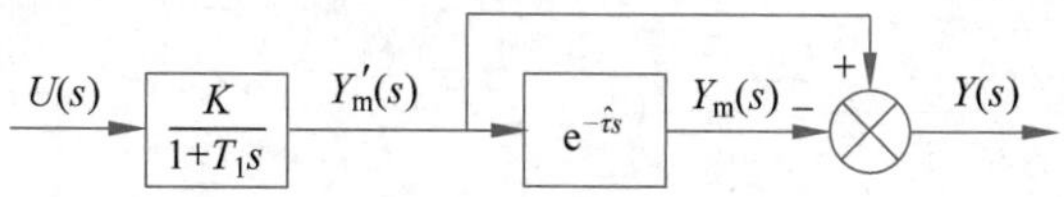

$$
U(s) \longrightarrow \boxed{\frac{K}{1+T_1 s}} \xrightarrow{Y'_m(s)} \boxed{e^{-\hat{\tau} s}} \xrightarrow{Y_m(s)} \otimes \xrightarrow{Y(s)}
$$

图 5-24　Smith 预估补偿器(一)

为了由计算机实现纯滞后补偿,利用阶跃响应不变法对 $D_\tau(s)$ 离散化(也可以利用第 4 章介绍的其他工程离散化方法),可得

$$D_\tau(z) = \mathcal{Z}[D_\tau(s)] = \mathcal{Z}\left[\frac{1 - e^{-Ts}}{s} \frac{K}{1 + T_1 s}(1 - e^{-\hat{\tau} s})\right] = (1 - z^{-N})\left[\frac{b_1 z^{-1}}{1 - a_1 z^{-1}}\right] \tag{5-54}$$

式中，$a_1 = e^{-T/T_1}$；$b_1 = K(1 - e^{-T/T_1})$；$N \approx \hat{\tau}/T = \tau/T$，取整数。

利用式(5-54)就可以在计算机上实现差分方程。由图5-24可得

$$D_\tau(z) = \frac{Y'(z)}{U(z)} = \frac{Y'(z)}{Y'_m(z)} \frac{Y'_m(z)}{U(z)} = (1 - z^{-N}) \left[\frac{b_1 z^{-1}}{1 - a_1 z^{-1}} \right]$$

为了便于计算机编程实现，令

$$\frac{Y'(z)}{Y'_m(z)} = 1 - z^{-N} \tag{5-55}$$

$$\frac{Y'_m(z)}{U(z)} = \frac{b_1 z^{-1}}{1 - a_1 z^{-1}} \tag{5-56}$$

由式(5-55)和式(5-56)可得Smith预估补偿器的差分方程为

$$y'_m(k) = a_1 y'_m(k-1) + b_1 u(k-1) \tag{5-57}$$

$$y'(k) = y'_m(k) - y'_m(k-N) \tag{5-58}$$

（2）设对象特性为

$$G(s) = \frac{K e^{-\tau s}}{(1 + T_1 s)(1 + T_2 s)} \tag{5-59}$$

式中，T_1 和 T_2 为对象的惯性时间常数。

Smith预估补偿器的传递函数为

$$D_\tau(s) = \frac{K}{(1 + T_1 s)(1 + T_2 s)}(1 - e^{-\hat{\tau} s}) \tag{5-60}$$

Smith预估补偿器 $D_\tau(s)$ 的结构如图5-25所示。

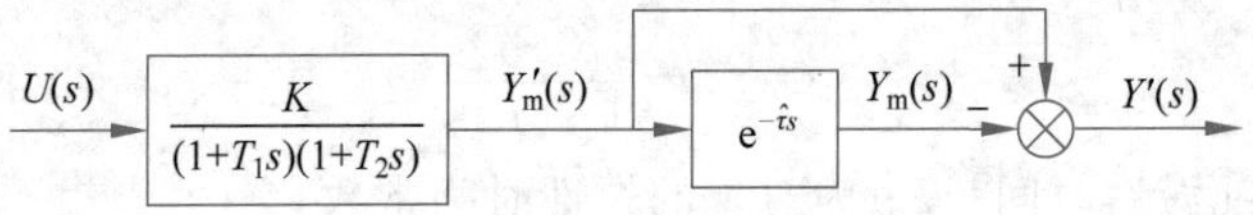

图 5-25　Smith预估补偿器（二）

利用阶跃响应不变法对 $D_\tau(s)$ 离散化，可得

$$D_\tau(z) = \mathcal{Z}[D_\tau(s)] = \mathcal{Z}\left[\frac{1 - e^{-Ts}}{s} \frac{K}{(1 + T_1 s)(1 + T_2 s)}(1 - e^{-\hat{\tau} s}) \right]$$

$$= \frac{b_1 z^{-1} + b_2 z^{-2}}{1 - a_1 z^{-1} - a_2 z^{-2}}(1 - z^{-N}) \tag{5-61}$$

式中，$a_1 = e^{-T/T_1} + e^{-T/T_2}$；$a_2 = e^{-(T/T_1 + T/T_2)}$；$b_1 = \dfrac{K}{T_2 - T_1}[T_1(e^{-T/T_1} - 1) - T_2(e^{-T/T_2} - 1)]$；$b_2 = \dfrac{K}{T_2 - T_1}[T_2 e^{-T/T_1}(e^{-T/T_2} - 1) - T_1 e^{-T/T_2}(e^{-T/T_1} - 1)]$；$N \approx \hat{\tau}/T = \tau/T$，取整数。

由图5-25可得

$$D_\tau(z) = \frac{Y'(z)}{U(z)} = \frac{Y'(z)}{Y'_m(z)} \frac{Y'_m(z)}{U(z)} = (1 - z^{-N}) \left[\frac{b_1 z^{-1} + b_2 z^{-2}}{1 - a_1 z^{-1} - a_2 z^{-2}} \right]$$

令

$$\frac{Y'(z)}{Y'_{\mathrm{m}}(z)} = 1 - z^{-N} \tag{5-62}$$

$$\frac{Y'_{\mathrm{m}}(z)}{U(z)} = \frac{b_1 z^{-1} + b_2 z^{-2}}{1 - a_1 z^{-1} - a_2 z^{-2}} \tag{5-63}$$

由式(5-62)和式(5-63)可得 Smith 预估补偿器的差分方程为

$$y'_{\mathrm{m}}(k) = a_1 y'_{\mathrm{m}}(k-1) + a_2 y'_{\mathrm{m}}(k-2) + b_1 u(k-1) + b_2 u(k-2) \tag{5-64}$$

$$y'(k) = y'_{\mathrm{m}}(k) - y'_{\mathrm{m}}(k-N) \tag{5-65}$$

（3）设对象特性为

$$G(s) = \frac{K \mathrm{e}^{-\tau s}}{T_1 s} \tag{5-66}$$

Smith 预估补偿器的传递函数为

$$D_\tau(s) = \frac{K}{T_1 s}(1 - \mathrm{e}^{-\hat{\tau} s}) \tag{5-67}$$

Smith 预估补偿器 $D_\tau(s)$ 的结构如图 5-24 所示。

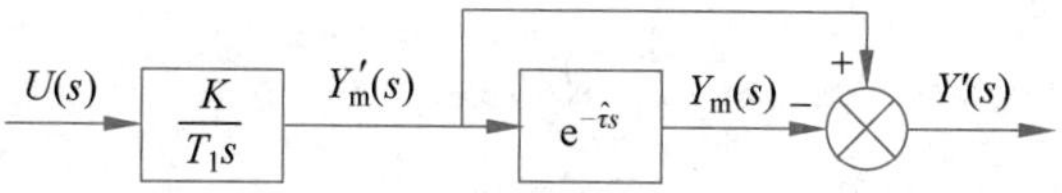

图 5-26　Smith 预估补偿器（三）

利用阶跃响应不变法对 $D_\tau(s)$ 离散化，可得

$$D_\tau(z) = \mathcal{Z}[D_\tau(s)] = \mathcal{Z}\left[\frac{1 - \mathrm{e}^{-Ts}}{s} \frac{K}{T_1 s}(1 - \mathrm{e}^{-\hat{\tau} s})\right] = \frac{b_1 z^{-1}}{1 - z^{-1}}(1 - z^{-N}) \tag{5-68}$$

式中，$b_1 = KT/T_1$；$N \approx \hat{\tau}/T = \tau/T$，取整数。

利用式(5-68)，由图 5-26 可得

$$D_\tau(z) = \frac{Y'(z)}{U(z)} = \frac{Y'(z)}{Y'_{\mathrm{m}}(z)} \frac{Y'_{\mathrm{m}}(z)}{U(z)} = (1 - z^{-N}) \frac{b_1 z^{-1}}{1 - z^{-1}}$$

令

$$\frac{Y'(z)}{Y'_{\mathrm{m}}(z)} = 1 - z^{-N} \tag{5-69}$$

$$\frac{Y'_{\mathrm{m}}(z)}{U(z)} = \frac{b_1 z^{-1}}{1 - z^{-1}} \tag{5-70}$$

由式(5-69)和式(5-70)可得 Smith 预估补偿器的差分方程为

$$y'_{\mathrm{m}}(k) = y'_{\mathrm{m}}(k-1) + b_1 u(k-1) \tag{5-71}$$

$$y'(k) = y'_{\mathrm{m}}(k) - y'_{\mathrm{m}}(k-N) \tag{5-72}$$

（4）设对象特性为

$$G(s) = \frac{K \mathrm{e}^{-\tau s}}{s(1 + T_1 s)} \tag{5-73}$$

式中，T_1 为对象的惯性时间常数。

Smith 预估补偿器的传递函数为

$$D_\tau(s) = \frac{K}{s(1+T_1 s)}(1 - e^{-\hat{\tau}s}) \qquad (5\text{-}74)$$

Smith 预估补偿器 $D_\tau(s)$ 的结构如图 5-27 所示。

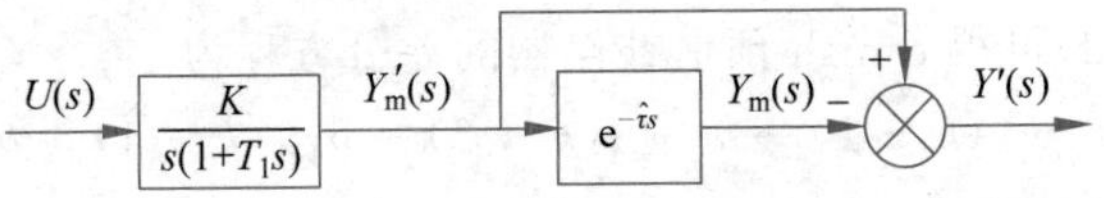

图 5-27　Smith 预估补偿器（四）

利用阶跃响应不变法对 $D_\tau(s)$ 离散化，可得

$$D_\tau(z) = \mathcal{Z}[D_\tau(s)] = \mathcal{Z}\left[\frac{1 - e^{-Ts}}{s}\frac{K}{s(1+T_1 s)}(1 - e^{-\hat{\tau}s})\right]$$

$$= \frac{b_1 z^{-1} + b_2 z^{-2}}{1 - a_1 z^{-1} - a_2 z^{-2}}(1 - z^{-N}) \qquad (5\text{-}75)$$

式中，$a_1 = 1 + e^{-T/T_1}$；$a_2 = e^{-(T/T_1)}$；$b_1 = K(T - T_1 + T_1 e^{-T/T_1})$；$b_2 = K(T_1 - Te^{-T/T_1} - T_1 e^{-T/T_1})$；$N \approx \hat{\tau}/T = \tau/T$，取整数。

由图 5-27 可得

$$D_\tau(z) = \frac{Y'(z)}{U(z)} = \frac{Y'(z)}{Y'_m(z)}\frac{Y'_m(z)}{U(z)} = (1 - z^{-N})\left[\frac{b_1 z^{-1} + b_2 z^{-2}}{1 - a_1 z^{-1} - a_2 z^{-2}}\right]$$

令

$$\frac{Y'(z)}{Y'_m(z)} = 1 - z^{-N} \qquad (5\text{-}76)$$

$$\frac{Y'_m(z)}{U(z)} = \frac{b_1 z^{-1} + b_2 z^{-2}}{1 - a_1 z^{-1} - a_2 z^{-2}} \qquad (5\text{-}77)$$

由式(5-76)和式(5-77)可得 Smith 预估补偿器的差分方程为

$$y'_m(k) = a_1 y'_m(k-1) + a_2 y'_m(k-2) + b_1 u(k-1) + b_2 u(k-2) \qquad (5\text{-}78)$$

$$y'(k) = y'_m(k) - y'_m(k-N) \qquad (5\text{-}79)$$

2. 纯滞后信号的产生

从上述分析可以看出，纯滞后补偿器的差分方程都包含 $y'_m(k-N)$ 项，也就是存在滞后 NT 的信号，因而产生纯滞后信号对纯滞后补偿控制是至关重要的。为此，需要在计算机内存中设定 N 个存储单元，用来存放信号 $y'_m(k)$ 的历史数据，如图 5-28 所示。

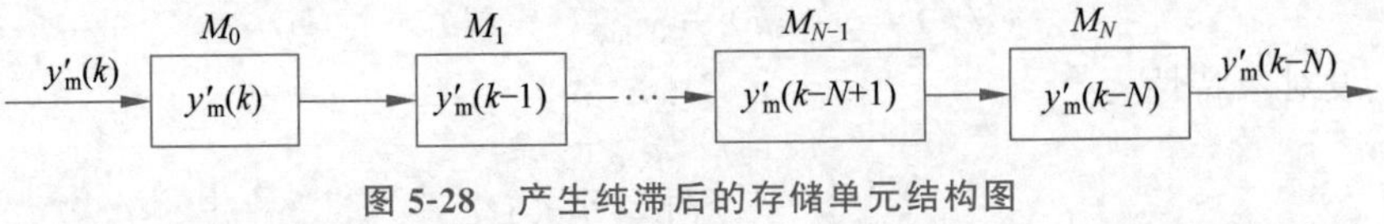

图 5-28　产生纯滞后的存储单元结构图

存储单元数量为

$$N = \tau/T \qquad (5\text{-}80)$$

存储单元 $M_0, M_1, \cdots, M_{N-1}, M_N$ 分别存放 $y'_m(k), y'_m(k-1), \cdots, y'_m(k-N+1)$, $y'_m(k-N)$。每次采样读入前，先将各存储单元的内容移入下一个存储单元。例如，把 M_{N-1} 单元的内容 $y'_m(k-N+1)$ 移入 M_N 单元，成为下一个采样周期内的 $y'_m(k-N)$，以此类推，把 M_0 单元的内容 $y'_m(k)$ 移入 M_1 单元，成为下一个采样周期内的 $y'_m(k-1)$。然后，将当前的采样值 $y'_m(k)$ 存入 M_0 单元。从 M_N 单元输出的值就是滞后 N 个采样周期的 $y'_m(k-N)$ 信号。

3. Smith 预估补偿数字 PID 控制器的设计步骤

从上述的分析可见，Smith 预估补偿的数字 PID 控制器设计包含数字 PID 控制器 $D(z)$ 的设计以及 Smith 预估补偿器 $D_\tau(z)$ 的设计。具体设计步骤如下。

(1) 计算反馈回路的偏差：

$$e(k) = r(k) - y(k) \qquad (5\text{-}81)$$

(2) 计算 Smith 预估补偿器 $D_\tau(z)$ 的输出 $y'(k)$。

根据对象特性 $G(s)$ 求解广义对象的传递函数 $G(z)$，获得 Smith 预估补偿器 $D_\tau(z)$，进而求得 $y'_m(k)$。

(3) 计算数字 PID 控制器的输入偏差：

$$e'(k) = e(k) - y'(k) \qquad (5\text{-}82)$$

(4) 计算数字 PID 的输出 $u(k)$。

利用本章介绍的数字 PID 控制器设计方法设计 PID 控制算法，利用计算机实现数字控制器。

应当指出，Smith 预估补偿 PID 控制的系统性能对所用对象模型的误差比较敏感，特别是对延迟时间的误差 $\tau - \hat{\tau}$ 比较敏感，随着模型误差的增大，系统性能下降。因此，采用这种控制策略需要事先获得尽可能准确的对象模型。

5.3.3 设计实例

例 5-3 被控对象的传递函数为 $G(s) = \dfrac{1}{50s+1} e^{-100s}$，设采样周期 $T = 10\mathrm{s}$，利用 Smith 预估补偿算法设计数字控制器 $D(z)$，完成仿真验证。

解：(1) 求被控对象的广义脉冲传递函数 $G(z)$。被控对象的滞后时间是采样周期的整数倍，可得

$$N = \tau/T = 10$$

被控对象的广义脉冲传递函数为

$$G(z) = \mathcal{Z}\left[\frac{1-e^{-Ts}}{s}\frac{1}{50s+1}e^{-100s}\right] = (1-z^{-1})z^{-10}\,\mathcal{Z}\left[\frac{1}{s(50s+1)}\right]$$

$$= \frac{0.1813z^{-11}}{1-0.8187z^{-1}} = \frac{0.1813}{z^{11}-0.8187z^{10}}$$

（2）计算 Smith 预估补偿器的输出。

$$y'_m(k) = -0.8187y'_m(k-1) + 0.1813u(k-1)$$

$$y_m(k) = -0.8187y_m(k-1) + 0.1813u(k-11)$$

$$y'(k) = y'_m(k) - y_m(k)$$

（3）计算数字 PID 控制器的输入偏差。

$$e(k) = r(k) - y(k)$$

$$e'(k) = e(k) - y'(k)$$

（4）设计数字 PID 控制器。利用试凑法设计数字 PID 控制器为

$$u(k) = 0.5e'(k) + 0.01\sum_{i=0}^{k}e'(i) + 10\dot{e}'(k)$$

（5）仿真分析。基于以上计算结果，利用 MATLAB 进行仿真，无 Smith 预估补偿的 PID 控制系统阶跃响应曲线如图 5-29(a)所示；利用 Smith 预估补偿算法，准确估计系统参数的情况下，基于 PID 控制的系统阶跃响应曲线如图 5-29(b)所示；利用 Smith 预估补偿算法，未能准确估计系统参数，估计参数为系统参数真实值的 1.5 倍和 2 倍的情况下，基于 PID 控制的系统阶跃响应曲线分别如图 5-30(a)和(b)所示。从以上仿真结果可

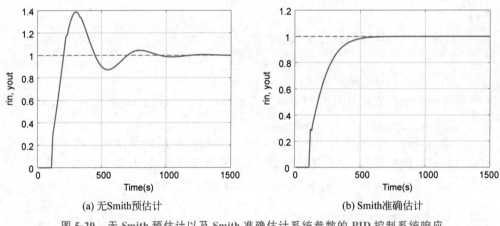

(a) 无Smith预估计　　　　　　　　　　　(b) Smith准确估计

图 5-29　无 Smith 预估计以及 Smith 准确估计系统参数的 PID 控制系统响应

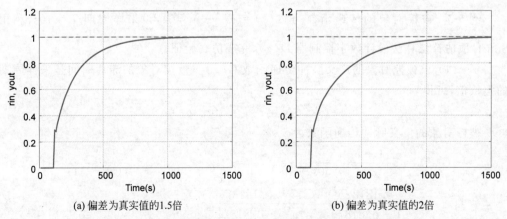

(a) 偏差为真实值的1.5倍　　　　　　　　　(b) 偏差为真实值的2倍

图 5-30　Smith 不准确估计系统参数下的 PID 控制系统响应

以看出,Smith 预估补偿算法能够大幅度提高纯滞后控制系统的动态性能。另外,被控对象模型参数与真实值相差越大,补偿控制效果越差。

以上设计及仿真过程表明,Smith 预估补偿控制方法的前提是必须得到准确的被控对象数学模型,只有这样才能建立精确的预估模型。

5.4 分数阶数字 PID 控制器

分数阶微积分是一个古老而又"新鲜"的概念,早在整数阶微积分创立的初期,就有一些学者开始考虑它的含义,然而,由于缺乏应用背景和计算困难等原因,分数阶微积分理论及应用的研究一直没有得到太多实质性进展。近年来,随着计算机技术的跨越式发展和分数阶微积分理论研究的不断深入,人们发现分数阶微积分特别适合描述具有记忆特性、与历史相关的物理变化过程,而实际系统中具有这样性质或动态特性的对象随处可见。目前,研究人员在控制工程、软物质、反应扩散、流变学等诸多领域开始采用分数阶模型进行描述,并得到了一些特殊性质和更精细化的结果。

分数阶 $PI^\lambda D^\mu$(Fractional Order PID,FOPID)控制器的概念由 Podlubny 于 1999 年提出。FOPID 控制器是传统的整数阶 PID 控制器(Intergal Order PID,IOPID)的广义化形式,IOPID 控制器是 FOPID 控制器的特例。与整数阶微积分相比,分数阶微分和积分过程更柔性、更细腻。由于分数阶微积分的特性,FOPID 控制器具有许多 IOPID 控制器无法达到的优点。此外,FOPID 控制器增加了两个可调参数,其积分阶次 λ 和微分阶次 μ 可以在实数范围内任意配置,使得 FOPID 控制器具有更加灵活的控制结构和非常强的鲁棒性,因而得到了广泛应用。近年来,分数阶控制系统的设计及应用成为控制领域中一个新的研究热点。但是,分数阶微分方程的离散化数值实现比较复杂,对计算能力要求较高。本节介绍 FOPID 数字控制器的基本原理。

5.4.1 分数阶微积分简介

1. 基本函数

分数阶微积分的定义和运算将用到伽马(Gamma)、贝塔(Beta)、米塔格-累夫勒(Mittag-Leffler)等基本函数,这些基本函数是分数阶微分方程的基础。由于这些基本函数都是超越函数,其求解过程比整数阶函数复杂得多。下面简要介绍几种常用的基本函数。

1) Gamma 函数

Gamma 函数是分数阶微积分中最为常用的基本函数之一,是对阶乘概念的拓展,其定义为

$$\Gamma(z) = \int_0^\infty e^{-t} t^{z-1} dt \tag{5-83}$$

式中,Re$(z) > 0$,在复平面右半平面收敛。

Gamma 函数一个基本且常用的性质为

$$\Gamma(z+1) = z\Gamma(z) \tag{5-84}$$

2）Beta 函数

Beta 函数是 Gamma 函数的特殊组合形式,可表示为

$$B(z,\omega) = \int_0^1 \tau^{z-1}(1-\tau)^{(\omega-1)} \, d\tau \qquad (5\text{-}85)$$

式中,$\mathrm{Re}(z) > 0$; $\mathrm{Re}(\omega) > 0$。

在一些情况下,用 Beta 函数比 Gamma 函数表示更加便捷,用拉普拉斯变换可以建立 Beta 函数和 Gamma 函数之间的关系,考虑

$$h_{(z,\omega)}(t) = \int_0^t \tau^{z-1}(1-\tau)^{(\omega-1)} \, d\tau \qquad (5\text{-}86)$$

式中,$\mathrm{Re}(z) > 0$; $\mathrm{Re}(\omega) > 0$。很明显,$h(z,\omega)(1) = B(z,\omega)$。

由于两个函数乘积的拉普拉斯变换等于变换的乘积,可得

$$H_{(z,\omega)}(s) = \mathcal{L}\left[h_{(z,\omega)}(t)\right] = \frac{\Gamma(z)}{s^z}\frac{\Gamma(\omega)}{s^\omega} = \frac{\Gamma(z)\Gamma(\omega)}{s^{z+\omega}} \qquad (5\text{-}87)$$

由拉普拉斯变换的唯一性,令 $t=1$,可得

$$B(z,\omega) = \mathcal{L}^{-1}\left[H_{(z,\omega)}(s)\right] = \left.\frac{\Gamma(z)\Gamma(\omega)}{\Gamma(z+\omega)}t^{z+\omega-1}\right|_{t=1} = \frac{\Gamma(z)\Gamma(\omega)}{\Gamma(z+\omega)} \qquad (5\text{-}88)$$

3）Mittag-Leffler 函数

如同指数函数 e^x 在整数阶微分方程中的作用一样,Mittag-Leffler 函数在分数阶微分方程中起着重要的作用,e^x 可以看作 Mittag-Leffler 函数的特殊情况。根据所含参数的数量不同,Mittag-Leffler 函数可分为单参数、二参数等不同形式。

单参数 Mittag-Leffler 函数的表达式为

$$E_\alpha(z) = \sum_{j=0}^{\infty} \frac{z^j}{\Gamma(\alpha j + 1)} \quad (\alpha > 0) \qquad (5\text{-}89)$$

当 $\alpha = 1$ 时,上式可以表示为

$$E_1(z) = \sum_{j=0}^{\infty} \frac{z^j}{\Gamma(j+1)} = \sum_{j=0}^{\infty} \frac{z^j}{j!} = e^z \qquad (5\text{-}90)$$

双参数 Mittag-Leffler 函数的表达式为

$$E_{\alpha,\beta}(z) = \sum_{j=0}^{\infty} \frac{z^j}{\Gamma(\alpha j + \beta)} \quad (\alpha > 0, \beta > 0) \qquad (5\text{-}91)$$

单参数的 Mittag-Leffler 函数可看作双参数的 Mittag-Leffler 函数的特殊形式,双参数的 Mittag-Leffler 函数可以看作 Mittag-Leffler 函数的一般形式。

Mittag-Leffler 函数的广义形式为

$$E_{\alpha,\beta}^{\gamma}(z) = \frac{1}{\Gamma(\beta)} + \sum_{j=1}^{\infty} \frac{\Gamma(j+\gamma)z^j}{\Gamma(\gamma)\Gamma(\alpha j + \beta)\Gamma(j+1)} \quad (\alpha > 0, \beta > 0) \qquad (5\text{-}92)$$

式中,$\alpha, \beta, \gamma \in \mathbf{C}$; $\mathrm{Re}(\alpha) > 0$。

2. 分数阶微积分定义

目前,比较常用的分数阶微积分有四种定义,具体如下。

1) Cauchy 积分定义

$$D_t^\alpha f(t) = \frac{\Gamma(\alpha+1)}{2\pi\mathrm{j}} \oint_c \frac{f(\tau)}{(\tau-t)^{\alpha+1}} \mathrm{d}\tau \tag{5-93}$$

式中，c 为包围 $f(t)$ 单值与解析开区域的光滑封闭曲线；D_t 为分数阶算子。

2) Grünwald-letnikov(G-L)分数阶微积分定义

$${}_{t_0}\mathrm{D}_t^\alpha f(t) = \lim_{h\to 0} \frac{1}{h^\alpha} \sum_{j=0}^{[(t-t_0)/h]} (-1)^j \binom{\alpha}{j} f(t-jh) \tag{5-94}$$

式中，${}_{t_0}\mathrm{D}_t^\alpha$ 为微分或积分算子，t 为自变量，t_0 为 t 的下边界，α 可以是实数或复数；$w_j^{(\alpha)} = (-1)^j \binom{\alpha}{j}$ 为函数 $(1-z)^\alpha$ 的多项式系数。该函数还可以更简单地由以下递推公式直接求出：

$$w_1^{(\alpha)} = 1, \quad w_j^{(\alpha)} = \left(1 - \frac{\alpha+1}{j}\right)^j w_j^{(\alpha-1)} \quad (j=1,2,\cdots) \tag{5-95}$$

根据该定义可以推导分数阶微分算法为

$${}_{t_0}\mathrm{D}_t^\alpha f(t) \approx \frac{1}{h^\alpha} \sum_{j=0}^{[(t-t_0)/h]} w_j^{(\alpha)} f(t-jh) \tag{5-96}$$

当步长 h 足够小时，则可以直接求出函数数值微分近似值，并可以证明，该公式精度为 $o(h)$。

3) Riemann-Liouville(R-L)分数阶微积分定义

分数阶微分的 R-L 定义为

$${}_{t_0}\mathrm{D}_t^\alpha f(t) = \frac{1}{\Gamma(n-\alpha)} \frac{\mathrm{d}^n}{\mathrm{d}t^n} \int_{t_0}^t \frac{f(\tau)}{(t-\tau)^{(\alpha-n+1)}} \mathrm{d}\tau \quad (n-1<\alpha<n, n\in\mathbf{N}) \tag{5-97}$$

分数阶积分的 R-L 定义为

$${}_{t_0}I_t^\alpha f(t) = \frac{1}{\Gamma(-\alpha)} \frac{\mathrm{d}^n}{\mathrm{d}t^n} \int_{t_0}^t \frac{f(\tau)}{(t-\tau)^{(\alpha+1)}} \mathrm{d}\tau \quad (t>0, \alpha\in\mathbf{R}^+) \tag{5-98}$$

分数阶积分和微分的 R-L 定义可以统一到一个表达式中，即分数阶微积分定义为

$${}_{t_0}\mathrm{D}_t^{\pm\alpha} f(t) = \frac{1}{\Gamma(n-\alpha)} \left(\frac{\mathrm{d}}{\mathrm{d}t}\right)^n \int_{t_0}^t \frac{f(\tau)}{(t-\tau)^{(\alpha-n+1)}} \mathrm{d}\tau \quad (n-1\leqslant\alpha\leqslant n, n\in\mathbf{N}) \tag{5-99}$$

R-L 定义需要被积函数连续且可积。尽管实际工程中一般满足系统函数连续且可积，但由于该定义初值问题与实际物理意义匹配问题尚待解决，故该定义应用受到了一定限制。

4) Caputo 定义

$${}_{t_0}\mathrm{D}_t^\alpha f(t) = \frac{1}{\Gamma(n-\alpha)} \int_{t_0}^t \frac{f^n(\tau)}{(t-\tau)^{(\alpha-n+1)}} \mathrm{d}\tau \quad (n-1\leqslant\alpha\leqslant n, n\in\mathbf{N}) \tag{5-100}$$

Caputo 定义要求函数前 n 阶导数可积。

以上四种定义中，R-L 定义是目前最常用的分数阶微积分定义。对于许多实际函数来说，G-L 定义与 R-L 定义是完全等效的。在一些初始状态下，R-L 定义与 Caputo 定义的输出是相同的。在零初始状态下，进行拉普拉斯变换可得

$$\mathcal{L}\{{}_{t_0}\mathrm{D}_t^{\pm\alpha} f(t)\} = s^{\pm\alpha} F(s) \quad (0<\alpha<1) \tag{5-101}$$

R-L 定义与 Caputo 定义的主要区别是对常数求导的定义上,后者对常数求导是有界的,而前者对常数求导无界。Caputo 定义则更适合分数阶微积分初值问题的求解。

5.4.2　分数阶控制器分类

IOPID 控制器有三个参数,即比例系数 K_p、积分系数 K_i 和微分系数 K_d。FOPID 控制器除了具有 K_p、K_i 和 K_d 三个用来调整系统性能的参数外,又增加了两个参数,即积分阶次 λ 和微分阶次 μ,且 λ 和 μ 可取(0,2)内的任意实数。IOPID 控制器和 FOPID 控制器的阶次取值范围如图 5-31 所示。可以看出,IOPID 控制器的阶次只能取图 5-31(a)中的四个固定点处的值,而 FOPID 控制器的阶次 λ 和 μ 可以取图 5-31(b)中阴影区域内的任意值。由于增加了两个参数,FOPID 控制器的参数整定较复杂,但是能够更为丰富且连续地设置系统的控制性能,进而得到更好的控制效果。

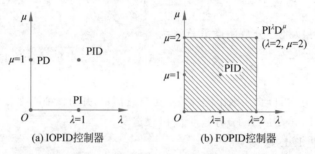

(a) IOPID控制器　　　　(b) FOPID控制器

图 5-31　IOPID 控制器和 FOPID 控制器的阶次取值范围

FOPID 控制器的时域模型为

$$u(t) = K_p e(t) + K_d D^{-\lambda} e(t) + K_d D^{\mu} e(t) \tag{5-102}$$

可以看出,当 $\lambda=1$ 且 $\mu=1$ 时,FOPID 控制器就变成了传统的 IOPID 控制器。根据 λ 和 μ 的不同取值,常用的 FOPID 控制器可以分为以下三种。

1. 分数阶 PI^{λ}(FOPI)控制器

FOPI 控制系统结构如图 5-32 所示。

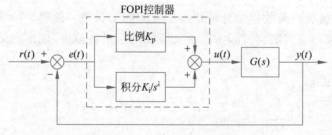

图 5-32　FOPI 控制系统结构

FOPI 控制器的传递函数为

$$D(s) = K_p + \frac{K_i}{s^{\lambda}} \quad (0 < \lambda < 2) \tag{5-103}$$

2. 分数阶 PD^{μ}（FOPD）控制器

FOPD 控制系统结构如图 5-33 所示。

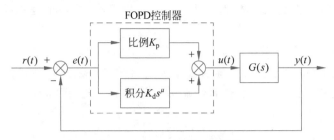

图 5-33　FOPD 控制系统结构

FOPD 控制器的传递函数为

$$D(s)=K_{\mathrm{p}}+K_{\mathrm{d}}s^{\mu} \quad (0<\mu<2) \tag{5-104}$$

3. FOPID 控制器

FOPID 控制系统结构如图 5-34 所示。

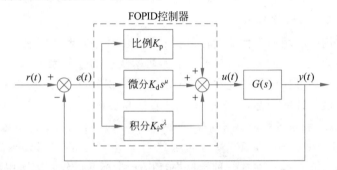

图 5-34　FOPID 控制系统结构

FOPID 控制器的传递函数为

$$D(s)=K_{\mathrm{p}}+K_{\mathrm{i}}s^{-\lambda}+K_{\mathrm{d}}s^{\mu} \quad (0<\lambda,\mu<2) \tag{5-105}$$

5.4.3　分数阶控制器参数整定

IOPID 中积分环节的主要作用是消除系统稳态误差,改善系统的稳态性能。但是,积分环节具有 90°的滞后相角,增加了系统的超调量和调节时间,降低了系统的动态性能。FOPID 控制器中的积分环节 $K_{\mathrm{i}}s^{-\lambda}$ 中的 λ 可以任意调节,能够在改善系统稳态性能的前提下兼顾系统的稳定性和动态性能。

IOPID 中微分环节的主要作用是加快系统的动态响应速度。但是,对于一些控制系统,90°的超前相角可能无法使系统满足动态性能要求。在 FOPID 控制器中,可以调节微分环节 $K_{\mathrm{d}}s^{\mu}$ 中的 μ 值来改变超前相角,使系统更容易满足性能要求。

与整数阶控制器相比,分数阶控制器中的比例系数 K_{p}、积分系数 K_{i}、微分系数 K_{d} 三个参数对系统性能的影响相同,在此不再赘述。

除了以上三个参数会影响系统的性能,调节微积分阶次也能改善系统性能。积分阶

次 λ 主要影响系统的稳态误差。选择合适的积分阶次 λ 可以减小系统的稳态误差,同时获得较好的动态性能。因此,改变积分阶次 λ 能够改变控制器的低频段特性,进而改变系统的低频段特性。但是,λ 值过大会使系统稳定性下降,控制精度降低,甚至导致系统不稳定。

微分阶次 μ 主要改善系统的动态特性,增大 μ 值可以减小系统的超调量,缩短系统调节时间。因此,改变微分阶次 μ 能够改变控制器的中高频段特性,进而改变系统的中高频段特性。但是,当 μ 值过大时,系统调节时间加大,振荡更加剧烈,严重时会导致系统不稳定。

下面介绍三种常用的 FOPID 控制器参数整定方法。

1. 主导极点法

主导极点法是一种常用的 FOPID 参数整定方法。该方法根据闭环系统性能指标[稳态误差与理想输出终值之比 $e_{ss}/y(t)$、调节时间 t_s、超调量 $\sigma\%$ 及阻尼比 ξ]的要求,确定比例增益 K_p 和主导极点,再将这些参数代入闭环系统的特征方程中,求出 FOPID 控制器的其余参数。值得注意的是,主导极点法只对严格二阶系统有效。

2. 基于 ITAE 优化指标法

控制系统常用的时域动态性能指标包括三种:①动态过程的性能指标,如调节时间 t_s、超调量 $\sigma\%$ 以及上升时间 t_r 等,对于一个零初始状态的控制系统,这些指标可以衡量其单位阶跃响应动态过程质量的优劣;②正定二次型积分泛函,这是 20 世纪 60 年代后发展起来的一种最佳性能指标,是李雅普诺夫第二方法在最优控制论中的应用;③误差积分评价指标,以控制系统瞬时误差 $e(t)$ 的函数积分为指标,主要包括绝对误差积分准则(Integral Absolute Error,IAE)及时间乘绝对误差积分准则(Integral of Time and Absolute Error,ITAE)等。在这三种指标中,ITAE 指标又以较好的实用性和选择性(系统参数变化引起指标变化越大,选择性越好)得到了广泛应用,许多方法把 ITAE 看作单输入单输出控制系统和自适应控制系统的最好性能指标之一。ITAE 性能指标是时间 t 乘以误差绝对值 $|e(t)|$ 的积分的性能指标,即

$$J_{\text{ITAE}} = \int_0^\infty t \mid e(t) \mid \mathrm{d}t \rightarrow \min \tag{5-106}$$

定性来看,利用 ITAE 指标最优化来设计控制器参数,可以使控制系统具有快速平稳的动态性能。这是由于所有控制系统的动态过程都是能量变换和传送过程,动态过程不能瞬时完成,总是需要持续一段时间,所以初始误差是不可避免的。ITAE 最优指标是对误差 $e(t)$ 给予时间 t 的加权,正好符合这一动态过程的要求。在过渡过程之初,$t \rightarrow 0$,加权 t 对 $e(t)$ 的影响极小。随着时间 t 的增加,$e(t)$ 的权值 t 逐渐加大,这样可以抑制误差继续增大。

3. 截止频率处水平相位法

系统的相位与阻尼相互联系,相位裕度可以作为鲁棒控制器设计的一个主要规则。因而,给定系统截止频率 ω_c、穿越频率 ω_p、相位裕度 ϕ_m 以及幅值裕度 M_g,就可以得到 FOPID 控制器的参数整定规则。

（1）控制系统开环传递函数 ω_c 处相位特性为

$$\arg[D(j\omega_c)G(j\omega_c)] = -\pi + \phi_m \qquad (5\text{-}107)$$

（2）控制系统开环传递函数在 ω_c 处的幅值特性为

$$\left| D(j\omega_c)G(j\omega_c) \right|_{dB} = 0 \qquad (5\text{-}108)$$

（3）在 ω_p 处满足的条件为

$$\arg[D(j\omega_p)G(j\omega_p)] = -\pi \qquad (5\text{-}109)$$

$$\left| D(j\omega_p)G(j\omega_p) \right|_{dB} = 1/M_g \qquad (5\text{-}110)$$

（4）为保证系统对增益变化的鲁棒性，需要增加增益变化的鲁棒性条件，即要求系统开环传递函数的相频特性在 ω_c 附近是平坦的。控制系统增益鲁棒性条件要求系统开环传递函数的相位满足

$$\left. \frac{d(\arg[D(j\omega)G(j\omega)])}{d\omega} \right|_{\omega=\omega_c} = 0 \qquad (5\text{-}111)$$

结合以上参数整定规则，利用试凑、联立式(5-107)～式(5-111)、图解计算等方法，可以整定 FOPID 控制器的比例系数 K_p、积分系数 K_i、微分系数 K_d、积分阶次 λ 和微分阶次 μ 五个参数。由于直接求解非常麻烦，可以借助 MATLAB 优化工具箱中的 Fmincon 非线性优化函数，以式(5-107)为目标函数，其余各式作为非线性等式约束条件，求解方程组，完成 FOPID 控制器的参数整定。

5.4.4 设计实例

例 5-4 考虑 4.3 节中的龙门式 XY 型直线电动机速度控制系统，以 X 轴速度控制系统为例，设计 FOPID 控制器 $D(s)$，利用双线性变换法求解 $D(z)$，设 $T=1\text{s}$，完成仿真验证。

$$G(s) = \frac{8.2653}{s(s+11.0134)} = \frac{0.75}{s(0.091s+1)} = \frac{K}{s(\tau s+1)}$$

式中，开环放大倍数 $K=0.75$；机电时间常数 $\tau=0.091\text{s}$。

设 FOPID 控制器为 $D(s)$，则系统开环传递函数为 $D(s)G(s)$。令系统的 ω_c 和 ϕ_m 满足参数整定约束规则，则可以获得满意的动态性能。利用 Simulink 搭建仿真模型，如图 5-35 所示。

1. 参考 IOPID 控制器设计

已知被控对象传递函数模型的基础上，使用 IOPID 控制，可以使系统达到动态和稳态性能指标。采用 MATLAB 辅助设计箱，整定 PID 控制器参数，可得

$$K_p = 12.244$$
$$K_i = 0.128$$
$$K_d = 0.001$$

由此，可得 IOPID 控制器的传递函数为

$$D_{IOPID}(s) = 12.244 + \frac{0.128}{s} + 0.001s$$

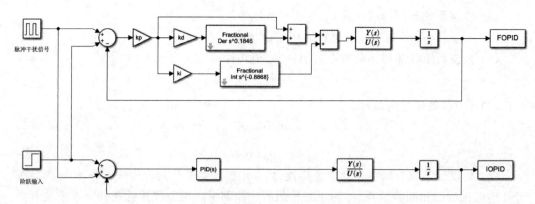

图 5-35　FOPID 控制系统仿真模型

$D_{\mathrm{IOPID}}(s)$ 的频率特性见图 5-36。可以看出，IOPID 控制器 $D_{\mathrm{IOPID}}(s)$ 的剪切频率 $\omega_{\mathrm{c}} = 7.56\mathrm{rad/s}$，相角裕度 $\phi_{\mathrm{m}} = 55.6°$。

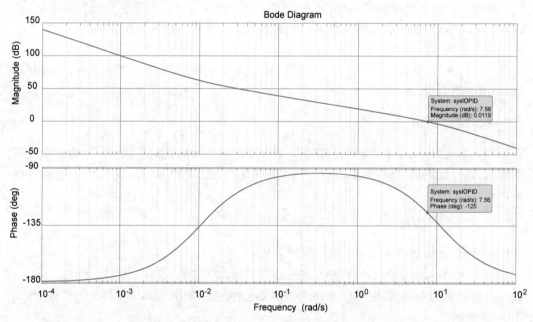

图 5-36　IOPID 控制器的频率特性

2. FOPID 控制器设计

令 $s = \mathrm{j}\omega$，可得被控对象 $G(s)$ 频域表达式、相角及幅值表达式为

$$G(\mathrm{j}\omega) = \frac{-K}{\tau^2\omega^2 + 1} + \mathrm{j}\frac{-K}{\omega(\tau^2\omega^2 + 1)}$$

$$\arg[G(\mathrm{j}\omega)] = \arctan\left(\frac{1}{\tau\omega}\right)$$

$$|G(\mathrm{j}\omega)| = \frac{K}{\omega\sqrt{\tau^2\omega^2 + 1}}$$

设计 FOPID 控制器的传递函数为

$$D(s) = K_p + \frac{K_i}{s^\lambda} + K_d s^\mu$$

令 $s = j\omega$,可得

$$D(j\omega) = K_p + \frac{K_i}{(j\omega)^\lambda} + K_d (j\omega)^\mu$$

$$= \left(K_p + K_i \omega^{-\lambda} \cos\frac{\lambda\pi}{2} + K_d \omega^\mu \cos\frac{\mu\pi}{2}\right) + j\left(K_d \omega^\mu \sin\frac{\mu\pi}{2} - K_i \omega^{-\lambda} \sin\frac{\lambda\pi}{2}\right)$$

FOPID 控制器相角和幅值分别为

$$\arg[D(j\omega)] = \arctan\frac{K_d \omega^\mu \sin\frac{\mu\pi}{2} - K_i \omega^{-\lambda} \sin\frac{\lambda\pi}{2}}{K_p + K_i \omega^{-\lambda} \cos\frac{\lambda\pi}{2} + K_d \omega^\mu \cos\frac{\mu\pi}{2}}$$

$$|D(j\omega)| = \sqrt{\left(K_p + K_i \omega^{-\lambda} \cos\frac{\lambda\pi}{2} + K_d \omega^\mu \cos\frac{\mu\pi}{2}\right)^2 + \left(K_d \omega^\mu \sin\frac{\mu\pi}{2} - K_i \omega^{-\lambda} \sin\frac{\lambda\pi}{2}\right)^2}$$

系统开环频率特性为

$$D(j\omega)G(j\omega)$$

系统相角表达式为

$$\arg[D(j\omega)G(j\omega)] = \arg[D(j\omega)] + \arg[G(j\omega)]$$

$$= \arctan\frac{K_d \omega^\mu \sin\frac{\mu\pi}{2} - K_i \omega^{-\lambda} \sin\frac{\lambda\pi}{2}}{K_p + K_i \omega^{-\lambda} \cos\frac{\lambda\pi}{2} + K_d \omega^\mu \cos\frac{\mu\pi}{2}} + \arctan\left(\frac{1}{\tau\omega}\right)$$

系统幅值表达式为

$$|D(j\omega)G(j\omega)| = |D(j\omega)||G(j\omega)| =$$

$$\sqrt{\left(K_p + K_i \omega^{-\lambda} \cos\frac{\lambda\pi}{2} + K_d \omega^\mu \cos\frac{\mu\pi}{2}\right)^2 + \left(K_d \omega^\mu \sin\frac{\mu\pi}{2} - K_i \omega^{-\lambda} \sin\frac{\lambda\pi}{2}\right)^2} \frac{K}{\omega\sqrt{\tau^2\omega^2 + 1}}$$

3. FOPID 控制器的参数整定

当控制系统的角频率 ω 等于剪切频率 ω_c 时,根据控制器设计参数整定规则,FOPID 控制器中的参数应满足以下方程组:

$$\begin{cases} |D(j\omega_c)G(j\omega_c)| = |D(j\omega_c)||G(j\omega_c)| = 1 \\ \arg[D(j\omega_c)G(j\omega_c)] = \arg[D(j\omega_c)] + \arg[G(j\omega_c)] = -\pi + \phi_m \\ \frac{d(\arg[D(j\omega_c)G(j\omega)])}{d\omega}\Big|_{\omega=\omega_c} = 0 \end{cases}$$

将 IOPID 控制器整定的 ω_c 和 ϕ_m 代入上述方程组,为了简化方程组的数值计算,设初始值 $K_p = 10$,利用试凑法,最后解得

$$\begin{cases} \lambda = 0.8868 \\ \mu = 0.1846 \\ K_p = 9.2134 \\ K_i = 0.0046 \\ K_d = 0.0034 \end{cases}$$

FOPID 控制器 $D(s)$ 为

$$D(s) = K_p + \frac{K_i}{s^\lambda} + K_d s^\mu = 9.2134 + \frac{0.0046}{s^{0.8868}} + 0.0034 s^{0.1846}$$

利用双线性变换法,可得

$$D(z) = D(s) \Big|_{s = \frac{2}{T}\frac{z-1}{z+1}} = 9.2134 + 0.0046 \left(2\frac{z-1}{z+1}\right)^{-0.8868} + 0.0034 \left(2\frac{z-1}{z+1}\right)^{0.1846}$$

4. 仿真分析

FOPID 和 IOPID 控制器作用下的闭环系统阶跃响应如图 5-37 所示。可以看到,相比 IOPID 控制器,FOPID 控制器作用下的直线电动机速度控制系统,动态性能更好,稳态误差更小。

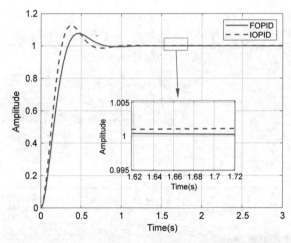

图 5-37　IOPID 与 FOPID 控制器作用下的直线电动机速度控制系统阶跃响应

为了验证 FOPID 控制器作用下的闭环系统鲁棒性,改变 FOPID 中 K_p 值,令 $K_{p1} = 1.5K_p$,$K_{p2} = 0.5K_p$,其他控制器参数不变,闭环系统的阶跃响应如图 5-38 所示。仿真结果表明,FOPID 控制器具有良好的增益鲁棒性。

为了进一步验证 FOPID 控制器作用下的速度控制系统抗干扰能力,在动态调节过程结束后,即在 $t = 1\mathrm{s}$ 处加入一个幅值为 1、宽度为 0.1s 的脉冲干扰,系统响应如图 5-39 所示。可以看出,相比 IOPID 控制器,FOPID 控制器作用下的速度控制系统具有更强的抗干扰能力。

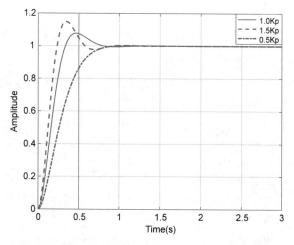

图 5-38　不同 K_p 下的 FOPID 控制系统阶跃响应图

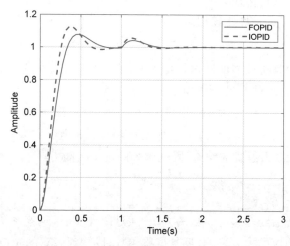

图 5-39　脉冲干扰作用下的速度控制系统阶跃响应

5.5　数字 PID 控制器的参数整定

　　PID 控制器的参数整定是控制系统设计的核心内容。PID 控制器参数整定就是设置和调整控制器的比例系数 K_p、积分时间常数 T_i、微分时间常数 T_d 和采样周期 T，使控制系统的过渡过程达到满意的品质。一般情况下，本着"稳、准、快"的控制原则，设定 PID 控制器四个参数的初始值，同时考虑对象特性的多样性及控制指标的不同进行整定与优化，直到获得满意的控制效果。由于计算机控制系统的采样周期 T 很小，数字 PID 算式与模拟 PID 算式十分相似，因而其参数整定方法也相似。下面介绍几种常用的参数整定方法。

5.5.1　PID 参数对系统性能的影响

　　数字 PID 中各环节参数对系统性能的影响归纳如下。

1. 比例环节

比例系数 K_p 对系统静态性能的影响：在系统稳定的前提下，加大 K_p 可以减小稳态误差，提高系统精度，但不能消除稳态误差。

比例系数 K_p 对系统动态性能的影响：加大 K_p，系统响应速度加快；K_p 偏大，系统振荡次数增加，调节时间变长；K_p 过大，将导致系统不稳定；K_p 偏小，系统的响应速度变慢。K_p 的选择通常以输出响应产生 $4:1$ 衰减过程为宜。

2. 积分环节

积分时间常数 T_i 对系统静态性能的影响：积分控制有助于消除系统稳态误差，提高系统的控制精度；T_i 越大，积分作用越弱，反之越强；T_i 太大，积分作用太弱，无法消除静态误差。

积分时间常数 T_i 对系统动态性能的影响：积分控制通常影响系统的稳定性；T_i 太小，系统可能不稳定，且振荡次数较多；T_i 太大，对系统动态性能的影响太小；当 T_i 较适合时，系统的过渡过程特性比较理想。

3. 微分环节

微分环节对系统静态性能的影响：微分环节的引入，可以在偏差出现或变化瞬间，按偏差变化的趋势进行控制，有助于增加系统的稳定性。

微分时间常数 T_d 对系统动态性能的影响：选择合适 T_d 可以改善系统的动态性能，如缩短调节时间，减小超调量，允许适当加大比例控制；但 T_d 偏大或偏小都会适得其反；微分作用有可能放大系统的噪声，降低系统的抗干扰能力。

5.5.2　试凑法整定 PID 参数

试凑法是一种凭借经验整定参数的方法，通过闭环实验，观察系统的响应曲线，根据各控制参数对系统响应的大致影响，反复试凑参数，以达到满意的响应，从而确定 PID 控制参数。用试凑法整定 PID 参数，试凑不是盲目的，而是在熟悉 PID 各个参数变化对系统性能影响的前提下，在控制理论的指导下进行的。在闭环控制系统中，基于初步确定的采样周期，一般按照 K_p、T_i、T_d 的顺序进行调节，一边调节参数，一边观察过程，直到满足要求为止。试凑法的整定步骤如下：

(1) 整定比例参数，将比例系数 K_p 由小变大，观察相应的系统响应，直至得到反应快、超调小的响应曲线。若系统的静态误差已经小到允许范围，达到了性能指标，则只需要比例控制器，且该比例系数就是最优比例系数。

(2) 若在比例控制的基础上稳态误差无法满足设计要求，则应加入积分环节构成 PI 控制器。在整定时，首先设置积分时间常数 T_i 为一较大值，并将第一步整定的 K_p 适当减小（如缩小为原值的 0.8），然后减小 T_i，使系统在保持良好动态的情况下，消除静态误差。在此过程中，需要根据对响应曲线的满意程度反复改变 K_p 和 T_i，以期得到满意的响应过程。

（3）若使用 PI 控制器消除了静态误差，但系统的动态性能仍然不满足设计要求，主要是超调量过大或系统响应速度不够快，则可以加入微分环节，构成 PID 控制器。在整定时，T_d 从零逐渐增大，同时相应地改变比例系数和积分时间常数，不断试凑，直至得到满意的控制效果。

应该指出，"满意"的调节效果是依据不同的被控对象和性能指标而异的。此外，PID 控制器的参数对控制效果的影响不敏感，因而整定过程中的参数选择并不唯一。PID 控制器的三部分相互配合，只要合理选择 PID 调节器的参数，就可以迅速、准确、平稳地消除偏差，达到良好的控制效果。事实上，PID 控制器的三个参数具有互相补偿的功能，即某一个参数的减小可由其他两个参数增大或减小来补偿，因而不同的整定参数完全有可能获得相同或相近的控制效果。从工程应用的角度看，只要系统的性能已经达到了设计指标，就选取相应的值作为控制器参数。

需要注意的是，上述参数整定步骤是针对 K_p、T_i 和 T_d，可以根据式（5-3）中参数的对应关系 $K_i = K_p \dfrac{T}{T_i}$，$K_d = K_p \dfrac{T_d}{T}$，将上述整定过程转化为对参数 K_p、K_i 和 K_d 的整定。

5.5.3 经验法整定 PID 参数

用试凑法整定 PID 控制器参数，需要通过反复实验来确定有效的控制参数，试凑次数较多，整定时间较长。为了减少试凑次数，可以利用人们在选择 PID 控制参数时已经获得的经验，根据性能要求，执行若干基于实际系统的动态实验，获得被控对象的某些基本动态特性参数，按经验近似公式计算出 PID 控制参数，并在系统投入运行后，根据系统控制效果再做适当调整，这种方法称为经验法。经验法源自经典的频率法，简单易行，在工程中广泛采用。下面介绍几种典型的经验法。

1. 扩充临界比例度法

扩充临界比例度法是基于系统临界振荡参数的闭环整定方法，是对整定连续系统 PID 控制器参数临界比例度法的推广，适用于具有自平衡特性的受控对象，不需要被控对象的准确特性。

调节器的输入偏差信号变化的相对值与输出信号变化的相对值之比的百分数称为比例度，如图 5-40 所示。比例度 δ 与放大倍数 K_p 成反比，即 $\delta = 1/K_p$。例如，对于一个调节系统，若比例度 $\delta = 50\%$，则调节器的放大倍数 $K_p = 2$，表明被调量产生 50% 的偏差时，调节阀能从全开到全关（或全关到全开）满量程变化。

控制系统在外界干扰作用后，无法恢复到稳定的平衡状态，而是出现一种既不衰减也不发散的等幅振荡过程，这样的过渡过程称为临界振荡过程，如图 5-41 所示。在临界比例度法整定中，首先需要得到临界参数，即在临界状态下被控量 y 来回振荡一次所用的时间，称为临界振荡周期 T_K，被调参数处于临界振荡状态时的比例度称为临界比例度 δ_K，相应的比例系数称为临界比例系数 K_K。

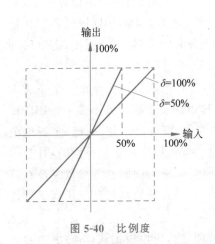

图 5-40 比例度

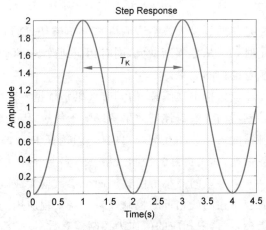

图 5-41 等幅振荡曲线

模拟 PID 控制器的临界比例度法：①取 $T_i = \infty$，$T_d = 0$，比例度取较大值，系统按纯比例控制状态运行稳定后，逐步减小比例度，在外界输入作用(给定或干扰的变化)下，观察系统输出量的变化情况，直到系统出现近似等幅振荡为止，即系统达到临界振荡状态，记录此时的临界比例度 δ_K 和振荡周期 T_K；②根据 δ_K 和 T_K，按表 5-1 中所列的经验算式，分别求出三种情况下的控制器最佳参数值，将计算所得的参数投入在线运行，根据效果进一步调节参数，直到满意为止。

表 5-1 临界比例度法整定模拟 PID 参数

调节规律	调 节 参 数		
	比例度 $\delta/\%$	积分时间 T_i	微分时间 T_d
P	$2\delta_K$	∞	0
PI	$2.2\delta_K$	$0.85T_K$	0
PID	$1.7\delta_K$	$0.5T_K$	$0.125T_K$

把整定模拟控制器的临界比例度法扩充到数字控制系统中，整定数字控制系统中的四个参数 K_p、T_i、T_d 和 T，具体步骤如下：

(1) 选择一个合适的采样周期 T。通常可以按照采样定理和工程实践经验来选择采样周期，如果被控对象包括纯滞后，那么可以选择对象纯滞后时间 τ 的 $1/10$ 为采样周期，也可以更小。

(2) 取 $T_i = \infty$，$T_d = 0$，调节器只投入比例进行控制，形成闭环，给定输入为单位阶跃。逐渐减小比例度 δ(增大比例系数 K_p)，使系统出现临界振荡，记录此时临界比例度 δ_K 和临界振荡周期 T_K。

(3) 选择控制度 Q。控制度定义为数字控制系统与模拟控制系统所对应过渡过程的误差平方的积分之比，即

$$Q = \frac{\left[\int_0^\infty e^2(t)\,\mathrm{d}t\right]\bigg|_{\text{数字控制}}}{\left[\int_0^\infty e^2(t)\,\mathrm{d}t\right]\bigg|_{\text{模拟控制}}} \qquad (5\text{-}112)$$

控制度表明数字控制相对模拟控制的效果,由于数字控制系统是断续控制,而模拟控制系统是连续控制,所以对于同一个系统采用相同的控制律,数字控制系统的品质总是低于模拟控制系统的品质,控制度总是大于 1。控制度越大,说明相应的数字控制系统的品质越差。工程经验表明,当控制度 $Q = 1.05$ 时,数字控制与模拟控制的效果相当;当控制度 $Q = 2$ 时,表示数字控制比模拟控制效果差 1 倍。从提高数字 PID 控制系统性能出发,控制度可以选得小一些;但就系统稳定性而言,控制度应该选得稍大一些。另外,在实际应用中,不需要计算两个误差平方积分,工程经验已经给出整定参数与控制度的关系。

(4) 根据选定的控制度,按表 5-2 计算采样周期 T 和 PID 控制器的参数。

(5) 按照求得的整定参数,投入在线运行,观察控制效果,如果性能不满意,就可根据经验进一步调整参数,直到获得满意的控制效果。

表 5-2　扩充临界比例度法整定 PID 参数

控制度	控制规律	T/T_{K}	$K_{\mathrm{p}}K_{\mathrm{K}}$	$T_{\mathrm{i}}/T_{\mathrm{K}}$	$T_{\mathrm{d}}/T_{\mathrm{K}}$
1.05	PI	0.03	0.53	0.88	—
	PID	0.14	0.63	0.49	0.14
1.20	PI	0.05	0.49	0.91	—
	PID	0.043	0.47	0.47	0.16
1.50	PI	0.14	0.42	0.99	—
	PID	0.09	0.34	0.43	0.20
2.00	PI	0.22	0.36	1.05	—
	PID	0.16	0.27	0.40	0.22

2. 扩充响应曲线法

在模拟控制系统中可以用响应曲线法代替临界比例度法。同样,可以将整定模拟 PID 参数的响应曲线整定法推广到数字控制系统中。用扩充响应曲线法整定采样周期 T 和 PID 控制器参数 K_{p}、T_{i} 和 T_{d} 的步骤如下:

(1) 断开数字 PID 控制器,使系统处于手动操作状态,将被控量调节到给定值附近,并使其稳定下来。然后,突然改变给定值,给被控对象一个单位阶跃输入信号,记录仪表记下被控量在阶跃输入下的单位阶跃响应曲线,如图 5-42 所示。

(2) 在被控对象响应曲线的拐点处作一切线,求出纯滞后时间 τ、时间常数 T_{m} 以及它们的比值 T_{m}/τ。

(3) 根据选定的控制度,按表 5-3 计算采样周期 T 和 PID 参数。

(4) 按照求得的整定参数,投入系统运行,观察控制效果,按照经验再适当调整参数,直到获得满意的控制效果。

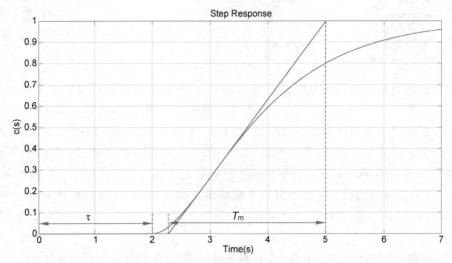

图 5-42 对象阶跃响应曲线

表 5-3 扩充响应曲线法整定 PID 参数表

控制度	控制规律	T/τ	$K_p/(T_m/\tau)$	T_i/τ	T_d/τ
1.05	PI	0.10	0.84	3.40	—
	PID	0.05	1.15	2.00	0.45
1.20	PI	0.20	0.78	3.60	—
	PID	0.16	1.00	1.90	0.55
1.50	PI	0.50	0.68	3.90	—
	PID	0.34	0.85	1.62	0.65
2.00	PI	0.80	0.57	4.20	—
	PID	0.60	0.60	1.50	0.82

3. 归一参数整定法

为了减少 PID 在线整定参数的数目,P. D. Roberts 在 1974 年提出了一种只需要整定一个参数的简化扩充临界比例度法(又称 PID 归一参数整定法),这种整定法简单易行,工作量小。该方法以扩充临界比例度法为基础,人为规定以下约束条件:

$$\begin{cases} T = 0.1 T_K \\ T_i = 0.5 T_K \\ T_d = 0.125 T_K \end{cases} \tag{5-113}$$

式中,T_K 为纯比例控制时的临界振荡周期。

数字 PID 位置递推算法(式(5-10))可以进一步推导如下:

$$u(k) = u(k-1) + K_0 e(k) + K_1 e(k-1) + K_2 e(k-2)$$

$$= u(k-1) + K_p \left[1 + \frac{T}{T_i} + \frac{T_d}{T} \right] e(k) - K_p \left[1 + 2\frac{T_d}{T} \right] e(k-1) + K_p \frac{T_d}{T} e(k-2)$$

$$= u(k-1) + K_p \left\{ \left[1 + \frac{T}{T_i} + \frac{T_d}{T} \right] e(k) - \left[1 + 2\frac{T_d}{T} \right] e(k-1) + \frac{T_d}{T} e(k-2) \right\}$$

$$\tag{5-114}$$

将式(5-113)代入上式,可得

$$u(k) = u(k-1) + K_p [2.45e(k) - 3.5e(k-1) + 1.25e(k-2)] \quad (5-115)$$

这样,四个参数的整定就可以简化为只有一个参数 K_p 的整定,大大简化了整定过程。在线调整 K_p,观察控制效果,直到满意为止。

5.5.4 基于 PID Tuner 的控制器参数整定

PID Tuner 是 MATLAB 软件的一个应用程序,提供了一个交互性工具和响应曲线来设计 PID 控制系统,能够方便地整定 PID 控制器参数。PID Tuner 将 PID 模块的输入端和模型输出端之间的所有模块视为一个被控装置,因此,被控装置为控制回路中的所有块体,包括控制器和被控对象,如图 5-43 所示。对于被控装置中的非线性模块,PID Tuner 用线性化模型来逼近。

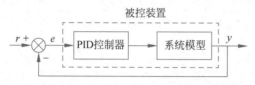

图 5-43　PID Tuner 的被控装置

在默认情况下,PID Tuner 启动后,自动获取被控装置参数,基于被控装置模型,自动选择穿越频率和相位裕度(通常约为 60°),整定出一组 PID 控制器参数,并给出阶跃响应曲线、波特图以及对应的时频域参数。

设计者改变被控装置的时域性能指标(包括响应时间和过渡特性)或频域性能指标(包括带宽和相位裕度)时,PID Tuner 自动整定 PID 参数,更新阶跃响应曲线和波特图。下面举例说明如何利用 PID Tuner 来整定数字控制器的参数。

例 5-5　以 4.3 节中的龙门式 XY 型直线电动机位置控制系统的 X 轴为例,利用 PID Tuner 整定控制器参数,设采样周期 $T=0.005\text{s}$。

解：由 4.3 节可知,X 轴被控对象模型为

$$G(s) = \frac{Y(s)}{U(s)} = \frac{8.2653}{s(s+11.0134)}$$

控制器 $D(s)=1$ 作用下的单位阶跃响应曲线见 4.3 节。下面利用 PID Tuner 来整定 PID 控制器,提高闭环控制系统的性能。

(1) 搭建被控装置。

使用 Simulink 搭建被控装置,如图 5-44 所示。

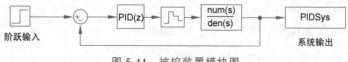

图 5-44　被控装置模块图

其中,$\text{num}(s) = [8.2653]$,$\text{den}(s) = [1 \ 11.0134 \ 0]$。

（2）启动 PID Tuner。

双击 PID(z)模块，打开设置 PID 控制器设置界面，如图 5-45 所示。

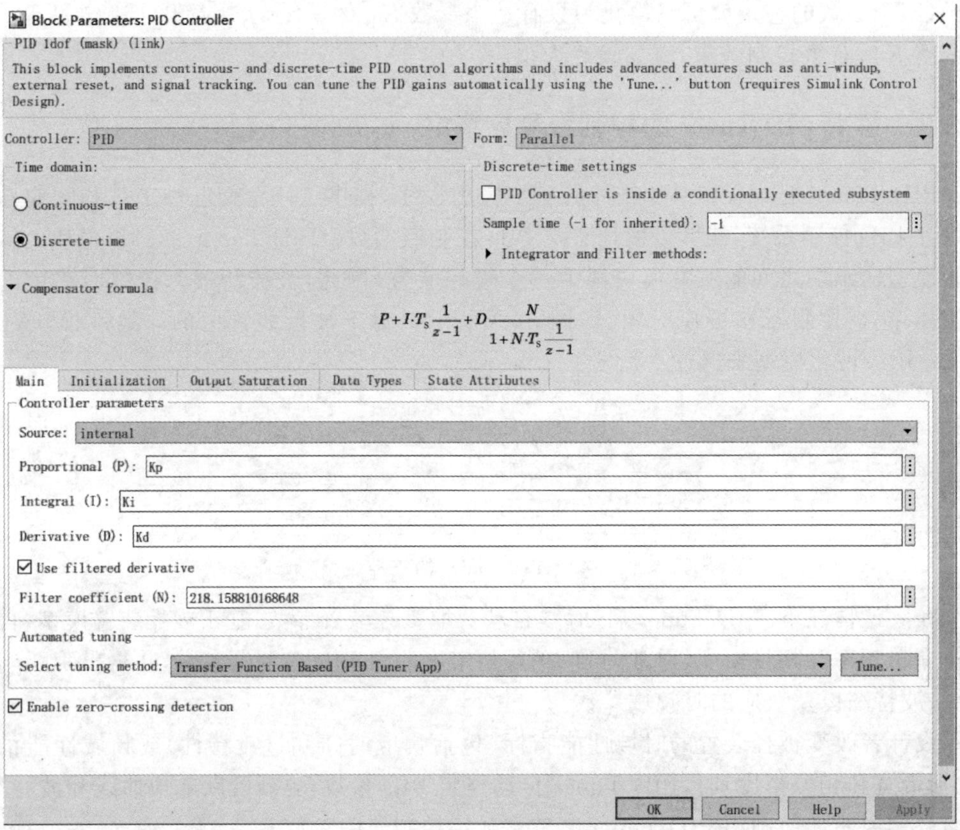

图 5-45　PID(z)设置界面

单击 Tune，启动 PID Tuner。PID Tuner 自动给出初始设计的 PID 控制器参数，绘制出阶跃响应曲线，如图 5-46(a)所示。在图中右击，在 Plot Type 中选择 Bode，绘制出频率响应曲线，如图 5-46(b)所示。在 PID Tuner 界面中单击 Show Parameters，打开 Control Parameters 控制参数表格，获取 PID 控制器整定参数以及系统性能指标，如图 5-47 所示。对比 4.3 节，可以看出，基于初始化整定的 PID 参数，闭环系统的时域和频率特性均不满足要求。

（3）利用 PID Tuner 整定控制器参数。

在 PID Tuner 设计界面，分别选择 Domain 栏中的时域 Time 或频域 Frequency 选项，调整时域响应时间 Response Time 和过渡过程 Transient Behavior，如图 5-48(a)所示，或者调整频域带宽 Bandwidth 和相位裕量 Phaze Margin，如图 5-48(b)所示。调整时域或频域性能指标后，PID Tuner 自动更新阶跃响应和频域响应曲线，如图 5-49(a)和(b)所示，并给出整定后的 PID 控制器参数及闭环系统的性能指标，如图 5-49(c)所示。在整定过程中，反复设置性能指标，观察阶跃响应和频域响应，直至得到满意的 PID 控制器参数。

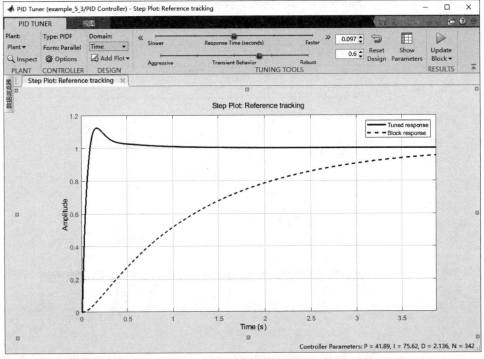

(a) 单位阶跃响应

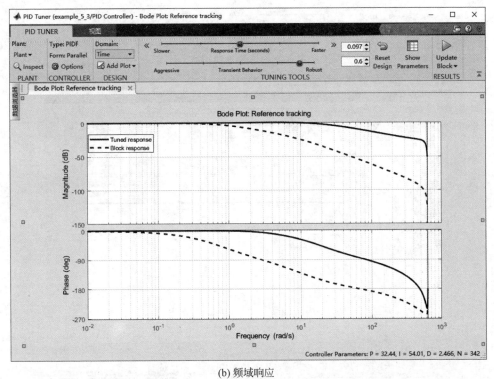

(b) 频域响应

图 5-46　初始设计的 PID 控制器与 $D(z)=1$ 作用下的系统响应

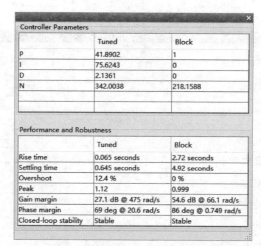

图 5-47   初始设计的 PID 控制器参数及其性能指标

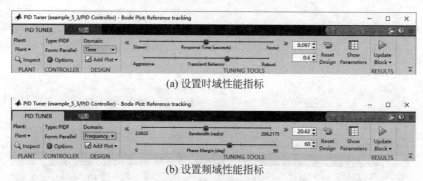

(a) 设置时域性能指标

(b) 设置频域性能指标

图 5-48   设置性能指标

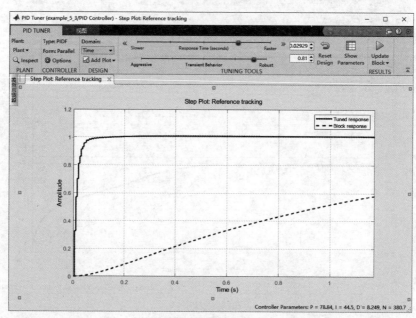

(a) 单位阶跃响应

图 5-49   调整性能指标后的系统响应及系统性能指标

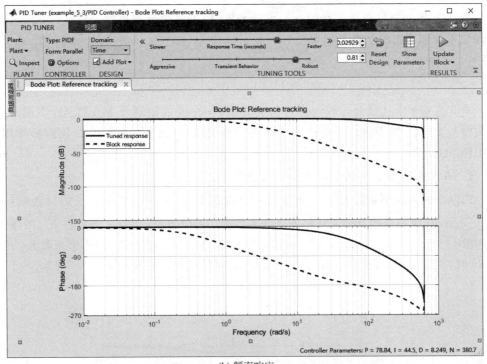

(b) 频率响应

Controller Parameters		
	Tuned	Block
P	78.8418	1
I	44.5012	0
D	8.2489	0
N	380.6775	218.1588

Performance and Robustness		
	Tuned	Block
Rise time	0.025 seconds	2.72 seconds
Settling time	0.06 seconds	4.92 seconds
Overshoot	0.782 %	0 %
Peak	1.01	0.999
Gain margin	15.4 dB @ 548 rad/s	54.6 dB @ 66.1 rad/s
Phase margin	81 deg @ 68.3 rad/s	86 deg @ 0.749 rad/s
Closed-loop stability	Stable	Stable

(c) 整定后的PID参数及系统性能指标

图 5-49 （续）

5.6 PID 应用实例

考虑 4.3 节中的龙门式 XY 型直线电动机位置控制系统,以 X 轴位置控制系统为例,设计数字 PID 控制器,并观察控制器参数变化对控制性能的影响。

本节选用 ode45(四阶五级 Runge-Kutta 算法)求解微分方程,令 $y_1 = y$,$y_2 = \dot{y}$,则 X 轴位置控制系统的状态方程为

$$\begin{bmatrix} \dot{y}_1 \\ \dot{y}_2 \end{bmatrix} = \begin{bmatrix} 0 & 1 \\ 0 & -11.0134 \end{bmatrix} \begin{bmatrix} y_1 \\ y_2 \end{bmatrix} + \begin{bmatrix} 0 \\ 8.2635 \end{bmatrix} u$$

本节将基于上述微分方程组进行仿真分析。ode45 的原理及 MATLAB 实现,详见相关参考文献,不再赘述。下面选用不同的控制策略,对比分析各种 PID 控制器作用下的闭环系统性能。

1. 不同比例系数下的 P 控制效果分析

选择不同的比例系数 K_p,构成不同的 P 控制器,闭环数字控制系统的阶跃响应如图 5-50 所示,比例系数及性能指标如表 5-4 所示。可以看出,随着比例系数 K_p 的增大,超调量 $\sigma\%$ 增大,调节时间 t_s 减小,响应速度变快,振荡加剧。另外,当比例系数 K_p 增大至 20 时,由于振荡加剧,调节时间 t_s 反而增大,系统的稳定性变差。

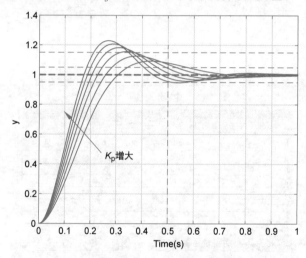

图 5-50 不同比例系数控制下的系统阶跃响应曲线

表 5-4 不同比例系数控制下的系统阶跃性能指标

K_p	超调量$\sigma\%/\%$	调节时间 t_s/s
10	9.275	0.577
12	12.602	0.534
14	15.586	0.494
16	18.263	0.460
18	20.678	0.432
20	22.868	0.566

2. 不同积分系数下的 PI 控制效果分析

固定比例系数 $K_p = 16$,选择积分系数 K_i 为 $0.002, 0.004, \cdots, 0.012$,构成不同的 PI 控制器,闭环数字控制系统的阶跃响应如图 5-51 所示。可以看出,随着积分系数 K_i 的增大,闭环控制系统的稳态误差逐渐减小。但是,随着积分系数的增大,闭环系统的稳定性降低,超调量增大,动态响应变慢。

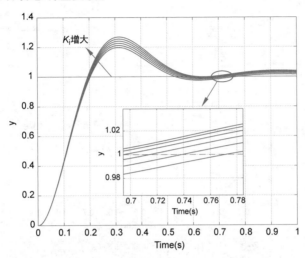

图 5-51　不同积分系数控制下的系统阶跃响应曲线

3. 不同微分系数下的 PD 控制效果分析

固定比例系数 $K_p = 12$,选择微分系数 K_d 为 $0.1, 0.2, \cdots, 0.6$,构成不同的 PD 控制器,闭环数字控制系统的阶跃响应如图 5-52 所示。可以看出,在微分系数 K_d 选择合适的情况下,随着 K_d 的增大,超调量减小,振荡减弱,调节时间变短,系统的动态性能变好。

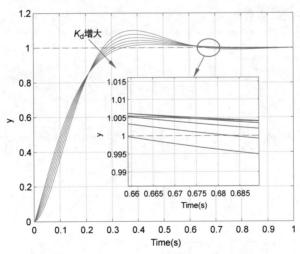

图 5-52　不同微分系数控制下的系统阶跃响应曲线

4. PID 控制效果分析

综合以上分析,选择合适的 PID 控制器参数,$K_p = 16, K_i = 0.002, K_d = 0.20$,构成 PID 控制器,闭环数字控制系统的阶跃响应如图 5-53 所示。可以看出,阶跃响应实现了快速、平稳以及准确的目标,取得了良好的控制效果。

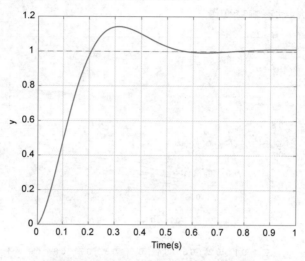

图 5-53　PID 控制下的系统阶跃响应曲线

5. 不同比例系数下带前馈的 PD 控制效果分析

为了进一步提高闭环系统的跟踪性能,在 PD 控制器的基础上,增加了前馈补偿环节,$K_p = 10, 12, \cdots, 20, K_d = 0.20$,构成带前馈的 PD 控制器,给定信号 $r(k) = \sin(\pi kT)$,闭环数字控制系统的输出 $y(k)$ 如图 5-54 所示,跟踪误差曲线如图 5-55 所示。可以看出,前馈补偿提高了系统的动态跟踪性能,取得了良好的跟踪效果。但是,随着 K_p 的增大,跟踪误差也略有增大。

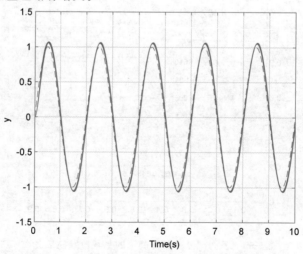

图 5-54　带前馈的 PD 控制下的正弦信号跟踪曲线

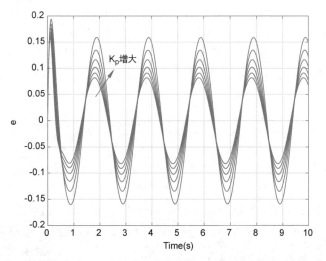

图 5-55　带前馈的 PD 控制下的正弦信号动态跟踪误差曲线

5.7　本章小结

数字 PID 控制器是一种最实用的、应用最广泛的控制器,本章介绍了位置式和增量式两种基本 PID 控制算法,在此基础上介绍了几种常用的数字 PID 控制改进算法,包括改进的积分算法和微分算法。针对工业过程控制中的纯延时特性,介绍了 Smith 预估补偿的 PID 控制算法。FOPID 控制器是传统的 IOPID 控制器的广义化形式,是一种新型的 PID 控制器,具有广阔的应用前景,分数阶微分和积分过程更柔性、更细腻,具有很多优良的特性。在学习中,应该重点掌握各种 PID 控制算法的原理及其参数对系统动态性能的影响。

习题

1. 试说明比例、积分、微分控制作用的物理意义。

2. 为什么微分控制器不能单独使用?

3. 对于相同的广义被控对象,分别采用 P 控制和 PI 控制,当比例系数 K_p 相同时,试比较分析两种控制下的系统性能。

4. 什么是数字 PID 位置式算式和增量式算式,试分析它们的优缺点。

5. 针对数字 PID 控制的几种微分改进算法,推导位置式控制算法的输出表达式。

6. PID 改进算法有哪些,各自针对什么问题而提出?

7. PID 控制器在处理纯滞后对象会遇见什么问题,该如何补偿?

8. PID 参数整定的原则是什么,有哪些方法?

9. 数字 PID 控制器采样周期的选择,需要考虑什么因素?

10. 已知模拟控制器的传递函数为 $D(s) = \dfrac{1+0.15s}{0.05s}$,$T = 1\text{s}$,试求 $D(z)$ 的增量型输出表达式,并给出 K_p、T_i 的值。

11. 某控制系统如图所示,试设计数字 PID 控制器,使闭环系统稳定,绘制系统单位阶跃响应曲线,分析 K_p、K_i、K_d 三个参数对系统性能的影响。

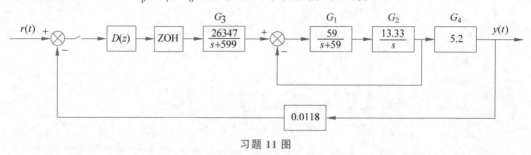

习题 11 图

12. 激光在医疗领域中可以应用于切除病变组织或帮助受损组织愈合。眼科医生可以利用如图所示的位置控制系统,指示损伤部位给控制器,然后由控制器监视视网膜,并控制激光位置。控制系统被控对象传递函数 $G_0(s) = \dfrac{1}{(20s+1)(5s+1)(2s+1)}$,试设计合适的 PID 控制算法,使得性能满足:

(1) 超调量 $\sigma\% \leqslant 15\%$;   (2) 调节时间 $t_s < 20\mathrm{s}$;   (3) 上升时间 $t_r < 10\mathrm{s}$。

习题 12 图

13. 温度控制系统是在工业生产中常见的过程控制系统,其特点是被控对象一般包括时延环节。在某工厂塑料生产过程中,采用如图所示控制器 $D(z)$ 调节塑料部件的温度,已知被控对象为一个带延迟的惯性环节,其传递函数为 $G(s) = \dfrac{2}{30s+1}\mathrm{e}^{-10s}$,采用 Smith 预估控制,试写出数字 PID 控制器 $D(z)$ 的算法表达式 $u(k)$。

习题 13 图

14. 向水中添加石灰可以控制煤矿废水的酸度,在添加石灰时,通常用阀门来控制石灰添加量,并在废水下游放置传感器监测废水酸度。酸度控制系统模型如图所示,已知被控对象模型为 $G(s) = \dfrac{\mathrm{e}^{-80s}}{60s+1}$,采样时间 $T = 20\mathrm{s}$,输入信号为单位阶跃,试采用 PID 控制器 $D(z)$ 改善其跟踪性能。

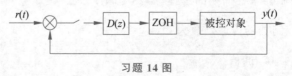

习题 14 图

第 6 章

数字控制器的直接设计方法

前两章讨论的是利用模拟化设计方法设计数字控制器,其实质是在采样周期 T 较小的情况下,将计算机控制系统近似为连续系统进行控制器设计,获得连续域中的控制律 $D(s)$,然后利用不同的离散化方法得到离散控制律 $D(z)$。在无法获得被控对象准确数学模型的情况下,人们充分利用成熟的连续化设计技术,并把它移植到计算机予以实现,以达到满意的控制效果。这种数字化控制器设计方法较为实用,但本质上是一种近似化的设计方法,只能实现较简单的控制算法,而且要求采样周期较小,具有一定的局限性。

当采样周期并不是远小于被控对象的时间常数或对控制系统的性能要求比较高时,若仍将离散系统近似为连续系统,必然与实际情况产生较大的差异,据此设计的控制系统就不能达到预期的性能,甚至可能完全不适用。在此情况下,利用适当的离散化方法将连续系统中的被控对象和零阶保持器离散后,控制系统就变成离散系统,从而以采样控制理论为基础,以 z 变换为工具,根据离散系统的性能指标要求,直接在 z 域进行控制器的设计,这就是数字控制器的直接设计方法。直接数字设计完全根据采样系统的特点进行分析与综合,并导出相应的控制律,比模拟化设计具有更一般的意义。直接设计法的优点可概括如下:

(1) 可以根据被控对象特性事先确定好采样周期 T,使系统在此采样周期下满足性能要求,T 可以不必选得太小。

(2) 控制器本身就是离散的,不存在离散化时的失真问题,因此设计结果比模拟化方法精确。

数字控制器的直接设计方法主要包括以下四种:

(1) 根轨迹设计法,通过零极点配置的方法将系统的闭环特征根配置在期望的位置上。

(2) 频率响应设计法,将离散域设计问题转换到类似于 s 平面的 w 平面上,从而利用 s 平面的设计方法。

(3) 解析设计法,通过代数解法计算出数字控制器的传递函数,以达到预先给定的闭环性能指标,主要包括最小拍控制器设计和大林控制器设计。

(4) 状态空间设计,通过状态或输出反馈,进行系统闭环设计。

本章主要介绍前三种设计方法。

6.1　离散化直接设计基本原理

　　将计算机控制系统假想为一个纯离散控制系统,如图 6-1 所示,即将 A/D 转换器、D/A 转换器(包含零阶保持器)以及被控对象合并,看作一个离散环节。基于以上假想,直接在离散域进行设计,得到数字控制器 $D(z)$,并在计算机中编程实现,这就是数字控制器的直接设计法。直接设计法是一种准确的数字控制器设计方法,无须将控制器近似离散化,随着计算机技术和仿真技术的发展,日益受到人们的重视。

图 6-1　假想的纯离散控制系统

　　在离散域进行设计时,由于大多数计算机控制系统的被控对象是连续的,设计时所给定的性能指标要求通常与连续系统设计时一致。因此,若在 z 平面上直接进行离散系统设计,需要将连续系统的性能指标转换为 z 平面的描述。

6.1.1　时域性能指标要求

　　控制系统的许多性能指标是以时域形式给出的,主要包括:

　　(1) **系统稳定性要求**。保证闭环系统稳定是系统正常工作的前提和基础,可以直接利用第 3 章介绍的方法判定离散系统的稳定性。

　　(2) **稳态特性要求**。稳态特性主要是以系统在给定输入及干扰作用下的稳态误差大小来衡量的。与连续系统类似,影响离散系统稳态误差的主要因素也是系统的类型以及开环放大系数。

　　(3) **动态特性要求**。动态特性主要以系统单位阶跃响应的上升时间、峰值时间、调节时间以及超调量来表示。高阶系统的动态指标是由系统的零极点分布决定的,计算难度较大。一般来说,高阶系统中都有一对主导极点,此时可以将高阶系统近似为一个二阶系统来分析。

　　设二阶连续系统的闭环传递函数为

$$\Phi(s) = \frac{Y(s)}{R(s)} = \frac{\omega_n^2}{s^2 + 2\xi\omega_n s + \omega_n^2} \tag{6-1}$$

式中,$0 < \xi < 1$。

　　特征根为

$$s_{1,2} = -\xi\omega_n \pm j\omega_n\sqrt{1-\xi^2} \tag{6-2}$$

其中,实部和虚部的绝对值分别为

$$\mathrm{Re}(s) = \xi\omega_n \tag{6-3}$$

$$\mathrm{Im}(s) = \omega_n\sqrt{1-\xi^2} \tag{6-4}$$

　　式(6-1)的单位阶跃响应为

$$y(t) = 1 - \frac{\mathrm{e}^{-\xi\omega_\mathrm{n}t}}{\sqrt{1-\xi^2}} \sin(\omega_\mathrm{n}\sqrt{1-\xi^2}\,t + \arccos\xi) \tag{6-5}$$

系统的动态指标如下：

上升时间

$$t_\mathrm{r} = \frac{\pi - \arccos\xi}{\mathrm{Im}(s)} \tag{6-6}$$

峰值时间

$$t_\mathrm{p} = \frac{\pi}{\mathrm{Im}(s)} \tag{6-7}$$

调节时间(5%误差带)

$$t_\mathrm{s} = \frac{3.5}{\mathrm{Re}(s)} \tag{6-8}$$

超调量

$$\sigma\% = \mathrm{e}^{(-\pi\xi/\sqrt{1-\xi^2})} \times 100\% \tag{6-9}$$

根据以上性能指标，就可以确定 s 平面上的主导极点位置范围，进而根据映射关系 $z = \mathrm{e}^{sT}$，确定 z 平面极点的位置范围。

(1) **等 ξ 线**。根据超调量 $\sigma\%$ 的指标要求，由式(6-9)可以确定阻尼比 ξ 的值。在 s 平面，相同阻尼比的特征根轨迹是从原点出发的射线，且与负实轴的夹角 $\beta = \arccos\xi$。等 ξ 线映射到 z 平面，则为对数螺旋线。

(2) **等 $\mathrm{Re}(s)$ 线**。根据调节时间 t_s 的指标要求，由式(6-8)可得，在 s 平面，$\mathrm{Re}(s) \geqslant 3.5/t_\mathrm{s}$，映射到 z 平面，其特征根的模 $R \leqslant \mathrm{e}^{-T\mathrm{Re}(s)}$，即为同心圆。

(3) **等 $\mathrm{Im}(s)$ 线**。根据上升时间 t_r 或峰值时间 t_p 的指标要求，由式(6-6)或式(6-7)可求得 s 平面的特性根虚部 $\mathrm{Im}(s)$，映射到 z 平面，则特征根的相角 $\theta = T\mathrm{Im}(s)$ 是通过原点的射线。

从以上分析可以看出，在 z 平面上，若极点位于以上 3 条轨迹线，即等 ξ 线(对数螺旋线)、等 $\mathrm{Re}(s)$ 线(同心圆)和等 $\mathrm{Im}(s)$ 线(通过原点的射线)的包围区域内，则可以满足给定的动态性能指标要求。

例 6-1 设计算机控制系统的动态性能指标为 $\sigma\% = 10\%$，$t_\mathrm{r} \leqslant 2\mathrm{s}$，5%误差带的 $t_\mathrm{s} \leqslant 3\mathrm{s}$，令采样周期 $T = 1\mathrm{s}$，求 z 平面的主导极点位置范围。

解：由式(6-9)可得 $\xi = 0.629$，由式(6-6)可得 $\mathrm{Im}(s) = 1.1255$，由式(6-8)可得 $\mathrm{Re}(s) = 1.1667$。

在 z 平面上，画出 $\xi = 0.629$ 的对数螺旋线、$\theta \geqslant T\mathrm{Im}(s) = 64.486°$ 的射线以及半径 $R = \mathrm{e}^{-T\mathrm{Re}(s)} = 0.3144$ 的圆，如图 6-2 所示，这 3 条特性曲线包围的阴影部分即为满足动态性能指标的 z 平面极点范围。

6.1.2 频域性能指标要求

连续系统的频域设计法也可以推广用于离散控制系统设计，相应的频率设计指标也

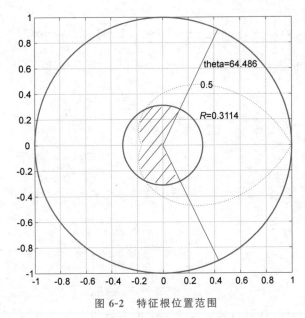

图 6-2　特征根位置范围

可以推广到离散控制系统。在控制系统设计时,通常以系统开环频率特性曲线 $L(j\omega)$ 穿越 0dB 线的频率 ω_c 为参考点,将系统频域划分为低频段、中频段和高频段,如图 6-3 所示,用以描述闭环系统的性能要求,具体包括:

(1) **低频段**: $L(j\omega)$ 的第一个转折频率 ω_1 以前的频段,该段形状取决于系统开环增益和开环积分环节的数目。低频段的形状及幅值大小充分反映了系统的稳态特性。

(2) **中频段**: $L(j\omega)$ 穿过 0dB 线(截止频率 ω_c)附近的频段,其斜率及宽度

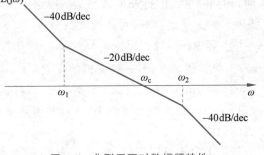

图 6-3　典型开环对数幅频特性

集中反映了系统动态响应的平稳性和快速性。截止频率 ω_c、相位稳定裕度 γ_m、幅值稳定裕度 h 以及 ω_c 附近幅频特性的斜率,均与系统的时域性能指标有内在的联系。当阻尼比 $\xi > 0.5$ 时,$L(j\omega)$ 以 -20dB/dec 穿过 0dB 线。

(3) **高频段**: $L(j\omega)$ 在中频段以后的频段,反映了系统的低通滤波特性,形成了系统对高频干扰信号的抑制能力。通常情况下,要求高频段幅值衰减要多、要快。

6.1.3　离散化直接设计基本过程及原则

重绘单位反馈的计算机控制系统,如图 6-4 所示。$D(z)$ 为数字控制器的脉冲传递函数,实现所需要的离散控制律 $u(k)$。为了将 $u(k)$ 转变为连续信号 $u(t)$ 作用于被控对象,需要考虑保持器的作用。在计算机控制系统中较常用的保持器为零阶保持器,其传递函数为 $(1-e^{-Ts})/s$。由于 $D(z)$ 可以实现任意复杂的控制规律,因此能大幅度提高控

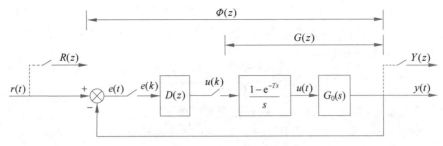

图 6-4　计算机控制系统框图

制系统的性能。

系统的闭环脉冲传递函数为

$$\Phi(z) = \frac{Y(z)}{R(z)} = \frac{D(z)G(z)}{1 + D(z)G(z)} \tag{6-10}$$

式中

$$G(z) = \mathcal{Z}\left[\frac{1 - e^{-Ts}}{s} G_0(s)\right]$$

由式(6-10)可得数字控制器为

$$D(z) = \frac{1}{G(z)} \frac{\Phi(z)}{1 - \Phi(z)} \tag{6-11}$$

系统偏差的脉冲传递函数为

$$\Phi_e(z) = \frac{E(z)}{R(z)} = \frac{R(z) - Y(z)}{R(z)} = \frac{1}{1 + D(z)G(z)} = 1 - \Phi(z) \tag{6-12}$$

系统偏差为

$$E(z) = [1 - \Phi(z)]R(z) \tag{6-13}$$

可以看出,若已知被控对象的脉冲传递函数 $G(z)$,根据性能指标要求求得整个系统的闭环脉冲传递函数 $\Phi(z)$,则可以唯一确定数字控制器 $D(z)$,这就是数字控制器的直接设计法。因此,利用直接法设计数字控制器的步骤可归纳如下:

(1) 确定被控对象的脉冲传递函数 $G_0(s)$,这是算法设计的基础。直接设计法假定能够得到被控对象的精确模型,将其连同前面的零阶保持器一起离散化后,得到被控对象的广义模型 $G(z)$。

(2) 根据系统的性能指标要求和其他约束条件确定所需的闭环脉冲传递函数 $\Phi(z)$。

(3) 根据式(6-11)确定数字控制器的传递函数 $D(z)$。

(4) 根据 $D(z)$ 编制控制算法。

随着系统辨识技术的发展,可以精确获得被控对象的某些特性。在被控对象模型已知的前提下,直接设计法的关键是将系统的性能指标转换为闭环系统的脉冲传递函数 $\Phi(z)$。$\Phi(z)$ 的选择要满足计算机控制系统的基本要求,即数字控制器要满足物理可实现性、稳定性、准确性和快速性等几个方面的基本原则。

1. 物理可实现性

物理可实现性是指设计得到的数字控制器 $D(z)$ 必须在物理上是可实现的。判断

$D(z)$在物理上可实现的依据是$D(z)$分母的z的最高阶次n大于或等于分子的z的最高阶次m，即$n \geqslant m$；否则，就要求数字控制器有超前输出，这在物理上是无法实现的。下面举例说明，若数字控制器为

$$D(z) = \frac{U(z)}{E(z)} = \frac{z^2 + 2z + 3}{z - 1} \tag{6-14}$$

可以看出，$n=1, m=2, n < m$。进一步变换可得

$$(z - 1)U(z) = (z^2 + 2z + 3)E(z) \tag{6-15}$$

对式(6-15)等号两边同乘z^{-2}，并整理，可得

$$z^{-1}U(z) = z^{-2}U(z) + (1 + 2z^{-1} + 3z^{-2})E(z) \tag{6-16}$$

式(6-16)等号两边做z反变换，可得

$$u(k - 1) = u(k - 2) + e(k) + 2e(k - 1) + 3e(k - 2) \tag{6-17}$$

上式也可以写成

$$u(k) = u(k - 1) + e(k + 1) + 2e(k) + 3e(k - 1) \tag{6-18}$$

可以看出，当前采样时刻的数字控制器输出$u(k)$与下一采样时刻的系统偏差$e(k+1)$有关。计算机控制通常是因果系统，若$n < m$，则在当前采样时刻无法获得下一采样时刻的系统偏差$e(k+1)$，导致无法计算$u(k)$，使得控制算法无法工作。当$n \geqslant m$时，类似式(6-18)中的$e(k+1)$项就不会出现，读者可自行推导。

2. 稳定性

稳定性是指以计算机作为数字控制器的闭环控制系统，在外界干扰下偏离原来的平衡状态，当干扰消失后，控制系统自身有能力恢复到原来的平衡状态。计算机控制系统的稳定性包括两方面：一是在不稳定的控制器作用下，系统输出是不稳定的，故要求数字控制器本身必须是稳定的；二是闭环系统的输出$y(k)$应能够很好地复现系统输入$r(k)$，不允许发散。

3. 准确性

准确性是计算机控制系统的稳态指标。计算机控制系统对稳态误差的要求包括：①在特定的系统输入$r(k)$作用下，输出序列值$y(k)$应与$r(k)$相等，即稳态误差为零，这就是"无差"的概念；②对于一些计算机控制系统，可能进一步要求在采样点之间也没有稳态误差；③对于随动系统来说，要求稳态误差在某个范围内。

4. 快速性

快速性是控制系统的暂态指标，通常包括延迟时间、上升时间、峰值时间、调节时间、超调量、振荡次数等，其中最主要的指标是调节时间。调节时间要求系统的输出响应在尽量短的时间内达到稳定状态，系统输出$y(k)$应能尽快跟踪系统输入$r(k)$的变化，即系统的调节时间应尽可能短。

6.2 数字控制器的根轨迹设计

在连续控制系统中，已知控制系统开环传递函数的零极点分布的情况下，用根轨迹法设计校正网络是一种很好的方法。改变校正网络的结构和参数，就可以使控制系统的

闭环特征根配置在期望的位置上。与连续系统采用 s 平面根轨迹法设计校正网络一样，可采用 z 平面根轨迹法设计数字控制器。

6.2.1 z 平面根轨迹

典型的计算机控制系统结构可以简化为图 6-5，图中，$D(z)$ 为数字控制器，$G(z)$ 为广义被控对象脉冲传递函数，即连续被控对象连同零阶保持器一起变换到 z 平面的被控对象脉冲传递函数，即

$$G(z) = \mathcal{Z}\left[\frac{1 - e^{-Ts}}{s} G_0(s)\right] \tag{6-19}$$

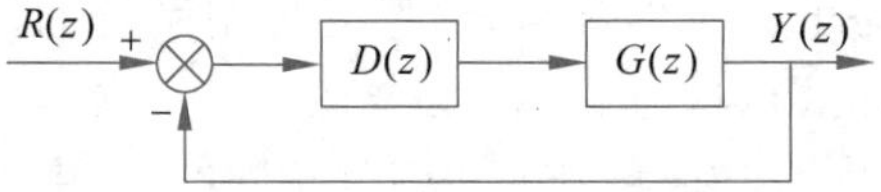

图 6-5 离散控制系统

计算机控制系统的闭环脉冲传递函数为

$$\Phi(z) = \frac{Y(z)}{R(z)} = \frac{D(z)G(z)}{1 + D(z)G(z)} \tag{6-20}$$

以计算机为控制器的离散闭环系统特征方程为

$$1 + D(z)G(z) = 0 \tag{6-21}$$

z 平面的根轨迹是指当系统某个参数（如开环增益）由零到无穷大变化时，闭环特征方程的根在 z 平面移动的轨迹。

连续系统的闭环系统特征方程为

$$1 + D(s)G(s) = 0 \tag{6-22}$$

对比式(6-21)和式(6-22)可以看出，离散系统与连续系统的闭环特征方程在形式上是完全相同的，只不过一个是复变量 z 的方程，另一个是复变量 s 的方程。因此，连续系统的根轨迹定义及绘制法则在 z 域是完全适用的。

将计算机控制系统的开环传递函数 $D(z)G(z)$ 写成零极点形式，可得

$$D(z)G(z) = \frac{K\prod_{i=1}^{m}(z - z_i)}{\prod_{i=1}^{n}(z - p_i)} \tag{6-23}$$

式中，z_i、p_i 分别为开环零极点；m 为零点数，n 为极点数，$m \leqslant n$；K 为根轨迹增益。

由式(6-21)可知，离散系统的根轨迹方程为

$$D(z)G(z) = -1 \tag{6-24}$$

即

$$\frac{K\prod_{i=1}^{m}(z - z_i)}{\prod_{i=1}^{n}(z - p_i)} = -1 \tag{6-25}$$

进而可得模值方程与相角方程,即

$$K = \frac{\prod\limits_{i=1}^{n} |z - p_i|}{\prod\limits_{i=1}^{m} |z - z_i|} \tag{6-26}$$

$$\sum_{i=1}^{m} \angle(z - z_i) - \sum_{i=1}^{n} \angle(z - p_i) = (2k+1)\pi \quad (k = 0, \pm 1, \pm 2, \cdots) \tag{6-27}$$

通常来说,一个复杂系统的开环传递函数有多个极点和零点,其根轨迹的绘制看起来很复杂,不过随着计算机技术的迅速发展,已经有功能完善的程序软件来计算和绘制根轨迹,从而免去了繁杂的手算工作。但是,作为控制系统的设计者,绘制根轨迹草图,了解参数变化对闭环极点的影响,仍是十分必要的。

尽管离散域和连续域内绘制根轨迹的法则是相同的,但由于离散域的特点,z 平面和 s 平面的根轨迹还是有一些区别,主要包括:

(1) 由于无限大的 s 左平面映射到有限的 z 平面单位圆内,使得 z 平面极点的密集度很高,所以 z 平面上两个相距很近的极点,对应的系统性能可能有很大的差别。当 T 很小时,由 $z = e^{Ts}$ 可知,所有 s 左平面的极点都映射在 $z = 1$ 附近,极点的密集度很大。这样,利用离散根轨迹分析系统性能时,要求计算精度较高。

(2) z 平面上的稳定边界是 $|z| = 1$(单位圆),而 s 平面的稳定边界是 $s = j\omega$(虚轴)。当利用根轨迹确定了离散闭环系统的极点后,用其说明系统的稳定性和响应时,与连续系统是不同的。在 s 平面,临界放大系数由根轨迹与虚轴的交点求得。在 z 平面,临界放大系数由根轨迹与单位圆的交点求得。

(3) 离散系统的脉冲传递函数零点数多于相应的连续系统,在分析系统动态性能时仅考虑闭环极点位置的影响是不够的,还需要考虑零点位置对系统动态响应的影响。

(4) z 平面上的特征频率 ω_n 有可能是负值,而 s 平面的 ω_n 无负值。

6.2.2 根轨迹设计法

根轨迹设计法实质上是一种按照极点配置的设计方法。通过设计控制器的结构和参数,使闭环系统的极点放置到所需要的位置。由于根轨迹设计法本质上是一种"反复试凑"的方法,因此没有一成不变的规程。下面给出一种参考的设计步骤:

(1) 根据给定的时域指标,在 z 平面求出期望极点的允许范围。

(2) 设计数字控制器 $D(z)$。

① 求出广义被控对象的脉冲传递函数 $G(z)$。

② 确定控制器 $D(z)$ 的结构形式,设 $D(z) = \dfrac{k(z - z_1)}{(z - p_1)}$,其中 z_1 和 p_1 需要根据设计者的经验给定。零极点的分布以及其作用如图 6-6 所示。若极点位于零点的左边,则为相位超前控制;若极点位于零点的右边,则为相位滞后控制。

③ 绘制系统的根轨迹,修正 z_1 和 p_1,反复对比,直到获得比较满意的效果。若满足要求,则设计完成。

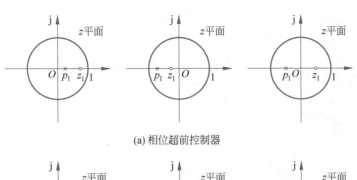

(a) 相位超前控制器

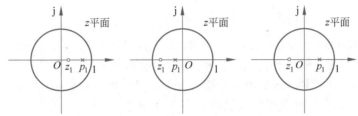

(b) 相位滞后控制器

图 6-6 数字控制器零极点分布

④ 若上述设计仍不能满足要求,则设 $D(z)$ 为二阶环节,即 $D(z) = \dfrac{k(z-z_1)(z-z_2)}{(z-p_1)(z-p_2)}$,重复上述步骤,直到满足为止。

在控制器选择时,经常采用零极点对消法,即用控制器的零极点对消广义被控对象的不希望的零极点,从而使整个闭环系统具有满意的品质。需要说明的是,不要试图用 $D(z)$ 去对消广义被控对象在单位圆外、单位圆上以及靠近单位圆的零极点,否则会出现对消零极点不精确而导致不稳定现象。如图 6-7(a)所示的广义被控对象,有一个零点 z_1 和两个靠近单位圆的极点 p_1 和 p_2,若选用二阶环节数字控制器 $D(z) = \dfrac{k(z-p_1)(z-p_2)}{(z-a)(z-b)}$ 的两个零点去对消原广义被控对象的极点,则根轨迹向圆心移动,闭环系统应该能够获得满意的品质。但是在实际实现时,受扰动、被控对象参数的漂移以及数字控制器的计算误差等因素的影响,零极点不能精确对消,两种可能的对消效果如图 6-7(b)和(c)所示。从对消效果来看,虽然图 6-7(b)所示的对消结果未能改变系统的品质,闭环控制系统仍然是稳定的。但是,图 6-7(c)所示的对消结果非常不理想,部分根轨迹已在单位圆外,非常容易导致闭环系统的不稳定。

(3) 进行数字仿真验证,校核闭环系统的各项性能。若仿真结果表明闭环控制系统的品质不满足要求,则重新选择数字控制器 $D(z)$ 的结构形式,重复上面的步骤,直到满足所有性能指标为止。

(4) 编写计算机程序,实现 $D(z)$ 算法。

由于离散系统的根轨迹设计法与连续系统完全相同,这对于熟悉连续系统设计的工程人员来说是非常方便的。另外,根轨迹设计法直接在 z 域进行,因而采样周期的选择只取决于问题本身而不受设计方法的限制。该方法的缺点是 z 平面上的零极点分布与系统

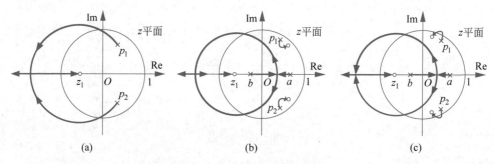

图 6-7　不精确对消的根轨迹

性能的关系不太直观,因而需要借助仿真不断地试凑,才能获得比较满意的设计效果。

注意,即使将希望的闭环极点配置在允许区域内,仍有可能出现系统的动态性能不满足性能指标要求的问题,这是因为系统的性能不仅受极点的影响,而且受零点的影响,需要综合考虑零点和极点对系统性能的影响,反复试凑。

6.2.3　设计实例

例 6-2　如 4.3 节所述的龙门式 XY 型直线电动机位置控制系统,以 X 轴位置系统为例,利用离散域根轨迹设计法设计数字控制器 $D(z)$,使系统满足设计要求:

超调量 $\sigma\% \leqslant 15\%$,调节时间 $t_s \leqslant 0.5\text{s}$,上升时间 $t_r \leqslant 0.2\text{s}$,静态速度误差 $K_v \geqslant 5$,采样周期 $T = 0.05\text{s}$。

解:(1)确定 z 平面期望极点位置。

根据设计指标,由式(6-9)可得,闭环系统阻尼比 $\xi \geqslant 0.517$;由式(6-6)可得,z 域射线 $\theta \geqslant T\text{Im}(s) = 30.2817°$;由式(6-8)可得,同心圆半径 $R \leqslant \text{e}^{-T\text{Re}(s)} = 0.7074$。理想的极点范围为上述三条轨迹包围部分。

(2)设计数字控制器 $D(z)$。

当 $T = 0.05\text{s}$ 时,已知被控对象的广义模型为

$$G(z) = \frac{0.008689z + 0.0072}{z^2 - 1.5766z + 0.5766} = \frac{0.008689(z + 0.8286)}{(z - 1)(z - 0.5766)}$$

为了简化利用根轨迹法设计数字控制器的过程,可先取控制器为纯比例环节,即 $D(z) = k$,绘制系统的根轨迹,如图 6-8 所示,观察根轨迹与理想极点范围的关系,初步确定试凑的步骤,然后反复试凑,直至满足设计要求。

从图 6-8 可以看出,当 $D(z) = k$ 时,根轨迹没有进入期望的极点范围,纯比例环节无法满足系统要求,因而需要加入具有动态特性的控制器。再次分析根轨迹与理想极点范围可以看出,为了使根轨迹能够进入理想的极点范围,一个可行的思路是将开环极点 p_2 向原点移动。为此,采用零极点对消法将 p_2 对消,再配置一个靠近原点或位于原点的极点。需要说明的是,一般情况下不能采用零极点对消法来处理 p_1,其根本原因在于,若对消掉 p_1,则系统的开环特性由原来的 I 型变为 0 型,系统类型的降低减弱了闭环系统的跟踪能力,有可能无法满足静态速度误差的性能要求。综合以上分析,选用以下控制器:

$$D(z) = \frac{K(z - 0.5766)}{z}$$

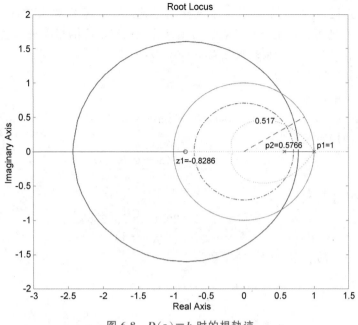

图 6-8 $D(z)=k$ 时的根轨迹

此时,系统的开环传递函数变为

$$D(z)G(z) = K\,\frac{(z + 0.8286)}{z(z - 1)}$$

式中,K 为根轨迹增益。

基于以上开环传递函数再次绘制根轨迹,如图 6-9 所示。可以看出,有一部分根轨迹

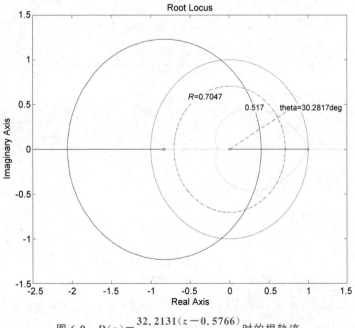

图 6-9 $D(z) = \dfrac{32.2131(z - 0.5766)}{z}$ 时的根轨迹

进入了期望极点范围内,于是可以从中选择满足速度误差系数要求的任一极点。利用 MATLAB 指令,即可在选定极点位置后自动计算该极点对应的根轨迹增益。本例选择: 期望极点为 $0.36\pm\mathrm{j}0.3199$,根轨迹增益 $K=0.2799$。

可进一步完成以下计算:

数字控制器增益为

$$K=0.2799/0.008689=32.2131$$

控制器脉冲传递函数为

$$D(z)=\frac{32.2131(z-0.5766)}{z}$$

系统开环传递函数为

$$G(z)D(z)=\frac{0.2799(z+0.8286)}{z(z-1)}$$

闭环控制系统的静态速度误差系数为

$$K_{\mathrm{v}}=\frac{1}{T}\lim_{z\to 1}(z-1)D(z)G(z)$$

$$=\frac{1}{0.05}\lim_{z\to 1}(z-1)\frac{0.2799(z+0.8286)}{z(z-1)}$$

$$=10.2365>5$$

(3) 仿真分析。

基于以上计算结果,利用 MATLAB 进行仿真得到控制系统的单位阶跃响应曲线, 如图 6-10 所示。可以看出,利用根轨迹设计法的数字控制器 $D(z)$,能够满足给定的所有时域动态性能指标。

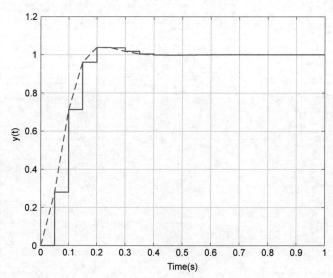

图 6-10 $D(z)=\dfrac{32.2131(z-0.5766)}{z}$ 时的 X 轴系统阶跃响应曲线

6.3 数字控制器的频域设计

在连续控制系统设计中,频率设计法和根轨迹设计法是两大经典设计方法,特别是对数频率特性曲线(波特图)能采用简单的方法近似绘制,因此频率法的应用更加广泛。离散系统的频率特性 $G(e^{j\omega T})$ 是 $e^{j\omega T}$ 的有理函数,但不再是频率 $j\omega$ 的有理函数,而是 $j\omega$ 的超越函数,从而不能像 s 域那样将传递函数分解成积分环节、惯性环节、振荡环节等典型环节,采用渐近的直线来画出近似的对数幅频特性曲线,因而 $G(e^{j\omega T})$ 无法直接利用波特图进行设计。另外,z 变换把 s 左半平面的基本带和辅助带都映射到 z 平面的单位圆内,所以适用于整个 s 左半平面的常规频率响应设计法不再适用于 z 平面。为了能够应用频率响应设计法分析和设计离散控制系统,必须对 z 平面进行某种变换,本节主要介绍 w 变换以及 w 域设计基本方法。

6.3.1 w 变换

1. w 变换方法

上述难题可以通过将 z 平面的脉冲传递函数变换到 w 平面的方法来解决,这种变换通常称为 w 变换,其定义如下

$$z = \frac{1 + \dfrac{T}{2}w}{1 - \dfrac{T}{2}w} \tag{6-28}$$

式中,T 为采样周期。

通过将 z 平面的给定脉冲传递函数变换成关于 w 的有理函数,频率响应设计法得以扩展到离散时间控制系统。求解式中的 w,可得 w 反变换为

$$w = \frac{2}{T} \frac{z-1}{z+1} \tag{6-29}$$

显然,式(6-28)和式(6-29)是一种双线性变换。

2. w 变换的性质

(1) 无限缩小采样周期 T,则复变量 w 近似等于复变量 s。

将 $z = e^{Ts}$ 代入式(6-29),并在两端取 $T=0$ 的极限,可得

$$\lim_{T \to 0} w = \lim_{T \to 0} \frac{2}{T} \frac{z-1}{z+1} \Big|_{z=e^{sT}} = \lim_{T \to 0} \frac{2}{T} \frac{e^{sT}-1}{e^{sT}+1} \tag{6-30}$$

当 sT 很小时,有

$$e^{Ts} = 1 + Ts + \frac{(Ts)^2}{2!} + \cdots$$

取该级数的前两项,代入式(6-30),可得

$$\lim_{T \to 0} \frac{2}{T} \frac{e^{sT}-1}{e^{sT}+1} = \lim_{T \to 0} \frac{2}{T} \frac{sT}{2+sT} = s \tag{6-31}$$

以上分析表明,当采样周期 T 无限小时,w 平面可看作连续域 s 平面。

（2）传递函数的相似性。

如果 $G(s)$ 通过零阶保持器变换为 $G(z)$，再变换为 $G(w)$，则 $G(s)$ 与 $G(w)$ 是极为相似的。现举例说明。

假设连续被控对象为

$$G_0(s)=\frac{a}{s+a} \tag{6-32}$$

用零阶保持器接收数字控制器的控制输出，则含有零阶保持器的广义脉冲传递函数为

$$G(z)=\mathcal{Z}\left[\frac{1-e^{-sT}}{s}G_0(s)\right]=\frac{1-e^{-aT}}{z-e^{-aT}} \tag{6-33}$$

利用式（6-28）将 $G(z)$ 变换到 w 平面，可得

$$G(w)=G(z)\bigg|_{z=\frac{1+\frac{T}{2}w}{1-\frac{T}{2}w}}=\frac{2}{T}\frac{1-e^{-aT}}{1+e^{-aT}}\frac{1-\frac{T}{2}w}{w+\frac{2}{T}\frac{1-e^{-aT}}{1+e^{-aT}}} \tag{6-34}$$

把 $a=5$，$T=0.1\text{s}$ 代入式（6-32）、式（6-33）及式（6-34），可得

$$G_0(s)=\frac{5}{s+5}$$

$$G(z)=\frac{0.3935}{z-0.6065}$$

$$G(w)=\frac{4.899\left(1-\frac{w}{20}\right)}{w+4.899}$$

比较 $G_0(s)$ 和 $G(w)$ 可以看出，两者的增益和极点十分相近，而 $G(z)$ 则没有这种相似性。不同的是，$G(w)$ 比 $G_0(s)$ 分子上多了一个因子 $1-\frac{w}{20}$，即 $G(w)$ 多了一个位于 $w=\frac{2}{T}=20$ 的零点。w 变换后分子和分母总是同阶，因而该零点可以看作是 $G_0(s)$ 在无穷远的零点映射到 w 平面上的。

当 $T\to0$ 时，对式（6-34）取极限，可得

$$\lim_{T\to0}G(w)=\frac{a}{w+a} \tag{6-35}$$

此时，$G_0(s)$ 和 $G(w)$ 完全相同。

上述结论可以推广到一般情况，当 $G_0(s)$ 的分子阶次比分母阶次低 2 阶或以上时，$G(w)$ 除了 $1-\frac{Tw}{2}$ 零点外，还会增加新的零点，读者可自行举例验证。

（3）$w=\frac{2}{T}$ 零点的意义。

新增的零点 $w=\frac{2}{T}$ 对应于 $z=\pm\infty$ 处的零点是用零阶保持器重构数字控制器的控制

输出而引入的,反映了零阶保持器的相位滞后特性,但由于该零点位于 w 右半平面,所以是非最小相位零点。另外,零阶保持器的特性在 w 域内的传递函数中清楚地显示出来,这是 w 平面表示的一大优点。

3. w 变换的映射关系

从 s 平面映射到 w 平面,要经过以下两步映射:

(1)通过 z 变换,s 左平面的主带映射到 z 平面的单位圆内,旁带重叠地映射到单位圆内,如图 6-11(a)和(b)所示。

① $s=0$ 平面的原点映射到 $z=1$ 点;

② $s=\mathrm{j}\dfrac{\omega_\mathrm{s}}{2}$ 和 $s=-\mathrm{j}\dfrac{\omega_\mathrm{s}}{2}$ 映射到 z 平面的相同点,即 $z=-1$ 点;

③ $s=0\sim s=\mathrm{j}\dfrac{\omega_\mathrm{s}}{2}$ 段映射到 z 平面上半平面的单位圆上;

④ $s=0\sim s=-\mathrm{j}\dfrac{\omega_\mathrm{s}}{2}$ 段映射到 z 平面下半平面的单位圆上;

⑤ s 左平面的主带映射到 z 平面的单位圆内。

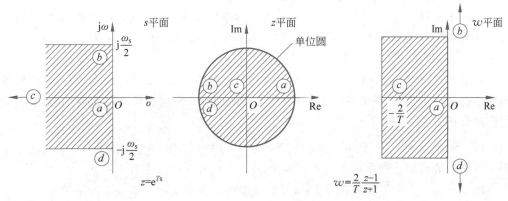

(a) s左半平面主带　　(b) s左半平面主带在z平面的映射　(c) z平面单位圆及内部在w平面的映射

图 6-11　从 s 平面到 z 平面以及从 z 平面到 w 平面的映射关系

(2)通过 w 变换将 z 平面映射到 w 平面,如图 6-11(b)和(c)所示。

① z 平面的原点 $z=0$ 映射到 w 平面上的 $w=-\dfrac{2}{T}$;

② z 平面上的单位圆映射到整个 w 平面的虚轴 $\mathrm{j}v$(v 表示 w 平面上的虚拟频率);

③ z 平面上的单位圆内,映射到整个 w 左半平面。

进一步,令复变量 $w=\sigma_w+\mathrm{j}v$,由式(6-28)可得

$$z=\frac{1+\dfrac{T}{2}w}{1-\dfrac{T}{2}w}=\frac{\left(1+\dfrac{T}{2}\sigma_w\right)+\mathrm{j}\dfrac{T}{2}v}{\left(1-\dfrac{T}{2}\sigma_w\right)-\mathrm{j}\dfrac{T}{2}v} \tag{6-36}$$

由此可得

$$|z|^2 = \frac{\left(1 + \dfrac{T}{2}\sigma_w\right)^2 + \left(\dfrac{T}{2}v\right)^2}{\left(1 - \dfrac{T}{2}\sigma_w\right)^2 + \left(\dfrac{T}{2}v\right)^2} \tag{6-37}$$

分析式(6-37)可以看出,w 变换将 z 平面上的单位圆周及其内部一对一地映射到 w 平面的虚轴及整个左半平面。

通过 z 变换和 w 变换,s 左平面的主带首先被映射到 z 平面的单位圆内,然后被映射到 w 平面的整个左半平面。z 平面的原点被映射到 w 平面的 $w = -2/T$ 点。当 s 变量在 s 平面内沿 $\mathrm{j}\omega$ 轴从 0 到 $\mathrm{j}\omega_\mathrm{s}/2$ 变化时,对应 z 变量在 z 平面内沿单位圆从 1 变化到 -1,w 变量在 w 平面内沿虚轴从 $v = 0$ 变化到 $v = \mathrm{j}\infty$。

从图 6-11 可以看出,w 平面和 s 平面是非常相似的,w 左半平面对应于 s 左半平面,w 平面的虚轴对应于 s 平面虚轴;但这两个平面还是有区别的,主要的区别是 s 平面内 $-\dfrac{\omega_\mathrm{s}}{2} \leqslant \omega \leqslant \dfrac{\omega_\mathrm{s}}{2}$ 的频带被映射到 w 平面内的 $-\infty \leqslant v \leqslant \infty$ 范围。这表明,尽管模拟控制器的频率响应特性会在数字控制器中复现,但是频率尺度将从模拟控制器中的无限大间隔区间被压缩成数字控制器中的有限区间。

通过 z 变换和 w 变换将广义被控对象的脉冲传递函数 $G(s)$ 变换成 $G(w)$ 后,就可将其视为关于 w 的传统传递函数。这样,传统的频率响应法可用于 w 平面,从而可以利用成熟的频率响应设计法来设计数字控制器。

如前所述,v 表示 w 平面上的虚拟频率,用 $\mathrm{j}v$ 替换 w 后,就可以绘制关于 w 的传递函数伯德图。尽管 w 平面和 s 平面在几何上相似,但 w 平面的频率轴是畸变的,下面进行简要分析。

以 $s = \mathrm{j}\omega_\mathrm{A}$,$z = \mathrm{e}^{\mathrm{j}\omega_\mathrm{D}T}$ 代入变换公式 $z = \mathrm{e}^{sT}$ 中,则有 $\omega_\mathrm{D} = \omega_\mathrm{A}$,这说明,$s$ 平面的频率和 z 平面上的频率是线性相等关系。因此,在 s 平面和 z 平面上都用 ω 表示频率。

将 $w = \mathrm{j}v$,$z = \mathrm{e}^{\mathrm{j}\omega T}$ 代入式(6-29),可得虚拟频率 v 与实际频率 ω 之间的关系为

$$w\Big|_{w = \mathrm{j}v} = \frac{2}{T} \frac{z-1}{z+1}\Big|_{z = \mathrm{e}^{\mathrm{j}\omega T}} = \frac{2}{T} \frac{\mathrm{e}^{\mathrm{j}\omega T} - 1}{\mathrm{e}^{\mathrm{j}\omega T} + 1}$$

$$= \frac{2}{T} \frac{\mathrm{e}^{\frac{\mathrm{j}\omega T}{2}} - \mathrm{e}^{-\frac{\mathrm{j}\omega T}{2}}}{\mathrm{e}^{\frac{\mathrm{j}\omega T}{2}} + \mathrm{e}^{-\frac{\mathrm{j}\omega T}{2}}} = \mathrm{j} \frac{2}{T} \tan \frac{\omega T}{2} \tag{6-38}$$

即

$$v = \frac{2}{T} \tan \frac{\omega T}{2} \tag{6-39}$$

式(6-39)给出了虚拟频率 v 与实际频率 ω 之间的非线性关系。当实际频率 ω 从 $-\omega_\mathrm{s}/2$ 变化到 0 时,虚拟频率 v 从 $-\infty$ 变化到 0;当实际频率 ω 从 0 变化到 $\omega_\mathrm{s}/2$ 时,虚拟频率 v 从 0 变化到 ∞,如图 6-12 所示,v 与 ω 的量纲都是 rad/s。利用式(6-39)可以将实际频率 ω 转化为虚拟频率 v。例如,若给定带宽 ω_b,则需要设计的系统带宽 $v_\mathrm{b} = \dfrac{2}{T} \tan \dfrac{\omega_\mathrm{b} T}{2}$。

需要说明的是，若式(6-39)中的 ωT 很小，则可得

$$v \approx \omega \qquad (6\text{-}40)$$

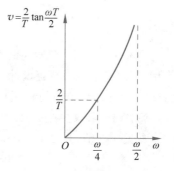

这意味着，当 ωT 很小时，传递函数 $G(w)$ 和 $G(\omega)$ 是相似的。需要注意的是，这是在式(6-39)中包含尺度因子 $2/T$ 的直接结果。在变换中，由于该尺度因子的存在，使得 w 变换前后的误差常数相同。当 $T \rightarrow 0$ 时，w 平面的传递函数将趋近于 s 平面的传递函数。

当 T 较小时，在低频段，w 平面的虚拟频率 v 和 s 平面的实际频率 ω 近似相等，这个关系是非常有意义的。在设计数字控制器的定性阶段，设计人员可将 w 平面的

图 6-12 s 平面和 w 平面的频率变换关系

虚拟频率当作真实频率来处理，降低设计难度，简化设计过程。但是，频率较高时不能将 w 平面的虚拟频率当作实际频率来处理，而是必须按式(6-39)进行换算。

6.3.2 w 域设计法

对于图 6-5 所示的数字控制系统，w 平面内数字控制器的设计步骤如下：

(1) 选择适当的采样周期 T，求取被控对象 $G_0(s)$ 和零阶保持器的 z 变换，即

$$G(z) = \mathcal{Z}\left[\frac{1 - \mathrm{e}^{-Ts}}{s} G_0(s)\right]$$

(2) 利用双线性变换法，将 $G(z)$ 变换为 w 平面上的传递函数 $G(w)$，即

$$G(w) = G(z)\Big|_{z = \frac{1 + (T/2)w}{1 - (T/2)w}}$$

(3) 将 $w = \mathrm{j}v$ 代入 $G(w)$，并绘制 $G(w)$ 的波特图。

(4) 从波特图上读取稳态误差常数、相角裕度和增益裕度。

(5) 假设数字控制器的传递函数 $D(w)$ 的低频增益为 1，求满足给定稳态误差常数要求的系统增益，然后利用连续时间控制系统的频率设计方法求取数字控制器传递函数的零点和极点($D(w)$ 是关于 w 的两个多项式之比)，由此可得所设计系统的开环传递函数为 $D(w)G(w)$。

(6) 进行 w 反变换，求取 z 域控制器，即

$$D(z) = D(w)\Big|_{w = \frac{2}{T}\frac{z-1}{z+1}}$$

(7) 检验 z 域闭环系统的品质。

(8) 在计算机编程实现 $D(z)$。

在给出数字控制器的频域设计步骤之后，还需要注意以下两点：

(1) 传递函数 $G(w)$ 是非最小相位传递函数，其相角曲线与典型最小相位传递函数的相角曲线不同。因此，在引入非最小相位项之后必须确保相角曲线绘制正确。

(2) w 平面的频率轴是失真的，虚拟频率 v 与实际频率 ω 的关系为 $v = \frac{2}{T}\tan\frac{\omega T}{2}$。

6.3.3 设计实例

例 6-3 如 4.3 节所述的龙门式 XY 型直线电动机位置控制系统,以 X 轴位置系统为例,利用离散域根轨迹设计法设计数字控制器 $D(z)$,使系统满足时域性能要求:超调量 $\sigma\% \leqslant 15\%$,调节时间 $t_s \leqslant 1s$,上升时间 $t_r \leqslant 0.5s$,采样周期 $T=0.05s$。

解:(1) 求取被控对象的广义模型 $G(z)$。

参见 4.3 节,当 $T=0.05s$ 时,求得被控对象及前置零阶保持器的广义模型为

$$G(z) = \frac{0.008689z + 0.0072}{z^2 - 1.5766z + 0.5766} = \frac{0.008689(z + 0.8286)}{(z-1)(z-0.5766)}$$

利用式(6-28),通过双线性变换将脉冲传递函数 $G(z)$ 变换为 $G(w)$,即

$$G(w) = G(z)\Big|_{z=\frac{1+(T/2)w}{1-(T/2)w}} = \frac{0.008689\dfrac{1+(T/2)w}{1-(T/2)w} + 0.0072}{\left(\dfrac{1+(T/2)w}{1-(T/2)w}\right)^2 - 1.5766\dfrac{1+(T/2)w}{1-(T/2)w} + 0.5766}$$

$$= \frac{-0.0005w^2 - 0.1827w + 8.0624}{w^2 + 10.7421w}$$

(2) 在 w 域设计模拟控制器 $D(w)$。

假设 $D(w)=1$,未接入控制器的阶跃响应曲线如图 6-13 所示,开环频率特性如图 6-14 所示。从图可以看出,时域性能指标较差,且系统的剪切频率 $\omega_c = 0.749\text{rad/s}$,其值太小,闭环系统的性能无法满足设计要求。

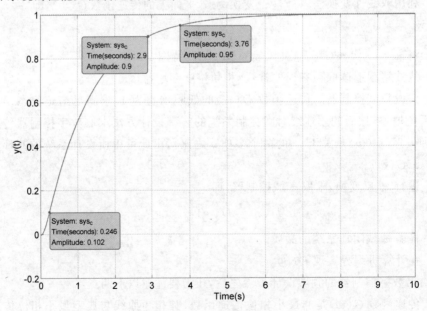

图 6-13 $D(w)=1$ 时的阶跃响应

利用模拟控制系统中的频率响应法设计连续控制器 $D(w)$ 在此不再赘述,得到模拟控制器为

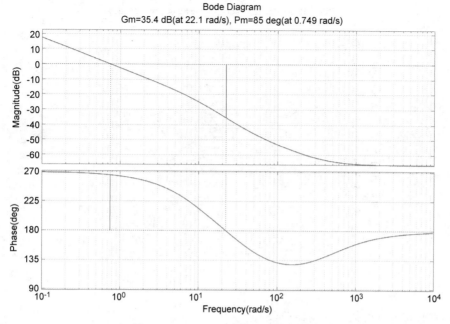

图 6-14　$D(s)=1$ 时的开环频率特性

$$D(w)=9.5+\frac{0.01}{w}$$

闭环系统的单位阶跃响应如图 6-15 所示,开环频率特性如图 6-16 所示。可以看出,在 w 域设计得到的控制系统能够满足性能要求,且系统的剪切频率 ω_c 增大至 6.24rad/s。

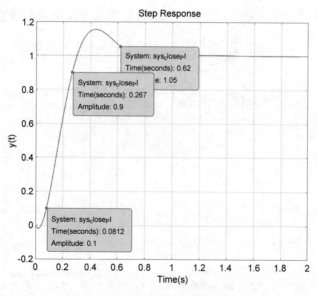

图 6-15　$D(w)=9.5+\dfrac{0.01}{w}$ 时的阶跃响应

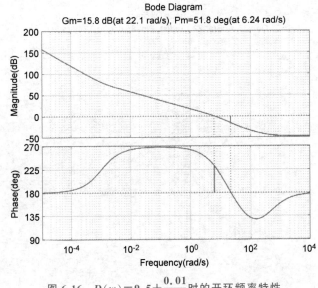

图 6-16 $D(w)=9.5+\dfrac{0.01}{w}$ 时的开环频率特性

（3）求取 z 域的数字控制器 $D(z)$。

将求得的模拟控制器 $D(w)$ 进行 w 反变换，可得

$$D(z)=D(w)\Big|_{w=\frac{2}{T}\frac{z-1}{z+1}}=9.5+\frac{0.01}{\dfrac{2}{0.05}\dfrac{z-1}{z+1}}=\frac{9.50025z-9.49975}{z-1}$$

（4）$D(z)$ 控制下的系统仿真。

基于以上计算结果，利用 MATLAB 进行仿真，得到 X 轴控制系统的单位阶跃响应曲线，如图 6-17 所示。可以看出，利用 w 变换设计的数字控制器 $D(z)$ 能够满足设计指标要求。

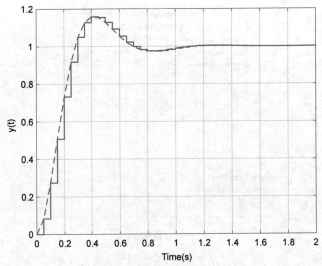

图 6-17 $D(w)=9.5+\dfrac{0.01}{w}$ 时的 X 轴系统阶跃响应曲线

6.4 最小拍控制器的设计

在数字随动控制系统中通常要求系统的输出值尽快地跟踪给定值的变化,最小拍控制就是为满足这一要求的一种离散化设计方法。最小拍控制系统也称为最小调整时间系统或最快响应系统,是指系统在典型的输入作用下调节时间最短,或者系统在有限个采样周期内结束过渡过程并达到设定值。换言之,偏差采样值能在最短时间内达到并保持为零。最小拍控制实质上是时间最优控制,系统的性能指标是调节时间最短。下面将探讨各种典型条件下闭环传递函数 $\Phi(z)$ 的选择以及数字控制器 $D(z)$ 的设计问题。

6.4.1 简单对象的最小拍有纹波控制器设计

现在分析简单被控对象的最小拍控制器设计问题。简单被控对象是指对象没有纯滞后环节,也没有不稳定的零、极点。最小拍随动系统的框图及传递函数与普通的计算机控制系统一致,如图 6-4 所示,图中,设定值 $r(t)$ 是不断变化的,而且其变化是未知的,最小拍闭环脉冲传递函数、最小拍误差传递函数以及最小拍数字控制器分别为式(6-10)、式(6-11)以及式(6-12),不再赘述。

最小拍系统的性能指标如下:

(1) 无稳态偏差。

(2) 达到稳态所需要拍数(采样周期数)最少。

一般情况下,最小拍控制常用的典型测试输入信号及其 z 变换如下。

单位阶跃输入:

$$r(kT)=u(kT),\quad R(z)=\frac{1}{1-z^{-1}}$$

单位速度输入:

$$r(kT)=kT,\quad R(z)=\frac{Tz^{-1}}{(1-z^{-1})^2}$$

单位加速度输入:

$$r(kT)=\frac{(kT)^2}{2},\quad R(z)=\frac{T^2z^{-1}(1+z^{-1})}{2(1-z^{-1})^3}$$

单位重加速度输入:

$$r(kT)=\frac{(kT)^3}{6},\quad R(z)=\frac{T^3z^{-2}(1+4z^{-1}+z^{-2})}{6(1-z^{-1})^4}$$

...

$$r(kT)=\frac{(kT)^{m-1}}{(m-1)!},\quad R(z)=\frac{A(z^{-1})}{(m-1)!\ (1-z^{-1})^m}$$

所以,典型输入信号的 z 变换具有 $R(z)=\dfrac{A(z^{-1})}{(1-z^{-1})^m}$ 的形式,其中,$A(z^{-1})$ 是不包含 $1-z^{-1}$ 因子的 z^{-1} 多项式,对于阶跃、速度、加速度输入信号,m 分别为 1、2、3。

最小拍系统的性能指标要求可表示为

$$e(kT) = y(kT) - r(kT) = 0 \quad (k \geqslant N) \tag{6-41}$$

式中，$r(kT)$、$y(kT)$ 和 $e(kT)$ 为典型输入信号、系统输出和系统偏差在采样时刻的值；N 为 $y(kT)$ 跟上 $r(kT)$ 的最小采样周期数。

众所周知，随动系统的调节时间也就是系统偏差 $e(kT)$ 达到恒定值或者趋于零所需要的时间，与式(6-41)的表述一致。根据 z 变换的定义可得

$$E(z) = \sum_{k=0}^{\infty} e(kT)z^{-k} = e(0) + e(T)z^{-1} + e(2T)z^{-2} + \cdots + e(kT)z^{-k} + \cdots$$

$$\tag{6-42}$$

由式(6-42)可以得出 $e(0), e(T), e(2T), \cdots, e(kT), \cdots$，最小拍系统就是要求系统在典型的输入作用下，当 $k \geqslant N$ 时，$e(kT)$ 为零或恒定值。换言之，要使系统偏差尽快为零，应使式(6-42)中关于 z^{-1} 的项数最少。

根据无稳态偏差的性能要求，由 z 变换的终值定理可得

$$\lim_{k \to \infty} e(kT) = \lim_{z \to 1}(1 - z^{-1})E(z) = 0 \tag{6-43}$$

将式(6-13)代入式(6-43)，可得

$$\lim_{k \to \infty} e(kT) = \lim_{z \to 1}(1 - z^{-1})\Phi_e(z)R(z) = \lim_{z \to 1}(1 - z^{-1})(1 - \Phi(z))R(z) = 0$$

$$\tag{6-44}$$

将典型输入信号 $R(z) = \dfrac{A(z^{-1})}{(1 - z^{-1})^m}$ 代入式(6-44)，可得

$$\lim_{z \to 1}(1 - z^{-1})(1 - \Phi(z))\frac{A(z^{-1})}{(1 - z^{-1})^m} = 0 \tag{6-45}$$

另外，将 $R(z) = \dfrac{A(z^{-1})}{(1 - z^{-1})^m}$ 代入式(6-13)，可得

$$E(z) = \Phi_e(z)R(z) = \Phi_e(z)\frac{A(z^{-1})}{(1 - z^{-1})^m} \tag{6-46}$$

可以看出，在典型的输入信号作用下，为了使式(6-45)成立，并且使式(6-46)中 $E(z)$ 为尽可能少的有限项，必须合理选择 $\Phi_e(z)$ 或 $\Phi(z)$，这就是最小拍控制系统设计的关键所在。

若选择

$$\Phi_e(z) = 1 - \Phi(z) = (1 - z^{-1})^M F(z) \quad (M \geqslant m) \tag{6-47}$$

式中，$F(z)$ 为 z^{-1} 的有限多项式。

若 $F(z)$ 包含 $1 - z^{-1}$ 因子，则可使式(6-45)成立，并且使式(6-46)中 $E(z)$ 为有限多项式。

当选择 $M = m$ 且 $F(z) = 1$（$F(z)$ 不含 z^{-1} 因子）时，不仅可以使设计的数字控制器形式最简单、阶次最低，而且可以使 $E(z)$ 的项数最少，因而调节时间 t_s 最短。另外，很容易看出，对于不同的典型输入，m 不同。

（1）单位阶跃输入（$m=1$）。

选择 $\Phi_e(z)=1-z^{-1}$，$\Phi(z)=z^{-1}$，则系统偏差为

$$E(z)=\Phi_e(z)R(z)=(1-z^{-1})\frac{1}{(1-z^{-1})}=1$$

$$=1z^{-0}+0z^{-1}+0z^{-2}+\cdots \tag{6-48}$$

由 z 变换定义可得

$$e(0)=1,\quad e(T)=e(2T)=\cdots=0$$

系统输出为

$$Y(z)=\Phi(z)R(z)=z^{-1}\frac{1}{(1-z^{-1})}$$

$$=0z^{-0}+1z^{-1}+1z^{-2}+\cdots \tag{6-49}$$

由 z 变换定义可得

$$y(0)=0,\quad y(T)=y(2T)=\cdots=1$$

系统偏差及输出序列如图 6-18 所示。可以看出，单位阶跃输入时，系统偏差存在一拍，即调整时间为一个采样周期 T，在第二个采样周期以后，系统偏差恒为零。

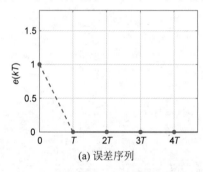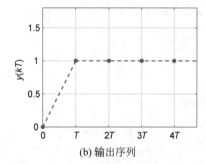

(a) 误差序列　　　　　　　　　　(b) 输出序列

图 6-18　单位阶跃输入作用下的系统偏差及输出序列

（2）单位速度输入（$m=2$）。

选择 $\Phi_e(z)=(1-z^{-1})^2$，$\Phi(z)=2z^{-1}-z^{-2}$，则系统偏差为

$$E(z)=\Phi_e(z)R(z)=(1-z^{-1})^2\frac{Tz^{-1}}{(1-z^{-1})^2}=Tz^{-1}$$

$$=0z^{-0}+Tz^{-1}+0z^{-2}+0z^{-3}+\cdots \tag{6-50}$$

由 z 变换定义可得

$$e(0)=0,\quad e(T)=T,\quad e(2T)=e(3T)=\cdots=0$$

系统输出为

$$Y(z)=\Phi(z)R(z)=(2z^{-1}-z^{-2})\frac{Tz^{-1}}{(1-z^{-1})^2}$$

$$=0z^{-0}+0z^{-1}+2Tz^{-2}+3Tz^{-3}+\cdots \tag{6-51}$$

由 z 变换定义可得

$$y(0)=0,y(T)=0,y(2T)=2T,y(3T)=3T,\cdots$$

系统偏差及输出序列如图 6-19 所示。可以看出，单位速度输入时，系统偏差存在两拍，即

调整时间为两个采样周期 T，在第三个采样周期以后，系统偏差恒为零。

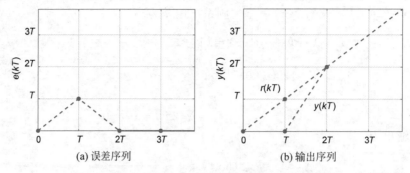

(a) 误差序列　　　　　　　　　　(b) 输出序列

图 6-19　单位速度输入作用下的系统偏差及输出序列

（3）单位加速度输入（$m=3$）。

选择 $\Phi_e(z)=(1-z^{-1})^3$，$\Phi(z)=3z^{-1}-3z^{-2}+z^{-3}$，则系统偏差为

$$E(z)=\Phi_e(z)R(z)=(1-z^{-1})^3\frac{T^2z^{-1}(1-z^{-1})}{2(1-z^{-1})^3}=\frac{T^2(z^{-1}-z^{-2})}{2}$$

$$=0z^{-0}+\frac{T^2}{2}z^{-1}+\frac{T^2}{2}z^{-2}+0z^{-3}+\cdots \tag{6-52}$$

由 z 变换定义可得

$$e(0)=0,\quad e(T)=\frac{T^2}{2},\quad e(2T)=\frac{T^2}{2},\quad e(3T)=\cdots=0$$

系统输出为

$$Y(z)=\Phi(z)R(z)=(3z^{-1}-3z^{-2}+z^{-3})\frac{T^2z^{-1}(1-z^{-1})}{2(1-z^{-1})^3}$$

$$=0z^{-0}+0z^{-1}+\frac{3T^2}{2}z^{-2}+\frac{9T^2}{2}z^{-3}+\cdots \tag{6-53}$$

由 z 变换定义可得

$$y(0)=0,y(T)=0,y(2T)=\frac{3T^2}{2},y(3T)=\frac{9T^2}{2},\cdots$$

系统偏差及输出序列如图 6-20 所示。可以看出，单位加速度输入时，系统偏差存在三拍，即调整时间为三个采样周期 T，在第四个采样周期以后，系统偏差恒为零。

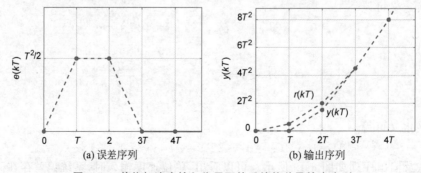

(a) 误差序列　　　　　　　　　　(b) 输出序列

图 6-20　单位加速度输入作用下的系统偏差及输出序列

三种典型输入作用下的最小拍控制系统汇总如表 6-1 所示。

表 6-1　三种典型输入作用下的最小拍系统

输入函数 $r(kT)$	误差 z 传递函数 $\Phi_e(z)$	闭环 z 传递函数 $\Phi(z)$	最小拍调节器 $D(z)$	调节时间 t_s
$u(kT)$	$1-z^{-1}$	z^{-1}	$\dfrac{z^{-1}}{(1-z^{-1})G(z)}$	T
kT	$(1-z^{-1})^2$	$2z^{-1}-z^{-2}$	$\dfrac{2z^{-1}-z^{-2}}{(1-z^{-1})^2G(z)}$	$2T$
$(kT)^2/2$	$(1-z^{-1})^3$	$3z^{-1}-3z^{-2}+z^{-3}$	$\dfrac{3z^{-1}-3z^{-2}+z^{-3}}{(1-z^{-1})^3G(z)}$	$3T$

通过以上分析可以看出,对于典型输入信号,满足无稳态偏差条件的 $\Phi_e(z)$ 和 $\Phi(z)$ 的一般形式为

$$\Phi_e(z)=1-\Phi(z)=(1-z^{-1})^mF(z) \tag{6-54}$$

从快速性角度要求来看,系统必须以最少的采样周期达到稳态值,这就要求 $(1-z^{-1})^mF(z)$ 展开成多项式后的项数最少。结合几种典型输入信号 $R(z)$ 可得,$\Phi_e(z)$ 和 $\Phi(z)$ 中的 $(1-z^{-1})^m$ 因子是用来满足无稳态偏差条件的,用于抵消 $R(z)$ 中分母的相应因子,所以不能动。在此情况下,要减少 $\Phi_e(z)$ 和 $\Phi(z)$ 多项式的项数,只能减少 $F(z)$ 多项式的项数,当 $F(z)=1$ 时,项数最少。从表 6-1 可以看出,以此思路设计的 $\Phi_e(z)$ 和 $\Phi(z)$ 能够同时满足稳态偏差和快速性两项技术指标要求,而且满足系统稳定性和物理可实现性的要求。

综合以上分析,最小拍控制器的设计步骤如下:

(1) 求取考虑零阶保持器的广义被控对象的脉冲传递函数 $G(z)$。

(2) 由输入信号类型,根据表 6-1 确定误差传递函数 $\Phi_e(z)$ 和系统闭环传递函数 $\Phi(z)$。

(3) 将 $G(z)$ 和 $\Phi(z)$ 代入式(6-11),求出最小拍控制器的传递函数 $D(z)$。

(4) 求取输出序列,画出系统的响应曲线等。

例 6-4　在图 6-4 所示的计算机控制系统中,设被控对象的传递函数 $G_0(s)=\dfrac{10}{s(s+1)}$,采样周期 $T=1\text{s}$,设计单位速度作用下的最小拍数字控制器,并检验输入信号为单位加速度时的系统性能。

解:(1) 广义被控对象的脉冲传递函数为

$$G(z)=\mathcal{Z}\left[\frac{1-\mathrm{e}^{-Ts}}{s}G_0(s)\right]=\mathcal{Z}\left[\frac{1-\mathrm{e}^{-Ts}}{s}\frac{10}{s(s+1)}\right]$$

$$=\frac{3.679z^{-1}(1+0.718z^{-1})}{(1-z^{-1})(1-0.3679z^{-1})}$$

单位速度输入时,查表 6-1,选择

$$\Phi_e(z)=(1-z^{-1})^2,\quad \Phi(z)=2z^{-1}-z^{-2}$$

代入式(6-11),可求得最小拍数字控制器的脉冲传递函数为

$$D(z) = \frac{1}{G(z)} \frac{\Phi(z)}{1-\Phi(z)} = \frac{(1-z^{-1})(1-0.3679z^{-1})}{3.679z^{-1}(1+0.718z^{-1})} \cdot \frac{2z^{-1}-z^{-2}}{(1-z^{-1})^2}$$

$$= \frac{0.5436(1-0.3679z^{-1})(1-0.5z^{-1})}{(1+0.718z^{-1})(1-z^{-1})}$$

$$= \frac{0.5436 - 0.4718z^{-1} + 0.1z^{-2}}{1 - 0.282z^{-1} - 0.718z^{-2}}$$

(2) 验证数字控制器的控制效果。

由(6-50)可知,$E(z) = Tz^{-1} = z^{-1}$,利用多项式长除法进一步求得系统输出和控制器输出分别为

$$Y(z) = \Phi(z)R(z) = (2z^{-1} - z^{-2}) \frac{z^{-1}}{(1-z^{-1})^2}$$

$$= 2z^{-2} + 3z^{-3} + 4z^{-4} + \cdots$$

$$U(z) = E(z)D(z) = z^{-1} \frac{0.5436(1-0.3679z^{-1})(1-0.5z^{-1})}{(1+0.718z^{-1})(1-z^{-1})}$$

$$= \frac{0.5436z^{-1} - 0.4718z^{-2} + 0.1z^{-3}}{1 - 0.282z^{-1} - 0.718z^{-2}}$$

$$= 0.54z^{-1} - 0.32z^{-2} + 0.40z^{-3} - 0.12z^{-4} + 0.25z^{-5} + \cdots$$

于是,可以画出最小拍数字控制器和系统输出波形,如图 6-21 所示。

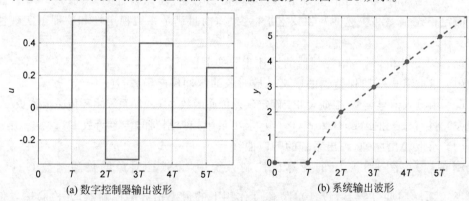

(a) 数字控制器输出波形　　(b) 系统输出波形

图 6-21　单位速度输入作用下的控制器输出及系统响应

从图 6-21(b)可以看出,当系统输入为单位速度信号时,经过两拍以后,系统输出量采样值完全等于输入采样值,但是在采样点之间存在一定的偏差,称为纹波。因此,该最小拍数字控制器也称为有纹波最小拍数字控制器。需要注意的是,在采样点上观测不到 $y(t)$ 的纹波,必须采用修正 z 变换才能计算出两个采样点之间的输出值,这种纹波称为隐蔽振荡。

从图 6-21(a)可以看出,数字控制器的控制输出序列 $u(k)$ 是振荡收敛的,因而控制器的输出是稳定的。但是,$u(k)$ 的振荡收敛特性引起了系统输出的纹波现象。

（3）设输入为单位加速度信号，则系统输出和控制器输出分别为

$$Y(z) = \Phi(z)R(z) = (2z^{-1} - z^{-2})\frac{z^{-1}(1+z^{-1})}{2(1-z^{-1})^3}$$

$$= z^{-2} + 3.5z^{-3} + 7z^{-4} + 11.5z^{-5} + \cdots$$

$$U(z) = \frac{Y(z)}{G(z)} = \frac{1}{G(z)}\Phi(z)R(z)$$

$$= \frac{(1-z^{-1})(1-0.3679z^{-1})}{3.679z^{-1}(1+0.718z^{-1})} \cdot (2z^{-1} - z^{-2}) \cdot \frac{z^{-1}(1+z^{-1})}{2(1-z^{-1})^3}$$

$$= z^{-1} \cdot \frac{2 - 1.7358z^{-1} - 1.6321z^{-2} + 1.7358z^{-3} - 0.3679z^{-4}}{7.358 - 16.791z^{-1} + 6.2249z^{-2} + 8.4911z^{-3} - 5.283z^{-4}}$$

$$= 0.2718z^{-1} + 0.3844z^{-2} + 0.4254z^{-3} + 0.5678z^{-4} + 0.6374z^{-5} + \cdots$$

闭环系统的输出响应曲线和控制器的输出曲线如图 6-22 所示。可以看出，闭环系统的输出 $y(t)$ 与输入 $r(t)$ 之间始终存在偏差，而且最小拍控制器的控制输出 $u(k)$ 也随着时间振荡逐渐增加。

$$e(\infty) = \lim_{z \to 1}(1-z^{-1})\Phi_e(z)R(z) = \lim_{z \to 1}(1-z^{-1})(1-z^{-1})^2\frac{z^{-1}(1+z^{-1})}{2(1-z^{-1})^3} = 1$$

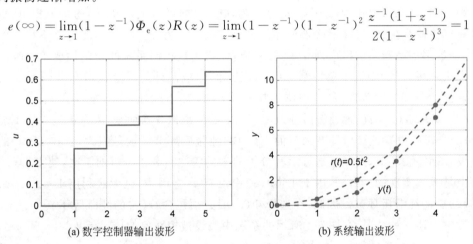

(a) 数字控制器输出波形   (b) 系统输出波形

图 6-22 单位加速度输入作用下的控制器输出及系统响应

通过以上分析可以得出，按某种典型输入信号设计的最小拍控制系统，当输入信号改变时，系统的跟踪性能变差，控制器输出也可能会产生振荡现象，这说明最小拍控制系统对输入信号的变化适应性较差。

6.4.2 复杂对象的最小拍有纹波控制器设计

前面设计的简单对象最小拍有纹波控制器，不仅与系统的闭环传递函数 $\Phi(z)$、误差传递函数 $\Phi_e(z)$ 以及输入信号型式 $R(z)$ 有关，而且与对象的特性 $G(z)$ 有关。为了便于推导，对 $G(z)$ 进行限制，即假定在单位圆上（$z=1$ 点除外）或圆外无零点和极点，而且无纯滞后。本节将讨论对象特性不满足以上条件时最小拍控制控制器的设计问题。

由式（6-11）可得闭环系统脉冲传递函数为

$$\Phi(z) = D(z)G(z)[1 - \Phi(z)] \tag{6-55}$$

(1) 为了保证闭环系统稳定,若 $G(z)$ 中有不稳定极点,则必须在 $1-\Phi(z)$ 中增加相应的零点来对消,而不能在 $D(z)$ 中增加相应的零点来对消。这是因为,受环境条件变化或系统参数漂移的影响,以及辨识的参数存在误差等,$G(z)$ 会发生变化,$G(z)$ 的微小变化都使得 $D(z)$ 的零点无法准确对消 $G(z)$ 中的不稳定极点,从而有可能引起闭环系统的不稳定。因此,不允许采用控制器的零点去对消被控对象的不稳定极点。

(2) 设闭环系统

$$\Phi(z) = \frac{B(z)}{A(z)}$$

则闭环偏差脉冲传递函数

$$\Phi_{e}(z) = 1 - \frac{B(z)}{A(z)} = \frac{A(z) - B(z)}{A(z)}$$

即 $\Phi_{e}(z)$ 和 $\Phi(z)$ 具有相同的分母多项式。因此,如果 $G(z)$ 中包含位于单位圆上($z=1$ 点除外)或圆外的零点,则既不能用 $1-\Phi(z)$ 的极点来对消,也不能用增加 $D(z)$ 极点的方法来对消,只能保留在 $\Phi(z)$ 中。这是因为,$\Phi_{e}(z)$ 的极点也是 $\Phi(z)$ 的特征根,而稳定的计算机控制系统,其特性根必须全部位于单位圆内。另外,$D(z)$ 不能包含不稳定的极点,否则数字控制器的输出序列 $u(k)$ 会发散,无法满足控制系统的稳定性要求。唯一的解决方法是将 $G(z)$ 中位于单位圆上($z=1$ 点除外)或圆外的零点保留在 $\Phi(z)$,也就是说在选择 $\Phi(z)$ 时,要包含 $G(z)$ 中位于单位圆上($z=1$ 点除外)或圆外的零点。

(3) 如果 $G(z)$ 中包含纯滞后环节 z^{-d}(由 $e^{-\tau s}$ 离散变换而来,d 为正整数),不能在 $D(z)$ 的分母上设置纯滞后环节来对消 $G(z)$ 的纯滞后环节。这是因为,若在 $D(z)$ 的分母上设置纯滞后环节,则经过通分后其分子的 z 的阶次将高于分母的阶次,使得 $D(z)$ 在物理上是无法实现的。另外,由于 $1-\Phi(z)$ 中没有 z^{-d} 因子,也无法利用 $1-\Phi(z)$ 来对消 $G(z)$ 中的纯滞后环节。因此,在选择 $\Phi(z)$ 时必须包含 $G(z)$ 的纯滞后环节。

考虑上述三种情况,在图 6-4 所示的系统中假设被控对象的传递函数为

$$G_{0}(s) = G_{0}'(s)e^{-\tau s} \tag{6-56}$$

式中,$G_{0}'(s)$ 为不含滞后部分的传递函数。

令

$$d = \frac{\tau}{T} \tag{6-57}$$

则有

$$G(z) = \mathcal{Z}\left[\frac{1 - e^{-Ts}}{s}G_{0}'(s)e^{-\tau s}\right] = z^{-d}\mathcal{Z}\left[\frac{1 - e^{-Ts}}{s}G_{0}'(s)\right] = \frac{z^{-d}\prod_{i=1}^{m}(1 - z_{i}z^{-1})}{\prod_{i=1}^{n}(1 - p_{i}z^{-1})}$$

$$\tag{6-58}$$

式中:z_{i} 和 p_{i} 分别为 $G(z)$ 的零点和极点。

可以看出,当连续被控对象 $G_0(s)$ 中不含滞后时,$d=0$;当 $G_0(s)$ 中含滞后时,$d \geqslant 1$,即 d 个采样周期的纯滞后。可以看出,$G(z)$ 分子的最高阶次项为 z^{-d},分母的最高阶次项为 z^{-0},因此分子阶次比分母低 d 阶,对象的纯滞后时间常数 τ 越大,d 越大。换言之,$G(z)$ 代表了实际存在的物理对象,所以必然有分子阶次不大于分母阶次的性质。

设 $G(z)$ 有 p 个不稳定的极点,q 个不稳定的零点,则式(6-58)可表示为

$$G(z) = \frac{z^{-d} \prod\limits_{i=1}^{q} (1 - z_i z^{-1})}{\prod\limits_{i=1}^{p} (1 - p_i z^{-1})} G'(z) \tag{6-59}$$

式中,$G'(z)$ 是 $G(z)$ 中不含单位圆上或圆外的零极点的部分。

重新分析最小拍数字控制器

$$D(z) = \frac{1}{G(z)} \frac{\Phi(z)}{1 - \Phi(z)} \tag{6-60}$$

由于 $G(z)$ 中包含纯滞后环节以及不稳定的零、极点,但不能用 $D(z)$ 中设计相应的环节来对消,所以只能考虑利用 $\Phi(z)$ 和 $1-\Phi(z)$ 来抵消。显然,如果 $\Phi(z)$ 包含 $G(z)$ 在单位圆上及圆外的零点,$1-\Phi(z)$ 包含 $G(z)$ 单位圆上及圆外的极点,就可以避免用 $D(z)$ 来对消 $G(z)$ 中的不稳定的零、极点。

另外,观察式(6-60)可以发现,$G(z)$ 处于分母的位置,$G(z)$ 中的滞后因子 z^{-d} 将使 $D(z)$ 分子的阶次比分母的阶次高 d 阶。为了保证 $D(z)$ 分子的阶次不高于分母的阶次,需要 $\Phi(z)$ 将 $G(z)$ 中的滞后因子抵消掉,即要求闭环脉冲传递函数的形式为

$$\Phi(z) = z^{-d}(1 + c_1 z^{-1} + \cdots) \tag{6-61}$$

这样就能够保证 $D(z)$ 物理可实现。

综合以上讨论,在复杂对象的最小拍有纹波控制器设计中,需要考虑 $D(z)$ 的可实现性要求,合理选择闭环脉冲传递函数 $\Phi(z)$ 和误差传递函数 $\Phi_e(z)$。具体来说,需要满足以下三个条件:

(1) 零稳态误差条件。

考虑典型输入信号的类型,即 $R(z) = \dfrac{A(z^{-1})}{(1 - z^{-1})^m}$,选择

$$\Phi_e(z) = (1 - z^{-1})^m \tag{6-62}$$

使得 $E(z)$ 的项数最少。

(2) 稳定性条件。

若广义被控对象 $G(z)$ 有位于单位圆上和圆外的不稳定零点 z_i 和极点 p_i,即 $|z_i| \geqslant 1$,$|p_i| \geqslant 1$,则应选择

$$\Phi(z) = F_1(z) \prod_{i=1}^{q} (1 - z_i z^{-1}) \tag{6-63}$$

$$\Phi_e(z) = F_2(z) \prod_{i=1}^{p} (1 - p_i z^{-1}) \tag{6-64}$$

也就是说,利用 $\Phi(z)$ 和 $\Phi_e(z)$ 来抵消 $G(z)$ 中不稳定的零极点,从而避免用 $D(z)$ 来抵消 $G(z)$ 中的不稳定的零极点。多项式 $F_1(z)$ 和 $F_2(z)$ 称为协调因子,且 $F_1(z)$ 不含 $G(z)$ 中的不稳定极点,$F_2(z)$ 不含 $G(z)$ 中的不稳定零点。另外,$F_1(z)$ 和 $F_2(z)$ 应取项数最少,且能够同时保证式(6-63)和式(6-64)成立。

（3）物理可实现条件。

若广义被控对象

$$G(z) = K \frac{z^{-d}(1 + a_1 z^{-1} + a_2 z^{-2} + \cdots)}{(1 + b_1 z^{-1} + b_2 z^{-2} + \cdots)}$$

即包含滞后因子 z^{-d},则 $\Phi(z)$ 中应该包含相同的滞后因子,以保证 $D(z)$ 分子阶次不高于分母阶次,即要求

$$\Phi(z) = z^{-d} \tag{6-65}$$

综合考虑以上三个条件,根据式(6-60)～式(6-63),找到 $\Phi(z)$ 和 $\Phi_e(z)$ 的最低阶次表达式。表 6-2 给出了选择 $\Phi(z)$ 和 $\Phi_e(z)$ 时需要满足的全部条件。

表 6-2 最小拍系统闭环脉冲传递函数和误差传递函数的选择

闭环特性	零稳态误差	物理可实现	稳定性
$\Phi(z)$		z^{-d}	$F_1(z)\prod\limits_{i=1}^{q}(1 - z_i z^{-1})$
$\Phi_e(z)$	$(1 - z^{-1})^m$		$F_2(z)\prod\limits_{i=1}^{p}(1 - p_i z^{-1})$

注：1. 输入 $r(t) = 1(t)$,$m=1$；$r(t)=t$,$m=2$；$r(t)=\dfrac{1}{2}t^2$,$m=3$。

2. d 为对象 $G(z)$ 的纯滞后幂次。

3. z_i 和 p_i 为 $G(z)$ 的零、极点,且 $|z_i| \geqslant 1$,$|p_i| \geqslant 1$。

例 6-5 在图 6-4 所示的计算机控制系统中,设被控对象的传递函数为

$$G_0(s) = \frac{10}{s(1 + 0.1s)(1 + 0.05s)}$$

采样周期 $T = 0.2\text{s}$,试设计单位阶跃输入作用下的最小拍控制系统。

解：（1）广义对象的脉冲传递函数为

$$G(z) = \mathcal{Z}\left[\frac{1 - \mathrm{e}^{-Ts}}{s} G_0(s)\right] = \mathcal{Z}\left[\frac{1 - \mathrm{e}^{-Ts}}{s} \cdot \frac{10}{s(1 + 0.1s)(1 + 0.05s)}\right]$$

$$= \frac{0.76z^{-1}(1 + 0.045z^{-1})(1 + 1.14z^{-1})}{(1 - z^{-1})(1 - 0.135z^{-1})(1 - 0.0183z^{-1})}$$

分析上式可以看出,$G(z)$ 分子的最高阶次为 z^{-1},分母的最高阶次为 z^0,分子的阶次比分母的阶次低一阶。$G(z)$ 有一个不稳定的零点 $z = -1.14$,一个极点在单位圆上 $z = 1$,其余零极点均位于单位圆内。

（2）确定闭环脉冲传递函数 $\Phi(z)$ 和误差传递函数 $\Phi_e(z)$。

根据稳定性条件和物理可实现条件,由式(6-63)和式(6-65),查表 6-2 可得,$\Phi(z)$ 中

必须包含 $G(z)$ 分子中的因子 z^{-1} 以及单位圆外的零点 $z=-1.14$，于是 $\Phi(z)$ 应该包含以下因子：

$$\Phi(z)=z^{-1}(1+1.14z^{-1})$$

根据稳定性条件和零稳态误差条件，输入信号为单位阶跃，其 z 变换为 $R(z)=1/(1-z^{-1})$，$m=1$，由式(6-62)，查表 6-2 可得，$\Phi_e(z)$ 中必须包含以下因子：

$$\Phi_e(z)=1-z^{-1}$$

下面选择协调因子 $F_1(z)$ 和 $F_2(z)$，由于 $\Phi(z)$ 已经考虑了延迟因子和不稳定零点，可选择 $F_1(z)=a$，由 $\Phi_e(z)=1-\Phi(z)$ 可知，$\Phi_e(z)$ 应该是和 $\Phi(z)$ 阶次相同的多项式，可得

$$\Phi(z)=az^{-1}(1+1.14z^{-1})$$

$$\Phi_e(z)=(1-z^{-1})(1+bz^{-1})$$

联立以上两式，由 $\Phi_e(z)=1-\Phi(z)$ 可得

$$1-az^{-1}(1+1.14z^{-1})=(1-z^{-1})(1+bz^{-1})$$

解以上方程，可得

$$a=0.467,\quad b=0.533$$

所以

$$\Phi(z)=0.467z^{-1}(1+1.14z^{-1})$$

$$\Phi_e(z)=(1-z^{-1})(1+0.533z^{-1})$$

（3）计算最小拍数字控制器 $D(z)$。

$$D(z)=\frac{1}{G(z)}\frac{\Phi(z)}{\Phi_e(z)}$$

$$=\frac{(1-z^{-1})(1-0.135z^{-1})(1-0.0183z^{-1})}{0.76z^{-1}(1+0.045z^{-1})(1+1.14z^{-1})}\frac{0.467z^{-1}(1+1.14z^{-1})}{(1-z^{-1})(1+0.533z^{-1})}$$

$$=\frac{0.615(1-0.135z^{-1})(1-0.0183z^{-1})}{(1+0.045z^{-1})(1+0.533z^{-1})}$$

数字控制器的分子与分母同阶，即 $m=n$，也没有不稳定的零极点，故 $D(z)$ 既满足稳定性条件也在物理上是可实现的。

（4）校验系统性能。

$$Y(z)=\Phi(z)R(z)=0.467z^{-1}(1+1.14z^{-1})\frac{1}{1-z^{-1}}$$

$$=0.467z^{-1}+z^{-2}+z^{-3}+\cdots$$

$$E(z)=\Phi_e(z)R(z)=(1-z^{-1})(1+0.533z^{-1})\frac{1}{1-z^{-1}}$$

$$=1+0.533z^{-1}$$

$$U(z)=E(z)D(z)$$

$$=\frac{0.615(1-0.135z^{-1})(1-0.0183z^{-1})}{(1+0.045z^{-1})(1+0.533z^{-1})}(1+0.533z^{-1})$$

$$=0.6150z^{-1}-0.9707z^{-2}+0.0452z^{-3}-0.0020z^{-4}+0.0001z^{-5}+0z^{-6}$$

控制器输出 $u(k)$ 和系统单位阶跃响应 $y(k)$ 如图 6-23 所示。由图可见，由于 $G(z)$ 有一个在单位圆外的零点，使得调整时间增加至两拍，即 $2T$，而在表 6-1 中，当输入为单位阶跃信号时，只需要一个采样周期系统输出就能达到稳态。这说明，为了满足系统的稳定性要求，必须在调节时间上作出牺牲。被控对象的不稳定零极点数目越多，调节时间越长。同理，被控对象的纯滞后时间越长，调节时间也越长。

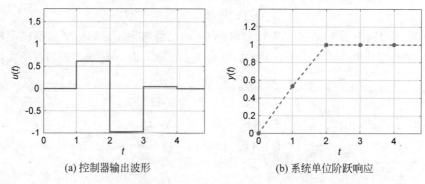

(a) 控制器输出波形　　　　　　　　(b) 系统单位阶跃响应

图 6-23　有不稳定零点时的控制器输出和系统单位阶跃响应

6.4.3　最小拍无纹波控制器设计

虽然最小拍控制系统能够满足稳、准、快以及物理可实现等性能要求，但从连续系统的角度来看，系统在暂态响应结束后的稳态过程中，其连续输出 $y(t)$ 在采样点之间存在纹波，使得输出 $y(t)$ 与输入 $r(t)$ 之间仍存在偏差，即 $e(t) = r(t) - y(t) \neq 0$。纹波不仅引起了系统偏差，而且也消耗功率，浪费能量，增加机械磨损。在某些应用中这种现象是不容许的，需要设法予以消除。本节将讨论无纹波的最小拍控制器设计方法。

从例 6-5 中的二拍系统的现象可以看出，当系统进入稳态后（$k \geqslant 2$），控制器的输出仍然在稳定值附近上下波动，即 $u(k) \neq 0$，于是持续变化的控制器输出序列通过零阶保持器作用形成了幅值不断变化的方波，被控对象在这些幅值不断变化的方波驱动下，其连续输出必定一直处于暂态响应过程中，其幅值也一定随着输入方波幅值的变化而变化，形成了连续输出 $y(t)$ 相对于连续输入 $r(t)$ 上下波动的纹波，即稳态过程中系统输出产生纹波，这就是造成纹波的原因。

通过以上分析可知，要使系统在稳态过程中不仅在采样点无偏差，而且在采样点之间无纹波，就要求稳态时的系统控制输出为恒定不变的常值或零，即

$$\Delta u(k) = u(k) - u(k-1) = 0 \quad (k \geqslant N) \tag{6-66}$$

式中，N 为由广义被控对象 $G(z)$ 的结构和典型输入的类型所决定的最小拍数。

数字控制输出的 z 变换幂级数展开式为

$$U(z) = \sum_{k=0}^{\infty} u(k) z^{-k}$$

$$= u(0) + u(1) z^{-1} + u(2) z^{-2} + \cdots + u(N) z^{-N} + u(N+1) z^{-(N+1)} + \cdots \tag{6-67}$$

若系统经过 N 个采样周期达到稳态,则无纹波系统要求 $u(N), u(N+1), \cdots$,或相等,或为零。于是,式(6-67)可改写为

$$
\begin{aligned}
U(z) &= u(0) + u(1)z^{-1} + u(2)z^{-2} + \cdots + u(N)z^{-N}(1 + z^{-1} + z^{-2} + \cdots) \\
&= u(0) + u(1)z^{-1} + u(2)z^{-2} + \cdots + u(N)z^{-N}\frac{1}{1 - z^{-1}} \\
&= \frac{(1 - z^{-1})(u(0) + u(1)z^{-1} + u(2)z^{-2} + \cdots) + u(N)z^{-N}}{1 - z^{-1}} \\
&= \frac{u'(0) + u'(1)z^{-1} + u'(2)z^{-2} + \cdots + u'(N)z^{-N}}{1 - z^{-1}} \\
&= \frac{U'(z)}{1 - z^{-1}}
\end{aligned}
\tag{6-68}
$$

式中

$$
u'(0) = u(0), \quad u'(1) = u(1) - u(0), \quad \cdots,
$$
$$
u'(N-1) = u(N-1) - u(N-2), \quad u'(N) = u(N) - u(N-1)
$$

很容易看出,最小拍无纹波系统要求 $U'(z)$ 为 z^{-1} 的有限项多项式。

由图 6-4 可得

$$
U(z) = \frac{Y(z)}{G(z)} = \frac{\Phi(z)}{G(z)}R(z)
\tag{6-69}
$$

令

$$
G(z) = \frac{G_N(z)}{G_D(z)}
\tag{6-70}
$$

式中,$G_N(z)$ 和 $G_D(z)$ 分别为广义被控对象脉冲传递函数的分子和分母,且 $G_N(z)$ 和 $G_D(z)$ 互质。

已知典型输入信号的 z 变换为 $R(z) = \dfrac{A(z)}{(1 - z^{-1})^m}$,将 $R(z)$ 和式(6-70)代入式(6-69),可得

$$
U(z) = \frac{G_D(z)\Phi(z)}{G_N(z)}\frac{A(z)}{(1 - z^{-1})^m} = \frac{G_D(z)\Phi(z)}{G_N(z)(1 - z^{-1})^{m-1}}\frac{A(z)}{1 - z^{-1}}
\tag{6-71}
$$

对比式(6-68)和式(6-71),要使两式具有相同的形式,即分母为 $1 - z^{-1}$,分子为 z^{-1} 的有限项多项式必须满足两个条件:一是 $\Phi(z)$ 要包含广义被控对象脉冲传递函数的分子多项式 $G_N(z)$;二是由表 6-1 可以看出,$\Phi(z)$ 不可能包含 $(1 - z^{-1})^{m-1}$ 因子,故要求 $G_D(z)$ 必须包含 $(1 - z^{-1})^{m-1}$ 因子,即

$$
\Phi(z) = G_N(z)F(z)
\tag{6-72}
$$
$$
G_D(z) = (1 - z^{-1})^{m-1}G'_D(z)
\tag{6-73}
$$

式中,$F(z)$ 和 $G'_D(z)$ 均为 z^{-1} 的多项式。

从式(6-72)可以看出,确定最小拍无纹波系统 $\Phi(z)$ 的附加条件是 $\Phi(z)$ 必须包含广义被控对象 $G(z)$ 的所有零点。这样处理后,无纹波系统比有纹波系统的调节时间要增

加若干拍,增加的拍数等于 $G(z)$ 在单位圆内的零点数。

从式(6-73)可以看出,广义被控对象的脉冲传递函数 $G(z)$ 中必须包含无纹波系统所必需的积分环节数,即 $(1-z^{-1})^{m-1}$ 因子,以保证控制输出 $u(k)$ 为常数时,被控对象 $G(z)$ 的稳态输出完全跟踪系统输入且无纹波,因而这是无纹波设计的必要条件。很容易看出:对于阶跃输入,不要求被控对象包含积分环节;对于速度输入,要求被控对象至少包含一个积分环节;对于加速度输入,要求被控对象至少包含两个积分环节。

通过上述分析,最小拍无纹波系统的设计除了需要满足最小拍有纹波系统的三个条件外,还需要对 $\Phi(z)$ 增加更多的限制,即 $\Phi(z)$ 应含 $G(z)$ 的全部零点。进一步分析可以发现,这一附加条件涵盖了物理可实现条件($\Phi(z)$ 包含 $G(z)$ 分子中的 z^{-d})以及稳定性条件($\Phi(z)$ 包含 $G(z)$ 的不稳定零点)。最小拍无纹波系统的脉冲传递函数选择见表 6-3。

表 6-3　最小拍无纹波系统的脉冲传递函数选择

闭 环 特 性	内　　　容	注　　　释
$\Phi(z)$	$G_N(z)$	对象全部零点
$1-\Phi(z)$	$(1-z^{-1})^m F_2(z) \prod_{i=1}^{p}(1-p_i z^{-1})$	$r(t)=1(t), m=1$ $r(t)=t, m=2$ $r(t)=\dfrac{1}{2}t^2, m=3$ 且 $\lvert p_i \rvert \geqslant 1$

例 6-6　对例 6-4 所示的系统,设输入为单位阶跃,试设计最小拍无纹波数字控制器。

解:(1)求广义被控对象有脉冲传递函数。

从例 6-4 可知

$$G(z)=\frac{3.679z^{-1}(1+0.718z^{-1})}{(1-z^{-1})(1-0.3679z^{-1})}$$

(2)确定闭环脉冲传递函数 $\Phi(z)$ 和误差传递函数 $1-\Phi(z)$。

根据表 6-3 选择

$$\Phi(z)=z^{-1}(1+0.718z^{-1})F_1(z)$$

$$\Phi_e(z)=(1-z^{-1})F_2(z)$$

下面选择协调因子 $F_1(z)$ 和 $F_2(z)$,由 $\Phi_e(z)=1-\Phi(z)$ 可知,$\Phi_e(z)$ 应该是和 $\Phi(z)$ 阶次相同的多项式,参考例 6-4,取

$$F_1(z)=a$$

$$F_2(z)=1+bz^{-1}$$

解得

$$a=0.582, \quad b=0.418$$

所以

$$\Phi(z) = 0.582z^{-1}(1 + 0.718z^{-1})$$

$$\Phi_e(z) = (1 - z^{-1})(1 + 0.418z^{-1})$$

（3）求解数字控制器 $D(z)$。

$$D(z) = \frac{\Phi(z)}{G(z)}R(z) = \frac{(1 - z^{-1})(1 - 0.3679z^{-1})}{3.679z^{-1}(1 + 0.718z^{-1})} \frac{0.582z^{-1}(1 + 0.718z^{-1})}{(1 - z^{-1})(1 + 0.418z^{-1})}$$

$$= \frac{0.158(1 - 0.3679z^{-1})}{1 + 0.418z^{-1}}$$

（4）求解控制器输出。

$$U(z) = \frac{\Phi(z)}{G(z)}R(z) = \frac{0.582z^{-1}(1 + 0.718z^{-1})(1 - z^{-1})(1 - 0.3679z^{-1})}{3.679z^{-1}(1 + 0.718z^{-1})} \frac{1}{1 - z^{-1}}$$

$$= 0.158(1 - 0.3679z^{-1})$$

$$= 0.158 - 0.058z^{-1}$$

即

$$u(0) = 0.158, u(1) = -0.058, u(2) = u(3) = \cdots = 0$$

可以看出，控制器输出 $u(k)$ 没有纹波，故系统输出响应不会有纹波。

（5）求解系统偏差。

$$E(z) = \Phi_e(z)R(z) = (1 - z^{-1})(1 + 0.418z^{-1}) \frac{1}{1 - z^{-1}} = 1 + 0.418z^{-1}$$

即

$$e(0) = 1, e(1) = 0.418, e(2) = e(3) = \cdots = 0$$

由此可见，系统输出经过两拍进入稳态，稳态误差为 0。

（6）验证数字控制器的控制效果。

系统输出为

$$Y(z) = \Phi(z)R(z) = 0.582z^{-1}(1 + 0.718z^{-1}) \frac{1}{1 - z^{-1}}$$

$$= 0.582z^{-1} + z^{-2} + z^{-3} + \cdots$$

即

$$y(0) = 0, y(1) = 0.582, y(2) = y(3) = \cdots = 1$$

由此可见，系统输出经过两拍后跟踪上输入信号。系统的调节时间为 $2T$，比最小拍有纹波系统增加了一个采样周期 T，但是系统输出响应没有纹波，这表明，要使系统输出无纹波，必须以增加调节时间为代价。最小拍无纹波系统的控制器输出和系统响应如图 6-24 所示。

6.4.4　调节时间的讨论

通过前面的分析可以看出，按照典型输入设计的最小拍控制系统，无论是有纹波还是无纹波，其调节时间 t_s 通常等于若干采样周期 T。换言之，调节时间与采样周期有关。现在的问题是：若不断提高系统的采样频率，也就是不断缩小采样周期，则系统的调节时

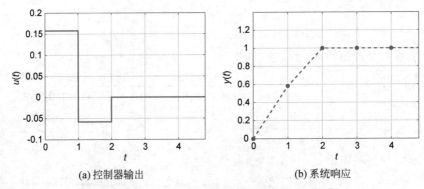

(a) 控制器输出　　　　　　　　　　　　(b) 系统响应

图 6-24　最小拍无纹波系统的控制器输出和系统响应

间 t_s 能否不断减小？能否趋于零？

　　事实上，从能量的角度来看，调节时间不可能无限减小。这是因为，通常情况下，闭环动态系统的暂态响应调节时间越短，相应的控制输出幅值就越大。如果调节时间趋近于零，那么相应的控制输出幅值必将趋于无穷大。然而，对于一个控制系统来说，不可能提供无限大的能量，使系统在瞬间从一种状态进入另一种状态。另外，采样频率 f_s 的上限也受系统饱和特性的限制，不可能无限大。

　　以直流电动机为执行元件的随动系统如图 6-25 所示。图中，K_m 为电动机的放大系数，T_m 为电动机的机电时间常数。广义被控对象的脉冲传递函数为

$$G(z) = \gamma K_m T \frac{z^{-1}(1 + bz^{-1})}{(1 - z^{-1})(1 - az^{-1})} \tag{6-74}$$

式中

$$a = e^{-T/T_m} \approx 1 - \frac{T}{T_m} + \frac{1}{2}\left(\frac{T}{T_m}\right)^2 \quad (T \ll T_m)$$

$$\gamma = 1 - (1 - a)\frac{T_m}{T} \approx \frac{T}{2T_m}$$

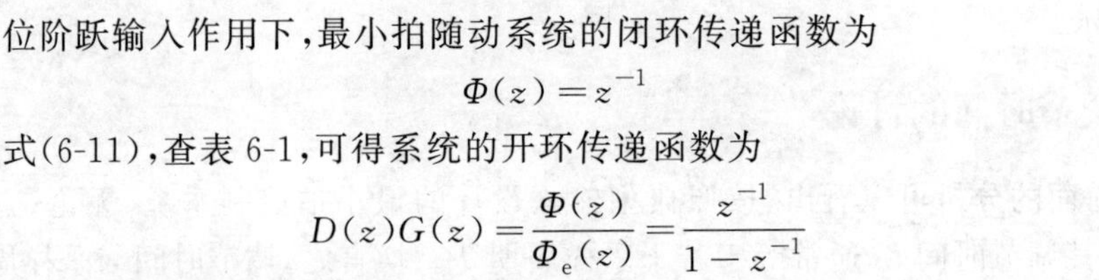

图 6-25　最小拍随动系统

　　在单位阶跃输入作用下，最小拍随动系统的闭环传递函数为

$$\Phi(z) = z^{-1} \tag{6-75}$$

根据式(6-11)，查表 6-1，可得系统的开环传递函数为

$$D(z)G(z) = \frac{\Phi(z)}{\Phi_e(z)} = \frac{z^{-1}}{1 - z^{-1}} \tag{6-76}$$

由式(6-76)求得最小拍数字控制器为

$$D(z) = \frac{1}{G(z)} \frac{z^{-1}}{1-z^{-1}} \tag{6-77}$$

将式(6-74)代入式(6-77),可得

$$D(z) = \frac{1}{\gamma K_m T} \frac{(1-az^{-1})}{(1+bz^{-1})} \tag{6-78}$$

令最小拍数字控制器的比例系数为 K_p,则

$$K_p = \frac{1}{\gamma K_m T} = \frac{2T_m}{K_m T^2} = \frac{2T_m}{K_m} f_s^2 \tag{6-79}$$

式(6-79)说明,最小拍数字控制器的比例系数 K_p 与采样频率 f_s 的平方成正比。当采样频率 f_s 增加时,比例系数 K_p 也将增大。根据前面章节的分析可知,K_p 不能无限增大,否则将导致系统不稳定,而且当 K_p 大到一定值时,系统处于非线性工作状态,接近继电器状态,前面讨论的最小拍控制器设计也失去了根基。也就是说,受饱和特性的限制,系统的采样频率不能无限提高,采样周期 T 不能无限减小,调节时间 t_s 不能无限减小,更不可能趋于零。

根据工程实践经验,通常选择 $\dfrac{T}{T_m} < \dfrac{1}{16}$,或者选择采样周期 T 大约比机电时间常数 T_m 小一个数量级。

6.4.5 最小拍控制器的改进

最小拍系统虽然达到了以最少的采样周期完成跟踪系统输入且无偏差的性能指标,但是还存在一些不足之处,主要有以下三点:

(1) 最小拍系统对于系统参数的变化非常敏感。

最小拍系统设计的关键是确定闭环脉冲传递函数 $\Phi(z)$。为了保证控制器 $D(z)$ 物理可实现,$\Phi(z)$ 需要包含广义被控对象 $G(z)$ 的滞后因子 z^{-d} 以及不稳定的零点因子,使得 $\Phi(z)$ 有多个极点位于原点($z=0$)处,原点处的多重闭环极点对于系统参数的变化非常敏感。为了保证系统稳定,在 $\Phi_e(z) = 1-\Phi(z)$ 中设置了与 $G(z)$ 相应的不稳定极点因子。但是,$G(z)$ 中的零极点分布完全取决于被控对象本身的模型参数,当这些模型参数不准确或发生变化时,就会破坏这种零极点分布,造成人为加入的零极点因子不能和被控对象模型中的零极点因子相互抵消,使系统的动态性能变差,甚至导致系统不稳定。

(2) 最小拍系统对各种典型输入信号的适应性较差。

虽然最小拍系统的设计性能指标是对特定输入的响应具有最小调节时间和零稳态误差,对于该类型输入具有极好的暂态响应性能,但对于其他类型的输入,系统可能表现出较差甚至是无法接受的暂态响应性能。另外,从连续系统的角度来看,在采样点之间系统输出仍可能出现衰减振荡的形式,即纹波现象。

(3) 最小拍系统的采样周期既不能太大也不能太小。

最小拍系统选择的输入是典型的时域输入,如阶跃输入、速度输入和加速度输入,采样周期 T 可以任意选择。对于较小的采样周期,响应时间(采样周期的整数倍)也会随之

变小。然而,对于极小的采样周期 T,控制输出的幅值将变得过大,以至于系统发生饱和现象,此时最小拍系统的设计方法不再适用。因此,采样周期 T 不应取得过小。另外,如果 T 取值太大,系统响应将无法令人满意,或受快速变化的扰动(频域输入信号)的影响而导致系统不稳定。因此,需要折中选择采样周期 T,即选择使控制输出不出现饱和的最小采样周期 T。

为了使最小拍系统的性能满足实际需求,有必要对最小拍系统设计进行工程化的改进,使之在实际应用中得到更好的控制效果。下面介绍两种改进方法。

1. 用切换程序来改善过渡过程

根据前面的分析可知,按照单位速度输入的最小拍系统,当输入单位阶跃时,超调量达到 100%,调节时间为 $2T$。

为了改善过渡过程,可以在数字控制器中增加一个软件切换开关,采用切换程序的办法在不同的控制阶段选择不用的控制器,如图 6-26 所示。

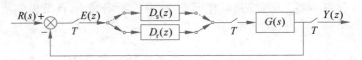

图 6-26 切换程序最小拍系统

图 6-26 中,$D_r(z)$ 和 $D_s(z)$ 分别为按照单位速度输入和单位阶跃输入设计的最小拍数字控制器,按照有纹波或无纹波控制器的设计方法来完成,不再赘述。

切换程序的工作思路:系统刚投入运行时,相当于阶跃输入,$D_s(z)$ 接入系统,控制过渡过程;当系统偏差 $e(kT)$ 减小到设定的阈值 E_{max} 后,停止 $D_s(z)$,启动 $D_r(z)$,进入跟踪模式。E_{max} 可以根据系统的运行情况选择适当的值。这种切换程序的办法既可以缩短调节时间又可以减小超调量,切换流程如图 6-27 所示。

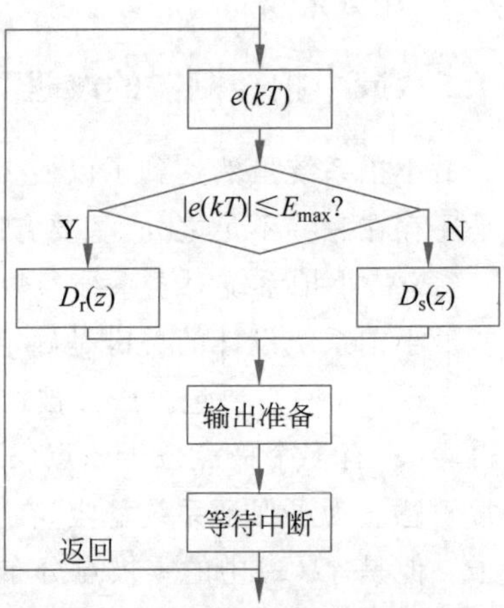

图 6-27 切换程序最小拍控制器的切换流程图

2. 惯性因子法

惯性因子法是针对最小拍系统只能适用于特定的输入类型,而对其他输入不能取得满意控制效果而采用的一种改进方法。惯性因子法是在最小拍设计的基础上引入一个或几个极点,以损失控制的有限拍无差性质为代价,以改善过渡过程,使得系统对多种类型的输入有较满意的响应。这一方法的基本思想是,使偏差脉冲传递函数 $\Phi_e(z)=1-\Phi(z)$ 不再是最小拍控制中 z^{-1} 的有限多项式 $(1-z^{-1})^m F(z)$,而是通过惯性因子(或称阻尼因子)项 $1-az^{-1}$,将其修改为

$$1-\Phi^*(z) = \frac{1-\Phi(z)}{1-az^{-1}} \tag{6-80}$$

这样,闭环系统的脉冲传递函数

$$\Phi^*(z) = \frac{\Phi(z) - az^{-1}}{1 - az^{-1}} \tag{6-81}$$

也不再是 z^{-1} 的有限多项式。这表明,采用惯性因子法后,系统已不可能在有限个采样周期内准确到达稳态,而只能渐近地趋于稳态,但是系统对输入类型的敏感程度因此降低。通过合理地选择参数 a,可以对不同类型的输入均获得比较满意的响应。

为了保证系统稳定,a 的取值范围应该满足 $|a|<1$。为了使系统响应单调衰减,通常取 $0<a<1$。a 的取值可以通过反复试凑来确定,也可以根据某些优化准则,例如

$$J = \sum_{k=0}^{\infty} e^2(k) \rightarrow 最小 \tag{6-82}$$

需要说明的是,使用惯性因子法并不能改善系统对所有输入类型的响应,因此,这种方法只适用于输入类型不多的情况。要使控制系统适应面广,可结合用切换程序来改善过渡过程的方法,针对各种输入类型分别设计,在线切换。

6.5　大林算法

在实际生产过程中,大多数工业对象具有较大的纯滞后时间。对于这样的系统,人们更感兴趣的是要求系统没有超调量或超调量很小,但调节时间则可以在较多的采用周期内结束,因而,超调量是主要的设计指标。对象的纯滞后时间对控制系统的性能极为不利,通常会产生较大的超调或振荡,降低了系统的稳定性。

1968 年,美国 IBM 公司的大林(E. B. Dahlin)针对具有纯滞后的一阶和二阶被控对象提出了大林算法,取得了良好的控制效果。但是,大林算法利用控制器完全抵消对象的零、极点,故不能用于含有不可对消零、极点的对象。

6.5.1　大林算法原理

1. 大林算法的设计原则

纯滞后对象的计算机控制系统如图 6-4 所示,控制对象的特性 $G(s)$ 通常可用带纯滞后的一阶惯性或二阶惯性环节来近似,即

$$G(s) = \frac{K}{1 + T_1 s} e^{-\tau s} \tag{6-83}$$

或

$$G(s) = \frac{K}{(1 + T_1 s)(1 + T_2 s)} e^{-\tau s} \tag{6-84}$$

式中,K 为放大系数;T_1 和 T_2 为对象时间常数,$T_1 < T_2$;τ 为对象的纯滞后时间。

大林算法的设计目标:设计合适的数字控制器 $D(z)$,使整个闭环系统的期望传递函数 $\Phi(s)$ 为带纯滞后的一阶惯性环节,且要求闭环系统的纯滞后时间等于被控对象的纯滞后时间,即

$$\Phi(s) = \frac{1}{1 + T_\tau s} e^{-\tau s} \tag{6-85}$$

式中, T_τ 为等效的闭环系统的时间常数, 纯滞后时间 τ 和被控对象 $G(s)$ 的纯滞后时间相等且与采样周期 T 为整数倍关系, 即 $\tau \approx NT(N=1,2,\cdots)$。

阶跃响应在很大程度上能够反映系统的动态特性, 为了保证原连续系统 $\Phi(s)$ 离散得到闭环系统的 z 传递函数 $\Phi(z)$ 后, $\Phi(z)$ 与 $\Phi(s)$ 的阶跃响应在各采样时刻相等, 用零阶保持器法离散 $\Phi(s)$, 可得 $\Phi(z)$ 为

$$\Phi(z) = \frac{Y(z)}{R(z)} = \mathcal{Z}\left(\frac{1-e^{-Ts}}{s} \frac{1}{1+T_\tau s} e^{-\tau s}\right) = \frac{(1-e^{-T/T_\tau})z^{-(N+1)}}{1-e^{-T/T_\tau}z^{-1}} \tag{6-86}$$

将式(6-86)代入式(6-11), 可推导出大林算法的数字控制器为

$$D(z) = \frac{1}{G(z)} \frac{\Phi(z)}{1-\Phi(z)} = \frac{1}{G(z)} \frac{(1-e^{-T/T_\tau})z^{-(N+1)}}{1-e^{-T/T_\tau}z^{-1} - (1-e^{-T/T_\tau})z^{-(N+1)}} \tag{6-87}$$

若求得广义对象的脉冲传递函数 $G(z)$, 则可由式(6-87)求取 $D(z)$。

2. 带纯滞后一阶惯性对象的大林算法

对象为式(6-83)所示的带纯滞后一阶惯性环节时, 其 z 传递函数为

$$G(z) = \mathcal{Z}\left[\frac{1-e^{-Ts}}{s} \frac{K}{1+T_1 s} e^{-\tau s}\right] = \frac{K(1-e^{-T/T_1})z^{-(N+1)}}{1-e^{-T/T_1}z^{-1}} \tag{6-88}$$

将式(6-88)代入式(6-87), 可得带纯滞后一阶惯性对象的大林算法数字控制器为

$$\begin{aligned}
D(z) &= \frac{1}{G(z)} \frac{\Phi(z)}{1-\Phi(z)} \\
&= \frac{(1-e^{-T/T_\tau})(1-e^{-T/T_1}z^{-1})}{K(1-e^{-T/T_1})[1-e^{-T/T_\tau}z^{-1} - (1-e^{-T/T_\tau})z^{-(N+1)}]}
\end{aligned} \tag{6-89}$$

3. 带纯滞后二阶惯性对象的大林算法

对象为式(6-84)所示的带纯滞后二阶惯性环节时, 其 z 传递函数为

$$G(z) = \mathcal{Z}\left[\frac{1-e^{-Ts}}{s} \frac{K}{(1+T_1 s)(1+T_2 s)} e^{-\tau s}\right] = \frac{K(c_0 + c_1 z^{-1})z^{-(N+1)}}{(1-e^{-T/T_1}z^{-1})(1-e^{-T/T_2}z^{-1})} \tag{6-90}$$

式中

$$\begin{cases}
c_0 = 1 + \frac{1}{T_2 - T_1}(T_1 e^{-T/T_1} - T_2 e^{-T/T_2}) \\
c_1 = e^{-T(1/T_1 + 1/T_2)} + \frac{1}{T_2 - T_1}(T_1 e^{-T/T_2} - T_2 e^{-T/T_1})
\end{cases} \tag{6-91}$$

将式(6-90)代入式(6-87), 可得带纯滞后二阶惯性对象的大林算法数字控制器为

$$\begin{aligned}
D(z) &= \frac{1}{G(z)} \frac{\Phi(z)}{1-\Phi(z)} = \frac{K(c_0 + c_1 z^{-1})z^{-(N+1)}}{(1-e^{-T/T_1}z^{-1})(1-e^{-T/T_2}z^{-1})} \\
&= \frac{(1-e^{-T/T_\tau})(1-e^{-T/T_1}z^{-1})(1-e^{-T/T_2}z^{-1})}{K(c_0 + c_1 z^{-1})[1-e^{-T/T_\tau}z^{-1} - (1-e^{-T/T_\tau})z^{-(N+1)}]}
\end{aligned} \tag{6-92}$$

由于设计目标是使系统的闭环传递函数为带有纯滞后的一阶惯性环节,其时间常数 T_τ 通常同时小于 T_1 和 T_2。

6.5.2 振铃现象及其消除

振铃现象是指数字控制器的输出 $u(k)$ 以二分之一采样频率(周期为 $2T$)大幅度上下摆动并衰减的振荡过程。这与最小拍纹波系统中的纹波实质是一致的,控制器的输出一直是振荡的,导致系统的输出一直有纹波,而且这种振荡是大幅衰减的。被控对象中惯性环节具有低通特性,使得这种振荡对系统的输出几乎没有任何影响,但是振铃现象会增加执行机构的磨损,在有交互作用的多参数控制系统中,振铃现象有可能影响到系统的稳定性。

1. 振铃现象的分析

振铃现象与被控对象的特性、闭环时间常数、采样周期、纯滞后时间的大小等有关,下面分析产生振铃现象的原因。

在图 6-4 所示的计算机控制系统中,系统输出 $Y(z)$ 和控制器输出 $U(z)$ 之间的关系为

$$Y(z) = G(z)U(z) \tag{6-93}$$

系统输出 $Y(z)$ 和输入信号 $R(z)$ 之间的关系为

$$Y(z) = \Phi(z)R(z) \tag{6-94}$$

于是,可得

$$U(z) = \frac{\Phi(z)}{G(z)}R(z) \tag{6-95}$$

控制器输出 $U(z)$ 和系统输入信号 $R(z)$ 之间的关系,即系统输入到控制输出的脉冲传递函数为

$$\Phi_u(z) = \frac{\Phi(z)}{G(z)} = \frac{D(z)}{1 + D(z)G(z)} \tag{6-96}$$

于是,可得

$$U(z) = \Phi_u(z)R(z) \tag{6-97}$$

$\Phi_u(z)$ 是分析振铃现象的基础。

振铃产生的原因是数字控制器 $D(z)$ 中含有左半平面上的负极点,特别是离 $z = -1$ 点相近的负极点,极点越靠近 -1,振铃现象越严重,摆动的幅度越大;反之,振铃现象越弱。对于单位阶跃输入信号 $R(z) = 1/(1-z^{-1})$,含有极点 $z = 1$,如果 $\Phi_u(z)$ 的极点在 z 平面的负实轴上,且与 $z = -1$ 点相近,则数字控制器的输出序列 $u(k)$ 中将含有这两种幅值相近的瞬态项,而且这两种瞬态项的符号在不同时刻是不相同的。当 k 为偶数时,两瞬态项的符号相同,数字控制器的输出控制作用加强,当 k 为奇数时,两瞬态项的符号相反,数字控制器的输出控制作用减弱,从而使得数字控制器的输出序列大幅度波动。因此,分析 $\Phi_u(z)$ 在 z 左半平面的极点分布情况,就可以得出振铃现象的有关结论。下面分析带纯滞后的一阶和二阶惯性环节构成的闭环系统中的振铃现象。

1）带纯滞后的一阶惯性对象

被控对象为带滞后的一阶惯性环节时,其脉冲传递函数 $G(z)$ 为式(6-88),闭环系统的期望传递函数 $\Phi(z)$ 为式(6-86),将两式代入式(6-96),则有

$$\Phi_u(z) = \frac{\Phi(z)}{G(z)} = \frac{(1 - e^{-T/T_\tau})(1 - e^{-T/T_1} z^{-1})}{K(1 - e^{-T/T_1})(1 - e^{-T/T_\tau} z^{-1})} \tag{6-98}$$

求得极点 $z = e^{-T/T_\tau}$,显然 $z > 0$。故可得出结论:在带纯滞后的一阶惯性对象组成的系统中,$\Phi_u(z)$ 不存在负实轴上的极点,这种系统不存在振铃现象。

2）带纯滞后的二阶惯性对象

被控对象为带滞后的二阶惯性环节时,其脉冲传递函数 $G(z)$ 为式(6-90),闭环系统的期望传递函数仍为式(6-86),将两式代入式(6-96),则有

$$\Phi_u(z) = \frac{\Phi(z)}{G(z)} = \frac{(1 - e^{-T/T_\tau})(1 - e^{-T/T_1} z^{-1})(1 - e^{-T/T_2} z^{-1})}{Kc_0(1 - e^{-T/T_\tau} z^{-1})[1 + (c_1/c_0) z^{-1}]} \tag{6-99}$$

上式有两个极点:第一个极点 $z = e^{-T/T_\tau} > 0$,不会引起振铃现象;第二个极点 $z = -c_1/c_0$。由式(6-91),当 $T \to 0$ 时,有

$$\lim_{T \to 0} \left(-\frac{c_1}{c_0} \right) = -1 \tag{6-100}$$

说明当 T 很小时,可能出现负实轴上与 $z = -1$ 相近的极点,这一极点将引起振铃现象。

2. 振铃幅度

振铃现象的强度用振铃幅度(RA)来衡量,定义为在单位阶跃输入作用下数字控制器第 0 拍输出量与第 1 拍输出量之差,即

$$RA = u(0) - u(1) \tag{6-101}$$

由式(6-96)可知,$\Phi_u(z) = \Phi(z)/G(z)$ 是 z 的有理分式,写成一般形式为

$$\Phi_u(z) = Kz^{-N} \frac{1 + b_1 z^{-1} + b_2 z^{-2} + \cdots}{1 + a_1 z^{-1} + a_2 z^{-2} + \cdots} = Kz^{-N} Q(z) \tag{6-102}$$

可以看出,数字控制器的单位阶跃响应输出序列幅度的变化仅与 $Q(z)$ 有关,因为 Kz^{-N} 只是将输出序列延时与放大(或缩小)。为了简化分析,令 $K = 1, N = 0$,即忽略比例系数 Kz^{-N} 的影响(相当于进行了归一化处理),在单位阶跃输入 $R(z)$ 的作用下,数字控制的输出 $U(z)$ 为

$$U(z) = \Phi_u(z) R(z) = \frac{1 + b_1 z^{-1} + b_2 z^{-2} + \cdots}{1 + a_1 z^{-1} + a_2 z^{-2} + \cdots} \frac{1}{1 - z^{-1}}$$

$$= \frac{1 + b_1 z^{-1} + b_2 z^{-2} + \cdots}{1 + (a_1 - 1) z^{-1} + (a_2 - a_1) z^{-2} + \cdots}$$

$$= 1 + (b_1 - a_1 + 1) z^{-1} + \cdots \tag{6-103}$$

根据式(6-101)可得

$$RA = 1 - (b_1 - a_1 + 1) = a_1 - b_1 \tag{6-104}$$

对于由带纯滞后二阶惯性对象组成的系统,对比式(6-99)和式(6-102)可得

$$a_1 = \frac{c_1}{c_0} - e^{-T/T_\tau} \tag{6-105}$$

$$b_1 = -(e^{-T/T_1} + e^{-T/T_2}) \tag{6-106}$$

将式(6-105)和式(6-106)代入式(6-104),可得

$$RA = a_1 - b_1 = \frac{c_1}{c_0} - e^{-T/T_\tau} + e^{-T/T_1} + e^{-T/T_2} \tag{6-107}$$

根据式(6-100)和式(6-107),当 $T \to 0$ 时,有

$$\lim_{T \to 0} RA = 2 \tag{6-108}$$

3. 振铃现象的消除

产生振铃的根源是 $D(z)$ 中位于 z 左半平面的负极点,特别是离 $z=-1$ 点相近的负极点。因此,消除振铃现象的第一种方法是先找出 $D(z)$ 中位于 z 左半平面上的负极点,即引起振铃现象的因子,再令其中的 $z=1$。根据终值定理,这样处理不影响输出量的稳态值,但通常可以有效地消除振铃现象。

前面已经介绍了带纯滞后的二阶惯性环节系统中,数字控制器 $D(z)$ 的表达式为(6-92),其极点 $z=-c_1/c_0$ 将引起振铃现象。令极点因子 $c_0 + c_1 z^{-1}$ 中的 $z=1$,就可以消除这个振铃极点。由式(6-91)可得

$$c_0 + c_1 = (1 - e^{-T/T_1})(1 - e^{-T/T_2}) \tag{6-109}$$

消除振铃极点 $z = -c_1/c_0$ 后,有

$$D(z) = \frac{(1 - e^{-T/T_\tau})(1 - e^{-T/T_1}z^{-1})(1 - e^{-T/T_2}z^{-1})}{K(1 - e^{-T/T_1})(1 - e^{-T/T_2})[1 - e^{-T/T_\tau}z^{-1} - (1 - e^{-T/T_\tau})z^{-(N+1)}]} \tag{6-110}$$

这种消除振铃现象的方法虽然不影响控制器输出的稳态值,但是改变了数字控制的动态特性,将影响闭环系统的瞬态性能,计算机控制系统的过渡过程将会变慢,调节时间将会加长。应该注意,大林算法只适用于稳定的对象,修改数字控制器的结构后,闭环系统的传递函数 $\Phi(z)$ 也发生了变化,因而需要检验改变后的 $\Phi(z)$ 是否稳定。

消除振铃现象的第二种方法是从闭环系统的特性出发,选择合适的采样周期 T 以及闭环系统时间常数 T_τ,使得数字控制器的输出避免产生强烈的振铃现象。从式(6-107)可以看出,在带纯滞后的二阶惯性环节组成的系统中,振铃幅度不仅与被控对象的参数 T_1 和 T_2 有关,而且与期望闭环系统的时间常数 T_τ 以及采样周期 T 有关。T_1 和 T_2 是被控对象固有的参数,无法改变,但 T_τ 和 T 是设计参数,因而通过适当选择 T_τ 和 T 就可以把振铃幅度抑制在最低限度以内。在有些实际应用中,期望闭环时间常数 T_τ 作为控制系统的性能指标被首先确定,但仍可以通过式(6-107)选择采样周期 T 来抑制振铃现象。

4. 考虑振铃影响的大林算法设计步骤

在系统不允许产生超调的前提下要求系统稳定,是设计纯滞后系统中的数字控制器

时必须考虑的一个问题,另一个重要问题是如何消除振铃现象。考虑振铃影响的设计数字控制器一般步骤:

(1) 根据性能要求,确定等效闭环系统的时间常数 T_τ,给出振铃幅度的指标。

(2) 根据振铃幅度与采样周期 T 的关系,求解给定振铃幅度下的采样周期。若采样周期有多个解,则选择较大的采样周期。

(3) 确定纯滞后时间 τ 与采样周期 T 之比的最大整数 N。

(4) 求解广义被控对象的脉冲传递函数 $G(z)$ 以及闭环系统的期望传递函数 $\Phi(z)$。

(5) 求解数字控制器的脉冲传递函数 $D(z)$。

(6) 用计算机编程实现 $D(z)$。

6.5.3　设计实例

例 6-7　设被控对象的传递函数 $G(s)=\dfrac{20}{s+5}\mathrm{e}^{-2s}$,采样周期 $T=0.5\mathrm{s}$,期望的闭环传

递函数 $\Phi(s)=\dfrac{1}{0.1s+1}\mathrm{e}^{-2s}$,利用大林算法设计数字控制器 $D(z)$,完成仿真验证。

解:(1) 求被控对象的广义脉冲传递函数。

被控对象的滞后时间是采样周期的整数倍,可得

$$N=\frac{\tau}{T}=4$$

被控对象的广义脉冲传递函数为

$$
\begin{aligned}
G(z) &= \mathcal{Z}\left[\frac{1-\mathrm{e}^{-Ts}}{s}\frac{20}{s+5}\mathrm{e}^{-2s}\right]=(1-z^{-1})z^{-4}\,\mathcal{Z}\left[\frac{20}{s(s+5)}\right]\\
&= (1-z^{-1})z^{-4}\,\mathcal{Z}\left[\frac{4}{s}-\frac{4}{s+5}\right]\\
&= 4(1-z^{-1})z^{-4}\left(\frac{1}{1-z^{-1}}-\frac{1}{1-\mathrm{e}^{-2.5}z^{-1}}\right)\\
&= \frac{3.6717z^{-5}}{1-0.0821z^{-1}}=\frac{3.6717}{z^5-0.0821z^4}
\end{aligned}
$$

(2) 求期望的闭环脉冲传递函数:

$$
\begin{aligned}
\Phi(z) &= \mathcal{Z}\left[\frac{1-\mathrm{e}^{-Ts}}{s}\frac{1}{0.1s+1}\mathrm{e}^{-2s}\right]=(1-z^{-1})z^{-4}\,\mathcal{Z}\left[\frac{1}{s(0.1s+1)}\right]\\
&= (1-z^{-1})z^{-4}\,\mathcal{Z}\left[\frac{1}{s}-\frac{1}{s+10}\right]\\
&= (1-z^{-1})z^{-4}\left(\frac{1}{1-z^{-1}}-\frac{1}{1-\mathrm{e}^{-5}z^{-1}}\right)\\
&= \frac{0.9933z^{-5}}{1-0.0067z^{-1}}
\end{aligned}
$$

连续期望闭环系统的阶跃响应如图 6-28 所示，利用零阶保持器离散后，其闭环系统的阶跃响应如图 6-29 所示。

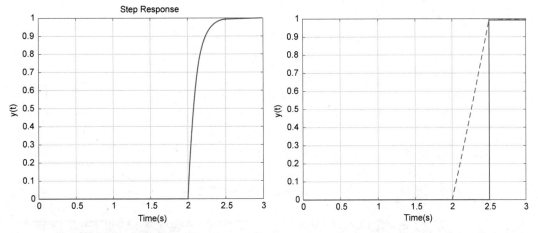

图 6-28　连续的期望闭环系统阶跃响应　　图 6-29　离散的期望闭环系统阶跃响应

（3）求数字控制器 $D(z)$：

$$D(z) = \frac{1}{G(z)} \frac{\Phi(z)}{1-\Phi(z)} = \frac{1-0.0821z^{-1}}{3.6717z^{-5}} \frac{\dfrac{0.9933z^{-5}}{1-0.0067z^{-1}}}{1-\dfrac{0.9933z^{-5}}{1-0.0067z^{-1}}}$$

$$= \frac{0.2705(1-0.0821z^{-1})}{1-0.0067z^{-1}-0.9933z^{-5}}$$

$$= \frac{0.2705z^5 - 0.0222z^4}{z^5 - 0.0067z^4 - 0.9933}$$

（4）求系统输出 $Y(z)$ 和控制器输出 $U(z)$：

$$Y(z) = \Phi(z)R(z) = \frac{0.9933z^{-5}}{1-0.0067z^{-1}} \frac{1}{1-z^{-1}} = \frac{0.9933z^{-5}}{(1-0.0067z^{-1})(1-z^{-1})}$$

$$U(z) = E(z)D(z) = [R(z)-Y(z)]D(z) = [R(z)-R(z)\Phi(z)]D(z)$$

$$= R(z)[1-\Phi(z)] \frac{1}{G(z)} \frac{\Phi(z)}{1-\Phi(z)} = R(z)\frac{\Phi(z)}{G(z)}$$

$$= \frac{1}{1-z^{-1}} \frac{0.9933z^{-5}}{1-0.0067z^{-1}} \frac{1-0.0821z^{-1}}{3.6717z^{-5}}$$

$$= \frac{0.2705(1-0.0821z^{-1})}{1-1.0067z^{-1}+0.0067z^{-2}}$$

（5）仿真分析。

基于上述大林控制算法，得到控制系统的单位阶跃响应曲线如图 6-30 所示。对比图 6-29 和图 6-30 可以看出，采用大林控制算法可以取得很好的控制效果。

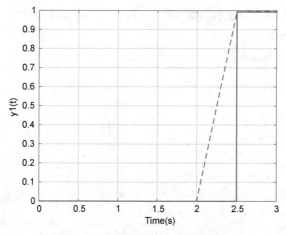

图 6-30 大林控制算法的阶跃响应

6.6 本章小结

本章介绍了一些在离散域内直接设计数字控制器的方法,其前提是要有被控对象的准确传递函数。由于直接设计法无须离散化,就避免了离散化误差。另外,因为直接设计法是在采样频率给定的前提下进行控制器设计的,可以保证系统在此采样频率下达到性能指标要求,所以采样频率不必选得太高。因此,离散化设计法比模拟设计更具有一般意义,完全根据采样控制系统的特点进行分析和综合,并导出相应的控制规律和算法。

离散化设计法首先将系统中被控对象加上保持器构成的广义对象离散化,得到相应的以 z 传递函数、差分方程或离散系统状态方程表示的离散系统模型。然后利用离散控制系统理论直接设计数字控制器。由于离散化设计法直接在离散系统的范畴内进行,避免了由模拟控制器向数字控制器转换的过程,也避免了采样周期对系统动态性能产生影响的问题,是目前应用较为广泛的计算机控制器设计方法。

习题

1. 试分析 s 平面、z 平面和 w 平面的映射关系。

2. 设计最小拍控制器时,采样周期的选择有什么要求?

3. 最小拍控制有何特点,如何改进?

4. 最小拍有纹波控制器和无纹波控制器设计有什么差别?

5. 双水平旋翼直升机有两个串联的主从水平旋翼,它们以相反的方向旋转,由控制器调节主旋翼的倾斜角,从而使直升机向前运动,双水平旋翼直升机的速度控制系统如图所示。已知该直升机的传递函数 $G(s)=\dfrac{s}{s^2+4s+8}$,采样周期 $T=1\mathrm{s}$,采用零阶保持器,试用根轨迹法设计数字控制器 $D(z)$,在不影响系统稳态性能的前提下使闭环系统的主导极点 $p=0.5$。

6. 自动导航小车是一种用来搬运物品的自动化设备,某导航控制系统如图所示,为

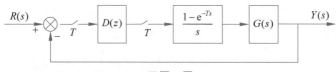

习题 5 图

了消除导航小车在行驶过程中出现的"蛇行"现象,设采样周期 $T=0.1\mathrm{s}$,试用根轨迹法设计数字控制器 $D(z)$,使系统阻尼比 $\xi\geqslant0.7$,$K_\mathrm{v}\geqslant0.5$。

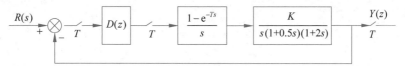

习题 6 图

7. 在危险的工作环境下,需要用遥控的方式保证焊接头的精确度。焊接头位置控制系统如图所示,采样周期 $T=1\mathrm{s}$,试用 w 变换法设计数字控制器 $D(z)$,使得系统相角裕度 $\gamma\geqslant50°$,超调量 $\sigma\%\leqslant10\%$,调节时间 $t_\mathrm{s}\leqslant20\mathrm{s}$,上升时间 $t_\mathrm{r}\leqslant15\mathrm{s}$。

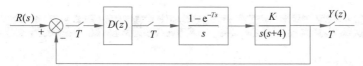

习题 7 图

8. 如图所示的最小拍系统,试在采样周期 $T=0.1\mathrm{s}$,在单位加速度输入时设计最小拍有纹波控制器 $D(z)$。

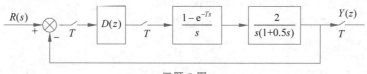

习题 8 图

9. 最小拍系统如图所示,采样周期 $T=1\mathrm{s}$,在单位阶跃输入时设计最小拍有纹波控制器 $D(z)$。

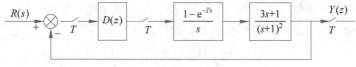

习题 9 图

10. 最小拍系统如习题 9 图所示,采样周期 $T=0.5\mathrm{s}$,在单位阶跃输入时设计最小拍无纹波控制器 $D(z)$。

11. 某化学浓度控制系统通过调节进料阀来控制进料量,从而保持恒定的产品浓度,该系统接收颗粒状的进料,颗粒通过传送带到达容器,传送时延 $T=30\mathrm{s}$。已知系统开环传递函数 $G(s)=\dfrac{\mathrm{e}^{-30s}}{24s+1}$,若要求闭环期望传递函数 $\Phi(s)=\dfrac{\mathrm{e}^{-30s}}{9s+1}$,采样周期 $T=10\mathrm{s}$,利用大林算法求其控制器。

第 7 章

状态空间法分析与设计

在经典控制理论中,用传递函数模型来设计和分析单输入单输出系统,但传递函数模型只能反映系统的输出与输入变量之间的关系,而不能了解系统内部的变化情况。在现代理论中,用状态空间模型来设计和分析多输入多输出系统,便于计算机求解,同时可为多变量系统的分析研究提供有力的工具。

7.1 系统状态空间表达式

7.1.1 连续系统状态空间模型

在给出状态空间模型前,先看一个实际的工程例子,通过这个引出状态空间表达式。伺服系统典型的应用是电动机驱动雷达天线来自动地跟踪飞机。

例 7-1 直流电动机伺服系统原理框图如图 7-1 所示。

电枢电阻和电感分别是 R_1 和 L_1,电动机的反电动势为 $e_\mathrm{m}(t)$,忽略电感 L_1 的作用,有

$$e_\mathrm{m}(t) = K_\mathrm{b}\omega(t) = K_\mathrm{b}\frac{\mathrm{d}\theta}{\mathrm{d}t} \qquad (7\text{-}1)$$

式中,$\theta(t)$ 为电动机轴的转角;$\omega(t)$ 为电动机轴的角速度;K_b 为电动机常数;J 为连接电动机轴的转动惯量;B 为黏着系数。

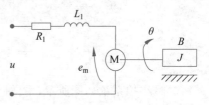

图 7-1 伺服系统原理框图

用 $q(t)$ 表示电动机的转矩,则有如下方程:

$$q(t) = J\frac{\mathrm{d}^2\theta(t)}{\mathrm{d}^2 t} + B\frac{\mathrm{d}\theta(t)}{\mathrm{d}t} \qquad (7\text{-}2)$$

电动机的转矩可以表达为

$$q(t) = K_a i(t) \qquad (7\text{-}3)$$

式中,$i(t)$ 为电枢电流;K_a 为转矩系数。

最终,电枢电路的电压方程为

$$u(t) = R_1 i(t) + e_\mathrm{m}(t) \qquad (7\text{-}4)$$

由式(7-1)、式(7-4)可得

$$i(t) = \frac{u(t) - e_m(t)}{R_1} = \frac{u(t)}{R_1} - \frac{K_b}{R_1}\frac{\mathrm{d}\theta(t)}{\mathrm{d}t} \tag{7-5}$$

由式(7-2)、式(7-3)和式(7-5)可得

$$q(t) = K_a i(t) = \frac{K_a u(t)}{R_1} - \frac{K_a K_b}{R_1}\frac{\mathrm{d}\theta(t)}{\mathrm{d}t}$$

$$= J\frac{\mathrm{d}^2\theta(t)}{\mathrm{d}^2 t} + B\frac{\mathrm{d}\theta(t)}{\mathrm{d}t} \tag{7-6}$$

式(7-6)可以写为

$$J\frac{\mathrm{d}^2\theta(t)}{\mathrm{d}^2 t} + \frac{BR_1 + K_a K_b}{R_1}\frac{\mathrm{d}\theta(t)}{\mathrm{d}t} = \frac{K_a u(t)}{R_1} \tag{7-7}$$

这个模型是 $u(t)$ 为输入、电动机的轴转角 $\theta(t)$ 为输出的二阶系统。如果以电动机轴的角速度 $\omega(t)$ 为输出，那么模型为一阶系统。如果电枢电感 L_1 不能被忽略，那么模型应该为三阶系统，对式(7-7)取拉普拉斯变换得到传递函数：

$$G_p(s) = \frac{\Theta(s)}{U(s)} = \frac{K_a/R_1}{Js^2 + \dfrac{BR_1 + K_a K_b}{R_1}s} = \frac{K_a/JR_1}{s\left(s + \dfrac{BR_1 + K_a K_b}{JR_1}\right)} \tag{7-8}$$

现在考虑状态空间表达式，选择状态变量如下：

$$\begin{cases} x_1(t) = \theta(t) \\ x_2(t) = \dot{\theta}(t) = \dot{x}_1(t) \end{cases} \tag{7-9}$$

式中，$\dot{\theta}(t)$ 是 $\theta(t)$ 的一阶导数；$\dot{x}(t)$ 是 $x(t)$ 的一阶导数。

则由式(7-7)可得

$$\dot{x}_2(t) = \ddot{\theta}(t) = -\frac{BR_1 + K_a K_b}{JR_1}x_2(t) + \frac{K_a u(t)}{JR_1} \tag{7-10}$$

由式(7-9)可得

$$\dot{x}_1(t) = x_2(t) \tag{7-11}$$

式(7-11)和式(7-10)联合，可得伺服系统的状态方程，写成矩阵向量形式：

$$\begin{bmatrix} \dot{x}_1(t) \\ \dot{x}_2(t) \end{bmatrix} = \begin{bmatrix} 0 & 1 \\ 0 & -\dfrac{BR_1 + K_a K_b}{JR_1} \end{bmatrix}\begin{bmatrix} x_1(t) \\ x_2(t) \end{bmatrix} + \begin{bmatrix} 0 \\ \dfrac{K_a}{JR_1} \end{bmatrix}u(t) \tag{7-12}$$

如果选择 $\theta(t)$ 作为系统输出，用符号 $y(t)$ 表示，则输出方程为

$$y(t) = \theta(t) = x_1(t) \tag{7-13}$$

式(7-13)写成矩阵向量形式：

$$\boldsymbol{y}(t) = \begin{bmatrix} 1 & 0 \end{bmatrix}\begin{bmatrix} x_1(t) \\ x_2(t) \end{bmatrix} \tag{7-14}$$

式(7-12)和式(7-14)联合起来称为系统的状态空间表达式，或称为系统状态空间模型。另外，一般系统的状态空间表达式不是唯一的，与选择状态变量有关系。

一般地,设线性定常系统被控对象的连续状态空间模型为

$$\begin{cases} \dot{\boldsymbol{x}}(t) = \boldsymbol{A}\boldsymbol{x}(t) + \boldsymbol{B}\boldsymbol{u}(t), & \boldsymbol{x}(t)\big|_{t=t_0} = \boldsymbol{x}(t_0) \\ \boldsymbol{y}(t) = \boldsymbol{C}\boldsymbol{x}(t) + \boldsymbol{D}\boldsymbol{u}(t) \end{cases} \tag{7-15}$$

式中,$\boldsymbol{x}(t)$ 为 n 维状态向量;$\dot{\boldsymbol{x}}(t)$ 为 $x(t)$ 一阶导数;$\boldsymbol{u}(t)$ 为 r 维控制向量;$\boldsymbol{y}(t)$ 为 m 维输出向量;$\boldsymbol{A}$ 为 $n\times n$ 维状态矩阵;$\boldsymbol{B}$ 为 $n\times r$ 维控制矩阵或输入矩阵;$\boldsymbol{C}$ 为 $m\times n$ 维输出矩阵;$\boldsymbol{D}$ 为 $m\times r$ 维直接传递矩阵。

通常情况下,为分析方便,令 $D=0$,系统状态空间模型为

$$\begin{cases} \dot{\boldsymbol{x}}(t) = \boldsymbol{A}\boldsymbol{x}(t) + \boldsymbol{B}\boldsymbol{u}(t), & \boldsymbol{x}(t)\big|_{t=t_0} = \boldsymbol{x}(t_0) \\ \boldsymbol{y}(t) = \boldsymbol{C}\boldsymbol{x}(t) \end{cases} \tag{7-16}$$

7.1.2 离散系统状态空间模型

由现代控制理论可知,在 $\boldsymbol{u}(t)$ 作用下,式(7-16)的解为

$$\boldsymbol{x}(t) = e^{\boldsymbol{A}(t-t_0)}\boldsymbol{x}(t_0) + \int_{t_0}^{t} e^{\boldsymbol{A}(t-\tau)}\boldsymbol{B}\boldsymbol{u}(\tau)\mathrm{d}\tau \tag{7-17}$$

式中,$e^{\boldsymbol{A}(t-t_0)}$ 为被控对象的状态转移矩阵;$\boldsymbol{x}(t_0)$ 为初始状态向量。

已知被控对象的前面有一个零阶保持器,即

$$u(t) = u(k), \quad kT \leqslant t < (k+1)T \tag{7-18}$$

式中,T 为采样周期。

现在要求将连续被控对象模型连同零阶保持器一起进行离散化。

在式(7-17)中,令 $t_0 = kT$,$t = (k+1)T$,$\boldsymbol{x}[(k+1)T] = \boldsymbol{x}(k+1)$,$\boldsymbol{x}(kT) = \boldsymbol{x}(k)$,同时考虑到零阶保持器的作用,则式(7-17)可写为

$$\boldsymbol{x}(k+1) = e^{\boldsymbol{A}T}\boldsymbol{x}(k) + \int_{kT}^{(k+1)T} e^{\boldsymbol{A}(kT+T-\tau)}\boldsymbol{B}\boldsymbol{u}(k)\mathrm{d}\tau \tag{7-19}$$

令 $t = kT + T - \tau$,$\mathrm{d}t = -\mathrm{d}\tau$,式(7-19)可进一步化为离散状态方程,即

$$\begin{cases} \boldsymbol{x}(k+1) = \boldsymbol{F}\boldsymbol{x}(k) + \boldsymbol{G}\boldsymbol{u}(k) \\ \boldsymbol{y}(k) = \boldsymbol{C}\boldsymbol{x}(k) \end{cases} \tag{7-20}$$

$$\boldsymbol{F} = e^{\boldsymbol{A}T}, \quad \boldsymbol{G} = \int_0^T e^{\boldsymbol{A}t}\mathrm{d}t\boldsymbol{B} \tag{7-21}$$

式(7-20)便是式(7-16)的等效离散状态方程。可见离散化的关键,是式(7-21)中矩阵指数及其积分的计算。

例 7-2 采样数据系统如图 7-2 所示,采样周期 $T=0.1\mathrm{s}$。

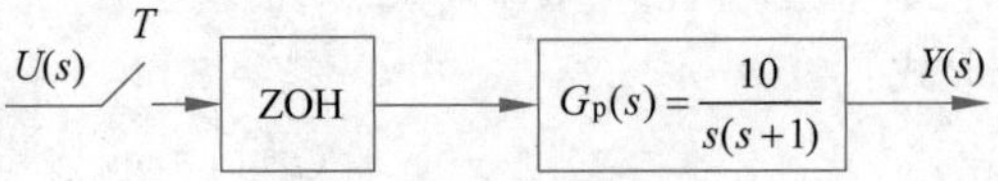

图 7-2 采样数据系统

这里系统可以参照例 7-1 的伺服系统进行采样处理,$G_{\mathrm{p}}(s) = \dfrac{10}{s(s+1)}$ 与式(7-8)比

较得

$$K_a/JR_1 = 10$$

$$\frac{BR_1 + K_a K_b}{JR_1} = 1$$

设 $J = R_1 = 1, K_a = 10, B = 0.9, K_b = 0.01$

对应的状态方程(7-12)可写为

$$\begin{bmatrix} \dot{x}_1(t) \\ \dot{x}_2(t) \end{bmatrix} = \begin{bmatrix} 0 & 1 \\ 0 & -1 \end{bmatrix} \begin{bmatrix} x_1(t) \\ x_2(t) \end{bmatrix} + \begin{bmatrix} 0 \\ 10 \end{bmatrix} u(t) \tag{7-22}$$

二阶系统状态转移矩阵为

$$\boldsymbol{\Phi}(t) = \mathcal{L}^{-1}\left[(s\boldsymbol{I} - \boldsymbol{A})^{-1}\right]$$

$$= \mathcal{L}^{-1}\begin{bmatrix} s & -1 \\ 0 & s+1 \end{bmatrix}^{-1} = \mathcal{L}^{-1}\begin{bmatrix} \dfrac{1}{s} & \dfrac{1}{s(s+1)} \\[2mm] 0 & \dfrac{1}{s} \end{bmatrix}$$

$$= \begin{bmatrix} 1 & 1 - \mathrm{e}^{-t} \\ 0 & \mathrm{e}^{-t} \end{bmatrix}$$

$$\int_0^T \boldsymbol{\Phi}(t)\mathrm{d}t = \begin{bmatrix} t & t - \mathrm{e}^{-t} \\ 0 & -\mathrm{e}^{-t} \end{bmatrix}\Bigg|_0^T = \begin{bmatrix} T & T-1+\mathrm{e}^{-T} \\ 0 & 1-\mathrm{e}^{-T} \end{bmatrix}$$

$$\boldsymbol{F} = \boldsymbol{\Phi}(T)\big|_{T=0.1} = \begin{bmatrix} 1 & 0.0952 \\ 0 & 0.9048 \end{bmatrix}$$

$$\boldsymbol{G} = \left[\int_0^T \boldsymbol{\Phi}(t)\mathrm{d}t\right]\boldsymbol{B} = \begin{bmatrix} 0.1 & 0.00484 \\ 0 & 0.0952 \end{bmatrix}\begin{bmatrix} 0 \\ 10 \end{bmatrix} = \begin{bmatrix} 0.0484 \\ 0.952 \end{bmatrix}$$

所以,式(7-22)对应的离散化状态方程及输出方程分别为

$$\boldsymbol{x}(k+1) = \begin{bmatrix} 1 & 0.0952 \\ 0 & 0.9048 \end{bmatrix}\boldsymbol{x}(k) + \begin{bmatrix} 0.0484 \\ 0.952 \end{bmatrix}\boldsymbol{u}(k)$$

$$\boldsymbol{y}(k) = \begin{bmatrix} 1 & 0 \end{bmatrix}\boldsymbol{x}(k) \tag{7-23}$$

连续系统的结构如图 7-3 所示,离散系统状态模型结构如图 7-4 所示。

图 7-3 连续系统的结构

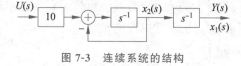

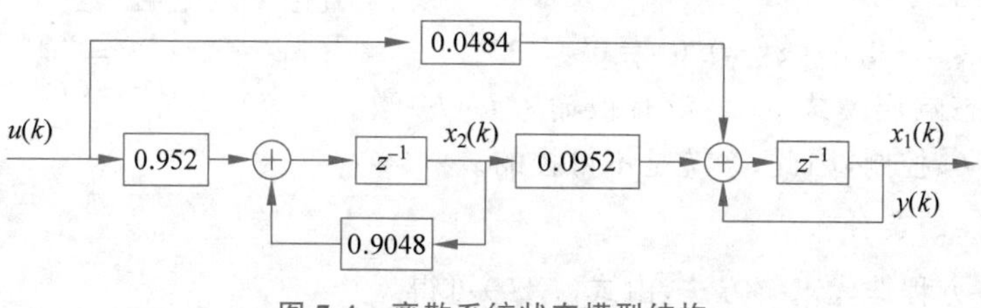

图 7-4 离散系统状态模型结构

7.2 系统的可控性与可观性

系统的可控性与可观性是系统状态空间模型的基本特性,对于分析与设计控制系统非常必要。

7.2.1 系统可控性

1. 可控性与可达性

$$\begin{cases} x(k+1) = Fx(k) + Gu(k) \\ y(k) = Cx(k) \end{cases}$$

对所示系统,若可以找到控制序列 $u(k)$,能在有限时间 NT 内驱动系统从任意初始状态 $x(0)$ 到达任意期望状态 $x(N)=0$,则称该系统是状态完全可控的(简称是可控的)。

对所示系统,若可以找到控制序列 $u(k)$,能在有限时间 NT 内驱动系统从任意初始状态 $x(0)$ 到达任意期望状态 $x(N)$,则称该系统是状态完全可达的。

应当指出,可控性并不等于可达性。由定义可知,可控性实质上是可达性的一个特例,即如果系统是可达的,那么其一定是可控的。

例 7-3 研究下述系统的可控性与可达性。系统的状态方程及初始条件:

$$x(k+1) = \begin{bmatrix} 0 & 1 \\ 0 & 0 \end{bmatrix} x(k) + \begin{bmatrix} 1 \\ 0 \end{bmatrix} u(k), \quad x(0) = \begin{bmatrix} x_1(0) \\ x_2(0) \end{bmatrix} \neq 0 \tag{7-24}$$

解:

$$x(1) = \begin{bmatrix} 0 & 1 \\ 0 & 0 \end{bmatrix} x(0) + \begin{bmatrix} 1 \\ 0 \end{bmatrix} u(0) = \begin{bmatrix} 0 & 1 \\ 0 & 0 \end{bmatrix} \begin{bmatrix} x_1(0) \\ x_2(0) \end{bmatrix} + \begin{bmatrix} 1 \\ 0 \end{bmatrix} u(0) = \begin{bmatrix} x_2(0) + u(0) \\ 0 \end{bmatrix}$$

$$x(2) = \begin{bmatrix} 0 & 1 \\ 0 & 0 \end{bmatrix} x(1) + \begin{bmatrix} 1 \\ 0 \end{bmatrix} u(1) = \begin{bmatrix} 0 & 1 \\ 0 & 0 \end{bmatrix} \begin{bmatrix} x_2(0) + u(0) \\ 0 \end{bmatrix} + \begin{bmatrix} 1 \\ 0 \end{bmatrix} u(1) = \begin{bmatrix} u(1) \\ 0 \end{bmatrix}$$

$$x(3) = \begin{bmatrix} 0 & 1 \\ 0 & 0 \end{bmatrix} x(2) + \begin{bmatrix} 1 \\ 0 \end{bmatrix} u(2) = \begin{bmatrix} 0 & 1 \\ 0 & 0 \end{bmatrix} \begin{bmatrix} u(1) \\ 0 \end{bmatrix} + \begin{bmatrix} 1 \\ 0 \end{bmatrix} u(2) = \begin{bmatrix} u(2) \\ 0 \end{bmatrix}$$

$$\vdots$$

取控制序列 $u(k) \equiv 0$,当 $k \geq 2$ 时,$x(k)=0$,系统可控。$x_2=0, k \geq 1$,无控制序列使系统到达 $x(N) \neq 0$。系统不可达。考虑可控性的概念,不可控系统示意图如图 7-5 所示。

系统的特征方程:

$$(z-0.5)(z-0.6) = 0$$

可是,瞬态响应模式 0.5^k 没有被输入 $U(k)$ 激励,不能被 $U(k)$ 控制,因此,系统是不可控的。

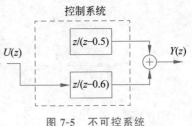

图 7-5　不可控系统

2. 可达性的条件

利用状态方程迭代求解方法,由式(7-20)可得

$$x(1) = Fx(0) + Gu(0)$$

$$x(2) = Fx(1) + Gu(1) = F^2 x(0) + FGu(0) + Gu(1)$$

$$\vdots$$

$$x(N) = F^N x(0) + \sum_{i=0}^{N-1} F^{N-i-1} Gu(i) \tag{7-25}$$

$$x(N) - F^N x(0) = \begin{bmatrix} F^{N-1}G & F^{N-2}G \cdots G \end{bmatrix} \begin{bmatrix} u(0) \\ u(1) \\ \vdots \\ u(N-1) \end{bmatrix} \tag{7-26}$$

记 $W_c' = \begin{bmatrix} F^{N-1}G & F^{N-2}G \cdots G \end{bmatrix}$，对于任意的 $x(0)$ 和 $x(N)$，控制序列 $u(0), u(1)$, $u(2), \cdots, u(N-1)$，均能够存在，则系数矩阵 W_c' 的各个列向量必须独立，即满足

$$\text{rank} W_c' = \text{rank} \begin{bmatrix} F^{N-1}G & F^{N-2}G \cdots G \end{bmatrix} = n \tag{7-27}$$

由于改变矩阵列的次序不会影响矩阵的秩，通常写为如下形式：

$$\text{rank} \begin{bmatrix} G & FG & \cdots & F^{N-1}G \end{bmatrix} = \text{rank} W_c = n \tag{7-28}$$

$$W_c = \begin{bmatrix} G & FG & \cdots & F^{N-1}G \end{bmatrix}$$

式中，W_c 为系统可控矩阵。满秩是系统完全可控的充要条件。

可控性与可达性具有以下关系：

(1) 可控性与可达性都描述了系统的结构特性，两者之间略有差别。

(2) 对于采样系统，可控性与可达性是等价的，可用可达性矩阵判断可控性与可达性。

(3) 对于纯离散系统，若 F 是可逆的，可控性与可达性等价。若 F 是奇异的，系统可控不一定可达；系统可达则一定可控，这时应当用定义去判断系统的可控性与可达性。

(4) 系统的可控性是由系统结构决定的，简单地改变状态变量的选取或增加控制序列的步数都不能改变系统的可控性。

(5) 如果已知系统是不可控的，也就没有必要去寻求控制作用，唯一的办法是修改系统的结构和参数，使 F、G 构成可控对。

7.2.2 系统可观性

状态空间法设计时主要利用状态反馈构成控制律，但并不是任何系统都可以从它的测量输出中获得状态信息，如果输出有 $y(t)$ 不反映状态的信息，那么这样的系统称为不可观测的。

$$\begin{cases} x(k+1) = Fx(k) + Gu(k) \\ y(k) = Cx(k) \end{cases}$$

对所示系统，如果可以利用系统输出有 $y(k)$，在有限的时间 NT 内确定系统的初始状态 $x(0)$，则称该系统是可观的。

系统的可观性只与系统结构及输出信息的特性有关，与控制矩阵 G 无关，为此，以后

可只研究系统的自由运动：

$$\begin{cases} \boldsymbol{x}(k+1)=\boldsymbol{F}\boldsymbol{x}(k) \\ \boldsymbol{y}(k)=\boldsymbol{C}\boldsymbol{x}(k) \end{cases} \qquad (7\text{-}29)$$

根据定义，给定一系列输出测量值，$\boldsymbol{y}(0),\boldsymbol{y}(1),\cdots,\boldsymbol{y}(k)$，能否在有限的时间 NT 内求得系统的初始状态 $\boldsymbol{x}(0)$，递推求解式(7-29)可得

$$\boldsymbol{y}(0)=\boldsymbol{C}\boldsymbol{x}(0)$$
$$\boldsymbol{y}(1)=\boldsymbol{C}\boldsymbol{x}(1)=\boldsymbol{C}\boldsymbol{F}\boldsymbol{x}(0)$$
$$\vdots$$
$$\boldsymbol{y}(k)=\boldsymbol{C}\boldsymbol{F}^{k}\boldsymbol{x}(0)$$

上式写成矩阵形式：

$$\begin{bmatrix} \boldsymbol{y}(0) \\ \boldsymbol{y}(1) \\ \vdots \\ \boldsymbol{y}(k) \end{bmatrix}=\begin{bmatrix} \boldsymbol{C} \\ \boldsymbol{C}\boldsymbol{F} \\ \vdots \\ \boldsymbol{C}\boldsymbol{F}^{k} \end{bmatrix}\boldsymbol{x}(0) \qquad (7\text{-}30)$$

如果已知 $\boldsymbol{y}(0),\boldsymbol{y}(1),\cdots,\boldsymbol{y}(k)$，为求解 $\boldsymbol{x}(0)$，即

$$\boldsymbol{x}(0)=\begin{bmatrix} \boldsymbol{C} \\ \boldsymbol{C}\boldsymbol{F} \\ \vdots \\ \boldsymbol{C}\boldsymbol{F}^{k} \end{bmatrix}^{-1}\begin{bmatrix} \boldsymbol{y}(0) \\ \boldsymbol{y}(1) \\ \vdots \\ \boldsymbol{y}(k) \end{bmatrix} \qquad (7\text{-}31)$$

有解，式(7-31)代数方程组一定是 n 维的，系数矩阵应是非奇异的。若令 $K=n-1$，则有

$$\text{rank}\boldsymbol{W}_{\text{o}}=\text{rank}\begin{bmatrix} \boldsymbol{C} & \boldsymbol{C}\boldsymbol{F} & \cdots & \boldsymbol{C}\boldsymbol{F}^{n-1} \end{bmatrix}^{\text{T}}=n \qquad (7\text{-}32)$$

式中，$\boldsymbol{W}_{\text{o}}=\begin{bmatrix} \boldsymbol{C} & \boldsymbol{C}\boldsymbol{F} & \cdots & \boldsymbol{C}\boldsymbol{F}^{n-1} \end{bmatrix}^{\text{T}}$，称为可观性矩阵。

可观性是由系统性质决定的。系统不可观，增加测量值也不能使系统变为可观。可观性与可达性对应，与可控性对应的有可重构性的概念。可重构性的基本问题是能否利用有限个过去测值求得系统当今状态。可观一定可重构。如果系统转移矩阵 $\boldsymbol{F}$ 是可逆的，那么其可观性与可重构性也是一致的。考虑可观性的概念，图 7-6 为不可观系统示意图。图 7-6 所示系统明显是不可观的，因为上面的状态框 $z/(z-0.5)$ 对输出 $y(z)$ 没有贡献。

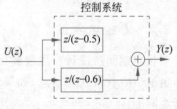

图 7-6　不可观系统

例 7-4　研究下述转动物体的可观性

$$J\frac{\text{d}^{2}\theta}{\text{d}t^{2}}=M$$

式中，M 为控制力矩；J 为转动惯量。

解：建立系统状态方程。

$$\theta=x_{1}, \quad \dot{\theta}=x_{2}, \quad M/J=u(t)$$

则系统状态方程为

$$\begin{bmatrix} \dot{x}_1 \\ \dot{x}_2 \end{bmatrix} = \begin{bmatrix} 0 & 1 \\ 0 & 0 \end{bmatrix} \begin{bmatrix} x_1 \\ x_2 \end{bmatrix} + \begin{bmatrix} 0 \\ 1 \end{bmatrix} u(t) \tag{7-33}$$

由式(7-21)得

$$\boldsymbol{F} = \mathrm{e}^{\boldsymbol{A}T}, \quad \boldsymbol{G} = \int_0^T \mathrm{e}^{\boldsymbol{A}t} \, \mathrm{d}t \boldsymbol{B}$$

离散化状态方程为

$$\begin{bmatrix} x_1(k+1) \\ x_2(k+1) \end{bmatrix} = \begin{bmatrix} 1 & T \\ 0 & 1 \end{bmatrix} \begin{bmatrix} x_1(k) \\ x_2(k) \end{bmatrix} + \begin{bmatrix} T^2/2 \\ T \end{bmatrix} \boldsymbol{u}(k)$$

只测量角位移,系统输出方程为

$$\boldsymbol{y}(k) = \boldsymbol{C}\boldsymbol{x}(k) = \begin{bmatrix} 1 & 0 \end{bmatrix}\boldsymbol{x}(k)$$

可观测性矩阵为

$$\mathrm{rank}\boldsymbol{W}_\mathrm{o} = \mathrm{rank}\begin{bmatrix} \boldsymbol{C} & \boldsymbol{C}\boldsymbol{F} \end{bmatrix}^\mathrm{T} = \mathrm{rank}\begin{bmatrix} 1 & 0 \\ 1 & T \end{bmatrix} = 2 = n$$

系统可观。对于这种惯性物体,只测量角位移 θ,从物理概念上就可以判定系统是可观的。

只测量角速度,系统输出方程为

$$\boldsymbol{y}(k) = \boldsymbol{C}\boldsymbol{x}(k) = \begin{bmatrix} 0 & 1 \end{bmatrix}\boldsymbol{x}(k)$$

可观测性矩阵为

$$\mathrm{rank}\boldsymbol{W}_\mathrm{o} = \mathrm{rank}\begin{bmatrix} \boldsymbol{C} & \boldsymbol{C}\boldsymbol{F} \end{bmatrix}^\mathrm{T} = \mathrm{rank}\begin{bmatrix} 0 & 1 \\ 0 & 1 \end{bmatrix} = 1 \neq n$$

可知,系统不可观。只测量角速度 $\dot{\theta} = x_2(t)$,为了获得角位移 $\theta = x_1(t)$,就必须对 $x_2(t)$ 积分,为此就需要知道 $x_1(t)$ 的初始值,因此,只根据 $x_2(t)$ 的测量值是不可以估计状态 $x_1(t)$ 的,所以系统是不可观的。

7.3 状态反馈极点配置法设计系统

状态空间设计法是指系统在满足可观可控条件下,利用状态反馈进行系统闭环设计的方法。与经典控制理论相比,状态反馈设计可以深入系统内部,充分利用系统信息,完成更好的控制设计。计算机控制系统的典型结构图如图 7-7 所示。

图 7-7 计算机控制系统的典型结构图

7.3.1 系数匹配法

例 7-5 首先看例 7-2 伺服系统的采样控制。被控对象参数做一定的调整,结构如图 7-8 所示。

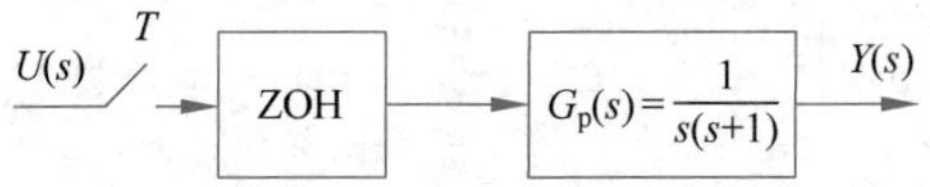

图 7-8 伺服系统结构

系统离散化的状态模型：输入矩阵 G 发生改变，其余保持不变。

$$G \text{ 由 } [0.0484 \quad 0.952]^T \text{ 变为 } [0.00484 \quad 0.0952]^T$$

则系统的离散状态空间模型为

$$x(k+1) = \begin{bmatrix} 1 & 0.0952 \\ 0 & 0.905 \end{bmatrix} x(k) + \begin{bmatrix} 0.00484 \\ 0.0952 \end{bmatrix} u(k)$$

$$y(k) = [1 \quad 0] x(k) \tag{7-34}$$

这个模型里，$x_1(k)$ 是电动机轴的转角，可以被测量，状态 $x_2(k)$ 是电动机轴的角速度（转速），可以被测量，因此这个系统是全状态向量可以测量。

选择控制输入 $u(k)$ 是状态的线性组合，即

$$u(k) = -k_1 x_1(k) - k_2 x_2(k) = -Kx(k) \tag{7-35}$$

式中，K 为增益矩阵，且有

$$K = [k_1 \quad k_2]$$

将式(7-35)代入式(7-34)可得

$$x(k+1) = \begin{bmatrix} 1 & 0.0952 \\ 0 & 0.905 \end{bmatrix} x(k) + \begin{bmatrix} 0.00484 \\ 0.0952 \end{bmatrix} [-Kx(k)] \tag{7-36}$$

$$x(k+1) = \begin{bmatrix} 1-0.00484k_1 & 0.0952-0.00484k_2 \\ -0.0952k_1 & 0.905-0.0952k_2 \end{bmatrix} \begin{bmatrix} x_1(k) \\ x_2(k) \end{bmatrix} \tag{7-37}$$

闭环系统方程为

$$x(k+1) = A_c x(k)$$

式中

$$A_c = \begin{bmatrix} 1-0.00484k_1 & 0.0952-0.00484k_2 \\ -0.0952k_1 & 0.905-0.0952k_2 \end{bmatrix}$$

特征方程为

$$\alpha(z) = |zI - A_c| = 0$$

A_c 代入上式可得

$$z^2 + (0.00484k_1 + 0.0952k_2 - 1.905)z + 0.00468k_1 - 0.0952k_2 + 0.905 = 0 \tag{7-38}$$

假设期望的特征根是 τ_1、τ_2，期望的特征多项式为

$$\alpha_c(z) = (z-\tau_1)(z-\tau_2) = z^2 - (\tau_1 + \tau_2)z + \tau_1\tau_2 \tag{7-39}$$

式(7-38)与式(7-39)对应系数相等，则可得

$$\begin{cases} 0.00484k_1 + 0.0952k_2 - 1.905 = -(\tau_1 + \tau_2) \\ 0.00468k_1 - 0.0952k_2 + 0.905 = \tau_1\tau_2 \end{cases} \tag{7-40}$$

求解上述方程(τ_1 与 τ_2 为常数)可得

$$\begin{cases} k_1 = 105.083(\tau_1\tau_2 - (\tau_1 + \tau_2) + 1.0) \\ k_2 = 14.675 - 5.342\tau_1\tau_2 - 5.167(\tau_1 + \tau_2) \end{cases} \tag{7-41}$$

若期望的极点 $\tau_{1,2} = 0.889322 \pm j0.166845$，则有 $k_1 = 4.212, k_2 = 1.112$。

可以发现，合适的增益矩阵 $\boldsymbol{K}$，实现任意极点的配置。

对于一般 n 阶线性定常系统，为了按极点配置设计控制规律（图 7-9），暂设控制律反馈的是实际对象的全部状态，而不是重构的状态。

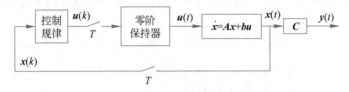

图 7-9　按极点配置设计控制规律

设连续被控对象的状态方程为

$$\begin{cases} \dot{\boldsymbol{x}}(t) = \boldsymbol{A}\boldsymbol{x}(t) + \boldsymbol{B}\boldsymbol{u}(t) \\ \boldsymbol{y}(t) = \boldsymbol{C}\boldsymbol{x}(t) \end{cases} \tag{7-42}$$

相应的离散状态方程为

$$\begin{cases} \boldsymbol{x}(k+1) = \boldsymbol{F}\boldsymbol{x}(k) + \boldsymbol{G}\boldsymbol{u}(k) \\ \boldsymbol{y}(k) = \boldsymbol{C}\boldsymbol{x}(k) \end{cases} \tag{7-43}$$

且

$$\begin{cases} \boldsymbol{F} = e^{\boldsymbol{A}T} \\ \boldsymbol{G} = \int_0^T e^{\boldsymbol{A}T}\,d\tau\boldsymbol{B} \end{cases} \tag{7-44}$$

式中，T 为采样周期。

若图 7-9 中的控制律为线性状态反馈，即

$$\boldsymbol{u}(k) = -\boldsymbol{K}\boldsymbol{x}(k) \tag{7-45}$$

则要设计出反馈控制律 $\boldsymbol{K}$，以使闭环系统具有所需要的极点配置。

将式(7-45)代入式(7-43)，得到闭环系统的状态方程为

$$\boldsymbol{x}(k+1) = (\boldsymbol{F} - \boldsymbol{G}\boldsymbol{K})\boldsymbol{x}(k) \tag{7-46}$$

显然，闭环系统的特征方程为

$$|z\boldsymbol{I} - \boldsymbol{F} + \boldsymbol{G}\boldsymbol{K}| = 0 \tag{7-47}$$

设给定所需要的闭环系统的极点 $z_i(i = 1, 2, \cdots, n)$，则很容易求得要求的闭环系统特征方程为

$$\Delta(z) = (z - z_1)(z - z_2)\cdots(z - z_n) = z^n + b_1z^{n-1} + \cdots + b_n = 0 \tag{7-48}$$

由式(7-47)和式(7-48)可知，反馈控制律 $\boldsymbol{K}$ 应满足如下方程：

$$|z\boldsymbol{I} - \boldsymbol{F} + \boldsymbol{G}\boldsymbol{K}| = \Delta(z) \tag{7-49}$$

将式(7-49)的行列式展开,并比较两边 z 的同次幂系数,共可得到 n 个代数方程。对于单输入的情况,K 中未知元素的个数与方程的个数相等,因此一般情况下可获得 K 的唯一解。而对于多输入情况,仅根据式(7-49)并不能完全确定 K,设计计算比较复杂,这时需同时附加其他限制条件才能完全确定 K。这种方法称为系数匹配法。

可以证明,对于任意的极点配置,K 具有唯一解的充分必要条件是被控对象完全能控,即

$$\text{rank}\begin{bmatrix} \boldsymbol{G} & \boldsymbol{FG} & \cdots & \boldsymbol{F}^{n-1}\boldsymbol{G} \end{bmatrix} = n \tag{7-50}$$

这个结论的物理意义是:只有当系统的所有状态都是能控的,才能通过适当的状态反馈控制,使得闭环系统的极点配置在任意指定的位置。

由于人们对于 s 平面中的极点分布与系统性能的关系比较熟悉,因此可首先根据相应连续系统性能指标的要求来给定 s 平面中的极点,然后根据 $z_i = \mathrm{e}^{s_i T}(i=1,2,\cdots,n$;$T$ 为采样周期)的关系求得 z 平面中的极点分布。

例 7-6 卫星姿态控制系统,被控对象的传递函数 $G(s)=\dfrac{1}{s^2}$,采样周期 $T=0.1\mathrm{s}$,采用零阶保持器。现要求闭环系统的动态响应相当于阻尼系数 $\xi=0.5$、无阻尼自然振荡频率 $\omega_n=3.6$ 的二阶连续系统,用极点配置方法设计状态反馈控制规律 K,并求 $u(k)$。

解: 被控对象的微分方程为

$$\ddot{y}(t) = u(t)$$

定义两个状态变量分别为

$$x_1(t) = y(t), x_2(t) = \dot{x}_1(t) = \dot{y}(t)$$

可得

$$\dot{x}_1(t) = x_2(t), \quad \dot{x}_2(t) = \ddot{y}(t) = u(t)$$

故有

$$\begin{bmatrix} \dot{x}_1(t) \\ \dot{x}_2(t) \end{bmatrix} = \begin{bmatrix} 0 & 1 \\ 0 & 0 \end{bmatrix} \begin{bmatrix} x_1(t) \\ x_2(t) \end{bmatrix} + \begin{bmatrix} 0 \\ 1 \end{bmatrix} \boldsymbol{u}(t)$$

$$\boldsymbol{y}(t) = \begin{bmatrix} 1 & 0 \end{bmatrix} \begin{bmatrix} x_1(t) \\ x_2(t) \end{bmatrix}$$

对应的离散状态方程为

$$\begin{cases} \boldsymbol{x}(k+1) = \begin{bmatrix} 1 & T \\ 0 & 1 \end{bmatrix} \boldsymbol{x}(k) + \begin{bmatrix} \dfrac{T^2}{2} \\ T \end{bmatrix} \boldsymbol{u}(k) \\ \boldsymbol{y}(k) = \begin{bmatrix} 1 & 0 \end{bmatrix} \boldsymbol{x}(k) \end{cases}$$

将 $T=0.1\mathrm{s}$ 代入上式,可得

$$\begin{cases} \boldsymbol{x}(k+1) = \begin{bmatrix} 1 & 0.1 \\ 0 & 1 \end{bmatrix} \boldsymbol{x}(k) + \begin{bmatrix} 0.005 \\ 0.1 \end{bmatrix} \boldsymbol{u}(k) \\ \boldsymbol{y}(k) = \begin{bmatrix} 1 & 0 \end{bmatrix} \boldsymbol{x}(k) \end{cases}$$

且

$$\begin{cases} \dot{\boldsymbol{x}}(t) = \boldsymbol{A}\boldsymbol{x}(t) + \boldsymbol{B}\boldsymbol{u}(t) \\ \boldsymbol{y}(t) = \boldsymbol{C}\boldsymbol{x}(t) \end{cases}$$

$$[\boldsymbol{G} \quad \boldsymbol{F}\boldsymbol{G}] = \begin{bmatrix} 0.005 & 0.015 \\ 0.1 & 0.1 \end{bmatrix}$$

因为 $\begin{vmatrix} 0.005 & 0.015 \\ 0.1 & 0.1 \end{vmatrix} \neq 0$，所以系统能控。

根据要求，求得 s 平面上两个期望的极点为

$$s_{1,2} = -\xi\omega_n \pm \mathrm{j}\sqrt{1-\xi^2}\,\omega_n = -1.8 \pm \mathrm{j}3.12$$

利用 $z = \mathrm{e}^{sT}$ 的关系，可求得 Z 平面上的两个期望的极点为

$$z_{1,2} = 0.835\mathrm{e}^{\pm\mathrm{j}0.312} = 0.8 \pm \mathrm{j}0.25$$

于是，得到期望的闭环系统特征方程为

$$\varphi_c(z) = (z - z_1)(z - z_2) = z^2 - 1.6z + 0.7$$

若状态反馈控制规律为

$$\boldsymbol{K} = \begin{bmatrix} k_1 & k_2 \end{bmatrix}$$

则闭环系统的特征方程为

$$|z\boldsymbol{I} - \boldsymbol{F} + \boldsymbol{G}\boldsymbol{K}| = \left| \begin{bmatrix} z & 0 \\ 0 & z \end{bmatrix} - \begin{bmatrix} 1 & 0.1 \\ 0 & 1 \end{bmatrix} + \begin{bmatrix} 0.005 \\ 0.1 \end{bmatrix} \begin{bmatrix} k_1 & k_2 \end{bmatrix} \right|$$

$$= z^2 + (0.1k_2 + 0.005k_1 - 2)z + 0.005k_1 - 0.1k_2 + 1$$

比较上式 $\varphi_c(z)$ 和式 $|z\boldsymbol{I} - \boldsymbol{F} + \boldsymbol{G}\boldsymbol{K}|$，可得

$$\begin{cases} 0.1k_2 + 0.005k_1 - 2 = -1.6 \\ 0.005k_1 - 0.1k_2 + 1 = 0.7 \end{cases}$$

求解上式，得到

$$\boldsymbol{K} = \begin{bmatrix} k_1 & k_2 \end{bmatrix} = \begin{bmatrix} 10 & 3.5 \end{bmatrix} \tag{7-51}$$

故控制律（或状态反馈矩阵）为

$$\boldsymbol{u}(k) = -\boldsymbol{K}\boldsymbol{x}(k) = -\begin{bmatrix} 10 & 3.5 \end{bmatrix}\boldsymbol{x}(k)$$

状态空间方程以标准形式给出：

$$\boldsymbol{x}(k+1) = \begin{bmatrix} 0 & 1 & 0 & \cdots & 0 \\ 0 & 0 & 1 & \cdots & 0 \\ \vdots & \vdots & \vdots & \ddots & \vdots \\ -a_0 & -a_1 & -a_2 & \cdots & -a_{n-1} \end{bmatrix} \boldsymbol{x}(k) + \begin{bmatrix} 0 \\ 0 \\ \vdots \\ 1 \end{bmatrix} \boldsymbol{u}(k) \tag{7-52}$$

系统的特征方程：

$$a(z) = |z\boldsymbol{I} - \boldsymbol{A}| = z^n + a_{n-1}z^{n-1} + \cdots + a_1z + a_0 = 0 \tag{7-53}$$

状态反馈后闭环系统矩阵：

$$A - BK = \begin{bmatrix} 0 & 1 & \cdots & 0 \\ 0 & 0 & \cdots & 0 \\ \vdots & \vdots & \ddots & \vdots \\ -(a_0 + k_1) & -(a_1 + k_2) & \cdots & -(a_{n-1} + k_n) \end{bmatrix} \tag{7-54}$$

反馈的特征方程：

$$|zI - A + BK| = z^n + (a_{n-1} + k_n)z^{n-1} + \cdots + (a_1 + k_2)z + (a_0 + k_1) = 0 \tag{7-55}$$

期望的特征方程：

$$\varphi_c(z) = z^n + c_{n-1}z^{n-1} + \cdots + c_1 z + c_0 = 0 \tag{7-56}$$

式(7-55)与式(7-56)对应系数相等，可得

$$k_{i+1} = c_i - a_i \quad (i = 0, 1, \cdots, n-1) \tag{7-57}$$

7.3.2 Ackermann 公式

Ackermann 公式证明不在这里给出，通常针对状态方程一般形式转换到状态方程的标准形式，然后给出证明。对于高阶系统，便于计算机求解。

离散系统状态方程：

$$x(k+1) = Fx(k) + Gu(k) \tag{7-58}$$

期望特征方程对应的矩阵多项式：

$$\varphi_c(F) = F^n + c_{n-1}F^{n-1} + \cdots + c_1 F + c_0 I \tag{7-59}$$

计算反馈矩阵 K 的 Ackermann 公式为

$$K = \begin{bmatrix} 0 & 0 & \cdots & 0 & 1 \end{bmatrix} \begin{bmatrix} G & FG & \cdots & F^{n-2}G & F^{n-1}G \end{bmatrix}^{-1} \varphi_c(F)$$

$$= \begin{bmatrix} 0 & 0 & \cdots & 0 & 1 \end{bmatrix} W_c^{-1} \varphi_c(F) \tag{7-60}$$

例 7-7 使用 Ackermann 求解例 7-6 的反馈矩阵 K。

解：对于单输入单输出系统，系统可控，就可以求解反馈矩阵 K。

由例 7-6 可知，系统状态方程为

$$x(k+1) = \begin{bmatrix} 1 & T \\ 0 & 1 \end{bmatrix} x(k) + \begin{bmatrix} \dfrac{T^2}{2} \\ T \end{bmatrix} u(k)$$

令

$$F = \begin{bmatrix} 1 & T \\ 0 & 1 \end{bmatrix}, \quad G = \begin{bmatrix} \dfrac{T^2}{2} \\ T \end{bmatrix}$$

则

$$W_c = \begin{bmatrix} G & FG \end{bmatrix} = \begin{bmatrix} 0.5T^2 & 1.5T^2 \\ T & T \end{bmatrix}$$

$$W_c^{-1} = \begin{bmatrix} 0.5T^2 & 1.5T^2 \\ T & T \end{bmatrix}^{-1} = \frac{-1}{T^3} \begin{bmatrix} T & -1.5T^2 \\ -T & 0.5T^2 \end{bmatrix} = \begin{bmatrix} -1/T^2 & 1.5/T \\ 1/T^2 & -0.5/T \end{bmatrix}$$

期望的特征方程：

$$\varphi_c(z) = (z - z_1)(z - z_2) = z^2 - 1.6z + 0.7$$

期望的矩阵特征多项式：

$$\varphi_c(F) = F^2 - 1.6F + 0.7I$$

$$= \begin{bmatrix} 1 & T \\ 0 & 1 \end{bmatrix}^2 - 1.6 \begin{bmatrix} 1 & T \\ 0 & 1 \end{bmatrix} + 0.7 \begin{bmatrix} 1 & 0 \\ 0 & 1 \end{bmatrix}$$

$$= \begin{bmatrix} 1 & 2T \\ 0 & 1 \end{bmatrix} + \begin{bmatrix} -1.6 & -1.6T \\ 0 & -1.6 \end{bmatrix} + \begin{bmatrix} 0.7 & 0 \\ 0 & 0.7 \end{bmatrix}$$

$$= \begin{bmatrix} 0.1 & 0.4T \\ 0 & 0.1 \end{bmatrix} = \begin{bmatrix} 0.1 & 0.04 \\ 0 & 0.1 \end{bmatrix}$$

增益矩阵或反馈矩阵 K（Ackermann 公式）：

$$K = \begin{bmatrix} 0 & 1 \end{bmatrix} \begin{bmatrix} -1/T^2 & 1.5/T \\ 1/T^2 & -0.5/T \end{bmatrix} \begin{bmatrix} 0.1 & 0.4T \\ 0 & 0.1 \end{bmatrix} = \begin{bmatrix} 10 & 3.5 \end{bmatrix} \tag{7-61}$$

K 的计算结果与式(7-51)一致。

7.4 系统状态观测器的设计

7.3 节的状态反馈实现极点的配置，需要被控对象的状态完全可以测量，系统具有可控性。一般情况下，系统状态的测量是不实用的，有时是困难的，甚至不可能的，所以，考虑利用由系统获得的有限信息来估计系统状态，估计系统状态的系统称为观测器或状态估计器。

常用的状态观测器有预测观测器、现值观测器和降维观测器。

7.4.1 预测观测器

如果系统状态不可以测量，那么考虑估计系统状态，实质上是构造一个与原系统近似的动态模型。设估计状态用 $\hat{x}(k)$ 表示，则构造的系统模型：

$$\begin{cases} \hat{x}(k+1) = F\hat{x}(k) + Gu(k) \\ y(k) = C\hat{x}(k) \end{cases} \tag{7-62}$$

式中，$\hat{x}(k)$ 为 $x(k)$ 的估计。

则估计的误差为

$$\tilde{x}(k) = x(k) - \hat{x}(k) \tag{7-63}$$

原来系统方程（7-20），即

$$\begin{cases} x(k+1) = Fx(k) + Gu(k) \\ y(k) = Cx(k) \end{cases}$$

把式(7-20)、式(7-62)代入式(7-63)得到状态估计器误差方程为

$$\tilde{x}(k+1) = F\tilde{x}(k) \tag{7-64}$$

目标希望估计误差越小越好。思想是考虑估计器输出误差作为反馈，构成反馈系统，以

减少估计误差。闭环预测观测器结构如图 7-10 所示。

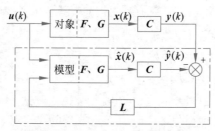

图 7-10 闭环预测观测器结构

观测器状态方程为

$$\hat{x}(k+1) = F\hat{x}(k) + Gu(k) + L[y(k) - \hat{y}(k)]$$
$$= F\hat{x}(k) + Gu(k) + L[y(k) - C\hat{x}(k)] \tag{7-65}$$

式中，L 为观测增益矩阵（或增益矩阵）。

估计状态时，在 k 时刻的测量，可以在 $k+1$ 时刻确认，说明观测器可以预测下一周期的值，因此，称为预测观测器。

把式(7-20)、式(7-62)代入式(7-65)，得到反馈观测器误差方程为

$$x(k+1) - \hat{x}(k+1) = Fx(k) + Gu(k) - \{F\hat{x}(k) + Gu(k) + L[Cx(k) - C\hat{x}(k)]\}$$
$$x(k+1) - \hat{x}(k+1) = [F - LC][x(k) - \hat{x}(k)]$$
$$\tilde{x}(k+1) = [F - LC]\tilde{x}(k) \tag{7-66}$$

如果系统是渐进稳定的，对于任意给定的初始状态 $\tilde{x}(0)$，$\tilde{x}(k)$ 收敛到 0。实际系统中，由于传感器测量误差和系统干扰，$\hat{x}(k)$ 不等于 $x(k)$，选择 L 使系统稳定，误差为可接受的程度。式(7-66)表明，理论上可以通过选择 L，使加入状态观测器的系统的极点配置在期望的位置上。

1) 系数匹配法

若加入观测器系统期望的极点为 $z_i(i=1,2,\cdots,n)$，则求得观测器期望的特征方程为

$$\varphi_0(z) = (z - z_1)(z - z_2)\cdots(z - z_n) = z^n + c_1 z^{n-1} + \cdots + c_{n-1}z + c_n = 0 \tag{7-67}$$

由式(7-66)可得观测器的特征方程（状态重构误差的特征方程）为

$$|zI - F + LC| = 0 \tag{7-68}$$

为了获得期望的状态重构性能，由式(7-67)与式(7-68)应该相等，可得

$$\varphi_0(z) = |zI - F + LC| \tag{7-69}$$

对于单输入单输出系统，通过比较式(7-69)两边 z 的同次幂系数，即可求得 L 中 n 个未知数。对于任意的极点配置，L 具有唯一解的充分必要条件是系统完全能观，即

$$\text{rank}\begin{bmatrix} C \\ CF \\ \vdots \\ CF^{n-1} \end{bmatrix} = n \tag{7-70}$$

2) Ackermann 公式

对方程 (7-66) 的系统矩阵求转置

$$[\boldsymbol{F} - \boldsymbol{LC}]^{\mathrm{T}} = \boldsymbol{F}^{\mathrm{T}} - \boldsymbol{C}^{\mathrm{T}}\boldsymbol{L}^{\mathrm{T}} \tag{7-71}$$

式(7-71)与式(7-46)系统矩阵 $[\boldsymbol{F} - \boldsymbol{GK}]$ 形式上一致,即

$$\boldsymbol{F}^{\mathrm{T}} \to \boldsymbol{F}, \quad \boldsymbol{C}^{\mathrm{T}} \to \boldsymbol{G}, \quad \boldsymbol{L}^{\mathrm{T}} \to \boldsymbol{K}$$

代入式(7-60)得观测器的 Ackermann 公式为

$$\boldsymbol{L} = \varphi_{\mathrm{o}}(\boldsymbol{F})\boldsymbol{W}_{\mathrm{o}}^{-1}\begin{bmatrix} 0 & 0 & \cdots & 0 & 1 \end{bmatrix}^{\mathrm{T}} \tag{7-72}$$

式中,$\varphi_{\mathrm{o}}(\boldsymbol{F}) = \boldsymbol{F}^n + b_{n-1}\boldsymbol{F}^{n-1} + \cdots + b_1\boldsymbol{F} + b_0\boldsymbol{I}$,是期望的极点的矩阵特征多项式。

期望的特征多项式:

$$\varphi_{\mathrm{o}}(z) = z^n + b_{n-1}z^{n-1} + \cdots + b_1z + b_0$$

$$\boldsymbol{W}_{\mathrm{o}} = \begin{bmatrix} C \\ CF \\ \vdots \\ CF^{n-1} \end{bmatrix}$$

能观性矩阵,并且 $\mathrm{rank}\boldsymbol{W}_{\mathrm{o}} = n$,满秩。

例 7-8 卫星姿态控制框图如图 7-11 所示。

期望的观测器的极点在 $z_{1,2} = 0.4 \pm \mathrm{j}0.4$,则 s 平面极点有 $\xi \approx 0.6$,求出观测器 $\boldsymbol{L}$。

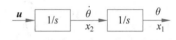

图 7-11　卫星姿态控制框图

解:(1) 系数匹配法。

期望的特征方程为

$$\varphi_{\mathrm{o}}(z) = (z - z_1)(z - z_2) = 0$$

即

$$z^2 - 0.8z + 0.32 = 0 \tag{7-73}$$

姿态角(位置)$x_1 = \theta$ 和姿态角速率(速率)$x_2 = \dot{\theta}$ 分别作为状态变量,状态方程为

$$\begin{bmatrix} \dot{x}_1(t) \\ \dot{x}_2(t) \end{bmatrix} = \begin{bmatrix} 0 & 1 \\ 0 & 0 \end{bmatrix}\begin{bmatrix} x_1(t) \\ x_2(t) \end{bmatrix} + \begin{bmatrix} 0 \\ 1 \end{bmatrix}\boldsymbol{u}(t)$$

$$\boldsymbol{y}(t) = \begin{bmatrix} 1 & 0 \end{bmatrix}\begin{bmatrix} x_1(t) \\ x_2(t) \end{bmatrix}$$

式中,$y = \theta = x_1$。

离散化的状态方程(采样周期 $T = 0.1\mathrm{s}$):

$$\boldsymbol{x}(k+1) = \begin{bmatrix} 1 & T \\ 0 & 1 \end{bmatrix}\boldsymbol{x}(k) + \begin{bmatrix} \dfrac{T^2}{2} \\ T \end{bmatrix}\boldsymbol{u}(k)$$

$$\boldsymbol{y}(k) = \begin{bmatrix} 1 & 0 \end{bmatrix}\boldsymbol{x}(k)$$

式(7-68)观测器的特征方程为

$$|z\boldsymbol{I} - \boldsymbol{F} + \boldsymbol{LC}| = 0$$

$$\left| z\begin{bmatrix} 1 & 0 \\ 0 & 1 \end{bmatrix} - \begin{bmatrix} 1 & T \\ 0 & 1 \end{bmatrix} + \begin{bmatrix} L_1 \\ L_2 \end{bmatrix}\begin{bmatrix} 1 & 0 \end{bmatrix} \right| = 0$$

上式化简可得

$$z^2 + (L_1 - 2)z + TL_2 + 1 - L_1 = 0 \qquad (7\text{-}74)$$

式(7-73)、式(7-74)对应项系数相等,可得

$$L_1 - 2 = -0.8$$
$$TL_2 + 1 - L_1 = 0.32$$

解得

$$L_1 = 1.2, \quad L_2 = 5.2$$

(2) Ackermann 公式:

$$\boldsymbol{\varphi}_o(\boldsymbol{F}) = \boldsymbol{F}^2 - 0.8\boldsymbol{F} + 0.32\boldsymbol{I}$$

$$= \begin{bmatrix} 1 & 0.1 \\ 0 & 1 \end{bmatrix}^2 - 0.8\begin{bmatrix} 1 & 0.1 \\ 0 & 1 \end{bmatrix} + 0.32\begin{bmatrix} 1 & 0 \\ 0 & 1 \end{bmatrix}$$

$$= \begin{bmatrix} 0.52 & 0.12 \\ 0 & 0.52 \end{bmatrix}$$

$$\boldsymbol{W}_o = \begin{bmatrix} \boldsymbol{C} \\ \boldsymbol{CF} \end{bmatrix} = \begin{bmatrix} 1 & 0 \\ 1 & 0.1 \end{bmatrix}$$

$$\boldsymbol{W}_o^{-1} = \begin{bmatrix} 1 & 0 \\ -10 & 10 \end{bmatrix}$$

$$\boldsymbol{L} = \boldsymbol{\varphi}_o(\boldsymbol{F})\boldsymbol{W}_o^{-1}\begin{bmatrix} 0 & 0 & \cdots & 0 & 1 \end{bmatrix}^{\mathrm{T}}$$

$$= \begin{bmatrix} 0.52 & 0.12 \\ 0 & 0.52 \end{bmatrix}\begin{bmatrix} 1 & 0 \\ -10 & 10 \end{bmatrix}\begin{bmatrix} 0 \\ 1 \end{bmatrix}$$

$$= \begin{bmatrix} 1.2 \\ 5.2 \end{bmatrix}$$

与系数匹配法结果一致。

把 $\boldsymbol{L}$ 代入方程 (7-65),可得

$$\begin{cases} \hat{x}_1(k+1) = \hat{x}_1(k) + 0.1\hat{x}_2(k) + 0.005u(k) + 1.2[y(k) - \hat{x}_1(k)] \\ \hat{x}_2(k+1) = \hat{x}_2(k) + 0.1u(k) + 5.2[y(k) - \hat{x}_1(k)] \end{cases} \qquad (7\text{-}75)$$

如果初始位置估计误差 $\tilde{x}_1(0) = 0\text{rad}$,初始速率估计误差 $\tilde{x}_2(0) = 1\text{rad/s}$,把 $\boldsymbol{L}$ 代入方程 (7-66)可以计算出不同时刻观测器的估计误差,如图 7-12 所示。

$$\tilde{\boldsymbol{x}}(k+1) = [\boldsymbol{F} - \boldsymbol{LC}]\tilde{\boldsymbol{x}}(k) = \left\{ \begin{bmatrix} 1 & 0.1 \\ 0 & 1 \end{bmatrix} - \begin{bmatrix} 1.2 \\ 5.2 \end{bmatrix}\begin{bmatrix} 1 & 0 \end{bmatrix} \right\}\tilde{\boldsymbol{x}}(k)$$

7.4.2 现值观测器

采用预测观测器时,现时的状态重构 $\hat{\boldsymbol{x}}(k)$ 只用了前一时刻的输出量 $\boldsymbol{y}(k-1)$,使得现时的控制信号 $\boldsymbol{u}(k)$ 中也包含了前一时刻的输出量。当采样周期较长时,这种控制方式将影响系统的性能。为此,可采用如下的观测器方程:

$$\hat{\boldsymbol{x}}(k) = \bar{\boldsymbol{x}}(k) + \boldsymbol{L}_c[\boldsymbol{y}(k) - \boldsymbol{C}\bar{\boldsymbol{x}}(k)] \qquad (7\text{-}76)$$

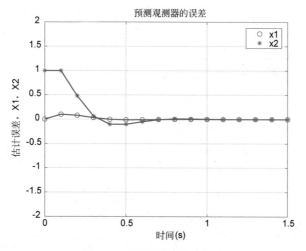

图 7-12　预测观测器的误差

式中，$\bar{x}(k)$是预测估计值。

由于 kT 时刻的状态重构 $\hat{x}(k)$用到了现时刻的量测值 $y(k)$，因此称式(7-76)为现值观测器。

$$\bar{x}(k+1) = F\hat{x}(k) + Gu(k) \tag{7-77}$$

把式(7-76)代入式(7-77)，可得

$$\bar{x}(k+1) = F\bar{x}(k) + Gu(k) + FL_c \left[y(k) - C\bar{x}(k) \right] \tag{7-78}$$

式(7-78)与式(7-65)形式上是一致的。

式(7-78)与式(7-43)相减，可得 $\bar{x}(k)$的状态观测误差方程为

$$\tilde{x}(k+1) = \left[F - FL_cC \right]\tilde{x}(k) \tag{7-79}$$

式中

$$\tilde{x}(k) = x(k) - \bar{x}(k)$$

式(7-79)与式(7-66)对比，$L = FL_c$ 把式(7-77)代入式(7-76)，可得

$$\hat{x}(k+1) = F\hat{x}(k) + Gu(k) + L_c \left\{ y(k+1) - C \left[F\hat{x}(k) + Gu(k) \right] \right\}$$

$$= \left[F - L_cCF \right]\hat{x}(k) + \left[G - L_cCG \right]u(k) + L_cy(k+1)$$

上式与式(7-43)相减，可得 $\hat{x}(k)$的状态观测误差方程为

$$\tilde{x}(k+1) = \left[F - L_cCF \right]\tilde{x}(k) \tag{7-80}$$

式中

$$\tilde{x}(k) = x(k) - \hat{x}(k)$$

式(7-80)与式(7-66)形式相似，有 $C \rightarrow CF, L \rightarrow L_c$。

为了得到 Ackermann 公式，式(7-72)中 W_o, C 用 CF 代替，可得

$$L_c = \boldsymbol{\varphi}_o(F) \begin{bmatrix} CF \\ CF^2 \\ \vdots \\ CF^n \end{bmatrix}^{-1} \begin{bmatrix} 0 \\ \vdots \\ 0 \\ 1 \end{bmatrix} \tag{7-81}$$

式中：$\boldsymbol{\varphi}_o(\boldsymbol{F})=\boldsymbol{F}^n+b_{n-1}\boldsymbol{F}^{n-1}+\cdots+b_1\boldsymbol{F}+b_0\boldsymbol{I}$，是期望的极点的矩阵特征多项式。

例 7-9 例 7-8 的卫星姿态控制系统控制，$T=0.1\mathrm{s}$。期望的观测器的极点在 $z_{1,2}=0.4\pm\mathrm{j}0.4$，试求现值观测器 $\boldsymbol{L}_c$。

解：MATLAB 实现如下：

```
T = 0.1;
F = [1 T; 0 1];
G = [T^2/2; T];
C = [1 0];
p = [0.4 + i * 0.4; 0.4 - i * 0.4];
Lc = acker(F', F' * C', p)'
```

运行结果：

```
Lc =
    0.6800
    5.2000
```

另外，本例与例 7-8 参数完全一致，由于 $\boldsymbol{L}=\boldsymbol{F}\boldsymbol{L}_c$，则 $\boldsymbol{L}_c=\boldsymbol{F}^{-1}\boldsymbol{L}$。

$$\boldsymbol{L}_c=\begin{bmatrix}1 & T \\ 0 & 1\end{bmatrix}^{-1}\begin{bmatrix}1.2 \\ 5.2\end{bmatrix}=\begin{bmatrix}1 & -T \\ 0 & 1\end{bmatrix}\begin{bmatrix}1.2 \\ 5.2\end{bmatrix}=\begin{bmatrix}0.68 \\ 5.2\end{bmatrix}$$

如果初始状态误差：初始位置估计误差 $\tilde{x}_1(0)=0\mathrm{rad}$，初始速率估计误差 $\tilde{x}_2(0)=1\mathrm{rad/s}$，把 $\boldsymbol{L}_c$ 代入式(7-80)可以计算出不同时刻现值观测器的估计误差，如图 7-13 所示。

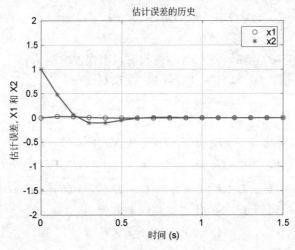

图 7-13 现值观测器误差

7.4.3 降维观测器

预测和现值观测器都是根据输出量观测全部状态，因此称为全阶观测器。实际系统中，量测到的 $\boldsymbol{y}(k)$ 中已包含一部分状态变量，这部分状态变量不必通过估计获得。因此，只需估计其余的状态变量就可以，这种维数低于全阶的观测器称为降维（降阶）观测器。

将原状态向量分成两部分，即

$$x(k) = \begin{bmatrix} x_a(k) \\ x_b(k) \end{bmatrix} \tag{7-82}$$

式中，$x_a(k)$ 为能够量测到的部分状态；$x_b(k)$ 为需要重构的部分状态。

据此，原被控对象的状态方程(7-43)可以分块写成

$$\begin{bmatrix} x_a(k+1) \\ x_b(k+1) \end{bmatrix} = \begin{bmatrix} F_{aa} & F_{ab} \\ F_{ba} & F_{bb} \end{bmatrix} \begin{bmatrix} x_a(k) \\ x_b(k) \end{bmatrix} + \begin{bmatrix} G_a \\ G_b \end{bmatrix} u(k) \tag{7-83}$$

$$y(k) = \begin{bmatrix} I & 0 \end{bmatrix} \begin{bmatrix} x_a(k) \\ x_b(k) \end{bmatrix} \tag{7-84}$$

将式(7-83)展开并写成

$$\begin{cases} x_b(k+1) = F_{bb} x_b(k) + \left[F_{bb} x_a(k) + G_b u(k) \right] & \text{(7-85a)} \\ x_a(k+1) - F_{aa} x_a(k) - G_a u(k) = F_{ab} x_b(k) & \text{(7-85b)} \end{cases}$$

将式(7-85a)、式(7-85b)与式(7-43)比较后，可建立如下的对应关系：

$$
\begin{array}{ll}
x(k) & \leftarrow x_b(k) \\
F & \leftarrow F_{bb} \\
Gu(k) & \leftarrow F_{ba} x_a(k) + G_b u(k) \\
y(k) & \leftarrow x_a(k+1) - F_{aa} x_a(k) - G_a u(k) \\
C & \leftarrow F_{ab}
\end{array}
$$

参考预测观测器方程式(7-65)，可以写出相应于式(7-85a)和式(7-85b)所表达系统的降维观测器方程为

$$\hat{x}_b(k+1) = F_{bb} \hat{x}_b(k) + \left[F_{ba} x_a(k) + G_b u(k) \right] + $$
$$L_r \left[x_a(k+1) - F_{aa} x_a(k) - G_a u(k) - F_{ab} \hat{x}_b(k) \right] \tag{7-86}$$

由式(7-85a)和式(7-86)，可得降维观测器误差方程为

$$\tilde{x}_b(k+1) = x_b(k+1) - \hat{x}_b(k+1) = (F_{bb} - L_r F_{ab}) \left[x_b(k) - \hat{x}_b(k) \right]$$
$$= (F_{bb} - L_r F_{ab}) \tilde{x}_b(k) \tag{7-87}$$

降维观测器状态估计误差的特征方程为

$$| zI - F_{bb} + L_r F_{ab} | = 0 \tag{7-88}$$

期望极点的特征多项式[参考式(7-67)]为

$$\varphi_r(z) = (z - z_1)(z - z_2) \cdots (z - z_n) = z^n + c_1 z^{n-1} + \cdots + c_{n-1} z + c_n = 0 \tag{7-89}$$

$$| zI - F_{bb} + L_r F_{ab} | = \varphi_r(z) = 0 \tag{7-90}$$

可以解出 L_r。

这里，对于任意给定的极点，L_r 具有唯一解的充分必要条件也是系统完全能观，即观测矩阵满秩。

同理，考虑单输入输出情况，对应的 Ackermann 公式为

$$L_r = \boldsymbol{\varphi}_r(\boldsymbol{F}_{bb}) \begin{bmatrix} \boldsymbol{F}_{ab} \\ \boldsymbol{F}_{ab}\boldsymbol{F}_{bb} \\ \vdots \\ \boldsymbol{F}_{ab}\boldsymbol{F}_{bb}^{n-2} \end{bmatrix}^{-1} \begin{bmatrix} 0 \\ \vdots \\ 0 \\ 1 \end{bmatrix} \tag{7-91}$$

其中,这里认为 $x_a(k)$ 是 1 维的状态变量。

例 7-10 如例 7-7,卫星姿态控制系统的状态方程为 $\boldsymbol{x}(k+1) = \begin{bmatrix} 1 & T \\ 0 & 1 \end{bmatrix} \boldsymbol{x}(k) +$ $\begin{bmatrix} \dfrac{T^2}{2} \\ T \end{bmatrix} \boldsymbol{u}(k)$,$T=0.1\mathrm{s}$。期望极点,$z=0.5$,试设计降维观测器 $\boldsymbol{L}_r$。

解: 分割原来系统的模型,适合式(7-83)、式(7-84)

$$\begin{bmatrix} \boldsymbol{F}_{aa} & \boldsymbol{F}_{ab} \\ \boldsymbol{F}_{ba} & \boldsymbol{F}_{bb} \end{bmatrix} = \begin{bmatrix} 1 & T \\ 0 & 1 \end{bmatrix} = \begin{bmatrix} 1 & 0.1 \\ 0 & 1 \end{bmatrix}$$

$$\begin{bmatrix} \boldsymbol{G}_a \\ \boldsymbol{G}_b \end{bmatrix} = \begin{bmatrix} T^2/2 \\ T \end{bmatrix} = \begin{bmatrix} 0.005 \\ 0.1 \end{bmatrix}$$

$x_1(k)$ 是可测量的位置状态,$x_2(k)$ 是将被估计(观测)的速度。由于二阶系统,系统矩阵与输入矩阵中元素都为标量。

由式(7-88)可得

$$z - 1 + L_r T = 0$$

由式(7-89)可得

$$\varphi_r(k) = z - 0.5 = 0$$

上面二式相等得 $L_r T - 1 = -0.5$,则 $L_r = 5$。

7.5 极点配置的控制器设计

前面分别讨论了按极点配置设计的控制规律和状态观测器,这两部分组成了状态反馈控制器,如图 7-14 所示的调节系统[$r(k)=0$ 的情况]。

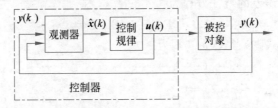

图 7-14 调节系统[$r(k)=0$]中控制律与观测器的结构

7.5.1 分离原理

一般离散系统的状态模型:

$$\begin{cases} \boldsymbol{x}(k+1) = \boldsymbol{Fx}(k) + \boldsymbol{Gu}(k) \\ \boldsymbol{y}(k) = \boldsymbol{Cx}(k) \end{cases} \tag{7-92}$$

设控制器由预测观测器和状态反馈控制规律组合而成,即

$$\begin{cases} \hat{\boldsymbol{x}}(k+1) = \boldsymbol{F}\hat{\boldsymbol{x}}(k) + \boldsymbol{Gu}(k) + \boldsymbol{L}[\boldsymbol{y}(x) - \boldsymbol{C}\hat{\boldsymbol{x}}(k)] & \tag{7-93a} \\ \boldsymbol{u}(k) = -\boldsymbol{K}\hat{\boldsymbol{x}}(k) & \tag{7-93b} \end{cases}$$

控制律:考虑状态是观测的 $\hat{\boldsymbol{x}}(k)$

$$\boldsymbol{u}(k) = -\boldsymbol{K}\hat{\boldsymbol{x}}(k)$$

被控对象的状态方程为

$$\boldsymbol{x}(k+1) = \boldsymbol{Fx}(k) - \boldsymbol{GK}\hat{\boldsymbol{x}}(k) \tag{7-94}$$

把 $\boldsymbol{y}(k) = \boldsymbol{Cx}(k)$ 代入式(7-93a)可得

$$\hat{\boldsymbol{x}}(k+1) = \boldsymbol{LCx}(k) + (\boldsymbol{F} - \boldsymbol{GK} - \boldsymbol{LC})\hat{\boldsymbol{x}}(k) \tag{7-95}$$

式(7-94)、式(7-95)联立可得

$$\begin{bmatrix} \boldsymbol{x}(k+1) \\ \hat{\boldsymbol{x}}(k+1) \end{bmatrix} = \begin{bmatrix} \boldsymbol{F} & -\boldsymbol{GK} \\ \boldsymbol{LC} & \boldsymbol{F} - \boldsymbol{GK} - \boldsymbol{LC} \end{bmatrix} \begin{bmatrix} \boldsymbol{x}(k) \\ \hat{\boldsymbol{x}}(k) \end{bmatrix} \tag{7-96}$$

式(7-96)的特征方程为

$$\begin{aligned} \left| z\boldsymbol{I} - \begin{bmatrix} \boldsymbol{F} & -\boldsymbol{GK} \\ \boldsymbol{LC} & \boldsymbol{F} - \boldsymbol{GK} - \boldsymbol{LC} \end{bmatrix} \right| &= \begin{vmatrix} z\boldsymbol{I} - \boldsymbol{F} & \boldsymbol{GK} \\ -\boldsymbol{LC} & z\boldsymbol{I} - \boldsymbol{F} + \boldsymbol{GK} + \boldsymbol{LC} \end{vmatrix} = 0 \\ &= \begin{vmatrix} z\boldsymbol{I} - \boldsymbol{F} + \boldsymbol{GK} & \boldsymbol{GK} \\ z\boldsymbol{I} - \boldsymbol{F} + \boldsymbol{GK} & z\boldsymbol{I} - \boldsymbol{F} + \boldsymbol{GK} + \boldsymbol{LC} \end{vmatrix} = 0 \quad (\text{第 2 列加到第 1 列}) \\ &= \begin{vmatrix} z\boldsymbol{I} - \boldsymbol{F} + \boldsymbol{GK} & \boldsymbol{GK} \\ 0 & z\boldsymbol{I} - \boldsymbol{F} + \boldsymbol{LC} \end{vmatrix} = 0 \quad (\text{第 2 行减去第 1 行}) \end{aligned}$$

$$\tag{7-97}$$

所以,式(7-97)可以写成

$$| z\boldsymbol{I} - \boldsymbol{F} + \boldsymbol{LC} | | z\boldsymbol{I} - \boldsymbol{F} + \boldsymbol{GK} | = a_e(z) a_c(z) = 0 \tag{7-98}$$

由此可见,式(7-98)构成的闭环系统的 $2n$ 个极点由两部分组成:一部分是按状态反馈控制规律设计所给定的 n 个控制极点[特征多项式 $a_c(z)$];另一部分是按状态观测器设计所给定的 n 个观测器极点[特征多项式 $a_e(z)$]。这两部分极点可以分别设计,称为"分离原理"。根据这一原理可分别设计系统的控制规律和观测器,从而简化了控制器的设计。

7.5.2 控制器设计

1. 预测观测器与控制律构成控制器设计

根据式(7-65),给出预测观测器与控制律构成状态模型:

$$\hat{\boldsymbol{x}}(k) = [\boldsymbol{F} - \boldsymbol{GK} - \boldsymbol{LC}]\hat{\boldsymbol{x}}(k-1) + \boldsymbol{Ly}(k-1)$$

$$\boldsymbol{u}(k) = -\boldsymbol{K}\hat{\boldsymbol{x}}(k) \tag{7-99}$$

又由于

$$\boldsymbol{x}(k+1) = \boldsymbol{Fx}(k) + \boldsymbol{Gu}(k)$$

所以

$$\begin{bmatrix} \boldsymbol{x}(k+1) \\ \hat{\boldsymbol{x}}(k+1) \end{bmatrix} = \begin{bmatrix} \boldsymbol{F} & -\boldsymbol{GK} \\ \boldsymbol{LC} & \boldsymbol{F}-\boldsymbol{GK}-\boldsymbol{LC} \end{bmatrix} \begin{bmatrix} \boldsymbol{x}(k) \\ \hat{\boldsymbol{x}}(k) \end{bmatrix} \qquad (7\text{-}100)$$

2. 现值观测器与控制律构成控制器设计

式(7-77)可以给出

$$\bar{\boldsymbol{x}}(k) = \boldsymbol{F}\hat{\boldsymbol{x}}(k-1) + \boldsymbol{G}\boldsymbol{u}(k-1)$$

上式代入式(7-76),可得

$$\hat{\boldsymbol{x}}(k) = \boldsymbol{F}\hat{\boldsymbol{x}}(k-1) + \boldsymbol{G}\boldsymbol{u}(k-1) + \boldsymbol{L}_c\{\boldsymbol{y}(k) - \boldsymbol{C}[\boldsymbol{F}\hat{\boldsymbol{x}}(k-1) + \boldsymbol{G}\boldsymbol{u}(k-1)]\}$$

$$= [\boldsymbol{F} - \boldsymbol{GK} - \boldsymbol{L}_c\boldsymbol{CF} + \boldsymbol{L}_c\boldsymbol{CGK}]\hat{\boldsymbol{x}}(k-1) + \boldsymbol{L}_c\boldsymbol{y}(k) \qquad (7\text{-}101a)$$

由于

$$\boldsymbol{u}(k) = -\boldsymbol{K}\hat{\boldsymbol{x}}(k)$$

上式代入系统状态方程,可得

$$\boldsymbol{x}(k+1) = \boldsymbol{F}\boldsymbol{x}(k) - \boldsymbol{GK}\hat{\boldsymbol{x}}(k) \qquad (7\text{-}101b)$$

式(7-101a)、式(7-101b)联立给出现值观测器与控制律构成状态模型:

$$\begin{bmatrix} \boldsymbol{x}(k+1) \\ \hat{\boldsymbol{x}}(k+1) \end{bmatrix} = \begin{bmatrix} \boldsymbol{F} & -\boldsymbol{GK} \\ \boldsymbol{L}_c\boldsymbol{CF} & \boldsymbol{F}-\boldsymbol{GK}-\boldsymbol{L}_c\boldsymbol{CF}+\boldsymbol{L}_c\boldsymbol{CGK} \end{bmatrix} \begin{bmatrix} \boldsymbol{x}(k) \\ \hat{\boldsymbol{x}}(k) \end{bmatrix} \qquad (7\text{-}102)$$

式(7-99)特征方程:

$$|\, z\boldsymbol{I} - \boldsymbol{F} + \boldsymbol{GK} + \boldsymbol{LC} \,| = 0 \qquad (7\text{-}103)$$

式(7-101a)特征方程:

$$|\, z\boldsymbol{I} - \boldsymbol{F} + \boldsymbol{GK} + \boldsymbol{L}_c\boldsymbol{CF} - \boldsymbol{L}_c\boldsymbol{CGK} \,| = 0 \qquad (7\text{-}104)$$

系统状态模型:

$$\begin{cases} \boldsymbol{x}(k+1) = \boldsymbol{F}\boldsymbol{x}(k) + \boldsymbol{G}\boldsymbol{u}(k) \\ \boldsymbol{y}(k) = \boldsymbol{C}\boldsymbol{x}(k) \end{cases}$$

传递函数形式:

$$Y(z)/U(z) = \boldsymbol{C}(z\boldsymbol{I}-\boldsymbol{F})^{-1}\boldsymbol{G} \qquad (7\text{-}105)$$

则式(7-99)传递函数形式为

$$U(z)/Y(z) = D_{ce}(z) = -\boldsymbol{K}[z\boldsymbol{I}-\boldsymbol{F}+\boldsymbol{GK}+\boldsymbol{LC}]^{-1}\boldsymbol{L} \qquad (7\text{-}106)$$

3. 降维观测器与控制律构成控制器设计

下面给出降维观测器与控制律结合的控制器设计方法:

将式(7-86)重写如下

$$\hat{\boldsymbol{x}}_b(k+1) = \boldsymbol{F}_{bb}\hat{\boldsymbol{x}}_b(k) + [\boldsymbol{F}_{ba}\boldsymbol{x}_a(k) + \boldsymbol{G}_b\boldsymbol{u}(k)] +$$

$$\boldsymbol{L}_r[\boldsymbol{x}_a(k+1) - \boldsymbol{F}_{aa}\boldsymbol{x}_a(k) - \boldsymbol{G}_a\boldsymbol{u}(k) - \boldsymbol{F}_{ab}\hat{\boldsymbol{x}}_b(k)] \qquad (7\text{-}107)$$

又由于

$$\boldsymbol{x}_a(k) = \boldsymbol{C}\boldsymbol{x}(k) = \boldsymbol{y}(k), \quad \boldsymbol{x}(k+1) = \boldsymbol{F}\boldsymbol{x}(k) \qquad (7\text{-}108)$$

$$\boldsymbol{u}(k) = -\begin{bmatrix} \boldsymbol{K}_a & \boldsymbol{K}_b \end{bmatrix} \begin{bmatrix} \boldsymbol{x}_a(k) \\ \hat{\boldsymbol{x}}_b(k) \end{bmatrix} \qquad (7\text{-}109)$$

由式(7-107)～式(7-109)化简,可得

$$\hat{x}_b(k+1) = [F_{bb} - G_b K_b - L_r F_{ab}]\hat{x}_b(k) +$$
$$[F_{ba}C - G_a K_a C]x(k) + [L_r Cx(k+1) - L_r F_{aa} Cx(k)]$$

$$\hat{x}_b(k+1) = [F_{bb} - G_b K_b - L_r F_{ab}]\hat{x}_b(k) +$$
$$[F_{ba}C - G_a K_a C + L_r CF - L_r F_{aa} C]x(k) \tag{7-110}$$

由 $x(k+1) = Fx(k) + Gu(k)$,再结合式(7-108),有

$$x(k+1) = Fx(k) - G[K_a \quad 0]x(k) \tag{7-111}$$

联立式(7-110)和式(7-111),得到调节器的状态方程的矩阵形式:

$$\begin{bmatrix} x(k+1) \\ \hat{x}_b(k+1) \end{bmatrix} = \begin{bmatrix} F - G[K_a \quad 0] & -Gk_b \\ P & Q \end{bmatrix} \begin{bmatrix} x(k) \\ \hat{x}_b(k) \end{bmatrix} \tag{7-112}$$

式中

$$P = [F_{ba}C - G_a K_a C + L_r CF - L_r F_{aa} C]$$
$$Q = [F_{bb} - G_b K_b - L_r F_{ab}]$$

下面给出式(7-107)和式(7-109)中等效的传递函数:

式(7-107)和式(7-109)中,用 $y(k)$ 代替 $x_a(k)$ 分别得

$$\hat{x}_b(k+1) = F_{bb}\hat{x}_b(k) + [F_{ba}y(k) + G_b u(k)] +$$
$$L_r[y(k+1) - F_{aa}y(k) - G_a u(k) - F_{ab}\hat{x}_b(k)]$$
$$= (F_{bb} - L_r F_{ab})\hat{x}_b(k) + (F_{ba} - L_r F_{aa})y(k) +$$
$$(G_b - L_r G_a)u(k) + L_r y(k+1) \tag{7-107a}$$

$$u(k) = -K_a y(k) - K_b \hat{x}_b(k) \tag{7-109a}$$

把式(7-109a)代入式(7-107a),两边取 z 变换,化简得

$$\hat{x}_b(z) = [zI - F_{bb} + L_r F_{ab} + (G_b - L_r G_a)K_b]^{-1} \times$$
$$[L_r z + F_{ba} - L_r F_{aa} - (G_b - L_r G_a)K_a]y(z) \tag{7-107b}$$

把式(7-107b)代入两边取 z 变换后的式(7-109a)得

$$D(z) = \frac{U(z)}{Y(z)} = -K_a - K_b[zI - F_{bb} + L_r F_{ab} + (G_b - L_r G_a)K_b]^{-1} \times$$
$$[L_r z + F_{ba} - L_r F_{aa} - (G_b - L_r G_a)K_a] \tag{7-113}$$

下面举例说明极点配置的控制器设计。

例 7-11 如例 7-6 卫星姿态控制系统,使用预测观测器构成状态反馈调节器,采样周期 $T = 0.1\mathrm{s}$。例 7-7 和例 7-8 已经给出状态反馈 $K = [10 \quad 3.5]$,观测器 $L = [1.2 \quad 5.2]^T$,设系统初始速度为 $1\mathrm{rad/s}$,$(x_2(0) = 1\mathrm{rad/s})$,其他初始值为 0,确定 $U(z)/Y(z) = D(z)$,并分析状态估计性能。

解：原系统的系统转移矩阵 F、输入矩阵 G、输出矩阵 C 分别为

$$F = \begin{bmatrix} 1 & 0.1 \\ 0 & 1 \end{bmatrix}, \quad G = \begin{bmatrix} 0.005 \\ 0.1 \end{bmatrix}, \quad C = [1 \quad 0]$$

根据式(7-106)可得

$$D(z) = U(z)/Y(z) = -K[zI - F + GK + LC]^{-1}L$$

$$= -\frac{30.4350z - 25.1058}{z^2 - 0.4z + 0.3503} = -30.435\frac{z - 0.8249}{(z - 0.2 - j0.557)(z - 0.2 + j0.557)}$$

由式(7-99)可得

$$\begin{cases} \hat{x}(k+1) = [F - GK - LC]\hat{x}(k) + Ly(k) \\ u(k) = -K\hat{x}(k) \end{cases}$$

原系统的状态模型为

$$\begin{cases} x(k+1) = Fx(k) + Gu(k) \\ y(k) = Cx(K) \end{cases}$$

则有

$$\begin{cases} x(k+1) = Fx(k) - GK\hat{x}(k) \\ \hat{x}(k+1) = [F - GK - LC]\hat{x}(k) + LCx(k) \end{cases}$$

写成矩阵形式：

$$\begin{bmatrix} x(k+1) \\ \hat{x}(k+1) \end{bmatrix} = \begin{bmatrix} F & -GK \\ LC & F - GK - LC \end{bmatrix} \begin{bmatrix} x(k) \\ \hat{x}(k) \end{bmatrix} \tag{7-114}$$

通过观测器和状态反馈加入，现在系统为 $2n$ 维，(这个例题就是 4 维)状态向量为

$$x = \begin{bmatrix} x_1 & x_2 & \hat{x}_1 & \hat{x}_2 \end{bmatrix}^T$$

输出矩阵的选择，一般选择 $U(k)$ 作为原系统的输入：

$$C' = \begin{bmatrix} 0 & 0 & -k_1 & -k_2 \end{bmatrix}$$

考虑系统输入单位脉冲的响应。

由图 7-15 可以看到，系统状态 x_1 与 x_2 调整时间约为 $2.5s$，系统和控制器对初始值的响应，可以看作突然的扰动导致的系统结果。(这里，$u_s = 0.25u$，为了适应图形显示，并且 $y = u$)。

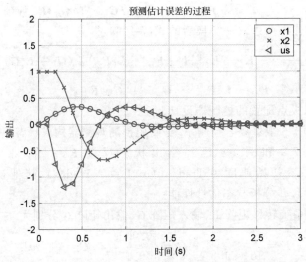

图 7-15　状态与输出随时间变化的特性(预测观测器)

由图 7-16 看出，x_1 的观测误差在 $0.5s$ 后基本趋于 0。说明观测器响应比较快速。

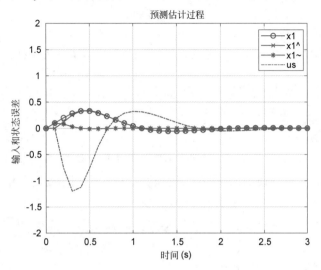

图 7-16　状态 x_1、$\hat{x}_1$、$\tilde{x}_1$ 及 u_s 的响应

由图 7-17 可以看出，x_2 的观测误差 $1s$ 后趋于 0，x_2 比 x_1 调整时间要长，因为 x_2 的初值为 1，其他初值都是 0。（这里，$u_s = 0.25u$，为了适应图形显示。）

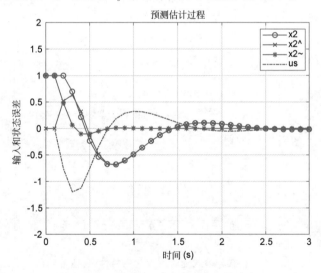

图 7-17　状态 x_2、$\hat{x}_2$、$\tilde{x}_2$ 及 u_s 的响应

注意：原来系统输出 $y = x_1$，输出变化过程也表达了。

例 7-12　如例 7-6 卫星姿态控制系统，使用现值观测器构成状态反馈调节器，采样周期 $T = 0.1s$。例 7-7 和例 7-9 已经给出状态反馈 $\boldsymbol{K} = [10 \ 3.5]$，观测器 $\boldsymbol{L}_c = [0.68 \quad 5.2]^T$，设系统初始角速度为 1rad/s，$[x_2(0) = 1\text{rad/s}]$ 其他初始值为 0，确定 $U(z)/Y(z) = D(z)$，并分析状态估计性能。

解：过程与例 7-11 相似，原系统的系统转移矩阵 $\boldsymbol{F}$、输入矩阵 $\boldsymbol{G}$、输出矩阵 $\boldsymbol{C}$ 分别为

$$\boldsymbol{F} = \begin{bmatrix} 1 & 0.1 \\ 0 & 1 \end{bmatrix}, \quad \boldsymbol{G} = \begin{bmatrix} 0.005 \\ 0.1 \end{bmatrix}, \quad \boldsymbol{C} = \begin{bmatrix} 1 & 0 \end{bmatrix}$$

参考式(7-106)可得

$$D(z) = U(z)/Y(z) = -K[z\boldsymbol{I} - \boldsymbol{F} + \boldsymbol{GK} + \boldsymbol{L}_c\boldsymbol{CF} - \boldsymbol{L}_c\boldsymbol{CGK}]^{-1}\boldsymbol{L}_c$$

$$= -25.105 \times \frac{z(z - 0.7877)}{(z - 0.2628 - j0.3947)(z - 0.2628 + j0.3947)}$$

式(7-102)状态方程

$$\begin{bmatrix} \boldsymbol{x}(k+1) \\ \hat{\boldsymbol{x}}(k+1) \end{bmatrix} = \begin{bmatrix} \boldsymbol{F} & -\boldsymbol{GK} \\ \boldsymbol{L}_c\boldsymbol{CF} & \boldsymbol{F} - \boldsymbol{GK} - \boldsymbol{L}_c\boldsymbol{CF} - \boldsymbol{L}_c\boldsymbol{CGK} \end{bmatrix} \begin{bmatrix} \boldsymbol{x}(k) \\ \hat{\boldsymbol{x}}(k) \end{bmatrix}$$

通过观测器和状态反馈加入,现在系统为 $2n$ 维(这个例题就是 4 维),状态向量:

$$\boldsymbol{x} = \begin{bmatrix} x_1 & x_2 & \hat{x}_1 & \hat{x}_2 \end{bmatrix}^{\mathrm{T}}$$

输出矩阵的选择,一般选择 $U(k)$ 作为原系统的输入:

$$\boldsymbol{C}' = \begin{bmatrix} 0 & 0 & -k_1 & -k_2 \end{bmatrix}$$

考虑系统输入单位脉冲的响应。

状态与输入随时间变化的特性(现值观测器)如图 7-18 所示($u_s = 0.25u$,为了适应图形显示)。

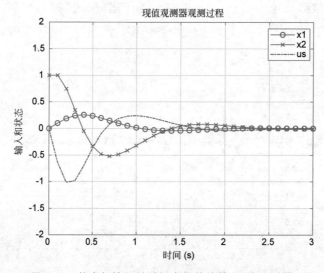

图 7-18　状态与输入随时间变化的特性(现值观测器)

由图 7-19 可以看出,x_1 的观测误差在 0.5s 后基本趋于 0,说明观测器响应比较快速。

由图 7-20 可以看出,x_2 的观测误差 0.7s 后趋于 0,x_2 比 x_1 调整时间要长,因为 x_2 的初值为 1,其他初值都是 0。

注意:原来系统输出 $y = x_1$,输出变化过程也表达了。

例 7-13　如例 7-6 卫星姿态控制系统,使用降维观测器构成状态反馈调节器,采样周期 $T = 1$s。例 7-7 和例 7-10 已经给出状态反馈 $\boldsymbol{K} = [10 \quad 3.5]$,期望极点,$z = 0.5$,观测器 $L_r = 5$,设系统初始速度为 1rad/s,$x_2(0) = 1$rad/s,其他初始值为 0,确定 $U(z)/$

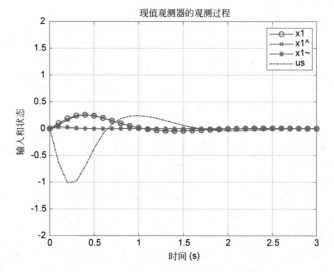

图 7-19　状态 x_1、$\hat{x}_1$、$\tilde{x}_1$ 及 u_s 的响应

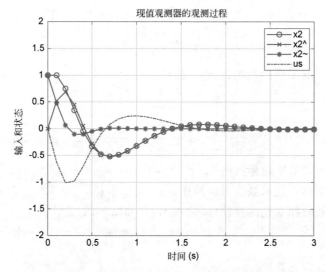

图 7-20　状态 x_2、$\hat{x}_2$、$\tilde{x}_2$ 及 u_s 的响应

$Y(z)=D(z)$，并分析状态估计性能。

解：原系统的系统转移矩阵 $\boldsymbol{F}$、输入矩阵 $\boldsymbol{G}$、输出矩阵 $\boldsymbol{C}$ 分别为

$$\boldsymbol{F}=\begin{bmatrix}1 & 0.1\\ 0 & 1\end{bmatrix}, \quad \boldsymbol{G}=\begin{bmatrix}0.005\\ 0.1\end{bmatrix}, \quad \boldsymbol{C}=\begin{bmatrix}1 & 0\end{bmatrix}$$

则已知

$$F_{aa}=F_{bb}=1, \quad F_{ab}=0.1, \quad F_{ba}=0$$

$$G_a=0.005, \quad G_b=0.1, \quad k_a=10, \quad k_b=3.5$$

由降维观测器计算公式(7-86)得

$$\hat{\boldsymbol{x}}_b(k+1)=\boldsymbol{F}_{bb}\hat{\boldsymbol{x}}_b(k)+[\boldsymbol{F}_{ba}\boldsymbol{x}_a(k)+\boldsymbol{G}_b\boldsymbol{u}(k)]+$$
$$\boldsymbol{L}_r[\boldsymbol{x}_a(k+1)-\boldsymbol{F}_{aa}\boldsymbol{x}_a(k)-\boldsymbol{G}_a\boldsymbol{u}(k)-\boldsymbol{F}_{ab}\hat{\boldsymbol{x}}_b(k)]$$

由式(7-87)得

$$\tilde{x}_b(k+1) = x_b(k+1) - \hat{x}_b(k+1) = (F_{bb} - L_r F_{ab})[x_b(k) - \hat{x}_b(k)]$$
$$= (F_{bb} - L_r F_{ab})\tilde{x}_b(k)$$

特征多项式：

$$|z - F_{bb} + L_r F_{ab}| = 0$$
$$z - 1 + 0.1L_r = 0$$

期望的特征多项式 $z - 0.5 = 0$，与上式比较可得 $L_r = 5$。

式(7-114)代入参数，同时，$x_a = y$，计算：

$$\hat{x}_b(k+1) = 0.5\hat{x}_b(k) + 5[y(k+1) - y(k)] + 0.075u(k) \tag{7-115}$$

$$u(k) = -10x_a(k) - 3.5\hat{x}_b(k) = -10y(k) - 3.5\hat{x}_b(k) \tag{7-116}$$

式(7-116)代入式(7-115)可得

$$\hat{x}_b(k+1) = 0.2375\hat{x}_b(k) + 5y(k+1) - 5.75y(k) \tag{7-117}$$

取 z 变换可得

$$z\hat{X}_b(z) = 0.2375\hat{X}_b(z) + 5zY(z) - 5.75Y(z)$$

$$\hat{X}_b(z) = \frac{5z - 5.75}{z - 0.2375}Y(z)$$

上式代入两边取 z 变换后的式(7-115)可得

$$U(z) = -10Y(z) - 3.5 \times \frac{5z - 5.75}{z - 0.2375}Y(z)$$

$$D(z) = \frac{U(z)}{Y(z)} = -27.5 \times \frac{z - 0.818}{z - 0.2375} \tag{7-118}$$

是经典设计中的数字超前网络。

这个超前网络的传递函数也可以使用式(7-113)求得。

状态与输入随时间变化的特性(降维观测器)如图 7-21 所示。

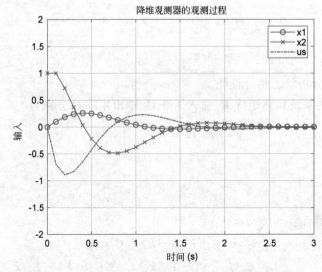

图 7-21　状态与输入随时间变化的特性(降维观测器)

系统的调整时间约为 2.5s,响应比较快速。

状态 x_2、$\hat{x}_2$、$\tilde{x}_2$ 及 u_s 的响应,如图 7-22 所示。

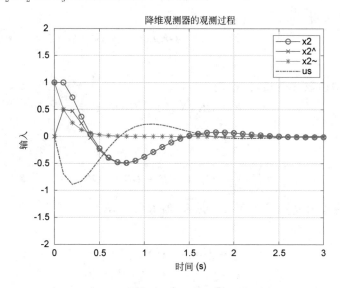

图 7-22　状态 x_2、$\hat{x}_2$、$\tilde{x}_2$ 及 u_s 的响应

可以看出 x_2 的观测误差 0.7s 后趋于 0。

注意：原来系统输出 $y=x_1$,输出变化过程也表达了。

7.6　有参考输入的极点配置的控制器设计

前面主要论述单输入单输出系统状态反馈,观测器的基本概念及设计理论方法,并没有考虑如何构造参考输入或者在参考输入作用下如何获得好的瞬态性能。

7.6.1　带参考输入的状态反馈设计

系统的状态模型：

$$\begin{cases} \boldsymbol{x}(k+1)=\boldsymbol{F}\boldsymbol{x}(k)+\boldsymbol{G}\boldsymbol{u}(k) \\ \boldsymbol{y}(k)=\boldsymbol{C}\boldsymbol{x}(k) \end{cases}$$

状态反馈：

$$\boldsymbol{u}(k)=-\boldsymbol{K}\boldsymbol{x}(k)$$

考虑加入参考输入 $\boldsymbol{r}(k)$,系统结构如图 7-23 所示。

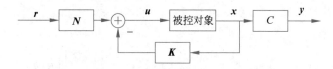

图 7-23　有参考输入的状态反馈结构图

图 7-23 中，r 为参考输入，y 为输出，x 为状态，u 为系统输入，N 为常数矩阵。

$$u(k) = -Kx(k) + Nr(k) \tag{7-120}$$

代入原系统方程可得

$$\begin{cases} x(k+1) = (F - GK)x(k) + GNr(k) \\ y(k) = Cx(k) \end{cases} \tag{7-121}$$

式(7-121)等号两边取 z 变换，并整理，可得

$$(zI - F + GK)X(z) - GNR(z) = 0$$
$$Y(z) = CX(z) \tag{7-122}$$

传递函数为

$$\frac{Y(z)}{R(z)} = C(zI - F + GK)^{-1}GN \tag{7-123}$$

如果 $z = z_0$ 是传递函数的零点，$Y(z_0)$ 是零，但 $R(z_0)$，$X(z_0)$ 不等于零。

式(7-122)可以写为

$$\begin{bmatrix} z_0 I - F + GK & -GN \\ C & 0 \end{bmatrix} \begin{bmatrix} X(z_0) \\ R(z_0) \end{bmatrix} = 0 \tag{7-124}$$

这个方程求解比较困难，可以整理式(7-124)

$$\begin{bmatrix} z_0 I - F & -G \\ C & 0 \end{bmatrix} \begin{bmatrix} X(z_0) \\ NR(z_0) - KX(z_0) \end{bmatrix} = 0 \tag{7-125}$$

这个系数矩阵独立于 K 和 N，只有系统对象特性，设计方便了。

例 7-14 例 7-5 的直流电动机伺服系统如图 7-24 所示。加入参考输入 r，分析状态反馈后的单位阶跃响应特性。

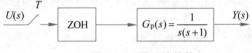

图 7-24　原系统结构

解：有参考输入的状态反馈系统结构如图 7-25 所示。

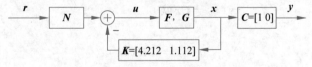

图 7-25　有参考输入的状态反馈系统结构

由例 7-5 的计算可知

系统状态模型：

$$x(k+1) = \begin{bmatrix} 1 & 0.0952 \\ 0 & 0.9048 \end{bmatrix} x(k) + \begin{bmatrix} 0.00484 \\ 0.0952 \end{bmatrix} u(k)$$

$$y(k) = \begin{bmatrix} 1 & 0 \end{bmatrix} x(k)$$

计算的反馈矩阵：

$$\boldsymbol{K} = \begin{bmatrix} 4.212 & 1.112 \end{bmatrix}$$

根据式(7-123)可以得脉冲传递函数：

$$\boldsymbol{GK} = \begin{bmatrix} 0.00484 \\ 0.0951 \end{bmatrix} \begin{bmatrix} 4.212 & 1.112 \end{bmatrix} = \begin{bmatrix} 0.0204 & 0.0054 \\ 0.4008 & 0.1058 \end{bmatrix}$$

$$z\boldsymbol{I} - \boldsymbol{F} + \boldsymbol{GK} = \begin{bmatrix} z - 0.9796 & -0.0898 \\ 0.4008 & z - 0.7990 \end{bmatrix}$$

$$(z\boldsymbol{I} - \boldsymbol{F} + \boldsymbol{GK})^{-1} = \frac{1}{z^2 - 1.7786z + 0.8187} \begin{bmatrix} z - 0.7990 & 0.0898 \\ -0.4008 & z - 0.9796 \end{bmatrix}$$

则有

$$\frac{Y(z)}{R(z)} = \boldsymbol{C}(z\boldsymbol{I} - \boldsymbol{F} + \boldsymbol{GK})^{-1}\boldsymbol{GN} = \frac{0.004837(z + 0.9672)N}{z^2 - 1.7786z + 0.8187} \tag{7-126}$$

由系统输出方程可知，$y(k) = x_1(k)$，选择 $N = k_1 = 4.212$，$R(z) = z/(z-1)$，则有

$$Y(z) = \frac{0.004837(z + 0.9672) \times 4.212}{z^2 - 1.7786z + 0.8187} \times \frac{z}{z - 1}$$，取 z 反变换得 $y(k)$ 值。

系统单位阶跃响应特性如图 7-26 所示。

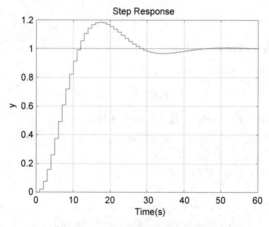

图 7-26 系统单位阶跃响应特性

可以看出，调整时间约为 45s，上升时间约为 13s，超调量近似 18%。

7.6.2 带参考输入的极点配置的控制器设计

考虑加入状态观测器，思想与前面不带参考输入一样，只是系统输入 $\boldsymbol{u}(k)$ 发生改变，相应系统结构也变换了，如图 7-27 所示。

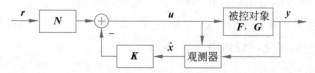

图 7-27 带参考输入的极点配置的控制器

1）预测观测器

由图 7-27 可知

$$\boldsymbol{u}(k) = -\boldsymbol{K}\hat{\boldsymbol{x}}(k) + \boldsymbol{N}\boldsymbol{r}(k) \tag{7-127}$$

由式（7-93）加入上面 $u(k)$，可得

$$\begin{cases} \hat{\boldsymbol{x}}(k+1) = \boldsymbol{F}\hat{\boldsymbol{x}}(k) + \boldsymbol{G}\boldsymbol{u}(k) + \boldsymbol{L}\big[\boldsymbol{y}(x) - \boldsymbol{C}\hat{\boldsymbol{x}}(k)\big] \\ \boldsymbol{u}(k) = -\boldsymbol{K}\hat{\boldsymbol{x}}(k) + \boldsymbol{N}\boldsymbol{r}(k) \end{cases}$$

由式（7-100）

$$\begin{bmatrix} \boldsymbol{x}(k+1) \\ \hat{\boldsymbol{x}}(k+1) \end{bmatrix} = \begin{bmatrix} \boldsymbol{F} & -\boldsymbol{G}\boldsymbol{K} \\ \boldsymbol{L}\boldsymbol{C} & \boldsymbol{F} - \boldsymbol{G}\boldsymbol{K} - \boldsymbol{L}\boldsymbol{C} \end{bmatrix} \begin{bmatrix} \boldsymbol{x}(k) \\ \hat{\boldsymbol{x}}(k) \end{bmatrix}$$

加入式（7-127）状态方程：

$$\begin{bmatrix} \boldsymbol{x}(k+1) \\ \hat{\boldsymbol{x}}(k+1) \end{bmatrix} = \begin{bmatrix} \boldsymbol{F} & -\boldsymbol{G}\boldsymbol{K} \\ \boldsymbol{L}\boldsymbol{C} & \boldsymbol{F} - \boldsymbol{G}\boldsymbol{K} - \boldsymbol{L}\boldsymbol{C} \end{bmatrix} \begin{bmatrix} \boldsymbol{x}(k) \\ \hat{\boldsymbol{x}}(k) \end{bmatrix} + \begin{bmatrix} \boldsymbol{G}\boldsymbol{N} \\ \boldsymbol{G}\boldsymbol{N} \end{bmatrix} \boldsymbol{r}(k) \tag{7-128}$$

系统输出方程：

$$\boldsymbol{y}(k) = \begin{bmatrix} 1 & 0 & 0 & 0 \end{bmatrix} \begin{bmatrix} \boldsymbol{x}(k) \\ \hat{\boldsymbol{x}}(k) \end{bmatrix}$$

2）现值观测器

与预测观测器相似，简单给出结论。

由式（7-101a）与式（7-127）推出状态方程：

$$\begin{bmatrix} \boldsymbol{x}(k+1) \\ \hat{\boldsymbol{x}}(k+1) \end{bmatrix} = \begin{bmatrix} \boldsymbol{F} & -\boldsymbol{G}\boldsymbol{K} \\ \boldsymbol{L}_c\boldsymbol{C}\boldsymbol{F} & \boldsymbol{F} - \boldsymbol{G}\boldsymbol{K} - \boldsymbol{L}_c\boldsymbol{C}\boldsymbol{F} + \boldsymbol{L}_c\boldsymbol{C}\boldsymbol{G}\boldsymbol{K} \end{bmatrix} \begin{bmatrix} \boldsymbol{x}(k) \\ \hat{\boldsymbol{x}}(k) \end{bmatrix} + \begin{bmatrix} \boldsymbol{G}\boldsymbol{N} \\ \boldsymbol{G}\boldsymbol{N} - \boldsymbol{L}_c\boldsymbol{C}\boldsymbol{G}\boldsymbol{N} \end{bmatrix} \boldsymbol{r}(k)$$

$$\tag{7-129}$$

3）降维观测器

同理，由式（7-112）与

$$\boldsymbol{u}(k) = -\begin{bmatrix} \boldsymbol{K}_a & \boldsymbol{K}_b \end{bmatrix} \begin{bmatrix} \boldsymbol{x}_a \\ \hat{\boldsymbol{x}}_b \end{bmatrix} + \boldsymbol{N}\boldsymbol{r}(k)$$

推出状态方程。感兴趣的读者自己推导，公式冗长，这里不再赘述。

例 7-15 带参考输入的卫星姿态控制系统，分析阶跃响应的特性。

解：考虑预测观测器与控制律结合构成控制器的设计，例 7-11 已经确定 $U(z)/Y(z) = D(z)$，并分析状态估计性能。

这里选择 $N = k_1$，期望的响应由式（7-128）及输出方程给出。

状态 x_1、x_2 及估计值误差 $\tilde{x}_1$、$\tilde{x}_2$ 随时间变化特性如图 7-28 所示。

系统控制 $u(k)$ 的变化过程如图 7-29 所示。

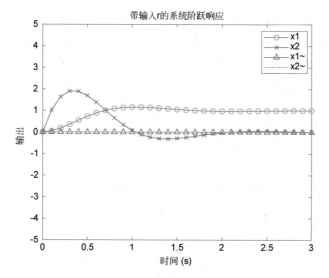

图 7-28　状态 x_1、x_2 及估计值误差 $\tilde{x}_1$、$\tilde{x}_2$（这里，$y = x_1$）

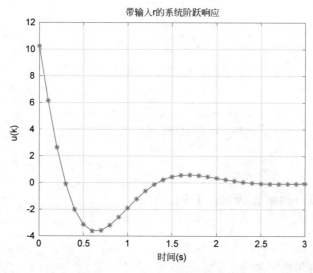

图 7-29　系统控制 $u(k)$ 的变化过程

7.7　二次型最优设计

　　最优控制是指在一定的具体条件下，在完成所要求的任务时，系统的某种性能指标具有最优值。根据系统不同用途，可提出各种不同的性能指标。这里的性能指标常用对状态和控制作用的二次积分形式表达，一般称为二次型最优控制，其可以方便用于多输入多输出系统和时变系统最优控制设计。

7.7.1　二次型代价函数

　　设计控制系统时，若选择系统状态及控制作用，使给定的性能指标达到最大或最小，那么认为系统在某种意义上是最优的。常用的性能指标用积分判据表示,通常称为代价函数。而二次型代价函数是常用的代价函数之一,成为主要研究对象。

对于离散系统,控制输入一般受到约束 $|u_i(k)| \leqslant U_i$,其中 U_i 为给定常值,下标 i 表示第 i 个输入。如果考虑控制能量,则由 $u_i^2(k) \leqslant M_i$,其中 M_i 为给定常数,有限能量的可获得性可以表达为代价函数:

$$\sum_{k=0}^{N} \boldsymbol{u}^{\mathrm{T}}(k)\boldsymbol{R}(k)\boldsymbol{u}(k) \tag{7-130}$$

式中,$\boldsymbol{R}(k)$ 是加权矩阵。

式(7-130)为二次型代价函数。满足二次型代价函数的控制形式一般为

$$\boldsymbol{u}_{\mathrm{o}}(k) = -\boldsymbol{K}(k)\boldsymbol{x}(k) \tag{7-131}$$

离散控制系统的状态模型:

$$\boldsymbol{x}(k+1) = \boldsymbol{F}(k)\boldsymbol{x}(k) + \boldsymbol{G}(k)\boldsymbol{u}(k)$$
$$\boldsymbol{y}(k) = \boldsymbol{C}(k)\boldsymbol{x}(k) \tag{7-132}$$

这里,系数矩阵是时变的,前面系数矩阵是常值的线性系统。

二次型代价函数为

$$\boldsymbol{J}_N = \sum_{k=0}^{N} \left[\boldsymbol{x}^{\mathrm{T}}(k)\boldsymbol{Q}(k)\boldsymbol{x}(k) + \boldsymbol{u}^{\mathrm{T}}(k)\boldsymbol{R}(k)\boldsymbol{u}(k) \right] \tag{7-133a}$$

式中,$\boldsymbol{Q}(k)$、$\boldsymbol{R}(k)$ 为加权矩阵,为了推导方便,一般 $\boldsymbol{Q}$ 为对称非负定矩阵,$\boldsymbol{R}$ 为对称正定矩阵。$\boldsymbol{x}^{\mathrm{T}}(k)\boldsymbol{Q}(k)\boldsymbol{x}(k)$ 表示控制过程中对状态的限制,$\boldsymbol{u}^{\mathrm{T}}(k)\boldsymbol{R}(k)\boldsymbol{u}(k)$ 表示对控制输入的限制,表达简单合乎逻辑,所以通常使用二次型代价函数。

如果 $\boldsymbol{F} = \boldsymbol{x}^{\mathrm{T}}(k)\boldsymbol{Q}\boldsymbol{x}(k)$,则 $\boldsymbol{Q}$ 对称非负定的,那么

$$\begin{cases} F \geqslant 0 & (x \neq 0) \\ F = 0 & (x = 0) \end{cases}$$

如果 $G = \boldsymbol{x}^{\mathrm{T}}(k)\boldsymbol{R}\boldsymbol{x}(k)$,则 $\boldsymbol{R}$ 为对称正定的,那么

$$\begin{cases} G > 0 & (x \neq 0) \\ G = 0 & (x = 0) \end{cases}$$

如果考虑一个二阶单输出系统

$$\boldsymbol{x}(k+1) = \boldsymbol{F}(k)\boldsymbol{x}(k) + \boldsymbol{G}(k)\boldsymbol{u}(k)$$
$$\boldsymbol{y}(k) = \boldsymbol{C}(k)\boldsymbol{x}(k)$$

那么输出方程为

$$\boldsymbol{y}(k) = \boldsymbol{C}\boldsymbol{x}(k) = \begin{bmatrix} c_1 & c_2 \end{bmatrix} \boldsymbol{x}(k)$$

如果令输出逐渐趋向于 0,考虑选择代价函数包括 $\boldsymbol{y}^2(k)$,则有

$$\boldsymbol{y}^2(k) = \boldsymbol{y}^{\mathrm{T}}(k)\boldsymbol{y}(k) = \boldsymbol{x}^{\mathrm{T}}(k)\boldsymbol{C}^{\mathrm{T}}\boldsymbol{C}\boldsymbol{x}(k) = \boldsymbol{x}^{\mathrm{T}}(k)\boldsymbol{Q}\boldsymbol{x}(k)$$

式中,$\boldsymbol{Q} = \boldsymbol{C}^{\mathrm{T}}\boldsymbol{C}$,为方阵,二次型函数选择非常自然。

考虑二次函数

$$F = \boldsymbol{x}^{\mathrm{T}}\boldsymbol{Q}\boldsymbol{x} = \begin{bmatrix} x_1 & x_2 \end{bmatrix} \begin{bmatrix} q_{11} & q_{12} \\ q_{21} & q_{22} \end{bmatrix} \begin{bmatrix} x_1 \\ x_2 \end{bmatrix}$$

$$= q_{11}x_1{}^2 + (q_{12} + q_{21})x_1x_2 + q_{22}x_2{}^2 \tag{7-134}$$

在以下几种特例：

$$F = \boldsymbol{x}^{\mathrm{T}}\boldsymbol{Q}\boldsymbol{x} = \boldsymbol{x}^{\mathrm{T}}\begin{bmatrix} 1 & 0 \\ 0 & 1 \end{bmatrix}\boldsymbol{x} = x_1{}^2 + x_2{}^2$$

如果最小化 F，将最小化 x_1、x_2 的幅度。

$$F = \boldsymbol{x}^{\mathrm{T}}\boldsymbol{Q}\boldsymbol{x} = \boldsymbol{x}^{\mathrm{T}}\begin{bmatrix} 50 & 0 \\ 0 & 1 \end{bmatrix}\boldsymbol{x} = 50x_1{}^2 + x_2{}^2$$

如果最小化 F，将最小化 x_1、x_2 的幅度，但是 x_1 与 x_2 相比幅度最小化更多。

$$F = \boldsymbol{x}^{\mathrm{T}}\boldsymbol{Q}\boldsymbol{x} = \boldsymbol{x}^{\mathrm{T}}\begin{bmatrix} 0 & 0 \\ 0 & 1 \end{bmatrix}\boldsymbol{x} = x_2{}^2$$

如果最小化 F，将仅最小化 x_2 的幅度，x_1 由它与 x_2 的关系决定。

这种情况下，通过二次型 F 最小化来限制状态 x_1 将没有好的效果。

$$F = \boldsymbol{x}^{\mathrm{T}}\boldsymbol{Q}\boldsymbol{x} = \boldsymbol{x}^{\mathrm{T}}\begin{bmatrix} -1 & 0 \\ 0 & 0 \end{bmatrix}\boldsymbol{x} = -x_1{}^2$$

如果最小化 F，将仅最大化 x_1 的幅度。

这种情况下，通过二次型 F 最小化来限制状态 x_1 正好起到相反作用，这里 $\boldsymbol{Q}$ 是负定矩阵，所以要求加权矩阵 $\boldsymbol{Q}$ 为非负定矩阵（正定或正半定）。

另外，对于控制作用的二次型 $G = \boldsymbol{u}^{\mathrm{T}}\boldsymbol{R}\boldsymbol{u}$，同理，因为实际系统中，控制作用幅值肯定有限，通过最小化二次型 G 来最小化控制作用 $\boldsymbol{u}$，必须要求加权矩阵 $\boldsymbol{R}$ 正定的。

7.7.2　动态规划理论

优化控制的设计问题可以描述如下：

系统状态模型：

$$\begin{cases} \boldsymbol{x}(k+1) = \boldsymbol{F}(k)\boldsymbol{x}(k) + \boldsymbol{G}(k)\boldsymbol{u}(k) \\ \boldsymbol{y}(k) = \boldsymbol{C}(k)\boldsymbol{x}(k) \end{cases}$$

确定的控制输入

$$\boldsymbol{u}_\mathrm{o}(k) = -\boldsymbol{K}(k)\boldsymbol{x}(k)$$

最小化二次型代价函数：

$$J_N = \frac{1}{2}\sum_{k=0}^{N}\left[\boldsymbol{x}^{\mathrm{T}}(k)\boldsymbol{Q}(k)\boldsymbol{x}(k) + \boldsymbol{u}^{\mathrm{T}}(k)\boldsymbol{R}(k)\boldsymbol{u}(k)\right] \tag{7-133b}$$

式中，N 是有限的；$\boldsymbol{Q}$ 是正半定矩阵；$\boldsymbol{R}$ 是正定矩阵；$\boldsymbol{u}_\mathrm{o}(k)$ 为最优化控制。

求解最优化控制的理论有几种，这里论述 Richard Bellman 的动态规划理论。

定义一个标量 F_k：

$$F_k = \frac{1}{2}\left[\boldsymbol{x}^{\mathrm{T}}(k)\boldsymbol{Q}(k)\boldsymbol{x}(k) + \boldsymbol{u}^{\mathrm{T}}(k)\boldsymbol{R}(k)\boldsymbol{u}(k)\right] \tag{7-135}$$

由式(7-133b)可得

$$J_N = F_0 + F_1 + \cdots + F_{N-1} + F_N$$

令 D_m 表示由 $k=m\sim N$ 的代价：

$$D_m = J_N - J_{N-m} = F_{N-m+1} + F_{N-m+2} + \cdots + F_{N-1} + F_N \quad (7\text{-}136)$$

这些代价表达如图 7-30 所示。

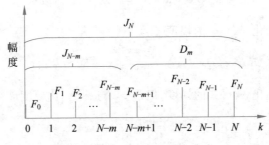

图 7-30 代价函数中的表达式

k 的变化范围为 $0\sim N$，m 变化范围为 $1\sim N+1$，优化原理为 J_N 是优化代价，D_m 也是。

应用优化原理首次最小化，$D_1 = F_N$，选择 F_{N-1} 来最小化：

$$D_2 = F_N + F_{N-1} = D_1^\circ + F_{N-1}$$

继续选择 F_{N-2} 来最小化：

$$D_3 = F_N + F_{N-1} + F_{N-2} = D_2^\circ + F_{N-2}$$

直到

$$D_{N+1} = J_N = F_N + F_{N-1} + \cdots + F_1 + F_0 = D_{N+1}^\circ + F_0$$

被最小化。

这个设计过程称为动态规划。

在给出一般线性系统二次型最优控制之前，先看一个简单的一阶系统，便于理解动态规划理论。

例 7-16　一阶系统的状态方程：

$$x(k+1) = 0.5x(k) + u(k) \quad (7\text{-}137)$$

这个系统是稳定的。

希望确定控制作用 $u(k)$，最小化性能指标：

$$J_2 = \frac{1}{2}\sum_{k=0}^{2}\left[x^2(k) + u^2(k)\right] = \sum_{k=0}^{2} F_k \quad (\text{这里 } k=2\text{，为方便手工计算})$$

解：性能指标展开，即

$$J_2 = F_0 + F_1 + F_2 = \frac{1}{2}\left[x^2(0) + u^2(0) + x^2(1) + u^2(1) + x^2(2) + u^2(2)\right]$$

$$(7\text{-}138)$$

$u(2)$ 不影响式(7-138)中的其他项，选择 $u(2)=0$。

（1）计算 D_1：由式(7-136)可得

$$D_1 = J_N - J_{N-1} = J_2 - J_1 = F_2 = \frac{1}{2}\left[x^2(2) + u^2(2)\right]$$

由优化理论，$u(2)$ 需要最小化 D_1，$x(2)$ 独立于 $u(2)$，因此有

$$\frac{\partial D_1}{\partial u(2)} = 0 + u(2) = 0$$

推出 $u(2) = 0$，那么有

$$D_1^\circ = x^2(2)/2 \tag{7-139}$$

（2）计算 D_2：

$$D_2 = D_1^\circ + F_1 = D_1^\circ + \frac{1}{2}[x^2(1) + u^2(1)]$$

由式(7-137)和式(7-139)可得

$$D_2 = D_1^\circ + \frac{1}{2}[x^2(1) + u^2(1)] = \frac{x^2(2)}{2} + \frac{1}{2}[x^2(1) + u^2(1)]$$

$$= [0.5x(1) + u(1)]^2/2 + [x^2(1) + u^2(1)]/2 \tag{7-140}$$

求偏导可得

$$\frac{\partial D_2}{\partial u(1)} = [0.5x(1) + u(1)] + u(1) = 0$$

$u(1) = -0.25x(1)$，代入(7-140)，可得

$$D_2^\circ = 1.125x^2(1)/2$$

（3）计算 D_3：

$$D_3 = D_2^\circ + F_0 = D_2^\circ + \frac{1}{2}[x^2(0) + u^2(0)]$$

$$= 1.125/2[0.5x(0) + u(0)]^2 + \frac{1}{2}[x^2(0) + u^2(0)]$$

对 $u(0)$ 求偏导可得

$$\frac{\partial D_3}{\partial u(0)} = 1.125[0.5x(0) + u(0)] + u(0) = 0$$

$$u(0) = -0.265x(0)$$

所以最优控制序列是为

$$\begin{cases} u(0) = -0.265x(0) \\ u(1) = -0.25x(1) \\ u(2) = 0 \end{cases} \tag{7-141}$$

最小代价函数值为

$$D_3^\circ = J_2^\circ = (1.125/2)[0.5x(0) + u(0)]^2 + \frac{1}{2}[x^2(0) + u^2(0)]$$

$$= 1.125 \times 0.5[0.235x(0)]^2 + 0.5[x^2(0) + (-0.265)^2 x^2(0)] = 0.566x^2(0)$$

7.7.3　线性系统二次型最优控制

优化控制的设计问题可以描述如下。

式(7-132)离散系统状态模型：

$$\begin{cases} \boldsymbol{x}(k+1) = \boldsymbol{F}(k)\boldsymbol{x}(k) + \boldsymbol{G}(k)\boldsymbol{u}(k) \\ \boldsymbol{y}(k) = \boldsymbol{C}(k)\boldsymbol{x}(k) \end{cases}$$

确定的控制输入：

$$\boldsymbol{u}_{\text{o}}(k) = -\boldsymbol{K}(k)\boldsymbol{x}(k)$$

最小化二次型代价函数：

$$J_N = \frac{1}{2}\sum_{k=0}^{N}\big[\boldsymbol{x}^{\text{T}}(k)\boldsymbol{Q}(k)\boldsymbol{x}(k) + \boldsymbol{u}^{\text{T}}(k)\boldsymbol{R}(k)\boldsymbol{u}(k)\big]$$

式中，N 是有限的；$\boldsymbol{Q}$ 为正半定矩阵；$\boldsymbol{R}$ 为正定矩阵；$\boldsymbol{u}_{\text{o}}(k)$ 为最优化控制。

求解最优化控制的理论有几种，这里论述 Richard Bellman 的动态规划理论。

二次型计算公式：

$$\frac{\partial}{\partial x}\big[\boldsymbol{x}^{\text{T}}\boldsymbol{Q}\boldsymbol{x}\big] = 2\boldsymbol{Q}\boldsymbol{x} \tag{7-142}$$

$$\frac{\partial}{\partial x}\big[\boldsymbol{x}^{\text{T}}\boldsymbol{Q}\boldsymbol{y}\big] = \boldsymbol{Q}\boldsymbol{y} \tag{7-143}$$

$$\frac{\partial}{\partial y}\big[\boldsymbol{x}^{\text{T}}\boldsymbol{Q}\boldsymbol{y}\big] = \boldsymbol{Q}^{\text{T}}\boldsymbol{x} \tag{7-144}$$

$\boldsymbol{Q}$ 是对称的，$\boldsymbol{x}^{\text{T}}\boldsymbol{Q}\boldsymbol{y}$ 是标量。

使用动态规划理论及上面三个求导公式可以推出一般离散线性系统二次型最优控制计算公式：

$$\boldsymbol{u}_{\text{o}}(k) = -\boldsymbol{K}(k)\boldsymbol{x}(k) \tag{7-145}$$

$$\boldsymbol{K}(k) = \big[\boldsymbol{G}^{\text{T}}\boldsymbol{P}(k+1)\boldsymbol{G} + \boldsymbol{R}\big]^{-1}\boldsymbol{G}^{\text{T}}\boldsymbol{P}(k+1)\boldsymbol{F} \tag{7-146}$$

$$\boldsymbol{P}(k) = \boldsymbol{F}^{\text{T}}\boldsymbol{P}(k+1)\big[\boldsymbol{F} - \boldsymbol{G}\boldsymbol{K}(k)\big] + \boldsymbol{Q} \tag{7-147}$$

同时，有

$$\boldsymbol{P}(N) = \boldsymbol{Q}(N), \quad \boldsymbol{K}(N) = 0$$

最小化代价为

$$J_N^{\circ} = \frac{1}{2}\big[\boldsymbol{x}^{\text{T}}(0)\boldsymbol{P}(0)\boldsymbol{x}(0)\big] \tag{7-148}$$

例 7-17　例 7-16 的状态方程：

$$x(k+1) = 0.5x(k) + u(k)$$

代价函数（性能指标）：

$$J_2 = \frac{1}{2}\sum_{k=0}^{2}\big[x^2(k) + u^2(k)\big]$$

求解最优控制作用及最小化代价函数值。

解：状态方程与一般形式比较可得

$$F = 0.5, \quad Q = 1, \quad R = 1, \quad G = 1 \quad （这里 N = 2）$$

$$p(2) = Q(2) = Q = 1$$

可得

$$K(1) = [G^T P(1+1)G + R]^{-1} G^T P(1+1)F$$
$$= [1+1]^{-1}(1)^T(1)(0.5) = 0.25$$

由式(7-147)可得

$$P(1) = F^T P(1+1)[F - GK(1)] + Q$$
$$= (0.5)^T(1)[0.5 - 1 \times 0.25] + 1 = 1.125$$

然后,由式(7-146)可得

$$K(0) = [G^T P(0+1)G + R]^{-1} G^T P(0+1)F$$
$$= [2.125]^{-1}(1)^T(1.125) \times (0.5) = 0.265$$

由式(7-147)可得

$$P(0) = F^T P(0+1)[F - GK(0)] + Q$$
$$= (0.5)^T(1.125)[0.5 - 1 \times 0.265] + 1 = 1.132$$

最优增益:

$$[K(0) \quad K(1)] = [0.265 \quad 0.25]$$

控制作用:

$$\boldsymbol{u}_o(k) = -\boldsymbol{K}(k)\boldsymbol{x}(k) = -[0.265 \quad 0.25]\begin{bmatrix} x(0) \\ x(1) \end{bmatrix}$$

由式(7-148)可得

$$J_2^o = \frac{1}{2}[\boldsymbol{x}^T(0)P(0)\boldsymbol{x}(0)] = 0.566 x^2(0)$$

例 7-18 例 7-5 伺服系统的采样控制,采样周期 $T = 0.1\text{s}$,结构如图 7-31 所示。

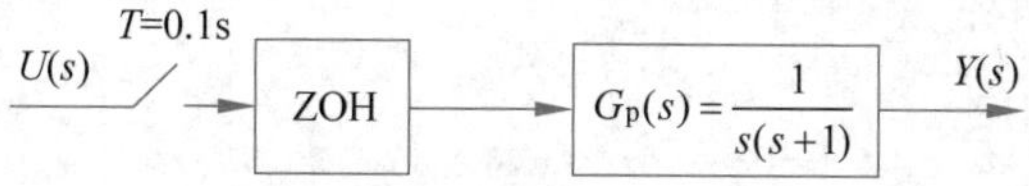

图 7-31 伺服系统结构

系统的离散状态空间模型:

$$\begin{cases} \boldsymbol{x}(k+1) = \begin{bmatrix} 1 & 0.0952 \\ 0 & 0.9048 \end{bmatrix}\boldsymbol{x}(k) + \begin{bmatrix} 0.00484 \\ 0.0952 \end{bmatrix}\boldsymbol{u}(k) \\ \boldsymbol{y}(k) = [1 \quad 0]\boldsymbol{x}(k) \end{cases} \tag{7-149}$$

这个模型里,$x_1(k)$是电动机轴的转角,可以被测量。状态 $x_2(k)$是电动机轴的角速度(转速),可以被测量,因此这个系统是全状态向量可以测量。

选择代价函数为

$$J_2 = \frac{1}{2}\sum_{k=0}^{2}[\boldsymbol{x}^T(k)\boldsymbol{Q}(k)\boldsymbol{x}(k) + \boldsymbol{u}^T(k)\boldsymbol{R}(k)\boldsymbol{u}(k)]$$

式中

$$\boldsymbol{Q} = \begin{bmatrix} 1 & 0 \\ 0 & 0 \end{bmatrix}, \quad \boldsymbol{R} = 1$$

试求最优控制作用。

解：由给出的状态加权矩阵 $\boldsymbol{Q}$ 的数值，可以看出速度分量 $x_2(k)$ 在代价函数里被忽略。

这里 $\boldsymbol{P}(2)=\boldsymbol{Q}(2)=\boldsymbol{Q}$，由式(7-146)，当 $k=1$ 时，有

$$\boldsymbol{K}(1)=[\boldsymbol{G}^{\mathrm{T}}\boldsymbol{P}(1+1)\boldsymbol{G}+\boldsymbol{R}]^{-1}\boldsymbol{G}^{\mathrm{T}}\boldsymbol{P}(1+1)\boldsymbol{F}$$

$$=\left[\begin{bmatrix}0.00484\\0.0952\end{bmatrix}^{\mathrm{T}}\begin{bmatrix}1&0\\0&0\end{bmatrix}\begin{bmatrix}0.00484\\0.0952\end{bmatrix}+1\right]^{-1}\begin{bmatrix}0.00484\\0.0952\end{bmatrix}^{\mathrm{T}}\begin{bmatrix}1&0\\0&0\end{bmatrix}\begin{bmatrix}1&0.0952\\0&0.9048\end{bmatrix}$$

$$=[0.00484\quad 0.000461]$$

由式(7-147)，当 $k=1$ 时，有

$$\boldsymbol{P}(1)=\boldsymbol{F}^{\mathrm{T}}\boldsymbol{P}(1+1)[\boldsymbol{F}-\boldsymbol{G}\boldsymbol{K}(1)]+\boldsymbol{Q}$$

$$=\begin{bmatrix}2.0&0.0952\\0.0952&0.00906\end{bmatrix}$$

当 $k=0$，同理，计算出 $\boldsymbol{K}(0)$、$\boldsymbol{P}(0)$：

$$\boldsymbol{K}(0)=[0.0187\quad 0.00298]$$

$$\boldsymbol{P}(0)=\begin{bmatrix}3.0&0.276\\0.276&0.0419\end{bmatrix}$$

最优控制：

$$\boldsymbol{u}_{\mathrm{o}}(k)=-\boldsymbol{K}(k)\boldsymbol{x}(k)=-[0.0187\quad 0.00298]\begin{bmatrix}x_1(0)\\x_2(0)\end{bmatrix}-[0.00484\quad 0.000461]\begin{bmatrix}x_1(1)\\x_2(1)\end{bmatrix}$$

$$=-[0.0187\quad 0.00298\quad 0.00484\quad 0.000461][x_1(0)\quad x_2(0)\quad x_1(1)\quad x_2(1)]^{\mathrm{T}}$$

最优代价：

$$J_2^{\mathrm{o}}=\frac{1}{2}[\boldsymbol{x}^{\mathrm{T}}(0)\boldsymbol{P}(0)\boldsymbol{x}(0)]=0.5[x_1(0)\quad x_2(0)]\begin{bmatrix}3&0.276\\0.276&0.0419\end{bmatrix}\begin{bmatrix}x_1(0)\\x_2(0)\end{bmatrix}$$

$$=1.5x_1^2(0)+0.276x_1(0)x_2(0)+0.02095x_2^2(0)$$

当借助 MATLAB 来计算时，可以选择不同参数，考查调节器的最优控制的效果。

保持状态加权矩阵 $\boldsymbol{Q}$ 不变，控制输入加权矩阵扩展为 $R=1,0.2,0.06$，系统状态初值为

$$\boldsymbol{x}(0)=\begin{bmatrix}1\\0\end{bmatrix}$$

分别计算 R 为 1、0.2、0.06 三种情况下增益矩阵 $\boldsymbol{K}_1$、$\boldsymbol{K}_2$，状态 $x_1(t)$ 随时间的变化情况，进一步理解最优调节器设计参数与性能。

计算结果：

$$R=1,\quad \boldsymbol{K}=[0.00484\quad 0.00046],\quad \boldsymbol{P}=\begin{bmatrix}17.8044&9.9905\\9.9905&7.3280\end{bmatrix}$$

$$R=0.2,\quad \boldsymbol{K}=[0.02420\quad 0.00230],\quad \boldsymbol{P}=\begin{bmatrix}10.9615&4.4658\\4.4658&2.6818\end{bmatrix}$$

$$R=0.06,\quad \boldsymbol{K}=[0.08064\quad 0.00768],\quad \boldsymbol{P}=\begin{bmatrix}7.9229&2.4446\\2.4446&1.2186\end{bmatrix}$$

由图 7-32 和图 7-33 可以看出，当 R 减少时，控制对代价函数的贡献是减少的，图 7-34 反映出加权矩阵 R 的选择对系统动态响应的影响。当 $R=0.06$ 时，系统状态 x_1 的初始条件响应比较快（比 $R=1$ 时）。

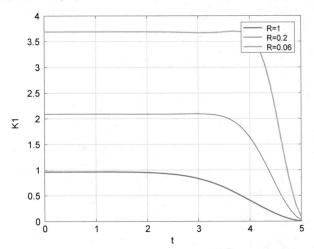

图 7-32　状态 K_1 的增益随时间变化（不同 R 的情况）

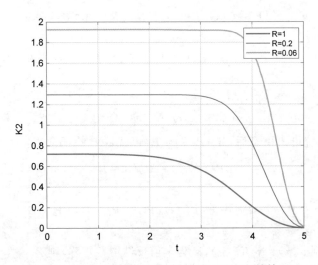

图 7-33　状态 K_2 的增益随时间变化（不同 R 的情况）

7.7.4　二次型最优稳态调节器

当 N 趋于无穷大时，最优增益趋于常值，称这种调节器为稳态调节器。

由式(7-146)可得

$$\boldsymbol{K}(k)=\left[\boldsymbol{G}^{\mathrm{T}}\boldsymbol{P}(k+1)\boldsymbol{G}+\boldsymbol{R}\right]^{-1}\boldsymbol{G}^{\mathrm{T}}\boldsymbol{P}(k+1)\boldsymbol{F}$$

由式(7-147)可得

$$\boldsymbol{P}(k)=\boldsymbol{F}^{\mathrm{T}}\boldsymbol{P}(k+1)\left[\boldsymbol{F}-\boldsymbol{G}\boldsymbol{K}(k)\right]+\boldsymbol{Q}$$

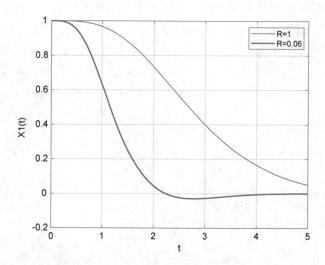

图 7-34　状态 x_1 随时间变化$(R=1,R=0.06)$

假设 F、G、Q、R 是常数矩阵,把式(7-146)代入式(7-147)得到关于矩阵 P 的差分方程为

$$P(k)=F^{\mathrm{T}}P(k+1)\{F-G[G^{\mathrm{T}}P(k+1)G+R]^{-1}G^{\mathrm{T}}P(k+1)F\}+Q \qquad (7\text{-}150)$$

式(7-150)化简可得

$$P(k)=F^{\mathrm{T}}P(k+1)F+Q-F^{\mathrm{T}}P(k+1)G[G^{\mathrm{T}}P(k+1)G+R]^{-1}G^{\mathrm{T}}P(k+1)F$$
$$(7\text{-}151)$$

这个方程称为离散黎卡提(Riccati)方程。

式(7-151)一直可逆,由于 R 正定,$P(k+1)$ 至少正半定。

因为,如果系统进入稳态后,$\lim\limits_{k\to\infty}P(k)=P$,也就是 P 趋于常值:

$$P(k+1)=P(k)=P$$

式(7-147)可写为

$$P=F^{\mathrm{T}}PF-F^{\mathrm{T}}PG[G^{\mathrm{T}}PG+R]^{-1}G^{\mathrm{T}}PF+Q \qquad (7\text{-}152)$$

称为代数黎卡提方程。

如果最优控制 $u(k)=-Kx(k)$,K 为常值反馈增益矩阵,则有

$$K=[G^{\mathrm{T}}PG+R]G^{\mathrm{T}}PF \qquad (7\text{-}153)$$

如果系统[式(7-132)]是可观测的,而且 P 是正定的,那么最优化的闭环系统是渐近稳定的。

使用增益表达式,可以将代数黎卡提方程写成约瑟夫形式:

$$P=F_{\mathrm{Al}}{}^{\mathrm{T}}PF_{\mathrm{Al}}+K^{\mathrm{T}}RK+Q$$
$$F_{\mathrm{Al}}=F-GK \qquad (7\text{-}154)$$

下面通过例题说明二次型稳态调节器的设计。

例 7-19　对卫星姿态控制系统设计全阶观测器,如图 7-35 所示。

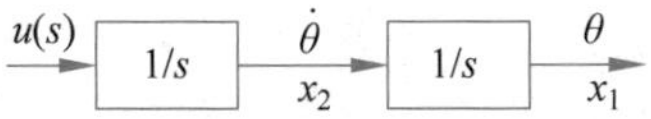

图 7-35　卫星姿态控制系统

$u(k)$是施加的力,采样周期 $T=0.02\text{s}$,这个双积分系统离散状态方程:

$$\begin{cases} \boldsymbol{x}(k+1) = \begin{bmatrix} 1 & T \\ 0 & 1 \end{bmatrix} \boldsymbol{x}(k) + \begin{bmatrix} \dfrac{T^2}{2} \\ T \end{bmatrix} \boldsymbol{u}(k) \\ \boldsymbol{y}(k) = \begin{bmatrix} 1 & 0 \end{bmatrix} \boldsymbol{x}(k) \end{cases}$$

当终端加权 $\boldsymbol{P}(100)=\text{diag}[10,1]$,$\boldsymbol{Q}=\text{diag}[10,1]$,控制加权 $R=0.1$,试设计线性二次调节器,然后用初始条件向量 $\boldsymbol{X}(0)=[1 \quad 0]^{\text{T}}$ 仿真系统。

解: 使用 MATLAB 求解离散代数黎卡提方程:

$$[\text{K},\text{P},\text{E}]=\text{dlqr}(\text{F},\text{G},\text{Q},\text{R})$$

K 为反馈增益矩阵,P 为离散代数黎卡提方程的解,E 为闭环优化系统 F-GK 的特征值。

$$\boldsymbol{F}=\begin{bmatrix} 1 & 0.02 \\ 0 & 1 \end{bmatrix}, \quad \boldsymbol{G}=\begin{bmatrix} 0.0002 \\ 0.02 \end{bmatrix}, \quad \boldsymbol{Q}=\begin{bmatrix} 10 & 0 \\ 0 & 1 \end{bmatrix}, \quad R=0.1$$

7.8　本章小结

本章重点讨论系统的可控性与可达性和可观性与可重构性的概念及判断条件。注意,若连续系统可控、可观,但由于采样系统的特性与采样周期有关,采样周期选取不合适,采样系统将不可控或不可观。

采用全状态反馈设计控制律是利用状态空间设计的基本方法,应掌握有关状态反馈的基本特性,应特别注意全状态反馈可以任意配置系统的极点但无法影响系统的零点。

通过全状态反馈配置系统期望极点是简单常用方法。注意,只有单输入系统才能获得唯一全状态反馈控制律。应掌握单输入系统系数匹配及 Ackermann 公式求取全状态反馈的方法。

观测器设计是本章另一重点内容,应熟悉和掌握预测、现值及降维三种观测器的构成方法及差别,应掌握观测器反馈增益及期望极点的确定方法。

全状态反馈控制律和观测器组成了完整控制系统。分离定理说明了全状态反馈控制律和观测器控制器可以独立设计。实际上,反馈控制律和观测器形成了经典设计中控制器传递函数结构。

应理解离散系统动态规划理论及系统二次型最优设计的基本概念,掌握离散系统最优二次型的最优控制律的解决方法。

习题

1. 考虑电路如图所示。

(1) 写出电路的连续状态方程及输出方程,输入 $u(t)$ 是电流,输出 y 是电压。令 $x_1 = i_L, x_2 = V_C$。

(2) R、L、C 在什么条件下能保证系统是可控的?

(3) R、L、C 在什么条件下能保证系统是可观测的?

2. RL 电路如图所示。

(1) 选择两个状态变量给出连续状态方程,同时,输出是 $v_o(t)$。

(2) 当 $R_1/L_1 = R_2/L_2$,确定状态变量是否可以观测。

(3) 给出当系统有两个相等的特征根的条件。

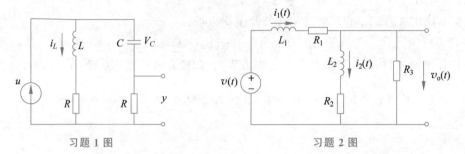

习题 1 图   习题 2 图

3. 试判断下述系统的可控性及可观性:

$$\boldsymbol{x}(k+1) = \begin{bmatrix} 0.5 & -0.5 \\ 0 & 0.25 \end{bmatrix} \boldsymbol{x}(k) + \begin{bmatrix} 6 \\ 4 \end{bmatrix} \boldsymbol{u}(k)$$

$$\boldsymbol{y}(k) = \begin{bmatrix} 2 & -4 \end{bmatrix} \boldsymbol{x}(k)$$

4. 给定下述系统

$$\boldsymbol{x}(k+1) = \begin{bmatrix} 0 & 1 & 2 \\ 0 & 0 & 3 \\ 0 & 0 & 0 \end{bmatrix} \begin{bmatrix} x_1(k) \\ x_2(k) \\ x_2(k) \end{bmatrix} + \begin{bmatrix} 0 \\ 1 \\ 0 \end{bmatrix} \boldsymbol{u}(k)$$

(1) 试确定一组控制序列,使系统从 $\boldsymbol{x}(0) = \begin{bmatrix} 1 & 1 & 1 \end{bmatrix}^T$ 到达原点。

(2) 该控制序列最少步数是多少?

(3) 能否找到一组控制序列使系统从原点到达 $\begin{bmatrix} 1 & 1 & 1 \end{bmatrix}^T$,解释原因。

5. 伺服系统的状态方程为

$$\boldsymbol{x}(k+1) = \begin{bmatrix} 1 & 0.0952 \\ 0 & 0.905 \end{bmatrix} \boldsymbol{x}(k) + \begin{bmatrix} 0.00484 \\ 0.0952 \end{bmatrix} \boldsymbol{u}(k)$$

试利用极点配置法求全状态反馈增益,使闭环极点在 s 平面上位于 $\xi = 0.46, \omega_n = 4.2\text{rad/s}$。假定采样周期 $T = 0.1\text{s}$。

6. 对习题 5 所示系统设计全阶状态预测观测器及现值观测器,要求观测器的特征根是相等实根,该实根所对应的响应的衰减速率是控制系统衰减速率的 4 倍。若 $\boldsymbol{y}(k) = \begin{bmatrix} 1 & 0 \end{bmatrix} \boldsymbol{x}(k)$,

试设计降阶状态观测器,要求观测器极点位于原点,并求由观测器而引入系统的数字滤波器传递函数。

若 $y(k) = \begin{bmatrix} 0 & 1 \end{bmatrix} x(k)$,试问能否设计降阶状态观测器?

7. 直流电动机的伺服系统如图所示。已知直流电动机电枢电阻 $R_a = 9.8\Omega$,放大器输出阻抗 $R_o = 0.1\Omega$,电动机反电势系数 $K_e = 0.986 \text{V}/(\text{rad/s})$,电动机力矩系数 $K_t = 10175 \text{g} \cdot \text{cm/A}$,转子转动惯量 $J_M = 60 \text{g} \cdot \text{cm} \cdot \text{s}^2$,减速比 $i = 8$,负载重量 $p = 5\text{kg}$,均质圆盘,最大直径为 30cm,采样周期 $T = 0.025\text{s}$。假设输出转角的值 $\theta_{\text{Lmax}} = \pm 170°$ 对应电位计最大输出电压 $\pm 10\text{V}$。

(1) 写出连续系统 $u(t)$ 至 $\theta_L(t)$ 之间的状态方程。

(2) 利用级数展开法求该连续系统离散状态方程。

(3) 判断系统的可达性及可观测性。

(4) 利用极点配置法进行全状态反馈设计,使得闭环系统性能满足超调量 $\sigma_p\% \leqslant 15\%$,上升时间 $t_r \leqslant 0.4\text{s}$,调节时间 $t_s \leqslant 1\text{s}$。确定期望极点可允许分布区域范围,并选择一个合适的期望极点。

(5) 若 $\theta(t)$ 可测,设计一降维状态观测器,使其期望极点比系统响应快 5 倍,并求出系统等效数字滤波器。

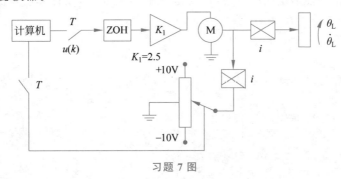

习题 7 图

8. 一阶系统的状态方程为

$$x(k+1) = 2x(k) + u(k)$$

代价函数(性能指标)为

$$J_2 = \frac{1}{2} \sum_{k=0}^{2} \left[x^2(k) + u^2(k) \right]$$

求解最优控制作用及最小化代价函数值。

9. 卫星姿态控制系统可以近似为双积分系统,采样周期 $T = 0.1\text{s}$,离散后的状态方程为

$$\begin{cases} x(k+1) = \begin{bmatrix} 1 & T \\ 0 & 1 \end{bmatrix} x(k) + \begin{bmatrix} \dfrac{T^2}{2} \\ T \end{bmatrix} u(k) \\ y(k) = \begin{bmatrix} 1 & 0 \end{bmatrix} x(k) \end{cases}$$

代价函数为

$$J_2 = \frac{1}{2} \sum_{k=0}^{2} \left[\boldsymbol{x}^{\mathrm{T}}(k) \boldsymbol{Q}(k) \boldsymbol{x}(k) + \boldsymbol{u}^{\mathrm{T}}(k) R(k) \boldsymbol{u}(k) \right]$$

式中

$$\boldsymbol{Q} = \begin{bmatrix} 1 & 0 \\ 0 & 0 \end{bmatrix}, \quad R = 1$$

试求最优控制作用。

10. 设被控对象的连续状态方程为

$$\begin{cases} \dot{\boldsymbol{x}}(t) = \boldsymbol{A}\boldsymbol{x}(t) + \boldsymbol{B}\boldsymbol{u}(t) \\ \boldsymbol{y}(t) = \boldsymbol{C}\boldsymbol{x}(t) \end{cases}$$

式中

$$\boldsymbol{A} = \begin{bmatrix} 0 & 1 \\ 0 & 0 \end{bmatrix}, \quad \boldsymbol{B} = \begin{bmatrix} 0 \\ 1 \end{bmatrix}, \quad \boldsymbol{C} = \begin{bmatrix} 1 & 0 \end{bmatrix}$$

采样周期 $T = 0.1\mathrm{s}$，要求确定 $\boldsymbol{K}$。

(1) 设计预测观测器，并将观测器特征方程的两个极点配置在 $z_{1,2} = 0.2$ 处。

(2) 设计现值观测器，并将观测器特征方程的两个极点配置在 $z_{1,2} = 0.2$ 处。

(3) 假设 x_1 是能够量测的状态，x_2 是需要估计的状态，设计降阶观测器，并将观测器特征方程的极点配置在 $z = 0.2$ 处。

第 **8** 章

计算机控制系统工程实现

在计算机出现之前,被控对象的控制器只能通过模拟控制器实现。而随着计算机和网络技术的发展,目前绝大多数对象的控制系统已采用计算机控制系统。在计算机控制系统中,常见的 PID、MPC 等控制算法也必然采用离散控制算法,经典的离散控制算法的设计方法可以参考前几章的内容。本章主要介绍计算机控制系统的工程实现。

计算机控制系统的完整实现流程如图 8-1 所示,具体步骤包括:① 在计算机控制系统实现之前根据控制系统的需求进行系统设计,包括系统的总体架构方案设计、硬件和软件的总体架构设计、网络系统的方案设计等;② 硬件设计,包括控制器、传感器、执行机构等硬件系统的选型或设计;③ 软件设计,包括软件功能的设计、数据库设计等;④ 软、硬件实现,包括软、硬件单个模块的实现;⑤ 系统集成,包括系统软件和硬件模块的集成;⑥ 系统仿真测试,是指系统在无被控对象实物或半实物场景下的测试;⑦ 现场测试,是指控制系统在现场与被控对象一起进行测试;⑧ 控制系统通过测试后就可以上线运行。

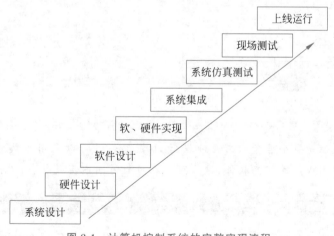

图 8-1 计算机控制系统的完整实现流程

在实现计算机控制系统时,设计者往往希望在较短的时间内完成,那么可以考虑采用通用的控制器和组态软件实现。如果在设计一个计算控制系统时找不到一个成熟的技术或系统可以直接使用,那么可以对现有的软、硬件进行二次开发或重新开发。当然,重新开发的软、硬件越多,计算机控制系统实现的周期也越长。

本章的内容将为计算机控制系统的设计及集成提供参考。下面介绍水箱液位控制系统和锅炉汽包液位控制系统两个典型的计算机控制系统。

单容水箱是学校实验室比较常见的控制对象，单容水箱通常为一个圆柱形的容器，容器的进水管通过一个阀门或变频器控制的水泵控制给水流量，水箱的出水管由一个球阀控制。控制的目标是要保持水箱液位在给定的高度。单容水箱液位控制系统如图 8-2 所示。

如果单容水箱仅仅作为实验室的实验对象，那么控制器的硬件和软件选择都比较灵活。控制器的硬件既可以采用 PLC 实现，又可以采用单片机等微处理器开发实现。

与单容水箱相比，蒸汽锅炉的汽包液位控制就复杂得多，控制要求也高得多。典型的蒸汽锅炉是将水加热成水蒸气，供给其他用户使用。锅炉汽包示意图如图 8-3 所示，汽包是锅炉蒸发设备中的主要部件，是加热、蒸发、过热三个过程的分界点。它里面包括水和饱和蒸汽，通过汽水分离装置减少蒸汽的带水量。汽包上有各种仪表如压力表和水位计等，用以测量汽包压力和水位。为了降低锅炉烟气温度和提高汽包进水温度，汽包进水先通过锅炉烟道中的省煤器加热，省煤器输出的水进入汽包。汽包中的水通过炉外的下降管进入炉底，然后进入炉膛内的水冷壁，水冷壁管在炉内吸收辐射热，部分水变成蒸汽，使得汽水混合物沿着水冷壁管向上流动进入汽包。汽包上部是饱和蒸汽和水的混合物，通过旋风式分离器将饱和蒸汽和水分离，饱和蒸汽从汽包上部输出，水则回到了汽包。分离出来的饱和蒸汽温度和压力相对较低，因此饱和蒸汽又经过过热器进行了增温和增压，形成的过热蒸汽输出给用户。

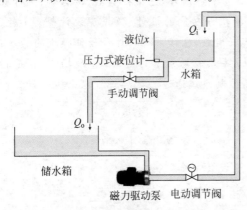

图 8-2　单容水箱液位控制系统

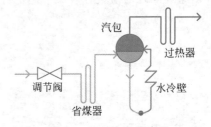

图 8-3　锅炉汽包示意图

锅炉汽包液位是一个典型的工业过程，控制器的设计可以采用成熟的 PLC 控制器，监控软件可以采用成熟的组态软件，这样可以在较短时间内实现整个控制系统。

8.1　计算机控制系统组成

被控对象可能是简单的系统，也可能是复杂的系统，因此不同的计算机控制系统的规模也会有很大差别。以水箱液位控制为例，其控制系统就是一个简单的单回路控制系统，控制器、传感器和执行机构各有一个就可以满足要求。而蒸汽锅炉液位控制就相对复杂，而且需要与蒸汽锅炉的其他部分进行通信实现蒸汽锅炉整体的控制目标。

本节重点描述简单控制系统的组成，计算机控制系统的总线技术、DCS 系统等内容将在后面的小节中介绍。计算机控制系统的基本组成如图 8-4 所示。

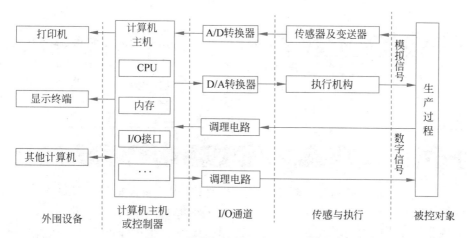

图 8-4 计算机控制系统的基本组成

计算机控制系统基本组成单元包括计算机主机、测量装置、执行装置和外部设备。控制系统的输入和输出变量包括模拟量、开关量和脉冲量等信号。

模拟量包括温度、压力和流量等,这类变量通过传感器进行采集,然后通过变送器发送给控制器。传感器和变送器组成的设备称为仪表。变送器发送的可以是电流信号或电压信号,电流信号一般为 4~20mA 的直流信号。A/D 转换器将模拟信号转换为数字信号,作为计算机或控制器的输入。当计算机输出模拟量时,D/A 转换器将数字量转换为模拟量,用来驱动现场的执行机构,如电机和阀门等。

开关量就是开关和继电器等设备状态变量。为了防止现场的高电压或高电流对计算机产生冲击,一般需要对开关量进行隔离,常见的方法为光电隔离。

计算机主机(或控制器)一般包括 CPU、内存和 I/O 接口等单元,计算机主机可以连接打印机、显示器。计算机主机也可以与其他系统进行通信,实现复杂系统的控制。

不同的控制对象对控制器的要求也不同,所以计算机的 CPU 也可以采用 DSP、FPGA 或单片机等处理器。部分控制器还有存储数据的需求,因此部分 PLC 控制器支持 SD 存储卡,用来保存过程数据。

下面以水箱液位控制系统为例介绍其计算机控制系统的组成,如表 8-1 所示。

表 8-1 水箱控制系统的基本组成

名　称	类　型	说　明
控制器	单片机	1 AI:液位输入 1 AO:电动调节阀输出
执行机构	电动调节阀 QSVP-16K	电源:220V AC、50Hz 输入控制信号:4~20mA DC 或 1~5V DC 公称压力:1.6MPa 公称直径:20mm 重复精度:±1% 介质温度:−4~+200℃ 行程:10mm 功耗:5V·A

续表

名　　称	类　　型	说　　明
仪表	硅压阻传感器	硅压阻压力传感器液位检测精度为 0.5 级,采用二线制,故工作时需串接 24V 直流电源。采用工业用的扩散硅压力变送器,含不锈钢隔离膜片,同时采用信号隔离技术,对传感器温度漂移跟随补偿
	扩散硅压力变送器 MIK-P300	

8.2　输入和输出通道

为了实现现场过程对象的控制,需要将生产过程中的各类信号及时检测传送,并转换成计算机能够接受的数字信号。计算机接收到现场数据后进行分析处理,又以生产过程能够接受的形式输出实现对生产过程的控制。这种在计算机和生产过程之间实现信息传递和变换的连接通道称为输入/输出过程通道。在锅炉汽包液位控制系统中,输入过程通道信号包括汽包液位和蒸汽蒸发量,输出过程通道信号为给水流量。

计算机控制系统的输入/输出过程通道可以分为模拟量输入通道、模拟量输出通道、数字量输入通道和数字量输出通道,下面将分别介绍这四种类型通道。

8.2.1　模拟量输入通道

1. 采样频率的选取

在介绍模拟量输入通道之前,先讨论采样频率(或采样周期)的选择。采样频率首先需要满足采样定理的要求。在此基础上,采样频率的选取还要综合考虑系统性能、计算量和存储量等因素。如果已知系统输入及反馈信号的最大角频率为 ω_{max},那么采样角频率应满足 $\omega_s \geqslant 2\omega_{max}$。在实际的控制系统中不一定能得到系统最大角频率 ω_{max}。若在系统建模过程中,可以得到被控对象模型的特征根最高角频率 $\omega_{R max}$,则采样频率往往可以选择为

$$\omega_s \geqslant (4 \sim 10)\omega_{R max}$$

由于不同的控制对象的动态特性是不一样的,如温度变量的变化一般较慢,而电动机的转速变化较快。因此,选择采样频率的原则是在满足系统性能要求的前提下,应尽量选取较低的采样频率(较大的采样周期),这样可以降低系统实现成本。表 8-2 给出了工业过程控制典型变量的采样周期。

表 8-2　工业过程控制典型变量的采样周期

控制变量	流量	压力	液位	温度
采样周期/s	1	2	10	20

如果存在多个模拟量输出通道,那么每个通道的模拟信号采样频率有可能相同,也可能不同,这需要根据实际对象的特征决定。为了多采样频率数据在计算机处理方便,采样频率比通常取整数倍,如采样频率比为 2、4 等。

2. 模拟量输入通道

在计算机控制系统中,模拟量的输入通道的任务是把现场过程的模拟信号变为二进

制数字信号,经接口送往 CPU。由于大多数模拟量的传感器是直流电压或电流信号,为了避免低电平模拟信号带来的麻烦,经常要将测量元件的输出信号经变送器,如温度变送器、压力变送器、流量变送器等变送传输。如锅炉汽包的汽包液位和蒸汽流量都是模拟输入值。变送器将模拟信号变为 4～20mA 或 1～5V 等信号,然后经过模拟量输入通道来处理。

模拟量输入通道一般由模拟多路开关、前置放大器、采样保持器、A/D 转换器、接口和控制电路等组成,其核心是 A/D 转换器。

A/D 转换器的类型有很多。按位数可分为 8 位、10 位、12 位和 16 位等。位数越多,分辨率越高,价格也越高。一般把 8 位以下的称为低分辨率的 A/D 转换器,9～12 位的称为中分辨率 A/D 转换器,13 位以上的称为高分辨率 A/D 转换器。部分国家对高分辨的 A/D 转换器的出口进行了限制。按照转换方式可分为逐次逼近型转换器、双积分型和 V/F 型转换器等。

应根据实际需要选择合适的 A/D 转换器,A/D 转换器的性能指标如下:

(1) 分辨率:通常用数字量的位数 n(字长)来表示,分辨率为 n 表示它能对满量程输入的 $1/2^n$ 的增量做出反应,即数字量的最低有效位(Least Significant Bit,LSB)对应满量程输入的 $1/2^n$。若 $n=12$,满量程输入为 20.48V,则 LSB 对应模拟电压为 $20.48/2^{12}=5$mV。

(2) 转换时间:完成一次 A/D 转换所需的时间,即由从启动转换到转换结束的时间间隔。例如,逐次逼近式 A/D 转换器的转换时间为微秒级,属于中速型 A/D 转换器;双积分式的 A/D 转换器的转换时间为毫秒级,属于低速型 A/D 转换器;全并行/串并行型 A/D 转换器可达到纳秒级,属于高速型 A/D 转换器。

(3) 线性误差:A/D 转换器的理想转换特性应该是线性的,但实际并非如此,在满量程输入范围内,偏离理想转换特性的最大误差被定义为线性误差。线性误差常用 LSB 表示,如 ±1 LSB。

(4) 量程:转换的输入电压范围,如 -5～+5V,0～10V 等。

正确地使用 A/D 转换器必须了解它的工作原理、性能指标和引脚功能。下面介绍常用的逐位逼近式 A/D 转换器 ADC0809。ADC0809 为并行 8 位 A/D 转换器芯片,它由以下部分组成:

(1) 8 路输入模拟开关:ADC0809 最多支持 8 路模拟输入,每个通道输入电压范围为 0～5V,通过开关进行输入模拟信号的切换。

(2) 地址锁存与译码:8 个模拟输入通道由 3 个地址输入 ADDA、ADDB 和 ADDC 来选择,地址输入通过 ALE 信号予以锁存。地址输入可直接取自地址总线。

(3) 比较器:用于比较模拟输入与转换电压的值。

(4) 逐次逼近寄存器(Successive Approximation Register,SAR):在电路中的主要作用是逻辑控制和存储。

(5) 256R 电阻网络及树状开关:通过树状开关控制电阻网络的电压输出值,通过与模拟输入电压的比较确定转换的数字量。

(6) 三态输出锁存缓冲器:将转换好的数字量进行锁存。数据有三态输出能力,易于与微机相连,可独立使用。

下面以 ADC0809 为例介绍 A/D 转换器的原理,A/D 转换器的电阻网络与树状开关如图 8-5 所示。逐次逼近寄存器输出控制信号输入给树状开关,树状开关根据控制信号实现开关控制。树状开关的状态决定过了电阻网络的电压输出值,该值输出到比较器与输入的模拟值进行比较。

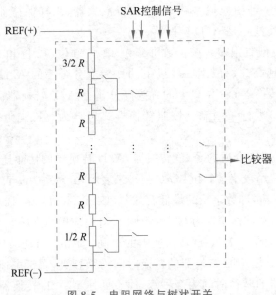

图 8-5　电阻网络与树状开关

ADC0809 是 CMOS 数据采集器件,它不仅包括一个 8 位的逐次逼近型的 A/D 部分,而且提供一个 8 通道的多路开关。ADC0809 芯片引脚说明如表 8-3 所示。它的主要特征如下:

(1) 分辨率为 8 位。

(2) 转换时间为 $100\mu s$。

(3) 工作温度范围为 $-40\sim+85℃$。

(4) 功耗为 $15mW$。

(5) 输入电压范围为 $0\sim5V$。

(6) 采用了由电阻阶梯和开关组成的 D/A 转换器,能确保无漏码。

(7) 零偏差和满量程误差均小于 1/2LSB,故不需要校准。

(8) 单一 5V 电源供电。

(9) 8 个模拟输入通道,通过通道地址锁存。

(10) 有三态输出能力。

表 8-3　ADC0809 芯片引脚说明

引 脚 名 称	功　　　能
D0~D7	数字数据输出端,除 OE 为高电平外,均为高阻状态,可以直接接到数据总线上
IN0~IN7	8 个模拟信号输入端

续表

引 脚 名 称	功　　能
START	启动转换信号输入端
EOC（End of Conversion）	转换结束状态信号输出端
OE（Output Enable）	允许输出数据信号输入端
CLOCK	时钟脉冲输入端,频率范围为 10kHz～1MHz（典型值为 640kHz）,可由微处理器分频得到
ADDA,ADDB,ADDC	选择模拟通道的地址输入端,接地址线的低 3 位
ALE（Address Lock Enable）	允许地址锁存信号输入端
REF（+）,REF（−）	基准电压输入端
VCC	电源(+5V)
GND	地

ADC0809 通过 START 信号启动工作,该信号持续时间在 200ns 以上,大多数微机产生的读或写信号都符合这一要求。ADC0809 的工作流程如下:

(1) 选通道并启动转换。向 ADC0809 写入一个地址,选通 ALE 使得锁存器将 ADDA、ADDB、ADDC(可连接地址线的 A_0、A_1 和 A_2)的地址锁存,选通 START 启动 A/D 转换。

(2) 查询转换是否结束。EOC 可以连接到数据位的某一位(如 D_0 位),查询 EOC 的输出状态,若为 1,则表示转换结束。

(3) 读取转换数据。选通 OE,让转换的数据送到数据总线上,然后读取模拟输入的对应端口地址即可完成数据读取工作。

ADC0809 的原理框图如图 8-6 所示。

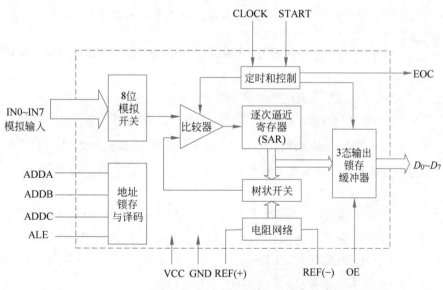

图 8-6 ADC0809 的原理框图

有些系统对于 A/D 转换器的转换精度要求比较高,则可以考虑采用 12 位的 A/D 转换器。下面介绍常用的 12 位的模数转换芯片 ADC574A。

AD574A 是一种高性能的逐次逼近型 A/D 转换器,其分辨率为 12 位,转换时间为 $25\mu s$。支持单极型或双极型电压输入,单极输入电压为 $0\sim+10V$ 或 $0\sim+20V$,双极输入电压为 $-5\sim+5V$ 或 $-10\sim+10V$。该芯片采用 28 引脚双立直插式封装。AD574A 由 12 位 A/D 转换器、控制逻辑、三态输出锁存缓冲器和 10V 基准电压源四部分组成。各引脚功能如下:

- $10V_{IN}$:模拟信号输入,当输入信号在 $0\sim10V$ 或 $-5\sim+5V$ 范围内变化时,将输入信号接至 $10V_{IN}$。
- $20V_{IN}$:模拟信号输入,当输入信号在 $0\sim20V$ 或 $-10\sim+10V$ 范围内变化时,将输入信号接至 $20V_{IN}$。
- BIP OFF:双极型补偿端,单极性应用时,将 BIP OFF 接 0V;双极型应用时,将 BIP OFF 接 10V。
- V_{CC}:工作电源正端,$+12V$ DC 或 $+15V$ DC。
- V_{EE}:工作电源负端,$-12V$ DC 或 $-15V$ DC。
- V_{logic}:逻辑电源端,$+5V$ DC。虽然使用的工作电源为 $\pm12V$ DC 或 $\pm15V$ DC,但数字量输出及控制信号的逻辑电平仍可直接与 TTL 电平兼容。
- DGND:数字地。
- AGND:模拟地。
- REF OUT:基准电压源输出端,芯片内部基准电压源为 $+10V$,误差为 $\pm1\%$。
- REF IN:基准电压输入端。如果 REF OUT 通过电阻接至 REF IN,则可用来调节量程。
- $\overline{STS}$:转换结束信号,输出,低电平有效。高电平表示正在转换,低电平表示已经转换完毕。
- DB0~DB11:12 位输出数据线,三态输出锁存,可以与 CPU 数据线直接相连。
- CE:片启动信号,输入,高电平有效。
- $\overline{CS}$:片选信号,输入,低电平有效。
- $R/\overline{C}$:读/转换信号,输入,高电平为读 A/D 转换后的数据,低电平为启动 A/D 转换。
- $12/\overline{8}$:数据输出方式选择信号,输入,高电平输出 12 位转换数据,低电平时与 A_0 信号配合输出高 8 位或低 4 位数据。$12/\overline{8}$ 不能用 TTL 电平控制,必须直接接至 V_{logic}($+5V$)或 DGND(0V)。
- A_0:字节信号,输入。在转换状态,A_0 为低电平,可以让 AD574A 进行 12 位转换,A_0 为高电平,可以让 AD574A 进行 8 位转换。在读数据状态,若 $12/\overline{8}$ 为低电平,且当 A_0 为低电平时,则输出高 8 位,而当 A_0 为高电平时,则输出低 4 位数据;若 $12/\overline{8}$ 为高电平,则 A_0 的状态不起作用。

上述 CE、$\overline{CS}$、$R/\overline{C}$、$12/\overline{8}$ 和 A_0 各控制信号的组合对应的操作如表 8-4 所示。

表 8-4　AD574A 控制信号的真值表

CE	$\overline{CS}$	R/$\overline{C}$	12/$\overline{8}$	A_0	操作
0	×	×	×	×	无操作
×	1	×	×	×	无操作
1	0	0	×	0	启动 12 位转换
1	0	0	×	1	启动 8 位转换
1	0	1	V_{logic}（+5V）	×	并行输出 12 位数字
1	0	1	DGND(0V)	0	输出高 8 位数字
1	0	1	DGND(0V)	1	输出低 4 位数字

图 8-7 给出了 AT89C51 单片机与 AD574A 的接线图。其中 74LS373 为锁存器,当锁存允许信号 LE 为高电平时,锁存器的输出 Q 随输入 D 变化。当 LE 由高变低电平时,输出端的 8 位信息被锁存,直到 LE 端再次有效。

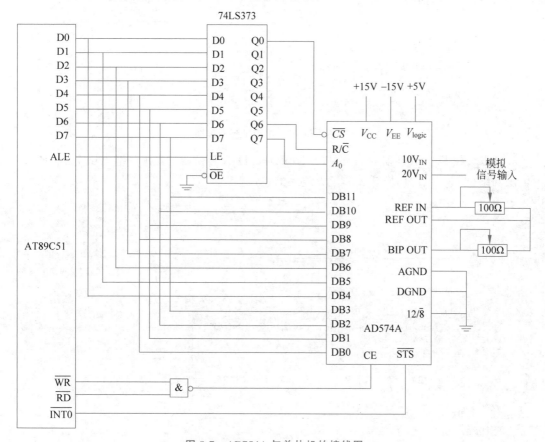

图 8-7　AD754A 与单片机的接线图

当 AT89C51 需要进行 A/D 转换时,首先令 $\overline{CS}=0$,R/$\overline{C}=0$,$A_0=0$ 或 1,然后锁存 74LS373 的输出。在转换结束后利用 $\overline{STS}$ 产生中断信号(也可以更改为查询方式),单片机进入中断处理程序,令 R/$\overline{C}=1$,并锁存 74LS373 的输出。若模拟信号转换为 8 位数据,则单片机一次性读取 8 位即可;若模拟信号转换为 12 位数据,则 AD574A 首先输出高 8 位数据(DB11~DB4),单片机通过偶地址($A_0 = 0$)读取数据;然后 AD574A 输出低 4 位数据(DB3~DB0)至总线的 D7~D4 位,单片机通过奇地址($A_0 = 1$)读取数据。

8.2.2　模拟量输出通道

模拟量输出通道是计算机控制系统实现控制输出的关键,它的任务是把计算机输出的数字量转换成模拟电压或电流信息,以驱动相应的执行机构,达到控制的目的。如锅炉汽包的给水流量的控制信号就是一个模拟量输出。模拟量输出通道一般由接口电路、D/A 转换器、V/I 变换等组成,其核心是 D/A 转换器。当计算机需要输出多路模拟信号时,可以为每个模拟信号设置一个 D/A 转换器,由于需要多个 D/A 转换器,因此这种方案成本较高。为了降低成本,可以只设置一个 D/A 转换器,增加一个多路开关进行模拟信号通道的转换,如图 8-8 所示。

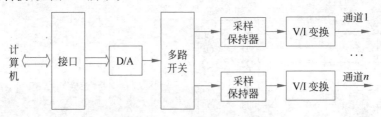

图 8-8　多路 D/A 转换器原理图

现以 4 位 D/A 转换器为例说明其工作原理。D/A 转换器主要由基准电压 V_{REF}、R-2R 电阻网络(图 8-9)、位切换开关和运算放大器组成。

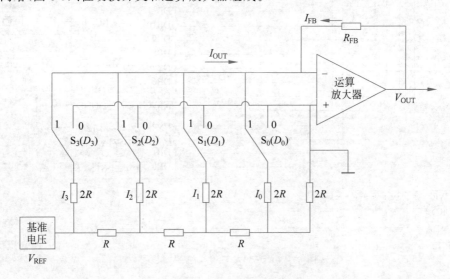

图 8-9　**R-2R** 电阻网络

由数字量输入 D_3、D_2、D_1、D_0 控制 4 个开关,根据数字量输入的值可以得到 I_{OUT} 的计算表达式:

$$I_{OUT} = D_3 I_3 + D_2 I_2 + D_1 I_1 + D_0 I_0$$

$$= (D_3 \times 2^3 + D_2 \times 2^2 + D_1 \times 2^1 + D_0 \times 2^0) \frac{V_{REF}}{2^4 R} \tag{8-1}$$

考虑到放大器反向端为虚地,因此

$$I_{FB} = -I_{OUT} \tag{8-2}$$

选取 $R_{FB} = R$,可以得到

$$V_{OUT} = I_{FB} R_{FB} = -(D_3 \times 2^3 + D_2 \times 2^2 + D_1 \times 2^1 + D_0 \times 2^0) \frac{V_{REF}}{2^4} \tag{8-3}$$

在选择 D/A 转换器时,需要考虑的转换器指标包括分辨率、精度、建立时间、线性误差、温度系数、电源敏感度和输出电压一致性等。

分辨率表明 D/A 转换器对模拟值的分辨能力,它是最低有效位所对应的模拟值,它确定了能由 D/A 转换器产生的最小模拟量的变化。分辨率通常用二进制数的位数表示,如分辨率为 12 位的 D/A 转换器能给出满量程电压的 $1/2^{12}$。

转换精度表明 D/A 转换器的精确程度,它可分为绝对精度和相对精度。绝对精度是指输入为满刻度数字量时,D/A 转换器的输出值与理论值之间的最大偏差;相对精度是指在满刻度已校准的情况下,整个转换范围内对应于任一输入数据的实际输出值与理论值之间的最大偏差。转换精度可以表示为 1/2 LSB、1/4 LSB 等。

建立时间是当输入二进制数满量程变化时输出模拟量达到相应数值范围内的时间,通常是满量程误差达 1/2 LSB 所需的时间。对于输出是电流的 D/A 转换器,建立时间为几微秒,输出是电压的 D/A 转换器,建立时间主要取决于运算放大器的响应时间。

理想的 D/A 转换器的输入与输出特性应该是线性的。在满刻度范围内,实际特性与理想特性的最大偏移称为线性误差,可以表示为 1/2 LSB、1/4 LSB 等。

下面介绍 12 位的数模转换芯片 DAC1210。其芯片引脚如图 8-10 所示。

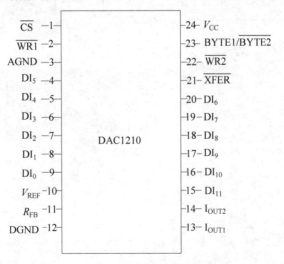

图 8-10　DAC1210 芯片引脚图

- $DI_0 \sim DI_{11}$：12 位数据线。
- $\overline{CS}$：片选信号，输入，低电平有效，$\overline{CS}$ 有效时，使能 $\overline{WR1}$ 信号。
- $\overline{WR1}$：写信号 1，输入，用于将数字数据送入输入寄存器。
- BYTE1/$\overline{BYTE2}$：字节顺序控制。当此端为高电平时，输入寄存器的 12 位均被使能；当为低电平时，只能使能最低 4 位输入寄存器。
- $\overline{WR2}$：写信号 2，输入，$\overline{WR2}$ 有效时将使能 $\overline{XFER}$。
- $\overline{XFER}$：数据传送控制信号，低电平有效。该信号与 $\overline{WR2}$ 都有效时，能将输入寄存器中的 12 位数据同时送入 DAC 寄存器，同时启动一次 D/A 转换。
- I_{OUT1}、I_{OUT2}：数模转换电流输出 1、2。当基准电压固定时，$I_{OUT1} + I_{OUT2} =$ 常量。
- R_{FB}：反馈电阻。用作外部运放的分流反馈电阻。
- V_{CC}：芯片的工作电源电压。电压范围为 $+5 \sim +15V$，以 15V 为最佳。
- AGND、DGND：模拟地和数字地。为了避免两种地电位不同而引起干扰，实际应用中两者应连接在一起。

图 8-11 为 DAC1210 与 8 位 CPU 的接口电路。为了用 8 位数据线 D0～D7 来传送 12 位被转换数据，CPU 必须分两次传送被转换数字。首先将被转换数字低 4 位（$DI_0 \sim DI_3$）传递给低 4 位输入寄存器，再将高 8 位（$DI_4 \sim DI_{11}$）传给 8 位输入寄存器，最后将 12 位输入寄存器的状态传给 12 位 DAC 寄存器，并启动 D/A 转换。当译码器 Y0 输出低电

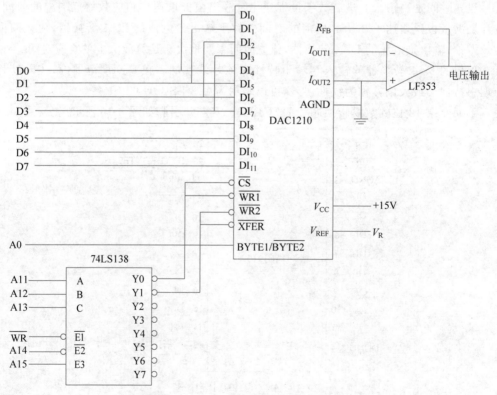

图 8-11　DAC1210 与 8 位 CPC 的接口电路

平时,使得 D/A 转换器的片选信号和写 1 信号有效,当 A0 为低电平时,将低 4 位写入低 4 位输入寄存器,当 A0 为高电平时,将高 8 位数据写入 8 位输入寄存器。当译码器 Y1 输出低电平时,将 DAC1210 的输入寄存器中的 12 位数据同时送入 DAC 寄存器,同时启动一次 D/A 转换。

8.2.3 数字量输入通道

数字量过程通道需要处理的信息包括开关量、脉冲量和数码。开关量是指一位的状态信号,如阀门的闭合与开启、电机的启动与停止、触点的接通与断开、指示灯的亮与灭等。脉冲量是指数字式传感器将检测的物理量转换成转速、位移、流量等数字传感器产生的数字脉冲信号。数码是指成组的二进制码,如用于设定系统参数的拨码开关等。它们的共同特征是幅值离散,可以用一位或多位二进制码表示。

当输入信号为数字信号时,输入通道的任务就是将不同电平或频率的信号调整为计算机可以接收的电平,因此要进行电平转换或放大整形,有时也需要光电隔离。当输出信号为数字信号时,输出通道的任务通常是将计算机输出的电平变换为开关器件所要求的电平,一般需要光电隔离。数字量输入/输出通道的一般结构如图 8-12 所示。

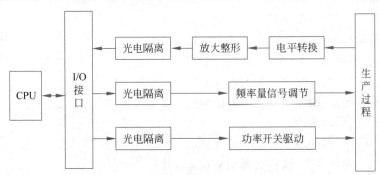

图 8-12 数字量输入/输出通道的基本结构

1. 隔离处理

在工业现场获取的数字信号电平往往高于计算机系统的逻辑电平,即使输入数字量电压不高,也可能从现场引入其他的高压信号,因此必须采取电隔离措施,以保障系统安全。光电耦合器就是一种常见而有效的隔离手段。由于光电隔离器件价格低廉、可靠性好,因此被广泛应用于现场设备与计算机系统之间的隔离保护。此外,利用光电耦合器还可以起到电平转换的作用,如图 8-13 所示。

2. 输入调理电路

由于现场的数字输入信号常存在抖动,可能会引起电路振荡,因此在电路中需要加入消除抖动的电路。大功率的开关电路一般采用电压较高的直流电源,开关状态信号可能给计算机控制系统带来干扰和破坏。因此,这类的开关信号应经过滤波和光电隔离后才能与计算机相连,如图 8-14 所示。图中左侧为 *RC* 滤波电路,右侧为光电隔离电路。大功率开关信号经过滤波和光电隔离后可进入计算机系统。

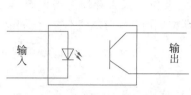

图 8-13　光电耦合器的原理图

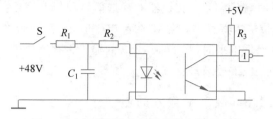

图 8-14　大功率开关信号的输入调理电路

8.2.4　数字量输出通道

数字量输出通道的任务是把计算机输出的信号传送给开关器件,如继电器、电磁阀或指示灯等。水箱控制系统中提供给水压力的水泵启停开关就是一个数字量输出。为了把计算机输出的微弱数字信号转换成能对生产过程进行控制的驱动信号,在输出通道中需要输出驱动电路。根据开关器件的功率不同,可有多种数字量驱动电路,如各类功率晶体管、可控晶体管、固态继电器等。

驱动电路取决于开关器件的类型,常见的驱动电路如图 8-15 所示。数字信号存入锁存器,再经过光电耦合器驱动继电器。继电器经常用于计算机过程控制系统中的开关量输出功率的放大,即利用继电器作为计算机输出的第一级执行机构,通过继电器的触点控制大功率接触器的通断,从而完成从直流低压到交流高压、小功率到大功率的转换。

图 8-15 为继电器的驱动电路,该电路的继电器的线圈呈感性负载,输出必须加装克服反电动势的续流二极管,防止反向击穿晶体管。

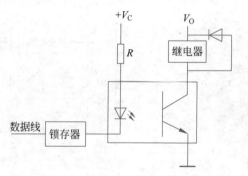

图 8-15　继电器的驱动电路

8.2.5　信号的滤波

在设计计算机控制系统时,需要考虑系统信号的干扰,干扰的来源有很多,可能来自电源,也可能来自线路的电磁干扰或周围设备产生的电磁干扰。水箱液位控制系统中,水泵就会产生一定的电磁干扰。所以设计一个滤波器来减轻或消除干扰带来的影响很重要。滤波的作用是让指定频段信号能够顺利通过,而其他频段的信号需要衰减或消除。

滤波器分为模拟滤波器和数字滤波器。当信号中含有高斯噪声时,可以通过卡尔曼滤波实现最优滤波;而当信号中含有非高斯噪声时,可以采用非参数化滤波方法,如粒子滤波器。

1. 模拟滤波器

由于模拟系统具有低通特性,所以对于高频的干扰并不是很敏感。计算机控制系统则不同,当高频干扰与有用信号一起被采样时,将会使高频干扰信号折叠到低频范围,可能会影响系统的控制性能。为此,计算机控制系统可以在采样开关前加入模拟滤波器,也就是抗混叠滤波器或前置模拟低通滤波器。

模拟滤波是指用模拟电子器件对干扰进行过滤的方式,也就是通过硬件电路进行滤波。模拟滤波器电路通常采用电阻、电容和电感等电子元器件实现。模拟滤波器可分为无源滤波和有源滤波。经典的模拟滤波电路为一阶 RC 滤波电路,即采用电阻 R 和电容 C 组成的滤波器,如图 8-16 所示。

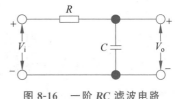

图 8-16 一阶 RC 滤波电路

一阶 RC 电路的传递函数可以表示为

$$G_{\mathrm{F}}(s) = \frac{1}{T_{\mathrm{f}}s + 1} \tag{8-4}$$

式中,$T_{\mathrm{f}} = RC$ 为时间常数,$\omega_{\mathrm{f}} = 1/T_{\mathrm{f}}$ 为滤波器的转折频率。

滤波器的设计应尽可能地保持系统工作频带内信号,而使得工作频带外的信号尽可能衰减。RC 滤波电路的优点是能够滤除高频噪声。但是其也有一些不足:

(1) 它不仅衰减希望被抑制的信号,也衰减希望保留的信号;

(2) 由于电容的高频特性的限制,RC 滤波电路不能用在频率太高的场合,如数兆赫兹就不能使用,可以考虑使用 LC 滤波器。

2. 数字滤波器

模拟滤波器并不能滤除所有的噪声信号,因此经过采样后还需要数字滤波器进一步滤除噪声信号。数字滤波器有很多种,如算术平均值滤波、加权平均滤波、滑动平均滤波、中值滤波、限幅滤波、IIR 滤波器、FIR 滤波器、粒子滤波器等。本部分介绍几个典型的数字滤波器,粒子滤波器将在后面介绍。

1) 平均值滤波

平均值滤波是在指定的采样周期内连续采样 m 次,但只输出一次结果,即通过计算 m 个采样值的平均值作为当前采样周期的输出。平均值滤波就是寻找一个滤波输出 y,使该值与采样值 $x(i)(i = 0, 1, \cdots, m-1)$ 之间的误差的平方和为最小,即

$$\min \sum_{i=0}^{m-1} e_i^2 = \min \sum_{i=0}^{m-1} [y - x(i)]^2 \tag{8-5}$$

使得该一元二次方程取得极值的解为

$$y = \frac{1}{m} \sum_{i=0}^{m-1} x(i) \tag{8-6}$$

平均值滤波对于周期性的噪声滤波效果较好,但对于脉冲性噪声的滤波效果不理想,因此这个算法不适用于脉冲性噪声的系统。当 m 较大时,滤波平滑度高,但灵敏度变低,即外界信号的变化对输出 y 的影响小;当 m 较小时,平滑度低,但灵敏度高。因此,对于变化缓慢的变量,滤波时 m 可以取得大一点;对于变化较快的变量,m 可以取得小一点。

考虑到不同时间的信号对于滤波输出的重要性是不同的,因此可以在平均值滤波基础上给各次采样值设置不同的权重系数,此时滤波器变为加权平均值滤波器:

$$y = \frac{1}{m} \sum_{i=0}^{m-1} \alpha_i x(i) \tag{8-7}$$

式中,α_i 为采样值 $x(i)$ 的加权系数,且满足 $0 \leqslant \alpha_i \leqslant 1$ 和 $\sum_{i=0}^{m-1} \alpha_i = 1$,通常取 $\alpha_0 \leqslant \alpha_1 \leqslant \cdots \leqslant \alpha_{m-1}$,这样使得越靠近当前时刻的采样值的权重越大。

因为平均值滤波器和加权平均值滤波器采集 m 个样本才输出一次,所以该类滤波器的输出存在滞后,对于实时性要求较高的系统不宜采样该类滤波器。

2)中值滤波

中值滤波是对某一被测参数连续采样 m 次(一般 m 为奇数),然后把 m 次采样值从小到大或者从大到小排列,再取其中间值作为本次采样值输出。中值滤波对于偶然引起的噪声比较有效,对温度、液位等变化缓慢的被测参数采用此法取得了良好的滤波效果,但对于流量、速度等快速变化的参数一般不宜采用。

3)滑动平均滤波

滑动平均滤波就是把 m 个采样数据看成一个队列,队列的长度固定为 m,每进行一次新的采样,把采样结果放入队首,而删除原来队尾的一个数据,这样队列中始终有 m 个最新的数据。计算滤波值时,只需要把队列中的 m 个数据进行平均,就可以得到新的滤波值。假设当前采样时刻为 k,那么当前的滤波器输出为

$$y(k) = \frac{1}{m} \sum_{i=k-m+1}^{k} x(i) \tag{8-8}$$

4)粒子滤波器

在线性系统中常耦合高斯噪声,因此可以采用卡尔曼滤波算法。为了适应非线性系统,Bucy、Sunahara 等提出并研究了扩展卡尔曼滤波(Extended Kalman Filter,EKF),将卡尔曼滤波理论进一步应用到非线性领域。EKF 的基本思想是将非线性系统线性化,然后进行卡尔曼滤波,因此 EKF 是一种次优滤波。二阶滤波方法考虑了泰勒级数展开的二次项,因此减少了线性化引起的估计误差,但大大增加了运算量,因此在实际中没有一阶 EKF 应用广泛。粒子滤波算法不仅适用于非线性系统,而且适用于非高斯噪声的滤波。

粒子滤波器是一种常用的滤波算法。贝叶斯估计是粒子滤波器的理论基础。粒子滤波器采用一簇加权的样本(称为"粒子")来近似表示状态变量的概率分布,通过粒子群迭代更新实现递归贝叶斯估计。自 Bootstrap 滤波器出现以来,粒子滤波器(Particle Filter,PF)迅速成为一种重要的非线性递归贝叶斯滤波方法。相较于卡尔曼滤波器(最小均方误差估计),粒子滤波器既不需要系统模型方程为线性,也不需要系统噪声为高斯分布,具有较好的普适性。

下面先介绍贝叶斯估计的基本原理和方法。

通过离散时间 k 上的序列观测 $y_1, y_2, \cdots, y_k$ 来递归估计状态 $x_1, x_2, \cdots, x_k$,其中

y_k 是状态 x_k 的函数,而 x_k 是随时间变化的过程,一般描述为一个离散的马尔可夫过程:

$$x_k = f_k(x_{k-1}, \omega_k) \tag{8-9}$$

式中,k 为离散时间;ω_k 为过程噪声;f_k 为离散状态的转移方程。

可以通过传感器来观测系统的观测值 y_k,所以系统观测的离散方程为

$$y_k = h_k(x_k, v_k) \tag{8-10}$$

式中,y_k 为 k 时刻的观测;v_k 为观测噪声;h_k 为观测方程。

状态方程(8-9)和观测方程(8-10)一起组成了描述递归状态估计问题的离散状态空间模型。一般来讲,状态分布主要包括滤波分布 $p(x_k | y_{1:k})$、预测分布 $p(x_k | y_{1:k-L})$ 和平滑分布 $p(x_k | y_{1:k+L})$,其中 $L > 0$。通常,滤波器以滤波分布作为输出。下面给出求解滤波分布 $p(x_k | y_{1:k})$ 的贝叶斯递归滤波框架。

基于全概率公式,递归贝叶斯滤波器通过如下两步来计算状态的条件后验概率分布:

(1) 预测(Chapman-Kolmogorov 方程)

$$p(x_k | y_{1:k-1}) = \int p(x_k | x_{k-1}) p(x_{k-1} | y_{1:k-1}) \mathrm{d}x_{k-1} \tag{8-11}$$

(2) 更新(贝叶斯原理)

$$p(x_k | y_{1:k}) = \frac{p(y_k | x_k) p(x_k | y_{1:k-1})}{\int p(y_k | x_k) p(x_k | y_{1:k-1}) \mathrm{d}x_k} \tag{8-12}$$

式中,状态转移概率分布 $p(x_k | x_{k-1})$ 和观测似然函数分布 $p(y_k | x_k)$ 分别根据状态方程(8-9)和观测方程(8-10)计算得到

式(8-11)和式(8-12)所含概率密度函数的积分运算仅在线性、高斯模型下具有解析解,即卡尔曼滤波。对于一般的非线性非高斯模型,需要近似计算。近似的方法包括参数近似(各类扩展卡尔曼滤波或混合高斯滤波)和非参数近似(特别是蒙特卡洛随机点近似)。粒子滤波器就是通过采用加权的离散粒子表示状态概率分布的一种非参数近似技术,也称为序贯蒙特卡洛(Sequential Monte Carlo,SMC),其不要求方程 $f_k(\cdot)$ 和 $h_k(\cdot)$ 是线性的,也不要求噪声 ω_k 和 v_k 是高斯的。

下面介绍粒子滤波器实现方法:

为了求得滤波分布 $p(x_k | y_{1:k})$,可以采用离散粒子集进行如下蒙特卡洛近似:

$$p(x_k | y_{1:k}) \approx \sum_{i=1}^{N_k} \omega_k^{(i)} \delta(x_k - x_k^{(i)}) \tag{8-13}$$

式中,$x_k^{(i)}$、$\omega_k^{(i)}$、N_k 分别为 k 时刻粒子状态、权值及总数;$\delta(\cdot)$ 是狄拉克 δ 函数。

最基本、常见的粒子滤波实现框架是序贯重要性采样与重采样(Sequential Importance Sampling and Resampling,SISR)滤波器,或者采样重要性重采样(Sampling Importance Resampling,SIR)滤波器,其主要由几个基本步骤构成一个迭代周期。

步骤 1：采样。基于上一时刻的贝叶斯后验估计和状态转移方程计算预测分布 $p(x_k|y_{1:k-1})$，也就是先验分布函数，然后计算后验概率密度 $p(x_k|y_{1:k})$，实现粒子的采样。

但后验概率密度 $p(x_k|y_{1:k})$ 是无法直接求解的，因此需要设计某一重要性分布函数 $q(x_k)$（也称为提议分布）作为次优的重要性采样函数。以 Bootstrap 滤波器为代表的粒子滤波模型中，其重要性函数直接采用状态转移方程 $q(x_k^{(i)})=p(x_k^{(i)}|x_{k-1}^{(i)})$，即采用状态转移方程实现粒子采样。这样选择重要性函数的好处是计算简单，但由于未考虑最新观测 y_k，此时可能造成提议分布与似然分布不一致。

步骤 2：权值更新。基于最新的观测信息 y_k，通过似然函数计算完成粒子权值更新：

$$\omega_k^{(i)}=\omega_{k-1}^{(i)}\frac{p(y_k|x_k^{(i)})p(x_k^{(i)}|x_{k-1}^{(i)})}{q(x_k^{(i)})} \tag{8-14}$$

基本粒子滤波器中，粒子权值更新之后一般需要权值归一化，从而使得粒子权值总和为 1，权值更新公式如下：

$$\omega_k^{(i)}=\frac{\omega_k^{(i)}}{\sum_{i=1}^{N_k}\omega_k^{(i)}} \tag{8-15}$$

更新之后的粒子权值必然出现差异，极端情况下少数粒子权值之和几乎为 1，而其他粒子权值接近零，即权值退化，这是序贯重要性采样（Sequential Importance Sampling，SIS）难以避免的缺陷之一。为此，粒子滤波器还需要一个重采样步骤克服粒子权值退化问题。

步骤 3：重采样。基于同分布原则对权值更新后的粒子集合重新采样。根据权值 $\omega_k^{(i)}(i=1,2,\cdots,N)$ 复制高权值粒子，舍弃低权值粒子，从而获得一个大部分粒子权值相当的新的粒子集 $\{x_i(k),i=1,2,\cdots,N\}$，克服粒子权值退化问题。

步骤 4：输出。计算得到后验均值估计和后验分布，则当前时刻的状态估计值为

$$\hat{x}_k=\sum_{i=1}^{N_k}\omega_k^{(i)}x_k^{(i)} \tag{8-16}$$

重复上述步骤，实现迭代粒子滤波。

下面以水箱液位控制系统为例介绍粒子滤波器的实现方法。定义 $x(t)$ 为第 t 时刻水箱的水位的高度，$u(t)$ 为进水阀开度。由于水箱出水管采用了手动调节阀，当阀门开度固定时，阀门的水流量 $Q_o(k)$ 和水箱液位 $x(t)$ 之间满足以下非线性关系：

$$Q_o(t)=K_o\sqrt{x(t)} \tag{8-17}$$

式中，K_o 为调节阀的系数。

假设控制给水流量的电磁阀的流量与阀门开度满足以下线性关系：

$$Q_i(t)=K_iu(t) \tag{8-18}$$

则可以得到水位 $x(t)$ 的状态方程为

$$C\dot{x}=Q_i(t)-Q_o(t)=K_iu(t)-K_o\sqrt{x(t)} \tag{8-19}$$

式中，C 为水箱底面积。

设定输出方程为

$$y(t) = x(t) \tag{8-20}$$

设采样周期为 T，则可以得到系统状态方程和输出方程的离散形式为

$$x(k+1) = x(k) + \frac{TK_i}{C}u(k) - \frac{TK_O}{C}\sqrt{x(k)} + \omega(k) \tag{8-21}$$

$$y(k) = x(k) + v(k) \tag{8-22}$$

式中，$\omega(k)$ 为过程高斯噪声；$v(k)$ 为观测过程的高斯噪声。

从图 8-17 可以看出，经过粒子滤波器后，水箱液位的滤波值比真值更加平滑。

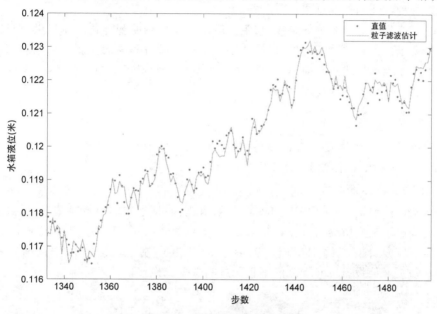

图 8-17　粒子滤波仿真结果

8.3　总线技术

总线技术是计算机控制系统中不可或缺的技术。计算机控制系统用到的计算机通常是指服务器、工控机、可编程逻辑控制器或其他专用计算机系统，其中服务器或工控机更接近个人电脑。而 PLC 或其他专用计算机系统通常采用模块化设计，CPU 模块和 I/O 等模块通过背板连接。计算机控制系统有时需要扩展数据采集卡等板卡，那么所扩展的板卡的总线接口必须与计算机扩展插槽的总线接口匹配，如采用服务器或工控机的 PCIe 总线接口。计算机也需要和外部的设备进行通信，那么计算机与外部设备的总线必须匹配，如 PLC 可以采用 CAN 总线与传感器进行通信。而当计算机或控制器、仪表和执行机构之间进行互连时，就要用到总线技术，一般称为现场总线。

8.3.1　总线的分类

在实现计算机控制系统时经常用到服务器和工控机等通用设备，它们既可以作为控

制器也可以作为监控系统。当然,有些特殊行业需要专门的控制器,如铁路常见列控系统、飞机的飞行控制系统等。虽然服务器、工控机和专用的控制系统与普通计算机有相似之处,但也有一定的差异。

根据离芯片远近等级进行分类,计算机的总线可分为内部总线、系统总线和外部总线。内部总线是微机内部各外围芯片与处理器之间的总线,用于芯片之间的互连,如QPI总线。而系统总线是微机中各插件板与系统板之间的总线,用于插件板之间的互连,如PCIe总线;外部总线是计算机和外部设备之间的总线,计算机作为一种设备,通过外部总线和其他设备进行信息与数据交换,它用于设备之间的互连,如CAN总线。现场总线就是一种特殊的外部总线。

现场总线是一种工业数据总线,它主要解决工业现场的智能化仪器仪表、控制器、执行机构等现场设备间的数字通信,以及这些现场控制设备和高级控制系统之间的信息传递问题。由于现场总线具有简单、可靠、经济实用等一系列突出的优点,因而受到了许多标准团体和计算机厂商的高度重视。

8.3.2　常用总线接口

计算机外部总线的接口有很多种,包括RS-232C、RS-422、RS-485、USB、SPI、I^2C、RJ45等。下面介绍几种常用的计算机外部接口。

1. RS-232C 标准接口

RS-232C标准接口(又称EIA RS-232,如图8-18)是常用的串行通信接口标准之一,它是由美国电子工业协会(Electronic Industry Association,EIA)联合贝尔系统公司、调制解调器厂家及计算机终端生产厂家于1970年共同制定,其全名是"数据终端设备(DTE)和数据通信设备(DCE)之间串行二进制数据交换接口技术标准"。

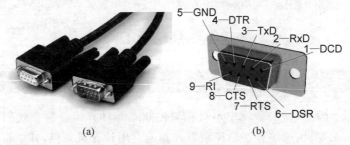

图 8-18　RS-232C DB-9 接口及针脚定义

该标准规定采用一个25个引脚的DB-25连接器,对连接器的每个引脚的信号内容加以规定,还对各种信号的电平加以规定。后来IBM公司的PC机将RS-232C简化成了DB-9连接器,从而成为事实标准。而工业控制系统的RS-232C标准接口一般只使用RxD、TxD、GND三条线。RS-232C标准接口针脚定义如表8-5所示。

表 8-5　RS-232C 标准接口针脚定义

针脚	英 文 名 称	中 文 名 称	功　　能
1	DCD(Data Carrier Detect)	数据载波检测	载波检测,主要用于调制解调器通知计算机其处于在线状态

续表

针脚	英 文 名 称	中 文 名 称	功 能
2	RxD(Receive Data)	接收数据	将数据从 DCE 发送到 DTE
3	TxD(Transmit Data)	发送数据	将数据从 DTE 传输到 DCE
4	DTR(Data Terminal Ready)	数据终端准备好	DTE 准备接收请求
5	GND(Signal Ground)	信号地线	信号地,0V
6	DSR(Data Set Ready)	数据准备好	DCE 准备发送和接收信息
7	RTS(Request to Send)	请求发送	DTE 要求 DCE 发送数据
8	CTS(Clear to Send)	清除发送	DCE 处于就绪状态,可以接收来自 DTE 的数据
9	RI(Ring Indicator)	响铃提示	检测电话线上的来电铃声

RS-232C 标准接口的逻辑 1 的电压范围为 $-15 \sim -3\text{V}$,逻辑 0 的电压范围为 $3 \sim 15\text{V}$。RS-232C 接口的优点包括:

(1) 信号线少。在一般应用中,使用 3~9 条信号线就可以实现全双工通信,采用 3 条信号线(接收线、发送线和地线)能实现简单的全双工通信过程。

(2) 灵活的波特率[①]选择。RS-232C 规定的标准传输速率有 50b/s、75b/s、110b/s、150b/s、300b/s、600b/s、1200b/s、2400b/s、4800b/s、9600b/s、19200b/s,可以灵活地适应不同速率的设备。

RS-232C 接口也有一些缺点:

(1) 接口的信号电平值较高,易损坏接口电路的芯片。又因为与 TTL 电平不兼容,故需使用电平转换电路方能与 TTL 电路连接。

(2) 传输速率较低。

(3) 接口使用一根信号线和一根信号返回线构成共地的传输形式,这种共地传输容易产生共模干扰,所以抗噪声干扰能力弱。

(4) 传输距离有限,实际的传输距离约为 15m。

(5) 只能实现设备之间一对一的通信。

串口通信中数据终端设备(Data Terminal Equipment,DTE)通常是指计算机,数据通信终端(Data Communication Equipment,DCE)通常是指调制解调器,如果是近距离(≤15m)通信,那么可以不使用调制解调器,计算机可以和另外一个终端设备直接互连,如图 8-19 所示。

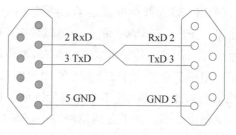

图 8-19 两台计算机串口直连的方法

如果想延长 RS-232C 接口的通信距离,可以采用增加调制解调器、串口设备服务器、软串口设备服务器、无线数传电台、移动无线接入终端等方式实现。当采用调制解调器方式时,串口输出的数字信号通过调制解调器

---

① 波特率即传输速率,表示每秒传输二进制数据的位数,单位为 b/s。

的频移键控(FSK)技术调制为音频载波信号,这样就能够通过固定电话网来传送串口信号。调制解调器必须成对使用,如图 8-20 所示。

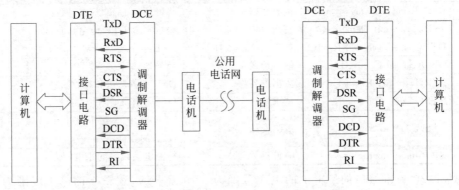

图 8-20　通过调制解调器实现串口的远程通信

注意,RS-232C 标准接口上可以运行不同的串行通信协议,如 Modbus 协议和 UART 协议。

2. RS-422 标准接口

RS-422 标准全称是"平衡电压数字接口电路的电气特性",它定义了接口电路的特性。由于接收器采用高输入阻抗的发送驱动器,比 RS-232C 有更强的驱动能力,故允许在相同传输线上连接多个接收节点,最多可接 10 个节点。一个主设备(Master),其余为从设备(Slave),从设备之间不能通信,所以 RS-422 支持点对多的双向通信。RS-422 的电气性能与 RS-485 完全一样,主要的区别是 RS-422 有 4 根信号线,2 根发送线和 2 根接收线。实际上还有 1 根信号地线,共 5 根线。由于 RS-422 的收和发是分开的,所以可以同时收和发(全双工);而 RS-485 有 2 根信号线,发送和接收不能同时进行,但它只需要一对双绞线。目前 RS-422 接口使用较少。

3. RS-485 标准接口

RS-485 总线标准规定了总线接口的电气特性标准,即对于 2 个逻辑状态的定义:正电平在 +2 ～ +6V,表示一个逻辑状态;负电平在 -6 ～ -2V,表示另一个逻辑状态。数字信号采用差分传输方式,能够有效减少噪声信号的干扰。

电子工业协会于 1983 年在 RS-422 工业总线标准的基础上制定并发布了 RS-485 总线工业标准。RS-485 工业总线标准能够有效支持多个节点、通信距离远,并且信息的接收灵敏度较高。在工业通信网络中,RS-485 总线主要用于与外部各种工业设备进行信息传输和数据交换,具有噪声抑制能力、高效的数据传输速率与良好的数据传输的可靠性能,并且可扩展通信电缆的长度,这是其他的许多工业通信标准所无法比拟的。因此,RS-485 总线在工业控制领域、交通的自动化控制领域和现场总线通信网络等诸多领域得到了广泛应用。

RS-485 接口的特点:

(1) 接口信号电平比 RS-232C 低,不易损坏接口电路的芯片,且该电平与 TTL 电平兼容,可方便与 TTL 电路连接。

（2）最高传输速率为 10Mb/s。

（3）抗噪声干扰性好。

（4）理论上最大传输距离可达 3000m,实际操作中极限距离达 1200m。另外,RS-232C 接口在总线上只允许连接 1 个收发器,即单站能力。RS-485 接口在总线上允许连接多个收发器,具体数量取决于芯片类型,即具有多站能力,这样用户可以利用单一的 RS-485 接口方便地建立起设备网络。

RS-485 接口具有上述优点,使其成为首选的串行接口。因为 RS-485 接口组成的半双工网络一般只需 2 根连线,所以 RS-485 接口均采用屏蔽双绞线传输。RS-485 接口连接器采用 DB-9 的 9 芯插头,如图 8-21 所示。

RS-485 标准接口上可以运行不同的串行通信协议,如 Modbus 和 PROFIBUS 协议。

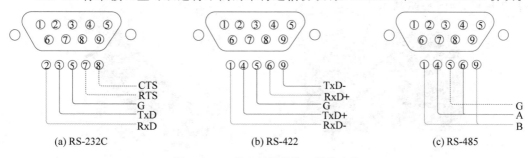

图 8-21　三类串行通信接口针脚比较

4. USB 接口

通用串行总线（Universal Serial Bus,USB）是 Intel、DEC、Microsoft、IBM 等公司联合提出的一种新的总线标准,主要用于 PC 与外围设备的互连。通用串行总线是一种输入与输出接口的技术规范,也是一种串口总线标准,被广泛地应用于个人电脑和移动设备等信息通信产品。

USB 的发展经历了 USB 1.0、USB2.0、USB3.1 Gen1、USB 3.1 Gen2 和 USB 3.2,目前最新的版本的是 USB4,即统一串行总线四代。USB4 是由 USB Implementers Forum（USB-IF）推出的最新 USB 标准,制定的主要目的是允许高速数据传输,同时兼顾能耗以及其他条件。USB4 作为一种总线标准,它包含了一整套相关的协议,这些协议的目的是允许不同的外设进行双向的高速数据传输。它使用了 USB Type-C 端口,此外还支持 Thunderbolt 3 端口,通过多种协议支持更高的传输速率。USB4 具有不同于以往任何一代 USB 标准的多节点架构,允许设备之间连续启动多种不同类型的通信协议,而不会受到拥塞的影响。USB4 支持传输速度为 40Gb/s,是上一代 USB 3.2 的 4 倍,同时它也支持 15W 电源逆向供电。

此外,USB4 还允许设备模式和主机模式在同一总线上交替运行,可以将 USB-C 端口灵活地切换为设备和主机两种模式,比上一代标准更加高效可靠。

目前,USB 接口在普通的电子产品上已经大量应用,但在工业领域应用很少,也没有相应的工业标准。

5. SPI 接口

串行外设接口(SPI)是微控制器(MCU)和外围 IC(如传感器、ADC、DAC、移位寄存器、SRAM 等)之间使用较广泛的接口之一。SPI 是一种同步、全双工、主从式接口。来自主机或者从机的数据在时钟上升沿或下降沿同步。主机和从机可以同时传输数据。SPI 接口可以是 3 线式或者 4 线式。4 线式 SPI 接口使用 SCK、$\overline{CS}$、MISO 和 MISO 四个针脚的信号。SPI 接口的 SD 卡读写模块如图 8-22 所示。

6. I²C 接口

I²C(Inter-Integrated Circuit)总线是由飞利浦公司开发的两线式串行总线,用于连接微控制器及其外围设备。其是微电子通信控制领域广泛采用的一种总线标准。它是同步通信的一种特殊形式,具有接口线少、控制方式简单、器件封装形式小、通信速率较高等优点,如图 8-23 所示。

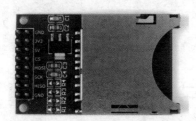

图 8-22　SPI 接口的 SD 卡读写模块　　　　图 8-23　I²C 接口示意图

I²C 是单双工(只有 SDA 一根数据线),而标准的 SPI 是全双工(有 MOSI 和 MISO 两根数据线)。SPI 没有指定的流控制,没有应答机制确认是否收到数据。

7. RJ45 接口(网口)

RJ45 是布线系统中信息插座(通信引出端)连接器的一种,连接器由插头和插座组成,插头有 8 个凹槽和 8 个触点。RJ 是 Registered Jack 的缩写,意思是"注册的插座"。在美国联邦通信委员会(FCC)标准和规章中 RJ 是描述公用电信网络的接口,计算机网络的 RJ45 是标准 8 位模块化接口的俗称。目前的网线有 T568A 和 T568B 两种接法,如图 8-24 和图 8-25 所示。

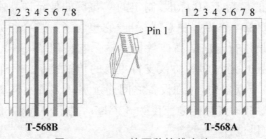

图 8-24　RJ45 的两种接线方法

当计算机之间、集线器之间或交换机之间连接时,网线两端的插头需要采用不同的接法,网线的一端用 T568A,另一端用 T568B,这种接法叫交叉互连。当计算机与路由器或交换机连接时,网线的两端的插头均按照 T568B 接线。

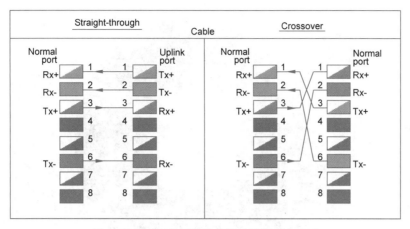

图 8-25 **RJ45 的两种接线方法引脚对应关系**

8.3.3 现场总线与工业以太网

1. 现场总线

IEC 61158-1：2014 给出了现场总线的定义：专门用于工业自动化和过程控制的基于串行通信的通信系统（Communication system based on serial data transfer as typically used in industrial automation and process control applications）。目前，已知的用于工业的现场总线有几十种，收录在 IEC 61158 中的有 20 种，不同现场总线的应用范围如表 8-6 所示。

表 8-6 不同现场总线的应用范围

总线名称	应用范围
FF(基金会现场总线)	石油天然气、炼油、石化、化工、冶金、制药、电力等
CAN(控制器局域网)	汽车、航天、电子等
Lonworks	楼宇自动化、家庭自动化、保安系统、办公设备、交通运输、工业过程控制等
DeviceNet	楼宇自动化、交通运输、农业等
PROFIBUS(过程现场总线)	纺织、楼宇自动化、可编程逻辑控制器、低压开关等
HART	天然气、煤制气、液化气、能源、食品加工、水处理等
CC-Link	半导体、电子、汽车、纺织、水处理、楼宇自动化、医药等
INTERBUS	汽车、烟草、仓储、包装、食品等

图 8-26 为 HMS Network 公司统计的 2022 年工业网络市场份额，包括现场总线、工业以太网和无线网络。该公司每年都会分析工业网络的市场，来估计工厂自动化新连接节点的分布。

长期以来，现场总线的争论不断，各类现场总线之间的互连、互通和互操作问题很难解决，严重阻碍了现场总线技术的发展和推广应用。随着以太网技术的成熟应用，工业网络也朝工业以太网方向快速发展，从 HMS Network 公司的统计数据来看，工业以太网技术占比逐年增加。2022 年工业以太网占工业网络的比例为 66%，年增长率为 10%。

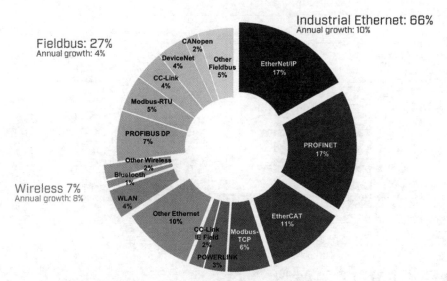

图 8-26　2022 年工业网络市场占用率

随着制造业的全球化发展,不同种类现场总线协议的使用使得制造系统的集成和互联互通变得非常困难,成为当今智能制造发展迫切需要解决的关键问题。现有两种不同的设备集成技术:一种是遵循 IEC 61804 的电子设备描述语言(EDDL)技术;另一种是遵循 IEC 62453 的现场设备工具(FDT)技术。较长时间以来,两者相争,胜负难决,影响到市场推广应用。最终的解决方案是,在 OPC UA 的基础上将两种相互竞争的技术EDDL 和 FDT 各自特定的优点集成在一个唯一的客户机/服务器体系结构中,称为现场设备集成(Field Device Integration,FDI)统一架构。为此,IEC 成立了 FDI 工作小组,并陆续颁布了 FDI 的标准 IEC 62769。

由此可见,在多种类型现场总线协议与实时以太网共存的情况下,通过合作开发OPC UA 和 FDI 等技术,建立互操作的统一工业自动化系统平台已成为大势所趋。

1)FF

FF 是在工程自动化领域得到广泛支持和具有良好发展前景的一种技术。FF 前身是以美国 Fisher-Rosemount 公司为首,联合 Foxboro、横河、ABB、西门子等 80 家公司制定的 ISP 协议,和以 Honeywell 公司为首,联合欧洲等地 150 家公司制定的 World FIP协议。1994 年 9 月这两大集团合并,成立了现场总线基金会,致力于开发出国际上统一的现场总线协议。

基金会现场总线开发了两种互补的现场总线,擅长于过程控制应用的 FF 现场总线分为低速 H1 和面向高性能应用与子系统集成的 HSE。

H1 的传输速率为 31.25kb/s,通信距离可达 1.9 km,可支持总线供电和本质安全防爆环境。物理介质为双绞线、光缆和无线,其传输信号采用曼彻斯特编码。HSE 采用了Ethernet 和 TCP/IP 六层协议结构的通信模型。

2)CAN

CAN 是一种支持分布式控制系统的串行通信网络。CAN 由德国博世公司在 20 世纪80年代专门为汽车行业开发的一种串行通信总线。由于CAN总线具有很高的实时性能和应用范围,从位速率最高可达1Mb/s的高速网络到低成本、多线路的50kb/s网络都可以任意搭配。因此,CAN已经在汽车业、航空业、工业控制、安全防护等领域中得到了广泛应用。

ISO颁布了CAN协议的标准ISO 11898和ISO 11519-2。这两个标准只定义物理层和数据链路层,其中数据链路层的定义是一样的,但物理层上有所区别。由于两个标准没有规定应用层,因此CAN协议本身并不完整,需要一个高层协议。常见的CAN应用层协议包括CANopen、DeviceNet、J1939、iCAN等,其中CANopen协议是在基于CAN的工业系统中占领导地位的标准。

3) Modbus

Modbus协议是MODICOM公司(现在的Schneider Electric)于1979年推出的一个开放式现场总线的通信协议,可以实现RS-232C、RS-485、以太网、光纤、无线等不同媒介的异步串行通信,并可以将不同生产厂商的控制设备集成在一个工业网络中。Modbus协议是一个请求/应答协议,具有侦错能力强、数据传输量大、实时性好的特点。

Modbus协议目前存在用于串口、以太网以及其他支持互联网协议的网络版本,而大多数Modbus设备通信通过串口EIA-485物理层进行;对于通过TCP/IP(如以太网)的连接,存在多个Modbus/TCP变种,对于串行连接,存在两个变种,它们在数值数据表示和协议细节上略有不同。Modbus RTU是一种紧凑的、采用二进制表示数据的方式,Modbus ASCII是一种人类可读的、冗长的表示方式,这两个变种都使用串行通信方式。

我国已经颁布了Modbus的标准,其中GB/T 19582.1—2008《基于Modbus协议的工业自动化网络规范 第1部分:Modbus应用协议》定义了Modbus应用协议,GB/T 19582.2—2008《基于Modbus协议的工业自动化网络规范 第2部分:Modbus协议在串行链路上的实现指南》给出了串行链路上的实现指南,GB/T 19582.3—2008《基于Modbus协议的工业自动化网络规范 第3部分:Modbus协议在TCP/IP上的实现指南》给出了该协议在TCP/IP上的实现指南,这三个标准是从国际标准转化而来。此外,我国还颁布了自定义的两个标准。

4) PROFIBUS

PROFIBUS是符合德国国家标准DIN19245和欧洲标准EN50170的现场总线标准。由PROFIBUS-DP、PROFIUBS-FMS、PROFIBUS-PA组成了PROFIBUS系列。PROFIBUS-DP用于分散的外围设备之间的高速数据传输,适用于加工自动化领域。PROFIBUS-FMS适用于纺织、楼宇自动化等领域。PROFIBUS-PA用于过程自动化的总线类型,它符合IEC1158-2标准。

该项技术由西门子为主的十几家德国公司、研究所共同推出。它采用OSI模型的物理层和数据链路层。FMS还采用了应用层,传输速率为9.6kb/s~12Mb/s,最大传输距离为400m,通过中继可延长至10km。其传输介质可以是双绞线,也可以是光缆,最多连接127个站点。

2. 工业以太网

工业以太网和标准以太网虽然都是以太网技术,但两者既有区别又有联系。工业以太网是一种建立在以太网技术基础上的局域网,用于实现在工业环境中的数据传输和通信控制。其本质与标准以太网相同,都是基于 OSI 参考模型中的第一层和第二层协议,通过物理层和数据链路层来传输数据。

但是,因为工业环境的电磁干扰强、安全性要求高、污染大,所以工业以太网对于通信的可靠性、实时性和抗干扰能力方面要求更高。

工业以太网具有如下优势:

(1) 兼容性好,有广泛的技术支持。基于 TCP/IP 的以太网是一种标准的开放式网络,适合于解决控制系统中不同厂商设备的兼容和互操作的问题,不同厂商的设备很容易互联,能实现办公自动化网络与工业控制网络的信息无缝集成。

(2) 易于与互联网连接。以太网支持几乎所有流行的网络协议,能够在任何地方通过互联网对企业进行监控,能便捷地访问远程系统,共享/访问数据库。

(3) 成本低。由于以太网的应用最为广泛,因此受到硬件开发与生产厂商的广泛支持,具有丰富的软、硬件资源,有多种硬件产品供用户选择,硬件价格也相对低。

(4) 可持续发展潜力大。随着以太网的发展而发展,工业以太网可持续发展潜力大。

(5) 通信速率高。工业以太网数据传输速率范围为 $10\text{Mb/s} \sim 1\text{Gb/s}$。$100\text{Mb/s}$ 是工业以太网应用中最常用的。

正是因为工业以太网具有上述优势,所以工业以太网的发展速度也越来越快,市场占有率越来越高。

2005 年,IEC 召开了联合工作组会议,世界各大工控公司和总线组织的技术专家以及 IEC 有关官员参会,共同研究起草 IEC61158 现场总线(第四版)和 IEC61784-2 实时以太网两个国际标准。此次修订的 IEC61158 现场总线(第四版)与第三版相比,在内容和格式方面有两个重大改变,包括增加了中国提出的工业以太网总线标准-工厂自动化以太网(Ethernet for Plant Automation,EPA)。

经过近几年的努力,以太网技术已经被工业自动化系统广泛接受。为了满足高实时性能应用的需要,各大公司和标准组织提出了各种提升工业以太网实时性的技术解决方案,以太网的实时响应时间可以提高到低于 1ms,从而产生了实时以太网(Real-Time Ethernet,RTE)。表 8-7 列出了基于 IEC 61784-2 的 11 种工业实时以太网。

表 8-7　基于 IEC 61784-2 的 11 种工业实时以太网

CPF 族	技　术　名	IEC/PAS NP#	提　出　组　织
CPF2	Ethernet/IP	IEC/PAS 62413	ODVA
CPF3	PROIFNET	IEC/PAS 62411	PI
CPF4	P-NET/IP	IEC/PAS 62412	IEC 丹麦委员会
CPF6	INTERBUS TCP/IP		INTERBUS 俱乐部
CPF10	VNET/IP	IEC/PAS 62405	IEC 日本委员会

CPF 族	技 术 名	IEC/PAS NP♯	提 出 组 织
CPF11	TCnet	IEC/PAS 62406	IEC 日本委员会
CPF12	EtherCAT	IEC/PAS 62407	ETG
CPF13	Ethernet Powerlink	IEC/PAS 62408	EPSG
CPF14	EPA	IEC/PAS 62409	IEC 中国委员会
CPF15	MODBUS-RTPS	IEC/PAS 62030	MODBUS-IDA
CPF16	SERCOS-Ⅲ	IEC/PAS 62410	SI

注：CPF(Communication Profile Family)—以太网通信行规集；PAS(Publicly Available Specification)—公开规范。

8.3.4 交通行业的应用实例

1．汽车通信总线

汽车通信总线对于汽车的控制至关重要，一辆汽车上通常有多种总线。美国汽车工程师协会(SAE)下属的汽车网络委员会根据协议特征把总线分为 A、B、C 和 D 四类，但一些专用的汽车总线并没有归类其中。汽车行业常用的总线包括 CAN、LIN、FlexRay 等，如表 8-8 所示。

表 8-8 汽车总线

类别	总线名称	传输速度	应 用 范 围
A 类	LIN	≤20kb/s	大灯、灯光、门锁、电动座椅等
B 类	CAN	10～125kb/s	汽车空调、电子指示、故障检测等
C 类	FlexRay	125kb/s～1Mb/s	发动机控制、ABS、悬挂控制、线控转向等
D 类	MOST/1394	≥2Mb/s	汽车导航系统、多媒体娱乐等

1) A 类总线

面向传感器或执行器管理的低速网络，它的位传输速率通常小于 20kb/s。

A 类总线以本地互联网(Local Interconnect Network，LIN)规范最有前途。其由摩托罗拉(Motorola)与奥迪(Audi)等知名企业联手推出的一种新型低成本的开放式串行通信协议，主要用于车内分布式电控系统，尤其是面向智能传感器或执行器的数字化通信场合。

2) B 类总线

面向独立控制模块间信息共享的中速网络，位传输速率一般为 10～125kb/s。

B 类总线以控制器局域网络(Controller Area Network，CAN)最为著名。CAN 网络最初是博世(BOSCH)公司为欧洲汽车市场所开发的，只用于汽车内部测量和执行部件间的数据通信，逐渐地发展完善技术和功能，1993 年 ISO 正式颁布了高速通信 CAN 国际标准 ISO11898-1，近几年低速容错 CAN 的标准 ISO 11519-2 也开始在欧洲的一些车型中得到广泛应用。B 类总线主要应用于车身电子的舒适型模块和显示仪表等设备中。

3）C 类总线

面向闭环实时控制的多路传输高速网络,位传输速率多为 125kb/s～1Mb/s。

C 类总线主要用于车上动力系统中对通信的实时性要求比较高的场合,主要服务于动力传递系统。在欧洲,汽车厂商大多使用"高速 CAN"作为 C 类总线,实际上它就是 ISO 11898-1 中位传输速率高于 125kb/s 的那部分标准。美国则在卡车及其拖车、客车、建筑机械和农业动力设备中大量使用专门的通信协议 SAEJ1939。

4）D 类总线

面向多媒体设备、高速数据流传输的高性能网络,位传输速率一般在 2Mb/s 以上,主要用于 CD 等播放机和液晶显示设备。

D 类总线近期才被采纳入 SAE 对总线的分类范畴之中。其带宽范围相当大,用到的传输介质也有多种。其又分为低速（IDB-C 为代表）、高速（IDB-M 为代表）和无线（Bluetooth 蓝牙为代表）三大范畴。

2. 列车通信网络

现代列车正朝着高速化、自动化和舒适化的方向发展。与传统列车相比,越来越多的信息如状态、控制、故障、诊断、旅客服务等需要传输。计算机网络技术满足了上述要求,将这些大量的信息安全、快速、可靠和准确地在整个列车上传输,使整个列车连成一个整体。列车通信网络（Train Communication Network,TCN）是一种以计算机网络为核心的分布式网络控制系统,作为铁路机车车辆的控制、检测和诊断系统;国际电工委员会和国际铁路联盟（UIC）联合制定了列车通信网络标准,即 IEC 61375,同时电气电子工程师学会（IEEE）也引用该项标准作为列车通信网络标准,即 IEEE 1473—1999。

我国也将该国际标准定义为国家标准,最新的标准为 GB/T 28029—2020《轨道交通电子设备　列车通信网络（TCN）》。

列车通信网络具有以下优点:

（1）工作环境恶劣,可靠性要求高。

（2）控制操作实时性（时间确定性）要求高。

（3）列车组成的动态性。

列车通信网络具有以下缺点:

（1）WTB 协议复杂。

（2）TCN 产品市场小,价格昂贵。

1）多功能车辆总线

TCN 分为两层网络架构,即列车骨干网和列车编组网,如图 8-27 所示。对于开式列车中的互连车辆,如 UIC 列车,可使用列车骨干网作为列车总线,如绞线式列车总线（Wire Train Bus,WTB）。为了连接标准车载设备,可使用编组网,如多功能车辆总线（Multifunction Vehicle Bus,MVB）。

IEC 于 1999 年制定了列车通信网络标准 IEC-61375-1,规定机车通信网络采用车辆级的多功能车辆总线（MVB）和列车级的绞线式列车总线（WTB）两级总线。MVB 连接机车车辆内的各种电气设备,WTB 连接可动态编组的机车车辆,WTB 列车级网络和

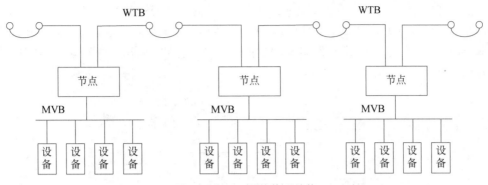

图 8-27　TCN 网络体系结构

MVB 车辆级网络通过网关互联。

　　MVB 是一种串行数据通信总线，它是主要为（并非专用）有互操作性和互交换性要求的互连设备而设计的，是连接车载设备和列车内车辆的通信总线。多功能车辆总线在三种介质中实现 1.5 Mb/s 的数据传输，一个 MVB 总线应采用下列传输介质的一个或多个总线段构成：

　　（1）电气短距离（Electrical Short Distance，ESD）介质：采用依照 RS-485 标准的差分传输导线时，最多可支持 32 个设备，无电气隔离时传输距离 20m，有电气隔离时传输距离可更远。

　　（2）电气中距离（Electrical Middle Distance，EMD）介质：采用屏蔽双绞线，最多可支持 32 个设备，传输距离 200m，使用变压器作电气隔离。

　　（3）光纤（Optical Glass Fiber，OGF）介质：采用通过星形耦合器连接的光纤，传输距离可达 2000m，用于比较苛刻的环境（如机车）。

　　不同的介质可以直接通过中继器连接。

　　车辆总线的引入可以大量减少电缆数量，并且可以增加可靠性。多功能车辆总线由集成的总线控制器（MVBC）控制，这个芯片在物理层提供线路冗余：在两线上发送，但只从一路接收，另一路用来监测。多功能车辆总线的数据具有高度的完整性并反对伪造数据，因为它具有曼彻斯特编码机器校验功能。

　　2）绞线式列车总线

　　GB/T 28029.2—2020 规定了绞线式列车总线（WTB），它是主要的串行数据通信总线之一，用于经常相互联挂和解联的重联车辆。WTB 标准定义了 OSI 模型中的物理层和链路层，但其核心功能是由链路层软件实现的。

　　在 TCN 体系中，WTB 提供以下两种通信服务（图 8-28）：

　　（1）过程变量，一种分布式的实时数据集，通过广播周期性地刷新。

　　（2）消息，只有在需要时用单播（点对点）或/和多播两种方式传送。

　　WTB 提供通用的网络管理对整个网络进行调试、试运行及维护。WTB 最具特色的功能是初运行过程，通过这一过程 WTB 可以自动为连接在一起的节点分配地址，所有节点都可以获得关于总线和其他节点的拓扑信息。更重要的是，WTB 充分考虑了列车编组动态改变的情况,能够适应在日常运营中列车编组经常变化的要求,以及不同厂家制造的车辆互联和互操作的要求。MVB 和 WTB 共享实时协议和网络管理,其他的编组网络需要与 WTB 的实时协议和网络管理适配。TCN 的结构与开放式互联模型(OSI 模型)类似,如图 8-28 所示。

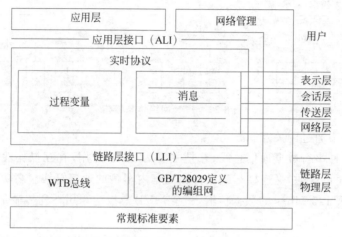

图 8-28 TCN 的分层

WTB 上所有节点都使用实时协议(Real-time Protocols,RTP)。编组网上的设备可使用相同的 RTP(如 MVB),或使用编组网协议适应 WTB 节点的 RTP。RTP 规定了 TCN 提供的应用接口,包含变量传送和消息传送两种基本服务;规定了处理路由选择、流量控制及差错回复的传送协议;规定了总线需要提供给传送一些的接口,尤其是过程数据(周期的、源寻址广播)和消息数据(偶发的、无连接传送)两种基本服务。

WTB 的物理介质是一种工作速率为 1Mb/s 的屏蔽绞线式总线对。列车总线在没有中继器的情况下覆盖范围为 860m,连接多达 32 个节点,增加中继器可以覆盖更远距离和最多 62 个节点。WTB 也可以与非 MVB 的编组网联用,甚至无须编组网;WTB 也可以与其他总线联用 RTP。

3)列车专用工业以太网——ETB 和 ECN 网络

随着工业以太网技术的成熟,列车网络也开始采用工业以太网技术。IEC 于 1999 年颁布的 IEC61375-3 通信标准中,把机车通信网络结构划分为三层,即列车控制级、车辆控制级和设备控制级,随后 IEC/TC9 WG43 工作组颁布了实时列车车载以太网 IEC61375-2-5(列车级网络)和 IEC61375-3-4(车辆级网络)通信标准,形成列车通信网络标准体系。该标准确定列车总线采用以太网列车骨干网(Ethernet Train Backbone,ETB)技术,以太网技术应用于轨道交通车辆网络通信,能为车辆提供更大的数据传输带宽,增强列车的安全性。

"复兴号"动车组列车网络控制系统采用统一的 TCN 通信标准,使用列车级和车辆级两级总线式网络拓扑结构,列车级总线实现列车级控制,车辆级总线实现各车辆间数据交互和控制命令传输。

速度为 350km/h 的"复兴号"动车组采用 WTB 列车级总线和 MVB 车辆级总线拓扑结

构,速度为 250km/h 的"复兴号"动车组采用列车骨干网车辆级总线和以太网编组网(Ethernet Consist Network, ECN)车辆级总线拓扑结构。两套网络拓扑结构完全对等,便于网络系统对传输信息的管理和通信协议的统一。

　　TCN 网关的厂商有很多,包括西门子、杜根(Duagon GmbH)、中国铁道科学研究院机车车辆研究所、中车株洲电力机车研究所有限公司、大连海天兴业科技有限公司等。图 8-29 为中国生产的 MVB 网卡。

图 8-29　中国生产的 MVB 网卡

8.4 控制系统的软、硬件实现技术

　　工业上常用的计算机控制系统为可编程控制器(Programmable Logic Controller, PLC)控制系统和分布式控制系统(Distributed Control System,DCS),这类系统在冶金、化工、制药等众多行业得到了广泛应用。而铁路、航空等特殊行业对控制系统有特殊的需求,因此需要专用的控制系统满足这些行业的需求。

8.4.1　嵌入式控制系统

　　由于部分被控对象比较简单且控制要求也不高,可以采用嵌入式系统实现系统的控制。水箱液位控制系统采用单输入单输出的闭环控制就可以实现该系统的控制,因此可以采用 ARM 单片机作为它的控制器,如图 8-30 所示。该控制系统采用 ARM9 的控制板作为控制器,该控制器有两个 RS-485 接口;包括一台 2 通道的模拟量输入模块,该模块采集液位变送器传送的 4～20mA 模拟信号,并将该信号转换为数字信号,通过 Modbus 协议发送给控制器;包括一台 2 通道的模拟量输出模块,该模块通过 Modbus 协

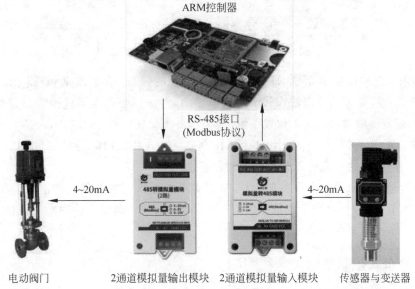

图 8-30　水箱液位控制系统

议接收从控制器发来的流量控制命令,然后将其转换为 4~20mA 的模拟信号发送给电控阀门,从而实现水槽的液位控制。

8.4.2 可编程逻辑控制器系统

PLC 是一种具有微处理器的用于自动化控制的数字运算控制器。可编程控制器由 CPU、内存、输入/输出接口、电源等功能单元组成。早期的可编程逻辑控制器只有逻辑控制的功能,后来随着技术不断发展,这些当初功能简单的计算机模块已经包括了逻辑控制、时序控制、模拟控制、多机通信等各类功能。

下面以锅炉汽包液位控制系统为例说明 PLC 系统的实现。锅炉汽包液位的控制是蒸汽锅炉重要的控制内容,可以通过以下三种方法实现锅炉控制:

(1) 单冲量控制:汽包液位为控制输出,给水流量是控制输入。其适用于负荷小、锅炉负荷变化不大且控制要求不高的锅炉。

(2) 双冲量控制:在单冲量基础上增加一个蒸汽流量的前馈,形成了前馈-反馈复合控制结构。其适用于给水通道稳定、锅炉负荷扰动大的锅炉。

(3) 三冲量控制:采用串级-前馈复合结构,将汽包液位作为主回路调节变量,将给水流量作为副回路调节变量,同时将蒸汽流量作为系统的前馈,如图 8-31 所示。三冲量汽包液位控制适用范围广,应用也最为广泛。

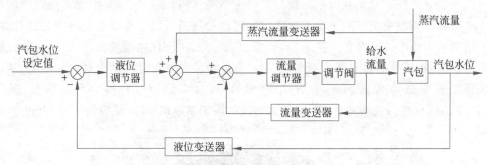

图 8-31　锅炉汽包液位三冲量控制框图

如果采用三冲量控制系统,那么需要测量汽包的液位、给水流量和蒸汽流量,所以 PLC 系统至少需要 3 个模拟输入和 1 个模拟输出,考虑到还有水泵启停输出和指示灯状态的输出,还需要增加数字输入和数字输出模块,系统配置如图 8-32 所示。其中 S7-1212C CPU 模块自带 8 个 DI、6 个 DO 和 2 个 AI,模拟量输入和输出混合模块 SM1234 包括 4 个 AI 和 2 个 AO,这个系统配置满足三冲量控制的要求。

锅炉汽包的给水由给水泵控制水压,通过调节电动阀门控制给水量。此时给水泵的功率无法调节,这样就浪费了能量。因此,可以将给水电动阀设定为固定的开度,然后通过变频器调节给水泵的功率实现给水量的调节。

8.4.3 分布式控制系统

分布式控制系统采用控制分散、操作和管理集中的基本设计思想,采用多层分级、合

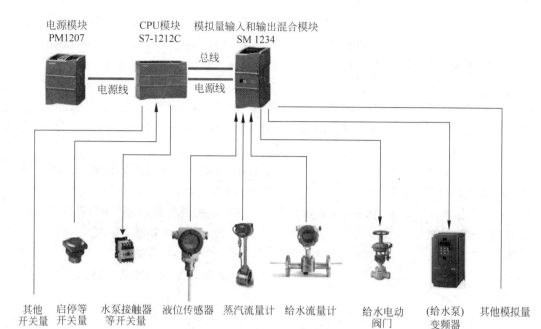

图 8-32 汽包液位三冲量控制系统配置

作自治的结构形式。它的主要特征是集中管理和分散控制。DCS 在电力、冶金、石化等各行各业都获得了极其广泛的应用。

图 8-33 为西门子公司的一种分布式控制系统——全集成自动化系统，该系统包括现场层、控制层、运行层和管理层。

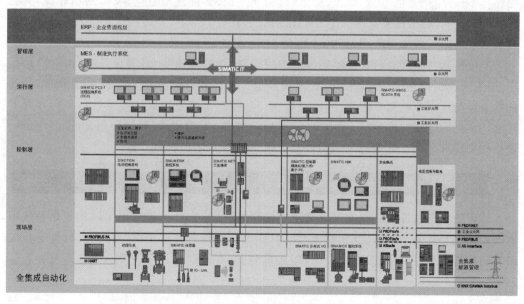

图 8-33 全集成自动化系统

PLC 和 DCS 都是工业自动化控制系统中不可或缺的组成部分,二者既有区别又有联系。它们都能够用于控制和监测工业过程,但在不同的应用场景下,PLC 和 DCS 具有不同的优势和限制。PLC 更擅长逻辑控制,但也具备了模拟量控制的功能。二者主要的区别包括:

(1) 应用环境不同。PLC 通常适用于小规模、单一过程,如机器人控制、自动化生产线和自动化智能家居等。DCS 通常适用于大规模、复杂的过程控制,如化工、电力、石油和天然气等领域。

(2) 控制精度。DCS 可以更好地处理大量数据,实现更精细的控制和调整。PLC 更适用于高速控制和快速响应。

(3) 可扩展性。DCS 通常具有更好的可扩展性。在大规模控制系统中,需要添加更多的控制点和传感器等设备时,DCS 更容易实现扩展,PLC 则需要更多的人力和物力支持。

(4) 安全性。在要求高安全性的控制场景下,DCS 通常更具有优势。DCS 通常具有更严格的安全标准和协议,以确保控制过程的安全性和稳定性。

(5) 经济效益。PLC 通常更便宜,而 DCS 则需要更多的投入。

随着 PLC 和 DCS 的发展,两者的区别越来越不明显。

8.4.4　过程控制的软件系统

过程控制常采用 PLC 或 DCS 实现,为了实现控制和监控功能,需要相应的下位机和上位机编程软件。STEP7 是西门子公司的 PLC 的下位机编程软件。STEP 7 具有硬件配置和参数设置、通信组态、编程、测试、启动和维护、文件建档、运行和诊断功能等功能。在 STEP 7 中,用项目来管理一个自动化系统的硬件和软件。STEP7 中有梯形图、语句表和功能块图三种编程语言,其中梯形图应用比较广泛。

上位机软件是指运行在控制系统的上层设备(如监控设备、管理设备等)上的应用程序,用于与控制器通信、数据采集、处理和显示。组态软件又称组态监控系统软件,是指数据采集与过程控制的专用软件,也是指在自动控制系统监控层一级的软件平台和开发环境。常见的组态软件包括:德国西门子公司的 WinCC;中国利时公司的 HollyView、亚控科技的 KingView(组态王)、力控监控组态软件 ForceControl 等。

8.5　先进控制算法的集成技术

通用的组态软件往往只能提供常用的控制算法(如 PID 算法),而实际的控制系统可能需要独立开发的先进算法(如粒子滤波器算法),这些先进算法需要与组态软件通信或集成到组态软件中才能工作。目前,组态软件提供了 DDE、OPC 和 ActiveX 三种通信方式。

8.5.1　动态数据交换通信技术

使用动态数据交换(Dynamic Data Exchange,DDE)机制。通信需要两个 Windows

应用程序,一个作为服务器处理信息,另一个作为客户机从服务器获得信息。客户机应用程序向当前所激活的服务器应用程序发送一条消息请求信息,服务器应用程序根据该信息做出应答,从而实现两个程序之间的数据交换。

数据库是组态软件的重要组成部分,关键的问题是实现先进算法与组态软件数据库的实时交互。采用 DDE 技术实现比较简单方便,但也存在一些问题。首先,DDE 进行数据连接时,需要设置连接主题,不同的应用程序连接主题的格式和名字不同,因此采用 DDE 实现数据通信不具有通用性;其次,DDE 进行数据通信时没有提供安全管理机制,因此数据传输的可靠性不能得到保障;最后,控制算法运行时不仅要从组态软件中读取数据,而且要将控制输出送到组态软件中,因此算法程序和组态软件既是客户端又是服务器端。而 DDE 连接要求服务器端的程序先运行,先启动的程序连接时会报错,因此只能忽略这个错误,等待两个程序都运行后再重新建立连接。采用 DDE 实现先进控制算法与组态软件通信还存在很多问题,因此不推荐使用 DDE 技术。

在进行科学研究时,工程师经常用 MATLAB 等工具开发或验证算法,MATLAB 集成了 DDE 通信函数,包括初始化、发送数据、请求数据等功能,如表 8-9 所示。

表 8-9 MATLAB DDE 通信函数列

函　数　名	功　　　能
ddeadv	MATLAB 同 DDE 服务器间建立连接
ddeexec	向 DDE 服务器发送用于执行的命令
ddeinit	初始化 MATLAB 同应用程序间的 DDE 对话
ddepoke	从 MATLAB 向 DDE 服务器发送数据
ddereq	从 DDE 服务器请求数据
ddeterm	终止服务器与 MATLAB 的 DDE 连接
ddeunadv	释放 MATLAB 同 DDE 服务器的连接

图 8-34 给出了 MATLAB 与组态软件通信的示意图。当进行 DDE 通信时,组态软件需要运行 DDE 通信程序,如 WinCC 中的 DDEServer.exe,然后进行参数配置。之后就可以利用表 8-9 的 MATLAB 函数编写 DDE 通信程序。控制算法利用组态软件的数据进行计算,控制算法的输出通过 DDE 通信传回组态软件中,从而实现了控制算法的应用。

图 8-34 DDE 通信框图

8.5.2 用于过程控制的 OLE 通信技术

用于过程控制的 OLE(OLE for Process Control,OPC)通信技术是指为了给工业控制系统应用程序之间的通信建立一个接口标准,在工业控制设备与控制软件之间建立统一的数据存取规范。它给工业控制领域提供了一种标准数据访问机制,将硬件与应用软件有效地分离,是一套与厂商无关的软件数据交换标准接口和规程,主要解决过程控制系统与其数据源的数据交换问题,可以在各个应用之间提供透明的数据访问。

常用的现行标准是提供数据访问的 OPC DA(Data Access)通信协议,它描述了一组与 PLC、DCS、HMI、CNC 和其他设备进行实时数据交换的功能。传统的 PLC 及 DCS 均提供了 OPC DA 通信协议及相关软件,如 ABB 公司的 AC800F/AC900F 控制器、西门子公司的 SIMATIC S7 控制器等。但 OPC DA 有一个明显的缺点,它建立在 Windows 技术之上,不能支持如 Linux、macOS 等系统。随着 Linux 操作系统的流行,需要将 OPC 技术独立于平台,因此在开放的跨平台技术上开发了 OPC UA(Unified Architecture,统一架构)标准,并制定了国际标准 IEC62541。如今,OPC UA 已经在逐渐替代旧的经典 OPC 通信方式。

OPC 通信技术在以下几方面有突出的优势:

(1) OPC DA 规范以 OLE、COM、DCOM 为技术基础,而 OLE、COM、DCOM 支持 TCP、IP 等网络协议。因此可以将各先进控制软件与各种工控软件从物理上分开,分布于网络的不同节点上,有效地克服异构网络的问题。

(2) OPC 规范了接口函数,不管现场设备和其他数据源以何种形式存在,先进控制软件都以统一的方式去访问,从而给系统提供了极大的开放性,可以很容易实现与其他系统的通信。

(3) 它支持各种不同的编程语言(如 C/C++、VB、Java、HTML、XML 等)进行开发,采用 OPC 规范便于系统组态,缩短了软件开发周期,提高软件运行的可靠性和稳定性,便于系统的升级与维护。

一些 PLC 和仪表仍然支持 OPC DA 技术,如果采用 VC++ 开发 DA 控制算法的通信客户端,那么主要有三种方式:一是利用 OPC 的定制接口,通过 MFC 的 COM 库函数开发;二是通过第三方提供的 OPC 快速开发包进行开发;三是通过 OPC 的自动化接口,通过使用 OPC 自动化封装类开发。

一部分新的 PLC 和仪表已经开始支持 OPC UA。为了通过 OPC UA 技术实现先进算法与现场数据的通信,可以采用 OPC 基金会提供的不同编程语言开发的 SDK,从而简化 OPC UA 应用的开发,如 C/C++、.NET 和 Java SDK。如果编程语言采用 C/C++,那么 SDK 可以使用 OPC UA 提供的 open62541 库进行服务器和客户端的设计与实现。

open62541 是在 Mozilla Public License v2.0 下授权的一个开源的、可跨平台的 OPC UA 库,使用 C99 和 C++98 语言的公共子集编写。重要的是该库的单文件发行版将整个库合成一个.c 和.h 文件,这使得它可以很容易地集成到现有的项目中。open62541 库具有平台无关性,提供了众多插件保证程序功能的完善,并且功能模块处于不断地维护中。使用 open62541 提供的 SDK 来对服务器和客户端进行编写,程序代码量由信息模型和开发的功能模块所决定。该库的特征如图 8-35 所示。

8.5.3 ActiveX 通信方式

ActiveX 通信技术是一种实时性、安全性较好的先进控制算法与组态软件通信的方式,这种方法已经在很多领域进行了应用。

ActiveX 通信技术是建立在组件对象模型(Component Object Model,COM)和对象

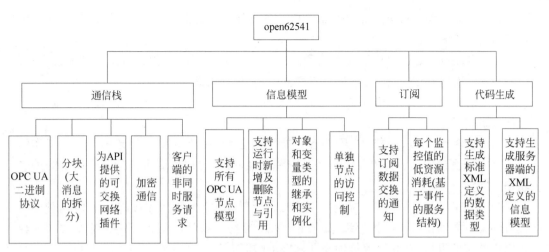

图 8-35　OPC UA 的 C/C++ 开发库 open62541 的特征

的连接与嵌入（Object Linking and Embedding，OLE）基础之上的应用技术，是一种编码和 API 协议。ActiveX 为实现跨越不同语言和平台的组件相互通信提供了一个很好的框架，ActiveX 规范使得支持 ActiveX 的不同平台可以相互通信。ActiveX 包括客户端技术和服务器技术：

ActiveX 控件：能在容器（组态软件）中使用的交互式对象。

ActiveX 文档：用户能在整个 Web 浏览器或其他 ActiveX 容器的客户端浏览文档。

ActiveX 脚本：控件浏览器或服务器中一些 ActiveX 控件和 Java 程序的整体行为。

ActiveX 技术的核心是 ActiveX 控件，它是对通用控件的补充。ActiveX 控件是一些遵循 ActiveX 规范编写的可执行代码，可以用 VB、VC 或其他第三方应用程序开发工具生成 ActiveX 控件，并生成.exe、.dll 或.ocx 文件。ActiveX 控件是可重用的模块化软件组件，而不是独立的程序，它必须置入控件容器的服务器中才能够被引用。ActiveX 控件加入控件容器后，它将成为开发和运行环境的一部分，并为应用程序提供新的功能。大多数组态软件都支持 ActiveX 技术，是标准的控件容器，ActiveX 控件原理图如图 8-36 所示。

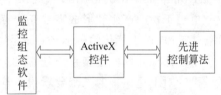

图 8-36　ActiveX 控件原理图

8.6　可靠性及容错技术

可靠性是指产品在规定的时间内和规定的条件下完成预定功能的能力，它包括结构的安全性、适用性和耐久性。可通过可靠度、失效率、平均无故障间隔（MTBF）等来评价产品的可靠性。

在计算机控制系统设计过程中，从可靠性工程出发，采取一系列设计措施以提高系统的可靠性和安全性水平，使其达到预定的性能指标。下面从 7 个方面介绍系统可靠性设计方法：

（1）总体设计：根据系统的可靠性指标进行设计，分配每个单元模块或某个软件模块的可靠性指标。

（2）电路设计、元器件选择、容差和降额设计：在满足性能、价格等要求的前提下，考虑到电路所允许的公差，确定元器件参数和类型，设计电路组成方案。

（3）结构设计：设计机械结构时应考虑系统的安装方式，以及必要的散热、防水、抗干扰等措施。

（4）热设计：采取冷却、保温、升温等措施保证系统在规定的温度范围内正常工作的一种可靠性设计方法。如机箱通常需要安装风扇，风扇的功率取决于机箱内设备的散热功率。

（5）"三防"设计：电子产品的"三防"指的是防水、防尘和防摔。IP 等级是针对电气设备外壳对异物侵入的防护等级，如 IP65 和 IP68 等。设计时应提高结构的刚度和减轻机箱或整机的重量，提高系统抗冲击和抗振动的能力。

（6）电磁兼容设计：电磁兼容对于计算机控制系统十分重要。电磁兼容性设计是通过滤波、屏蔽、隔离、接地、避雷电、防静电等措施，使系统与同一时空环境中的电子设备融洽相处，既不受电磁干扰的影响，也不干扰其他设备。

（7）系统容错设计：容错技术也称为冗余技术或故障掩盖技术，主要包括硬件冗余和软件冗余。如铁路控制系统的硬件通常使用"三取二"或"二乘二取二"等冗余设计。

8.6.1　电磁抗干扰技术

计算机控制系统的工作环境一般比较恶劣，系统外部和内部的干扰都会不同程度地侵入控制系统。干扰信号会造成控制系统工作异常，甚至会使系统停机。因此在计算机控制系统设计时就应该考虑电磁抗干扰技术。本节重点介绍电磁干扰及电磁兼容（Electromagnetic Compatibility，EMC）技术。

电磁干扰的产生和形成需要三个元素：一是干扰源，外部或内部的干扰源头；二是耦合通道，电磁干扰传输的途径；三是敏感设备，也就是被干扰设备。

为了保证计算机控制系统的正常运行，需要采取措施消除或者抑制干扰，抑制的手段就是针对上述干扰的三个要素设计应对措施，主要包括抑制干扰源、切断电磁干扰的传播途径以及提高装置和系统的抗干扰能力。

1. 干扰的来源

干扰的来源包括系统外部和内部。外部的干扰主要来源于：

（1）太空辐射，如太阳电磁辐射干扰。这类干扰对卫星和飞船等系统的设备影响较大。

（2）电源电压波动及高次谐波。这类干扰可能导致系统信号异常或停机。

（3）雷电等恶劣天气产生的干扰。如果防雷措施不当，雷电可能会损坏计算机控制系统的设备。

（4）周围用电设备产生的干扰。

如周围大功率设备的启动、强磁设备的运行都会对计算机控制系统产生影响。

控制系统的内部干扰包括：

（1）多点接地造成的电位差引入的干扰。电源和信号接地不合理可能产生干扰。

（2）长线传输的波反射。

（3）内部电阻和电感产生的耦合感应。

（4）内部结构不合理或器件损坏引起的干扰。

2. 干扰的作用途径

干扰作用到计算机控制系统的传播途径主要有磁场耦合、静电耦合和公共阻抗耦合。计算机控制系统周围的变压器等设备会产生较强的交变磁场,变化的磁场会在计算机控制系统的闭合回路中产生感应电势,这种感应电动势与有用的信号串联就会引起干扰,这就是磁场耦合干扰。

在一个电路中两个存在压差的绝缘导体之间都可以形成分布电容。干扰信号(如电源线)通过导线之间产生的分布电容进入计算机控制系统内,这种干扰传播途径称为静电耦合。

由于计算机控制系统各回路间存在公共阻抗,使得一个回路的电流所产生的压降影响到另外一个回路,这种干扰方式称为公共阻抗耦合干扰。例如,电源插座引线引起的公共阻抗干扰。

3. 干扰作用方式

计算机控制系统中常见的干扰作用方式有共模干扰、串模干扰和长线传输干扰。

共模干扰是指系统的两个信号输入端上所共有的干扰电压,或者说同时加在电压表两测量端和规定公共端之间的那部分输入电压。造成共模干扰的主要原因如图 8-37(b)所示,计算机的地、信号放大器的地与现场信号源的地一般相隔一段距离,那么两个接地点之间产生了一个电位差(如图 8-37 的 U_{cm} 所示),电位差往往会对计算机系统产生一种共模干扰。

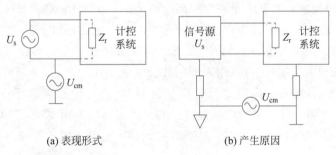

(a) 表现形式　　　　　　(b) 产生原因

图 8-37　共模干扰示意图

在计算机控制电路或测量电路中通常有放大器,共模信号就是作用在差分放大器或仪表放大器同相和反相输入端的相同信号。对于理想的差分放大器,可以完全消除共模信号输出,这是由于差分输入(同相和反相)抵消掉了相同的输入成分。

串模干扰是指各种干扰信号叠加(串联)在信号回路中,图 8-38 给出了串模干扰的示意图,图中 U_{s} 为信号源电压,U_{n} 为串模干扰电压。邻近导线有交变电流 I_{a} 流过,其产生的电磁干扰信号就会通过分布电容 C_1 和 C_2 的耦合。串模干扰的最终的表现形式如图 8-38(a)所示,串模干扰相当于在回路中传入了一个电压源 U_n。

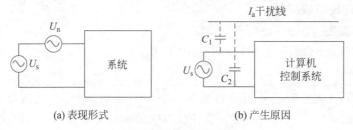

(a) 表现形式 　　　　　　　　　　　　　　(b) 产生原因

图 8-38　串模干扰示意图

4. 抗干扰的措施

抑制信号通道的共模干扰可以从两方面采取措施:一是降低共模电压;二是减小共模增益或提高共模抑制比(Common Mode Rejection Ratio,CMRR)。抑制共模干扰的具体措施包括接地和屏蔽,以及变压器隔离、光隔离、浮地屏蔽等。如图 8-39 所示的铁氧体磁芯夹具可以起到一定的抗干扰的功能,带磁环的 USB 线如图 8-40 所示。

图 8-39　铁氧体磁芯夹具 　　　　　　　图 8-40　带磁环的 USB 线

共模扼流器,也称为共模电感,是在一个闭合磁环上对称绕制方向相反、匝数相同的线圈。它常用于过滤共模的电磁干扰,抑制高速信号线产生的电磁波向外辐射,提高系统的 EMC。共模扼流器实质上是一个双向滤波器:一方面滤除信号线上共模电磁干扰,另一方面抑制本身不向外发出电磁干扰,避免影响同一电磁环境下其他电子设备的正常工作。共模扼流圈可以传输差模信号,直流和频率很低的共模信号都可以通过,而对高频共模噪声呈现很大的阻抗,可以用来抑制共模电流干扰。

如图 8-41 所示,当共模电流流过共模扼流器时,两个电感器产生方向相反的磁场 H_1 和 H_2,因此也就消除了共模电磁能量。共模扼流器可以用在于:开关电源抑噪滤波器、电源线和信号线静电噪声滤波器、变换器和超声设备等辐射干扰抑制器。

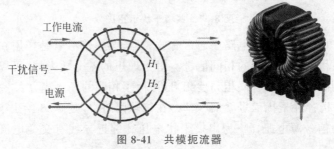

图 8-41　共模扼流器

8.6.2 冗余设计

采用冗余的技术可以提高计算机控制系统的容错能力。冗余技术就是在系统中增加冗余资源来掩盖故障造成的影响，使得即使出错或发生故障，系统的功能也不受影响，仍然能正确地执行预定算法的技术。常用的冗余系统按其结构可分为并联系统、备用系统和表决系统三种。

1. 并联系统

对于由 n 个并联装置组成的系统（图 8-42）来说，只有当 n 个装置全部失效时，系统才不能工作。

2. 备用系统（热备系统）

在备用系统（图 8-43）中，仅有一个单元在工作，其余各单元处于准备状态。一旦工作单元出现故障，通过转换器投入一个备用单元，整个系统继续运行。如西门子的 S7-400H PLC 和浙大中控的 GCS-G5pro PLC 系统都采用的热备冗余。

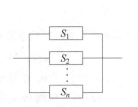
图 8-42　并联系统示意图

图 8-43　热备系统示意图

基于"二乘二取二"安全计算机的列控设备的基本架构示意如图 8-44 所示，系统由功能完全相同的两个工作系（Ⅰ系、Ⅱ系）组成，每个工作系采用二取二结构，由 2 套相互独立的输入/输出子系统、逻辑运算处理子系统、故障监测子系统等构成，工作系内的两套子系统同步运行、独立采集和运算并进行实时比较，两套子系统的运算输出结果经二取二表决后对外输出。两个工作系（Ⅰ系、Ⅱ系）完全独立并通过系间同步通道连接，双系采用热备冗余的工作方式，同一时刻只有主系负责系统的控制输出，备系通过系间同步通道跟随主系的工作状态，保持与主系的同步运行。当主系故障时，主系退出控制，备系升级为主系，继续控制系统正常运行。

"取二"是指单套系统内两个独立计算单元的输出进行一致性比较，用以确保安全性；"二乘二"是指两套冗余的硬件设备以主用和备用的方式同时运行，当主用设备发生故障时，可随时切换到备用设备，从而提高可靠性。

3. 表决系统

每个单元的信息输入表决器中，与其他信号相比较，只有当有效的单元数超过失效的单元数时，才能判断为输入正确。

"三取二"架构的安全计算机平台具有三台独立计算机和一个比较器，满足"少数服从多数"原则，如图 8-45 所示。三台计算机具有各自独立的输入单元、运算单元、输出单

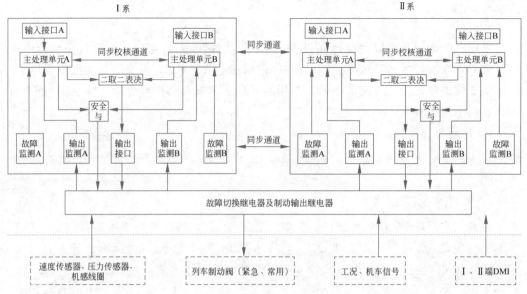

图 8-44　二乘二取二安全计算机基本架构示意图

元和自检单元等。三台计算机采用并联方式连接,具有同步接收数据、处理数据、发送数据功能。比较器用于比较三台计算机的计算结果,如果其中一台计算机发生故障,而其他两台计算机计算结果一致,就可以判断为系统运行正常。此时出现故障的计算机可采用相应的措施进行维护,整个系统降为二取二架构。除非三台计算机中有两台发生了相同的故障并输出了相同的错误结果,系统才会导致错误输出,而出现这种错误的概率非常小,因此其可靠性和安全性较高。

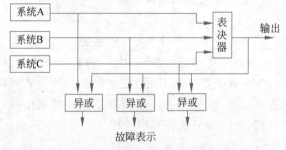

图 8-45　三取二冗余结构

8.6.3　看门狗计时器

计算机控制系统中的软件进程(或软件模块)可能会受到内部和外部因素的影响无法正常执行,这些影响因素包括:外部电磁干扰导致软件工作异常;工作环境温度过高导致 CPU 温度过高;潜在的软件 Bug 被激发出来;内存溢出。

如果计算机控制的主程序不给出解决方法,那么计算机控制系统可能不能正常运行,这可能导致设备损坏或人员伤亡。例如,一辆无人驾驶汽车的控制系统的软件模块或进程出现异常可能会导致车毁人亡的事故。

解决这个问题的方法是在系统中增加一个计时器,若某个软件进程在给定的时间范围内没有发送计时器的复位信息,则计时器就认为该进程运行出现了问题,计时器就可以发送命令重启该软件进程或者重启整个系统。

看门狗计时器(Watchdog Timer,WDT)也称为计算机运行正常计时器(Computer Operating Properly,COP timer),可以用来自动修正临时的硬件故障,并防止错误或恶意的软件扰乱计算机系统运行。

在正常情况下,计算机定时重启 WDT,以防止系统崩溃或超时。如果硬件故障或软件错误的原因,计算机没有重启 WDT,那么 WDT 将会产生一个超时信号。这个超时信号用来初始化正确的动作,典型的动作包括:触发可屏蔽中断;触发不可屏蔽中断;硬件重启;激活故障安全状态;以上动作的组合。

由于 WDT 位数有限,计数器能够装的数值是有限的(比如 8 位的最多计 256 个数),从开启 WDT,就开始不停地数机器周期,数一个机器周期计数器就加 1,加到溢出就产生一个复位信号,重启系统。

在设计程序时,先根据 WDT 的位数和系统的时钟周期算一下溢出需要的时间,在设定的时间内 WDT 是不会溢出的,然后在这个时间内告诉它重新开始计数,就是把计数器清零,这个过程叫"喂狗",这样隔一段时间"喂一次狗",只要程序正常运行,计时器永远不会溢出。一旦出现死循环之类的故障,计数器没有及时清零,就会导致计时器溢出,那么 WDT 就会执行重启系统等动作。

以 51 单片机为例,其晶振为 12MHz,一个时钟周期为 $1/12\mu s$,因为 51 单片机一个机器周期等于 12 个时钟周期,所以一个机器周期为 $1\mu s$。如果 WDT 是 16 位的,最大计数 65536 个,那么从 0 开始计到 65535 需要约 65ms,所以可以在程序的 50ms 左右计数器清零一次("喂狗"),重新从 0 开始计,再过 50ms,再清零,……,这样下去只要程序正常运行,计数器永远不会溢出,也就永远不会被"看门狗"复位。当然这个"喂狗"的时间是自选的,只要不超过 65ms,选多少都可以,一般不要喂得太勤,否则太浪费单片机的资源,也不能 64ms 喂一次,这样系统抗干扰能力就下降,最好是留一定的余量,一般设定定时器到 90% 左右就清一次。

WDT 分为硬件 WDT 和软件 WDT。

硬件 WDT 是利用了一个定时器来监控主程序的运行,即在主程序的运行过程中,要在定时时间到之前对定时器进行复位。如果出现死循环,或者说 PC 指针不能回来,那么定时时间到后就会使单片机复位。常用的 WDT 芯片有 MAX813L、X5045、IMP813L、AiP706 等。图 8-46 为 MAX813L 的 WDT 芯片。

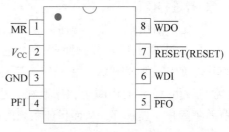

图 8-46　MAX813L 的 WDT 芯片

- $\overline{\text{MR}}$:手动复位输入端。
- V_{CC}:工作电源端,接 +5V 电源。
- GND:接 0V 参考电平。
- PFI:电源故障输入端。当该端输入

电压低于 1.25V 时,$\overline{\text{PFO}}$ 引脚的信号由高电平变为低电平。

- $\overline{\text{PFO}}$:电源故障输出端。当 PFI 电源正常,电源电压变低或掉电时,输出由高电平变为低电平。

- WDI:WDT 信号输入端。程序正常运行时,必须在设定的时间范围内向该输入端发送一个脉冲信号,以清除芯片内部的 WDT。若超时,该输入端收不到脉冲信号,则内部定时器溢出。

- RESET:复位信号输出端。上电时,自动产生 200ms 的复位脉冲;手动复位输入电平时,该端也产生复位信号输出。

- $\overline{\text{WDO}}$:WDT 输出端。正常工作时,输出保持高电平;WDT 输出时,该端输出信号由高电平变为低电平。

图 8-47 给出了 WDT 电路 MAX813L 和 80C51 单片机连接的示意图。图中电阻 R_1 和 R_2 分压产生 1.25V 的电源阈值。当 PFI 的电压低于 1.25V 时,$\overline{\text{PFO}}$ 将变为低电平,触发单片机的中断。微处理器正常运行时,必须在设定的时间范围内向 WDT 的 WDI 引脚发送一个脉冲信号,以清除芯片内部的 WDT。如超时,$\overline{\text{WDO}}$ 引脚产生一个复位脉冲信号,使得 $\overline{\text{MR}}$ 有效,$\overline{\text{MR}}$ 使得 WDT 的 RESET 引脚变为高电平,令 80C51 单片机复位。

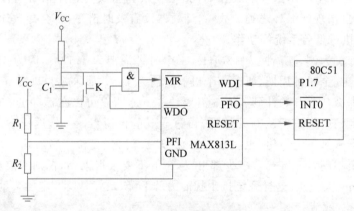

图 8-47　WDT 典型电路

软件 WDT 技术的原理和硬件 WDT 技术差不多,只不过是用软件的方法实现,我们仍以 51 系列单片机来讲,在 51 单片机中有两个定时器,可以用这两个定时器来对主程序的运行进行监控。

T_1 定时器用来监控主程序的运行,给 T_1 设定一定的定时时间,在主程序中对其进行复位,如果不能在一定的时间里对其进行复位,T_1 的定时中断就会使单片机复位。在这里 T_1 的定时时间要大于主程序的运行时间,给主程序留有一定的裕量。而 T_1 的中断正常与否由 T_0 定时中断子程序监视。这样就构成了一个循环,T_0 监视 T_1,T_1 监视主程序,主程序又监视 T_0,从而保证系统的稳定运行。

8.7　本章小结

　　本章主要介绍计算控制系统的工程实现。首先阐述计算机控制系统的组成,然后介绍计算机控制系统的模拟量输入通道、模拟量输出通道、数字量输入通道和数字量输出通道。接着介绍总线技术,着重分析工业以太网这一新的技术,并介绍汽车和列车系统总线技术。进一步介绍控制系统的软、硬件实现技术。实际的控制对象往往需要一些先进的控制算法,如先进算法集成到计算机控制系统的 DDE、OPC 和 ActiveX 通信技术。最后介绍计算机控制系统的可靠性和容错技术。

习题

1. 简述计算机控制系统的组成。
2. 常见的数字滤波方法有哪些?
3. 通过文献调研找到一个非线性系统,编写程序实现粒子群算法。
4. 现场总线有什么特点? 常用的现场总线有哪几种类型? 各有什么特点?
5. 简述列车通信网络的七层模型。
6. 基金会总线的 H1 和 HSE 标准有什么区别?
7. RS-485 比 RS-232C 传送距离长的原因是什么?
8. RS-232C、RS-422 和 RS-485 的针脚有什么区别?
9. 工业以太网的优势是什么? 我国提出了哪类工业以太网标准?
10. 以太网和工业以太网的区别和联系是什么?
11. 简述汽车的四类总线。
12. MVB 总线和 WTB 总线各有什么特点?
13. 阐述列车专用工业以太网的特点。
14. 常见的实时操作系统有哪些? 通过文献调研找到一个实时操作系统的应用实例。
15. DCS 和 PLC 有哪些区别?
16. 组态软件的作用是什么? 常见的组态软件有哪些?
17. 什么是 OPC UA? 它的作用什么?
18. 先进控制算法集成到组态软件的通信方式有哪三种?
19. 电磁干扰来源是什么? 抗电磁干扰的方法有哪些?
20. 轨道交通领域实现系统冗余有哪些方法? 并简述其原理。
21. 什么是 WDT,简述其原理。

第 **9** 章

嵌入式系统及可编程逻辑控制器

实时操作系统的出现并成熟,又为计算机的实时控制系统提供了高效的实时多任务以及实时的任务间通信。嵌入式系统设计提供了可重用、高性能、图形化、网络化软/硬件基础平台和高效的开发模式,其发展和成熟,为网络控制节点的智能化提供了硬件基础和实现技术上的可能性。

可编程逻辑控制器是以微处理器为核心的一种工业自动化控制设备,它融计算机技术、控制技术和通信技术于一体,集顺序控制、过程控制和数据处理于一身,是机电一体化技术具有代表性的体现。

本章用两节的篇幅分别对这两方面的相关内容进行介绍:9.1 节首先对嵌入式系统的基本概念和软、硬件协同设计技术进行介绍,然后引出实时操作系统的重要概念,选取广泛应用的源代码免费实时操作系统(μC/OS)进行介绍,给出嵌入式系统的开发过程;9.2 节介绍可编程逻辑控制器的发展及特点,阐述可编程逻辑控制器的结构和工作原理,介绍可编程逻辑控制器的常用语言,给出两种典型应用,概要性介绍可编程逻辑控制器的网络系统。

9.1 嵌入式系统

9.1.1 概述

在人们日常生活的各个方面,手机、MP3、PDA、数码相机、空调、电饭锅和智能手表等,都有嵌入式系统的身影。小到一个芯片,大到一个标准的 PC 或一台独立的设备,嵌入式系统种类繁多。在工业自动化控制、通信、仪器仪表、汽车、航空航天、消费类电子产品等领域得到广泛应用,如图 9-1 所示。

1. 嵌入式系统定义和分类

嵌入式系统一般定义为以运用为中心、以计算机技术为基础、软/硬件可裁剪,适应应用系统对功能、可靠性、成本、体积、功耗严格要求的专用计算机系统。

嵌入式系统的定义理解:嵌入式系统是面向用户、面向产品、面向应用的系统;嵌入式系统是将先进的计算机技术、半导体技术和电子技术以及各行业的具体应用相结合的产物,因而决定其必然为一个技术密集、资金密集、高度分散、不断创新的知识集成系统;

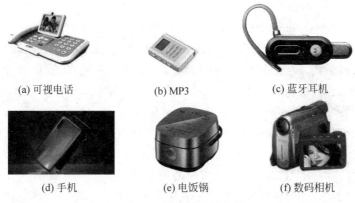

(a) 可视电话　　　　(b) MP3　　　　(c) 蓝牙耳机

(d) 手机　　　　(e) 电饭锅　　　　(f) 数码相机

图 9-1　嵌入式应用产品

嵌入式系统必须根据应用需求可以对软/硬件进行裁剪,满足应用系统的功能、可靠性、成本、体积等要求。

嵌入式系统具有以下特点:

(1) 小型系统内核。

(2) 专用性较强。

(3) 系统精简,以减少控制系统成本,利于实现系统安全。

(4) 采用高实时性的操作系统,且软件要固化存储。

(5) 使用多任务操作系统,使软件开发标准化。

(6) 嵌入式系统开发需要专门的工具和环境。

(7) 便于形成分布控制(微处理器网络)。

嵌入式系统由硬件和软件组成,可以从硬件和软件两方面对嵌入式系统进行分类。

从硬件的表现形式方面来看,嵌入式系统可分为芯片级嵌入(含程序或算法的处理器)、模块级嵌入(系统中的某个核心模块)和系统级嵌入。

从软件方面来看,嵌入式系统可分为非实时系统(如电饭煲等)和实时系统。

实时系统是指能在确定的时间内执行其功能,并对外部的异步事件做出响应的计算机系统。其操作的正确性不仅依赖逻辑设计的正确程度,而且与这些操作进行的时间有关。实时系统又分为硬实时系统和软实时系统。如果系统在指定的时间内未能实现某个确定的任务,就会引起系统崩溃或导致致命错误,则该系统称为硬实时系统。而在软实时系统中,虽然响应时间同样重要,但是超时不会导致致命错误。

2. 嵌入式处理器

各种各样的嵌入式处理器是嵌入式系统硬件的核心部分,其发展趋势是经济性(成本)、微型化(封装、功耗)和智能化。嵌入式处理器分为以下四类。

1) 嵌入式微控制器(Micro-Controller Unit,MCU)

嵌入式微处理器的典型代表是单片机。单片机芯片内部集成 ROM、RAM、总线、定时器/计数器、I/O、串行口、A/D、D/A 等各种必要的功能和外设,在工作温度、抗电磁干扰、可靠性等方面一般都做了各种增强,且体积小、功耗成本低,比较适合控制,因此称为微控制器。MCU 价格低廉、功能优良,拥有大量的品种和数量,比较有代表性的有 8051、MCS96、6800、AVR、Arduino、PIC、STM、MSP430 系列等。微控制器用于自动控制的产品和设备,例如汽车发动机控制系统,植入式医疗设备,遥控器、办公机器、电器、电动工具、玩具等嵌入式系统。与使用单独的微处理器、存储器和输入/输出器件的设计相比,通过减小尺寸和成本,微控制器使数字化控制更多的设备和过程变得经济实惠。

2)嵌入式微处理器(Micro-Processor Unit,MPU)

嵌入式微处理器的基础是通用计算机中的 CPU,它一般装配在专门设计的电路板上,只保留与嵌入式应用密切相关的功能硬件,去掉其他冗余的功能部分。微处理器是一种计算机处理器,其中数据处理逻辑和控制包含在单个集成电路或少量集成电路上。微处理器是一个多用途、时钟驱动、基于寄存器的数字集成电路,接收二进制数据作为输入,根据存储在其内存中的指令处理二进制数据,并提供结果(也以二进制形式)作为输出。微处理器包含组合逻辑和顺序数字逻辑。微处理器对二进制数字系统中表示的数字和符号进行操作。1979 年第一个微处理器 intel 4004 出现,目前微处理器的主要类型有 X86/88、PowerPC、ARM 系列等。

3)数字信号处理器(Digital Signal Processor,DSP)

数字信号处理器是专门用于信号处理方面的处理器,其在系统结构和指令算法方面进行了特殊设计,可以进行向量运算和指针线性寻址等运算量很大的数据处理,具有很高的编译效率和指令执行速度。另外,DSP 通常使用特殊的存储器架构,能够同时获取多个数据或指令。DSP 通常还实施数据压缩技术,离散余弦变换(Discrete Cosine Transform,DCT)是 DSP 中广泛使用的压缩技术。它一般大量用于数字滤波、快速傅里叶变换、频谱分析、语音识别等,比较有代表性的产品有摩托罗拉公司的 DSP56000 系列,Texas Instruments 公司的 TMS320 系列等。

4)嵌入式片上系统(System on Chip,SoC)

片上系统是在一个硅片上实现一个复杂的系统,其最大的特点是实现了软、硬件的无缝结合,直接在处理器内嵌入操作系统的代码模块。用户只需使用特定的语言,综合时序设计直接在器件库中调用各种通用处理器的标准,仿真之后就可以直接交付芯片厂商进行生产。

SoC 由处理器、内存、接口、数字信号处理器、其他组件等功能单元组成,包括运行软件代码的微处理器,以及用于连接、控制、指导这些功能模块之间的通信子系统。

SoC 在移动计算(如智能手机和平板电脑)和边缘计算市场中非常普遍。它也常用于嵌入式系统,如 Wi-Fi 路由器和物联网。SoC 往往是专用的,不为一般用户所知。比较典型的 SoC 产品为 Qualcomm 公司的 Snapdragon、三星公司的 Exynos、飞利浦公司的 Smart XA。

3. 嵌入式系统的应用和发展趋势

嵌入式计算机广泛应用于工业、交通、能源等领域,发挥着极其重要的作用。按照市场领域,其可以分为下述五类。

(1)消费类电子产品:办公自动化产品,如激光打印机、传真机、扫描仪、复印机、液晶显示、投影仪；家用产品，如微波炉、洗碗机、带机顶盒的电视机等；其他产品，如 MP3、数码相机、视频游戏播放机、数码手表。

（2）控制系统和工业自动化：典型的信号检测和过程控制单元、智能仪器仪表、智能执行机构、卫星通信系统中的遥测遥控单元，以及汽车的燃料注入控制、牵引控制、气候控制、灯光控制等。

（3）机器人领域：微型控制器、智能检测单元、智能执行单元等。

（4）生物医学系统：X 射线机的控制部件，结肠镜、内窥镜、CT 扫描机、血液成分分析仪、电子测压仪器、B 超检测仪器等诊断设备。

（5）数据通信：调制解调器、网卡和路由器、IP 电话、协议转换器、加密系统、基于 Web 的远程控制、远程接入服务器、电信中的 GPS 授时系统、手机、PDA、蓝牙设备等。

从宏观方面来看，嵌入式技术的发展趋势是嵌入式系统更经济、小型、可靠、快速、智能化、网络化。嵌入式互联网是近几年来发展起来的一项新兴概念和技术，是指设备通过嵌入式模块而非 PC 系统直接接入互联网，以互联网实现交互的过程，通常又称为非 PC 互联网接入。其典型应用有智能家居、工业远程监控与数据采集等。

从芯片方面看，嵌入式技术的发展是可编程片上系统。可编程片上系统是可编程逻辑器件在嵌入式应用中的完美体现。可编程片上系统的技术基础是：超大规模可编程逻辑器件及其开发工具的成熟；微处理器核以 IP 核的形式嵌入 FPGA 中；IP 核理念的发展已深入人心，信号处理算法、软件算法模块、控制逻辑等均可以以 IP 核的形式体现。

未来嵌入式的发展趋势如下：

（1）定制化。嵌入式操作系统将面向特定应用提供简化型系统调用接口，专门支持一种或一类嵌入式应用。嵌入式操作系统同时将具备可伸缩性、可裁剪的系统体系结构，提供多层次的系统体系结构。嵌入式操作系统将包含各种即插即用的设备驱动接口。

（2）节能化。嵌入式操作系统继续采用微内核技术，实现小尺寸、微功耗、低成本以支持小型电子设备。同时，提高产品的可靠性和可维护性。嵌入式操作系统将形成最小内核处理集，减小系统开销，提高运行效率，并可用于各种非计算机设备。

（3）人性化。嵌入式操作系统将提供精巧的多媒体人机界面，以满足不断提高的用户需求。

（4）安全化。嵌入式操作系统应能够提供安全保障机制，监视程序计时器，用于重置计算机，除非软件定期通知监视程序子系统，冗余备件可切换到提供部分功能的软件"跛行模式"；使用可信计算基础（Trusted Computing Base，TCB）架构进行设计确保高度安全可靠的系统环境；专为嵌入式系统设计的虚拟机管理程序能够为任何子系统组件提供安全封装，从而使软件组件不能干扰其他子系统；源码的可靠性越来越高。

（5）网络化。面向网络、面向特定应用，嵌入式操作系统要求配备标准的网络通信接口。嵌入式操作系统的开发将越来越易于移植和联网。嵌入式操作系统将具有网络接入功能，提供 TCP、UDP、IP、PPP 协议支持及统一的 MAC 访问层接口，为各种移动计算设备预留接口。

（6）标准化。随着嵌入式操作系统的广泛应用和发展，信息、资源共享机会增多等问题的出现，需要建立相应的标准规范其应用。

9.1.2 软、硬件协同设计技术

1. 硬件体系结构

嵌入式系统的基本要素主要是指嵌入式处理器系统和嵌入式软件系统。嵌入式处理器系统主要是指嵌入式系统的硬件部分，包括嵌入式处理器、各种类型的存储器、模拟电路及电源、接口控制器及插件，如图 9-2 所示。

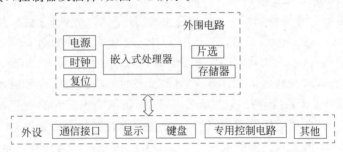

图 9-2　嵌入式系统硬件体系结构的功能部件

嵌入式系统为了与外部设备交互，需要通信接口。多数处理器提供一个串行接口以串行的方式发送和接收数据。具有网络功能的嵌入式系统提供以太网接口。还有的嵌入式系统提供了很多接口，包括串行接口、并行接口、红外接口、蓝牙接口和串行总线USB接口。

嵌入式系统的设计目标是减少尺寸、降低成本、减少耗电量并增强性能和可靠性。这些要求可以通过使用可编程逻辑器件（Programmable Logic Device，PLD）来达到。PLD 是能够组合大量离散逻辑和存储器的单个芯片，这种芯片可以是可编程阵列逻辑（Programmable Array Logic，PAL）、现场可编程门阵列（Field Programmable Gate Array，FPGA）或者 PLD。

2. 开发设计工具

嵌入式系统使用的开发设计工具分为硬件设计工具和软件开发平台。

系统设计方面采用的硬件设计工具有 Cadence 公司的 SPW 和 System View。模拟电路系统采用的仿真工具有 Pspice 和 EWB。印制电路设计方面的设计工具有 Protel、PAD 的 Power PCB & Tool Kit 和 mentor 的 expedition & Tool Kit。另外，可编程逻辑器件设计工具还有 Mentor FPGA Advantage & ModelSim、Xilinx Foundation ISE & Tool Kit，在线调试器（In-Circuit Debugger，ICD）是通过 JTAG 或 Nexus 接口连接到微处理器的硬件设备。这允许在外部控制微处理器的操作，但通常仅限于特定的调试处理器中的功能。自定义编译器和链接器可用于优化专用硬件，以及各种综合和仿真工具等。

目前，软件开发平台主要分为以下三类：

（1）高级语言编译器（Compiler Tools）：使用嵌入式操作系统提供的简单外壳，如

C 语言。

(2) 实时在线仿真器(In Circuit Emulator,ICE)：用模拟等效的微处理器取代微处理器，提供对微处理器所有方面的完全控制。

(3) 源程序模拟器(Simulator)、实时多任务操作系统(Real Time multi-tasking Operation System,RTOS)或嵌入式操作系统：通常支持跟踪操作系统事件。图形视图由主机 PC 工具根据系统行为的记录呈现。跟踪记录可以在软件、RTOS 或特殊的跟踪硬件中执行。RTOS 跟踪使开发人员能够了解软件系统的时序和性能问题，并给出良好的了解高级系统行为。

系统级建模和仿真工具可帮助设计人员构建具有处理器、存储器、DMA、接口、总线和软件行为等硬件组件的系统，仿真模型作为状态图或使用可配置库块的流程图的流。通过执行功耗与性能权衡、可靠性分析和瓶颈分析，进行仿真以选择合适的组件。帮助设计人员做出架构决策的典型报告，包括应用延迟、器件吞吐量、器件利用率、整个系统的功耗以及器件级功耗。

基于模型的开发工具可创建和仿真数字滤波器、电机控制器、通信协议解码等组件的图形数据流和 UML 状态图和多速率任务。需要一个开放的编程环境，如 Linux、NetBSD、OSGi 或嵌入式 Java，以便第三方软件提供商可以向大型市场销售。

越来越多的嵌入式系统使用多个处理器内核。多核开发的一个关键问题是软件执行的正确同步。在这种情况下，嵌入式系统设计可能希望检查总线上的数据流量处理器内核，例如，需要使用逻辑分析仪进行信号/总线级别的非常低级调试。

商用型 RTOS 的功能稳定可靠，具有比较完善的技术支持和售后服务，但价格高而且都针对特定的硬件平台。如 WindRiver 公司的 VxWorks、Palm Computing 公司的 Palm OS 等。免费的 RTOS 主要有 Linux 和 μC/OS 等。尽管这些资源带有源码，但理解、消化并运用在应用系统上也是一项艰苦的工作，相应的调试工具是没有免费的。

3. 传统设计技术

传统的嵌入式系统设计方法如图 9-3 所示。其设计过程的基本特征是系统在一开始就被划分为软件和硬件两部分，软件和硬件相对独立地进行开发设计，通常采用"硬件先行"的设计方法。传统的嵌入式系统设计会带来一些问题，例如软、硬件之间的交互受到很大限制，造成系统集成相对滞后，因此，传统嵌入式系统的设计往往是设计质量差、设计修改难，同时研制周期不能得到有效保障。另外，随着设计复杂程度的提高，软、硬件设计中的一些错误将会使开发过程付出高的代价。同时，"硬件先行"的设计方法常需要软件来补偿硬件选择不适合造成的系统缺陷，从而增加软件的代价。因此，

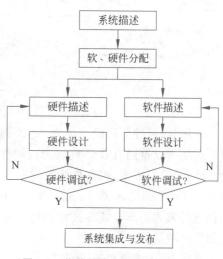

图 9-3 传统的嵌入式系统设计方法

人们开始研究软、硬件协同设计技术。软、硬件协同设计是依据系统设计为目标,通过综合分析系统软、硬件功能及现有资源,最大限度地挖掘系统软、硬件的潜能,协同设计软、硬件体系结构,使得系统能够运行在最佳工作状态。

4．软、硬件协同设计技术

1) 定义

在硬件和软件的设计中,通过并发和交互设计来满足系统级的目标要求。"并发"是指硬件和软件沿各自的路线同时开发。"交互"是指在硬件和软件的开发过程中还需要二者的交互作用,以满足整体系统的性能准则和功能要求。

2) 基本要求

(1) 采用统一的软、硬件描述方式。软、硬件支持统一的设计和分析工具或技术,允许在一个集成环境中仿真及评估系统的软、硬件设计,支持系统任务在软、硬件设计之间的相互移植。

(2) 采用交互式软、硬件划分技术。允许进行多个不同的软、硬件划分设计仿真和比较,划分应用可以最大满足设计标准要求。

(3) 具有完整的软、硬件模型基础。可以支持设计过程中各阶段的评估,支持逐步开发以及对硬件和软件的综合。

(4) 验证方法必须正确,以确保系统设计达到目标要求。

嵌入式系统的软、硬件协同设计流程如图 9-4 所示。

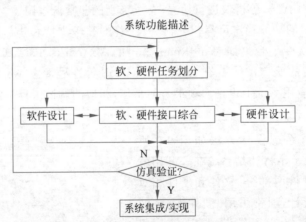

图 9-4　嵌入式系统的软硬件协同设计流程

采用软、硬件协同设计优势:①协同设计要贯穿整个设计周期,且使设计修改容易,研制周期可以得到有效保障;②软、硬件交互设计变得简单,有利于充分挖掘系统潜能、缩小体积、降低成本、提高整体效能;③通过 FPGA 实现专用测试点测试或联合测试工作组(Joint Test Action Group,JTAG)边界扫描测试,提高系统的可测试性;④采用软件固件化的方式将部分核心技术固化在可编程器件中,有利于核心技术的保密工作,有助于知识产权的保护。

目前,嵌入式系统软、硬件协同设计技术中的主要问题是缺乏标准的描述和较好的确认和评估方法。对此可能的解决方法是：扩展现有的硬件和软件语言以应用到不同的实例中；将比较正式的确认技术扩展到硬件或软件领域中；采用基于 FPGA 的嵌入式系统设计，一起构成了面向 SoC 的软、硬件协同设计的理论体系。

设计的基本步骤如下：

（1）系统功能描述：用一种或多种描述语言对所要设计的系统的功能和性能进行全面的描述，建立系统的软、硬件模型的过程，完成将系统行为的功能进行明确、提取并列表。

（2）软、硬件任务划分：对软、硬件的功能进行分配。可以分为软、硬件功能分配和系统映射两个阶段。软、硬件功能分配就是要确定哪些系统功能由硬件模块来实现，哪些系统功能由软件模块来实现。硬件一般能够提供更好的性能，而软件更容易开发和修改，成本相对较低。由于硬件模块的可配置性，可编程性以及某些软件功能的硬件化、固件化，因此一些功能既能用软件实现又能用硬件实现，软、硬件的界限已经不十分明显。此外，在进行软、硬件功能分配时，既要考虑市场可以提供的资源状况，又要考虑系统成本、开发时间等诸多因素。系统映射是根据系统描述和软、硬件任务划分的结果，分别选择系统的软、硬件模块以及其接口的具体实现方法，并将其集成，最终确定系统的体系结构。

（3）评估：进行性能评估或对综合后系统依据指令级评价参数做出评估，若不满足要求，则需要回到步骤（2）。

（4）仿真验证：是为保证系统可以按照设计要求正常工作而达到合理置信度的过程。根据应用领域的不同可能采取不同的验证方法，但都必须经过性能与功能的协同仿真。

（5）系统集成实现：通过综合后的硬件的物理实现和通过编译后的软件执行。设计结果经过仿真验证后，可按系统设计的要求进行系统研制生产，按照前述工作的要求设计硬件和软件，并使其能够协调一致地工作，而后再进行各种实验。

9.1.3 实时操作系统

操作系统处理许多不同的任务，其中一些任务重要，必须立即执行，如使用实时应用程序。通过对执行时间限制，实时操作系统允许运行需要立即响应的实时应用程序。

1. 实时操作系统的定义及特点

实时操作系统是指能支持实时控制系统工作的操作系统，它可以在固定的时间内对一个或多个由外设发出的信号做出适当的反应。其重点追求的是实时性、可确定性、可靠性，当然也包括有限资源的管理。

实时操作系统具有以下主要特征：

（1）高精度计时系统。计时精度是影响实时性的一个重要因素。在实时应用系统中，经常需要精确确定实时地操作某个设备或执行某个任务，或精确的计算一个时间函数。这些不仅依赖一些硬件提供的时钟精度，而且依赖实时操作系统实现的高精度计时功能。

（2）多级中断机制。一个实时应用系统通常需要处理多种外部信息或事件，但处理的紧迫程度有轻重缓急之分，有的必须立即做出反应，有的则可以延后处理。因此，需要建立多级中断嵌套处理机制，以确保对紧迫程度较高的实时事件进行及时响应和处理。

（3）实时调度机制。实时操作系统不仅要及时响应实时事件中断，而且要及时调度运行实时任务。但是，处理机调度并不能随心所欲地进行，因为涉及两个进程之间的切换，只能在确保"安全切换"的时间点上进行。实时调度机制包括两个方面：一是在调度策略和算法上保证优先调度实时任务；二是建立更多"安全切换"时间点，保证及时调度实时任务。

（4）常见的实时操作系统：商用的 RTOS，如 VxWorks、pSOS、Palm OS 等；免费的 RTOS，如 Linux 和 μC/OS 等。

VxWorks 是 WindRiver 公司于 1983 年开发设计的实时嵌入式操作系统，其对应的开发集成环境为 Tornado。由于它具有高性能的系统内核和友好的用户界面，在实时操作系统中牢牢占据一席之地。其突出的特点是可靠性、实时性和可裁剪性。VxWorks 是目前使用最广泛、市场占有率最高的实时操作系统，它支持多种处理器，如 x86、i960、Sun Spare、Motorola MC68xxx、MIPS RX000、Power PC、QNX、Symbian 等。

pSOS 是 Integrated System 公司旗下的产品，是模块化、高性能的实时操作系统。标准的模块结构使它们可以不做改变就可以被不同的程序调用，从而减少维护工作。与大部分嵌入式操作系统不同的是，pSOS 操作系统不和硬件发生关系。用户在配置表中定义应用程序环境和相关的硬件，在执行环境中配置，从而满足了不同的硬件环境。每个模块都提供一系列的系统调用函数来满足实时设计的需要，系统调用这些函数时就像调用 C 函数一样。

嵌入式实时操作系统的精华在于向开发人员提供一个实时多任务内核。开发人员将具体一项应用工作分解成若干独立的任务，将各任务要做的事、任务间不同的关系向实时多任务内核交代清楚，让实时多任务内核去管理这些任务，就完成了开发过程。

嵌入式实时操作系统没有文件管理，一般不需要内存管理，它具有实时操作系统中最重要的内容，即多任务实时调度和任务的定时、同步操作，具有很短的任务切换时间和实时响应速度。

在嵌入式应用中提倡使用实时操作系统的主要原因是提高系统的可靠性、提高开发效率并缩短开发时间。

2．实时操作系统中的一些重要概念

与实时操作系统相关的概念有很多，一些最常见的重要概念介绍如下。

1）任务（或称为"线程"）及其任务工作状态

任务是指拥有所有 CPU 资源的程序分段，这种分段被操作系统当作一个基本的单位调度。在进行实时应用程序的设计过程中通常把工作分割成多个任务，每个任务都是整个应用的某一部分，每个任务被赋予一定的优先级，有它自己的一套 CPU 寄存器和自己的栈空间。实时系统中的大部分任务是周期的，这体现在编程上每个任务是一个典型的无限循环。

如图 9-5 所示,每个任务都处于下面 5 种工作状态之一:

休眠状态:任务完成或错误等原因被清除的任务,也可以认为是系统中不存在的任务。

就绪状态:进入任务等待序列,通过调度转为运行状态。

运行状态:获得 CPU 控制权,正在运行中。

挂起或等待状态:任务发生阻塞,移出任务等待队列,等待系统实时事件发生而被唤醒,从而转入就绪或运行。此状态也称为"等待"状态。

被中断状态:发生中断时,CPU 进行相应的中断服务,原来正在运行的任务暂时不能继续,就进入被中断状态。

多任务的运行实际上是通过 RTOS 在多任务之间切换、调度来实现的。CPU 只有一个,轮番服务于一系列任务中的某个任务。任何时刻系统只能有一个任务处于运行状态,各任务按级别通过时间片分别获得对 CPU 的使用权。

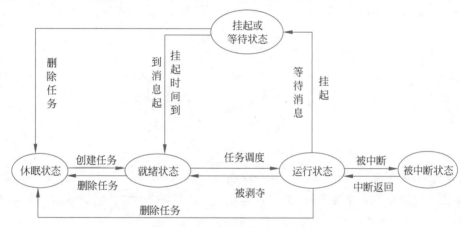

图 9-5　实时系统中的任务状态

2) 实时内核

多任务系统中实时内核负责管理各个任务,为每个任务分配 CPU 时间,并负责任务间的通信。提供的基本服务是任务切换。

使用实时内核可以大大简化应用系统的设计,但也增加了应用程序的额外负荷,如使应用系统的代码空间增加了 ROM 用量。更主要的是,每个任务要有自己的栈空间,且需要占很大的内存空间。内核本身对 CPU 占用时间一般在 2%～5%。

实时内核可以分为可剥夺型和不可剥夺型。可剥夺型内核可以剥夺正在运行着的任务的 CPU 使用权,并将该使用权交给进入就绪态的优先级更高的任务。不可剥夺型内核运用某种算法决定让哪个任务运行后,就将 CPU 控制权完全交给这个任务,直到该任务主动将 CPU 控制权还回来。不可剥夺型内核的实时性取决于最长任务的执行时间。

3) 任务切换

当多任务内核决定运行另外的任务时,它将正在运行任务的当前状态保存在任务的栈区中,然后将下一个即将运行任务的 CPU 寄存器状况从该任务的栈中重新装入 CPU 寄存器中,并开始下一个任务的运行。这个过程称为任务切换。

4)任务优先级

任务按照其重要性被赋予一定的优先级,优先级又分为以下两种:

(1)静态优先级:应用程序执行过程中各任务优先级不变;在这种系统中各任务以及它们的时间约束在程序编译时是已知的。

(2)动态优先级:应用程序执行过程中任务的优先级是可变的。

5)调度

调度是内核的主要职责之一,它决定任务运行的次序。调度是基于优先级的。CPU 总是让处在就绪态的优先级最高的任务先运行。调度优先级如图 9-6 所示。

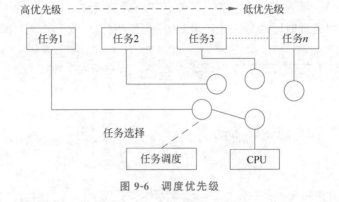

图 9-6　调度优先级

调度的基本方式有可剥夺型和不可剥夺型。

基本调度算法有先来先服务、最短周期优先、优先级法、轮转法、多级队列法和多级反馈队列。

多数实时内核是基于优先级调度的多种方法的综合。

6)互斥机制

互斥机制确保在同一时间段内不同的任务执行同一部分代码,以保证每个任务在处理共享数据时的排他性,避免竞争和数据的破坏。

7)信号量机制

当某项任务正在执行时,设置一个"标志",在该标志清除前,其他任务必须等待,并且该任务不能被中断。这个"标志"就成为一个信号量。这是一种锁定机制,它会通知其他任务某项资源被锁定。

8)代码临界区

代码临界区是指一段不可分割的代码,一旦执行,不能被中断。实现代码临界区的方法有屏蔽中断和通过信号量机制。

9)任务间通信

在多任务系统中,任务之间存在相互制约的关系,或者任务之间需要交换信息,称为任务间通信。其方式有邮箱、队列、事件标记等。多任务系统必须管理多个任务之间的共享数据和硬件资源。

10）可预测性

可预测性是指在系统运行的任何时刻、任何情况下,实时操作系统的资源调配策略都能为争夺资源的多个实时任务合理地分配资源,使各实时任务的实时性要求都能得到满足。

3. 实时操作系统的开发环境和编译技术

由于嵌入式系统本身不具备自主开发能力,在设计完成后,用户不能对其中的程序功能进行修改,而且开发机器不是执行机器,开发环境不等于执行环境,因此需要一套专门的开发环境才能进行开发。这些工具和环境一般是基于通用计算机上的软件设备以及各种逻辑分析仪、混合信号示波器等。若开发机就是运行机,则称为本地编译。但通常采用的是"宿主机/目标机"方式,即首先利用宿主机丰富的资源和良好的开发环境来对目标机将要运行的程序进行开发和仿真调试,然后通过串行口或网络接口将交叉汇编生成的目标代码下载到目标机上,并利用交叉调试器在健康程序或实时内核的支持下进行实时分析和调度,最后由目标机在特定的环境下运行。

4. μC/OS-Ⅱ实时操作系统

μC/OS-Ⅱ是美国人 Jean Labrosse1991 年编写的源码公开的实时内核。希腊字母 μ 表示"小",C 表示控制器。μC/OS 表示适合于小的控制器的操作系统。μC/OS 允许在 C 中定义多个函数,每个函数都可以作为独立的线程或任务执行。每个任务以不同的优先级运行,并且像拥有 CPU 一样运行。优先级较低的任务可以随时被优先级较高的任务抢占。优先级较高的任务使用操作系统(OS)服务(如延迟或事件)来允许优先级较低的任务来执行。提供操作系统服务用于管理任务和内存、任务之间的通信以及计时。1998 年升级为 μC/OS-Ⅱ。μC/OS 以及 μC/OS-Ⅱ已经被移植到几乎所有的嵌入式 CPU 上,且移植实例的源码可以从网上下载。

1）μC/OS-Ⅱ的主要特点

(1) 有源代码:有范例。该源码清晰易读,结构协调,且注解详尽,组织有序。

(2) 可移植:μC/OS-Ⅱ可以移植到许多不同的微处理器上,条件是:该微处理器具有堆栈指针,具有 CPU 内部寄存器入栈、出栈指令,使用的 C 编译器必须支持内嵌汇编,或者该 C 语言可扩展和可链接汇编模块,使得关中断和开中断能在 C 语言程序中实现。

(3) 可固化:μC/OS-Ⅱ是为嵌入式应用而设计的,意味着只要具备合适的系列软件工具(C 编译、汇编、链接以及下载/固化)就可以将 μC/OS-Ⅱ嵌入产品中作为产品的一部分。

(4) 可裁剪:可以只使用 μC/OS-Ⅱ中应用程序需要的系统服务。

(5) 可抢占性:μC/OS-Ⅱ是完全可抢占型的实时内核,即 μC/OS-Ⅱ总是运行就绪条件下优先级最高的任务。

(6) 多任务:μC/OS-Ⅱ内核属于优先级的可剥夺型,可以管理 64 个任务。每个任务有特定的优先级,用一个数字来标识,优先级越高,数字越小。

(7) 系统服务:μC/OS-Ⅱ提供许多系统服务,如信号量、互斥信号量、事件标志、消息邮箱、消息队列、时间管理等。

（8）中断管理：中断嵌套层数可达 255 层。

（9）稳定性与可靠性有保证：每种功能、每个函数以及每行代码都经过了考验和测试，具有足够的安全性与稳定性，能用于安全苛求的系统中。

2）μC/OS-Ⅱ的任务调度机制

μC/OS-Ⅱ是可剥夺型实时多任务内核，这种内核在任何时刻只运行就绪了的最高优先级的任务。μC/OS-Ⅱ调度工作的内容是进行最高优先级任务在寻找和任务的切换。

μC/OS-Ⅱ还提供了调度的锁定和解锁机制，使得某个任务就可以短期禁止内核进行任务调度，从而占有 CPU。由于调度锁定采用的是累加方式，内核允许任务进行多级锁定，最大锁定层数不能超过 255 层。当一个任务锁定了系统的任务调度时，μC/OS-Ⅱ基于优先级的实时运行方式不复存在，优先级由高到低的次序被改为各种中断任务、锁定调度的任务和其他所有任务。

9.1.4　嵌入式系统的开发

1. 嵌入式系统的开发步骤

嵌入式系统是以应用为中心，以计算机技术为基础，并且软、硬件可裁剪，适用于应用系统对功能、可靠性、成本、体积、功耗有严格要求的专用计算机系统。它一般由嵌入式微处理器、外围硬件设备、嵌入式操作系统以及用户的应用程序四部分组成，用于实现对其他设备的控制、监视或管理等功能。

为了达到设计复用和可视化、减小设计修改成本、有助于测试和质量控制的目的，设计过程必须要有比较完善的文档管理，包括需求分析文档、总体设计方案、概要设计文档、详细设计文档、测试需求文档、系统测试报告和使用说明文档。

在嵌入式的开发中可以按照以下步骤进行设计。

1）确定嵌入式系统的要求

确定嵌入式系统的要求包括功能要求（如输入、输出外围部件以及计算和通信部件）和非功能要求（如尺寸、成本和耗电量）。

2）设计系统的体系结构和总体方案

注意系统采用的是什么种类的 OS（硬实时、软实时）、选择处理器种类和相关的硬件。

总体方案设计中还需要进行系统外部接口描述、系统软/硬件框架设计、时间与进度安排、对产品成本估算和对研制经费需求分析。

在选择操作系统时应满足定时要求，获得 OS 对处理器的支持，适当的 OS 覆盖区，满足成本要求。

根据功能要求选择不同厂家、不同位数的处理器。选择时要考虑价格、性能，以及客户支持、培训、设计支持和开发工具的成本。针对只包含最少的处理工作和少数 I/O 的功能，可以使用 8 位微控制器。如果由于计算和体系要求使得应用需要嵌入式 OS，就应该使用一个 16 位或 32 位的处理器。如果应用设计信号处理和数学计算，就需要选择一个 DSP。如果应用在很大程度上面向图形，且要求相应时间要快，就需要使用一个 64 位处理器。

确定处理器后,需要确定外围设备,包括静态 RAM、EPROM、串行和并行接口、网络接口、可编程定时器/计数器、状态 LED 指示和应用的专门硬件电路。

3) 选择开发平台

开发平台包括硬件平台(交叉编译器、连接器、加载程序和调试器)、编程语言(C、VC++、VB 或 Java 语言)和开发工具。

开发工具有 EPROM 编程器、ROM 仿真器、指令集模拟器、调试监视器、测试仪器、实时在线仿真系统 ICE、JTAG。

嵌入式系统开发调试方法有快速原型仿真法和实时在线调试法。快速原型仿真法用于硬件设备尚未完成时,直接在宿主机上对应用程序运行进行仿真分析。在此过程中系统不直接和硬件打交道,由开发调试软件内部某一特定软件模块模拟硬件 CPU 系统执行过程,并可同时将仿真异常反馈给开发者进行错误定位和修改。实时在线调试法在具体的目标机平台上调试应用程序,系统在调试状态下的执行情况和实际运行模式完全一样,这种方式更有利于开发者实时对系统硬件和软件故障进行定位和修改,提高产品开发速度。选用的调试器是运行在主机上的集成开发环境一般需要集编辑、汇编、编译、链接和调试环境于一体,支持低级汇编语言、C 和 C++ 语言,基于友好的图形用户界面(Graphics User Interface,GUI),支持用户观察或修改嵌入式处理器的寄存器和存储器配置、数据变量的类型和数值,堆栈和寄存器的使用,程序断点设置,单步、断点全速运行等特性。

4) 在主机系统上验证软件

首先将源代码编译和汇编成目标文件,然后将所有目标文件链接成一个单独的目标文件,接着将其重新定位在所分配的物理存储器地址中,得到程序的可执行二进制映像,并在装载到嵌入式系统的目标 ROM。这个定位重新运行在主机上。

5) 在目标系统上验证软件

当软件在主机系统上测试通过后,就可以移植到目标电路板上,在这里完成对功能和性能的完整测试。

2. 一类 ARM SDT 仿真软件

计算机体系结构有复杂指令集计算机(Complex Instruction Set Computer,CISC)和精简指令集计算机(Reduced Instruction Set Computer,RISC)两大类。目前在 2.5G 和 3G 芯片中,基于 ARM(Advanced RISC Machines)内核的芯片占总量的 99%。

1985 年第一个 ARM 原型在剑桥的 Acorn 计算机公司诞生,由美国加利福尼亚州 San Jose VLSI 技术公司制造。ARM 公司的 32 位 RISC 处理器在 1999 年因移动电话火爆市场,到 2001 年初占市场份额的 75%。ARM 的内核耗电少、成本低、功能强,特有 16/32 位双指令集,已经成为移动通信、手持计算、多媒体数字消费等嵌入式解决方案的 RISC 标准。

ARM 处理器当前有 5 个产品系列,分别为 ARM7、ARM9、ARM9E、ARM10 和 SecurCore。每个系列提供一套特定的性能来满足设计者对功耗、性能和体积的需求,其中 ARM7 处理器系列应用最广。

当进行嵌入式系统开发时,选择一套含有编辑软件、编译软件、汇编软件、连接软件、调试软件、工程管理及函数库的集成开发环境是必不可少的。

ARM SDT(ARM Software Development Toolkit),是 ARM 公司为方便用户在 ARM 芯片上进行应用软件开发而推出的一整套集成开发工具。ARM SDT 由一套完备的应用程序构成,并附带支持文档和例子,可以用于编写和调试 ARM 系列的 RISC 处理器应用程序。

采用 S3C44B0X 开发通用系统的嵌入式系统框架结构如图 9-7 所示。

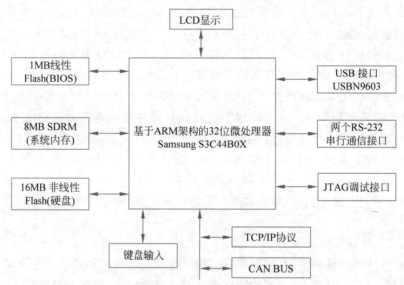

图 9-7　采用 S3C44B0X 开发通用系统的嵌入式系统框架结构

3. 基于 μC/OS-Ⅱ 建立实时操作系统

在建立实时操作系统之前,需要将 μC/OS-Ⅱ 移植到自己的硬件平台上,再扩展得到 RTOS 的体系结构,并在此基础上建立相应的文件系统、外设及驱动程序、引进图形用户接口等,得到自己的 RTOS。

1)μC/OS-Ⅱ 的移植

移植是指使一个实时操作系统能够在某个微处理器平台上运行。μC/OS-Ⅱ 的主要代码都是由标准的 C 语言写成的,移植方便。

将 μC/OS-Ⅱ 移植到目标处理器必须满足的要求如下:

(1) 处理器的 C 编译器能产生可重入代码。

(2) 在程序中可以打开或者关闭中断。

(3) 处理器支持中断,并且能产生定时中断,以实现多任务之间的调度。

(4) 处理器能够容纳一定量数据的硬件堆栈。

(5) 处理器有将堆栈指针和其他 CPU 寄存器存储和读出到堆栈的指令。

基于 ARM7TDMI 核的 S3C44B0X 处理器完全可以满足上述对目标处理器的要求,因此可以很方便地进行移植。

将 μC/OS-Ⅱ移植到 S3C44B0X 需进行的工作：

（1）在 OS_CPU.H 中设置与处理器和编译器相关的代码、对具体处理器的字长重新定义一系列数据类型、声明几个用于开关中断和任务切换的宏。

（2）在 OS_CPU_C.C 中用 C 语言编写 6 个与操作系统相关的函数。

（3）在 OS_CPU_A.ASM 中改写 4 个与处理器相关的汇编语言函数。

编译后的 μC/OS-Ⅱ内核为 6～8KB；若只保留最核心的代码，则最小可压缩到 2KB。RAM 的占用与系统中的任务数有关，任务堆栈要占用大量的 RAM 空间，堆栈的大小取决于任务的局部变量、缓冲区大小以及可能的中断嵌套的层数。因此，所要移植的系统中必须要有足够的 RAM。

2）基于 μC/OS-Ⅱ扩展 RTOS 体系结构

对操作系统的扩展主要包括：建立文件系统，为外部设备建立驱动程序并规范相应的 API 函数，创建图形功能用户接口（Graphical User Interface，GUI）函数，建立其他实用的应用程序接口函数等。基于 μC/OS-Ⅱ内核扩展的 RTOS 的软件框架如图 9-8 所示。

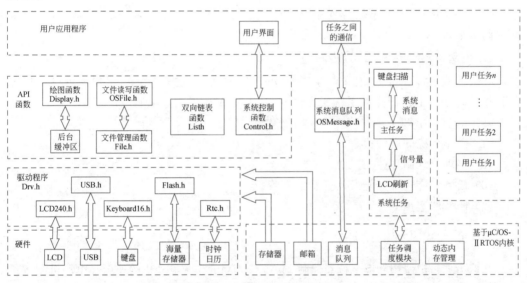

图 9-8　基于 μC/OS-Ⅱ内核扩展 RTOS 的体系结构

由图 9-8 可以看出，基于 μC/OS-Ⅱ扩展 RTOS 的各个部分可划分为 RTOS 内核、系统外围设备的硬件部分、驱动程序模块、操作系统提供标准应用程序接口的 API 函数、系统消息队列、系统任务、用户应用程序。

3）建立文件系统

μC/OS-Ⅱ本身不提供文件系统，针对嵌入式的应用，参考 FAT16 的文件系统，可以利用与文件系统相关的 API 函数来建立相应简单的文件系统。该文件系统可以保存最多 512 个文件，文件数据以簇为单位进行存储，每个簇的大小固定为 16KB，每个簇在文件分配表中都有对应的表项。文件名称和相关信息放在文件目录表中，整个文件系统就构成了一个单向链表。

4）建立外设驱动程序

外设驱动函数可以为系统提供访问外围设备的接口,当外围设备改变时,只需要更换底层对应的驱动程序,不必修改操作系统内核以及运行在操作系统中的软件。常用的外围设备有串行口、液晶显示、键盘、USB接口、网络相关组件等。

5）引进图形用户接口

基于32位的嵌入式处理器的硬件平台有比较快的运算速度和大容量的内存。可以为人机交互系统建立起图形用户接口,即为图形用户界面应用建立相应的 API 函数,其中包括基于 Unicode 的汉字字库、基本绘图函数、典型的控件。

6）建立系统消息队列

在多任务操作系统中,各任务之间通常是通过消息来传递信息和同步的。用户应用程序的每个任务都有自己的信息响应队列和消息循环。通常,任务通过等待消息而处于挂起状态。当任务接到消息后,则处于就绪状态,然后开始判断所接收的消息是否需要处理。如果需要处理,就执行相应的功能处理函数。执行完相应的处理函数后,将删除所接收到的函数,继续挂起等待下一条消息。

为了便于用户应用开发,操作系统还提供了其他实用的 API 函数,包括双向链表、系统时间函数等。

4. 建立与调试用户应用程序

在嵌入式硬件平台上,有了基于 μC/OS-Ⅱ 建立的实时操作系统,用户就可以在相应的操作系统平台上使用操作系统所提供的 GUI 及 API 函数来编制应用程序。

其主要有以下四个步骤:

（1）操作系统的启动过程。

（2）实现消息循环。

（3）任务对应资源分配及其任务的创建。

（4）任务的实现。

9.1.5 嵌入式系统的设计实例

在这个项目中使用外部电位器控制 24 VDC、1500r/min 电动机的速度。电动机配备了一个光学转速计,可产生三个信息通道,两个通道输出正交相关(彼此异相 90°)0.5V 峰值正弦信号,第三个通道为电动机的每转提供一个单脉冲索引信号,如图 9-9～图 9-11 所示。

1. 电路图

采用 Atmel ATmega164 的脉宽调制 (Pulse Width Modulation,PWM)系统来设置由电位计设置确定的电动机速度。0V DC 的电位计设置相当于 50% 占空比,5V DC 的电位计设置对应 100% 的占空比。电动机速度和占空比将显示在 LCD 上,如图 9-12 所示。

在此应用中,PWM 基线频率可以设置为特定频率。将改变占空比以调整提供给电动机的有效电压。例如,50% 的持续周期将为电动机提供 50% 的有效值直流电动机电源电压。

微控制器不直接连接到电动机。来自 OC1B(引脚 18)的 PWM 控制信号通过光学

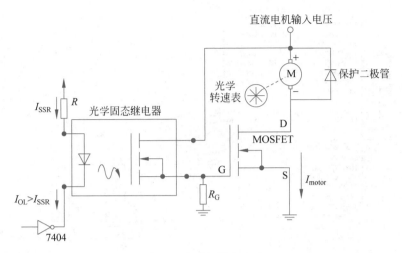

图 9-9　电动机接口电路

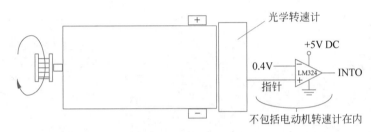

图 9-10　带光电码盘的 24V DC 1500r/min 电动机

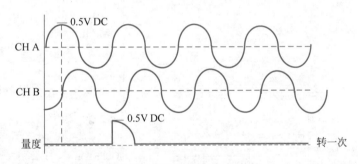

图 9-11　三通道光电码盘输出

固态继电器(SSR)馈送到电动机,如图 9-12 所示。这将微控制器与电动机的噪声隔离开来。SSR 的输出信号被馈送到 MOSFET,MOSFET 将低电平控制信号转换为电动机所需的电压和电流。

电动机速度通过连接到电动机轴的光学编码器进行监控。电动机的索引输出为电动机的每转提供一个脉冲。该信号通过 LM324 阈值检测器转换为 TTL 兼容信号。该阶段的输出反馈到 INT0 以触发外部中断。中断服务程序捕获至上次中断以来的时间。此信息用于加速或减速电动机以保持恒定速度。

需求分析:

(1) 生成 1kHz PWM 信号。

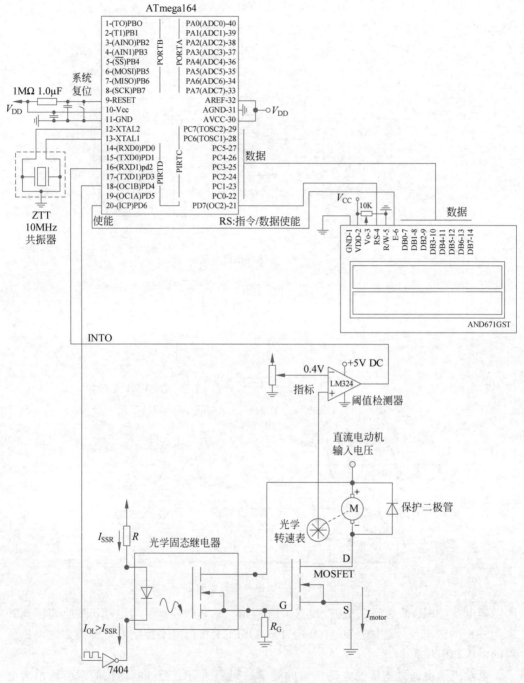

图 9-12 电路图

（2）将占空比从 50% 变为 100%，由电位器设置，即 50% 占空比周期等于 0V DC，90% 占空比等于 5V DC。

（3）在 AND671GST LCD 上显示电动机转速和占空比。

（4）加载电动机并执行补偿以将转速恢复到原始值。

2. 结构图

电动机调速工程结构图如图 9-13 所示。

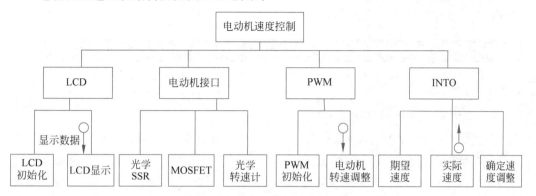

图 9-13 电动机调速工程结构图

电动机速度控制项目流程图（UML）如图 9-14 所示。

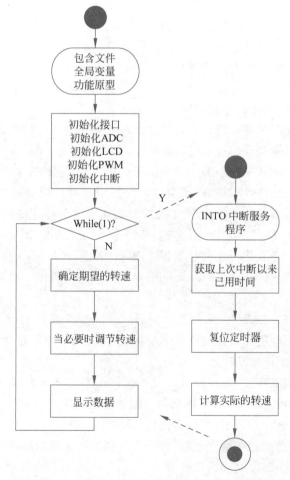

图 9-14 电动机速度控制项目的 UML 活动图

3. 程序设计

电动机速度控制项目的代码可扫描二维码获取(注意,此代码使用 gcc AVR 编译器实现;用于包含头文件和配置中断的不同表示法)。

9.2 可编程逻辑控制器

9.2.1 概述

1. 可编程逻辑控制器的发展

对开关量、数字量的自动控制在 20 世纪二三十年代采用继电器和接触器等分立电子元件组成的电器控制装置来实现的。这种控制方式简单经济,但继电器和接触器触点的可靠性较差,且固定接线的通用性和灵活性较差,只适应动作较简单、控制规模较小的场合。50 年代启用的半导体逻辑元件可组成无触点逻辑控制装置,但也只解决了触点的可靠性问题。

PLC 起源于 1960 年后期的美国汽车行业,旨在取代继电器逻辑系统。与早期的自动化系统相比,PLC 具有多个优势:它比计算机更能耐受工业环境,比继电器系统更可靠、更紧凑,需要的维护更少。它可以通过额外的 I/O 模块轻松扩展,而继电器系统在重新配置时需要复杂的硬件更改。这样可以更轻松地进行制造工艺设计的迭代。由于简单的编程语言侧重于逻辑和切换操作,它比使用通用编程语言的计算机更加用户友好。它还允许对其运作进行监测。早期的 PLC 是用梯形逻辑编程的,这非常类似于继电器逻辑的示意图。选择此程序符号是为了减少对现有技术人员的培训需求。其他 PLC 使用一种基于堆栈的逻辑求解器的指令列表编程形式。

1969 年,美国数字设备公司(Digital Equipment Corporation,DEC)将计算机系统的功能与电气控制系统的特点相结合,研制成一种通用的可编程的控制装置,并在汽车自动装配线上试用并获得成功。从此,可编程控制器作为一种计算机控制技术得到了极为迅猛的发展。1980 年,美国电气制造商协会(National Electrical Manufacturers Association,NEMA)正式将可编程控制器命名为 Programmable Computer(PC)。由于 PC 容易和个人计算机(Personal Computer,PC)混淆,故人们仍习惯用 PLC 作为可编程序控制器的缩写。

IEC 于 1982 年和 1985 年对可编程控制器标准进行了规定,指出可编程控制器是一种专为在工业环境下应用而设计的计算机控制装置,其设计原则是易于与工业控制系统形成一个整体,并易于扩充其功能。

随着大规模集成电路技术、计算机技术和通信技术的飞速发展,许多新的技术很快在 PLC 的实际中得到应用,使 PLC 的功能不断丰富和发展。

从 1969 年到现在,PLC 经历了四次换代:第一代 PLC 多用一位机开发,用磁芯存储器存储,只有单一的逻辑控制功能;第二代 PLC 运用 8 位微处理器及半导体存储器,产品开始系列化,控制功能得到较大的扩展;第三代 PLC 随着高性能微处理器的大量使用,其处理速度大大提高,并促使其向多功能及联网通信方面发展,初步形成了分布式的通信网络体系,但各产品的互通比较困难;第四代 PLC 不仅全面使用 16 位/32 位高性能微处理器、RISC 体系 CPU,且在一台 PLC 中配置多个微处理器,进行多道处理。同时开发大量内含微处理器的智能模块,使第四代 PLC 成为具有逻辑控制功能、过程控制功能、运动控制功能、数据处理功能、联网通信功能的多功能控制器。第四代 PLC 为开放式,采用标准的软件系统,增加了高级编程语言,且其构成的 PLC 网络也得到飞速发展。PLC及其网络已经成为工厂企业首选的工业控制装置,并成为计算机集成制造系统(Computer-Integrated Manufacturing System,CIMS)不可或缺的基本组成部分。PLC及其网络已经被公认为现代工业自动化三大支柱(PLC、机器人、CAD/CAM)之一。

现代 PLC 的发展有两个主要趋势:一是向体积更小、速度更快、功能更强和价格更低的微小型方面发展,以占领小型、分散和简单功能的工业控制市场。微电子工业的迅速发展,集成电路的制造水平不断提高,使 PLC 可以设计得非常紧凑,抗震防潮和耐热能力增强,可靠性进一步提高,因此有可能将 PLC 安装到每个机械设备的内部,与机械设备有机地融合在一起,真正做到机电一体化。二是向大型网络化、高速化、高可靠性、好的兼容性和多功能方面发展,使其向下可将多个 PLC、I/O 框架相连,向上与工业计算机、以太网、制造自动化通信协议(Manufacturing Automation Protocol,MAP)网等相连构成整个工厂的综合自动化控制系统。

2. PLC 的特点

PLC 在控制工业界得到广泛应用,它具有以下特点。

1) 完善的系统功能

(1) 多种控制功能(逻辑、定时/计数、顺序控制等)。

(2) 接口功能:PLC 可能需要与人交互以进行配置、警报报告或日常控制。为此,采用了人机界面(Human-Machine Interfaces,HMI)。HMI 也称为图形用户界面。一个简单的系统可以使用按钮和灯光与用户交互。提供文本显示以及图形触摸屏。更复杂的系统使用安装在计算机上的编程和监控软件,PLC 通过通信接口连接。还有输入/输出接口功能(包括开关量输入输出、模拟量输入输出等)。

(3) 数据存储与处理功能(固态继电器、延时继电器、主控继电器、定时器、计数器、位移寄存器、跳转和强制 I/O 切换等,其指令系统比较丰富,具有逻辑运算、算术运算等基本功能,而且能以双倍精度或浮点形式完成代数运算、矩阵运算等)。

(4) 通信联网功能:PLC 使用内置端口(如 USB、以太网、RS-232、RS-485 或 RS-422)与外部设备(如传感器、执行器等)和系统(如编程软件、SCADA、HMI)进行通信。通信通过各种工业网络协议进行,如 Modbus 或 EtherNet/IP。其中许多协议都是特定供应商的。大型 I/O 系统中使用的 PLC 可能在处理器之间具有对等(Peer-to-Peer,P2P)通信。这允许复杂过程的各个部分具有单独的控制,同时允许子系统通过通信链路进行协调。这些通信链路也经常用于 HMI 设备,如键盘或 PC 型工作站。

(5) 其他功能:中断控制,特殊功能函数运算,PID 闭环回路控制,远程 I/O,多处理器和高速数据处理能力,可编程逻辑继电器,远程终端单元(Remote Terminal Unit,RTU)等。

2）应用灵活

PLC 使用标准的积木硬件结构和模块化的软件设计,使其不仅可以适应大小不同、功能各异的控制要求,而且可以适应各种工艺流程变化较多的场合。

PLC 机的安装和现场接线简单,可以按积木方式扩充和删减其系统规模。由于它的逻辑、控制功能是通过软件完成的,因此允许设计人员在没有购买硬件设备之前就进行"软接线"工作,从而缩短了整个设计、生产、调试周期,研制费也相应减少。

3）操作维修方便,可靠性高

PLC 采用电气操作人员习惯的梯形图形式编程与功能助记符编程,使用户能十分方便地读懂程序和编写、修改程序。操作人员经过短期培训就能使用 PLC。

PLC 具有完善的监视和诊断功能。其内部工作等状态均有醒目的显示,大多数模件可以带电插拔。所以,工程师、维护人员可以及时了解设备故障情况,利用备件替换故障模块,完成故障处理。为了满足工业生产多控制设备安全性和可靠性的要求,PLC 采用了微电子技术,大量的开关动作由无触点的半导体电路来完成。PLC 选用的电子器件一般是工业级的,甚至是军用级的,平均无故障时间很长。随着器件水平的提高,PLC 的可靠性还在继续提高,尤其是近年来开发出的多机冗余系统和表决系统更进一步提高了 PLC 的可靠性。例如,三菱公司生产的 F 系列 PLC 平均无故障时间（Mean Time Between Failures,MTBF）高达 30 万小时以上。

PLC 完善的自诊断功能,保证了 PLC 控制系统的安全性。由于 PLC 是用存储在其内部的程序来实现控制的,其控制程序设计本身就从各个方面考虑了 PLC 工作的可靠性、安全性和稳定性。

4）模块智能化,通信网络化

PLC 专用 I/O 模块的智能化使得 PLC 从继电器控制系统的替代物迅速转变为能够在制作测试、质量管理、过程控制和其他领域中应用的多用途控制器。

越来越多的厂家将形成开放式的网络作为产品目标,例如 AB 公司和 OMRON 公司等都开发了以太网卡及其有关的产品,使 PLC 可以通过以太网同许多厂家提供的各种设备进行广泛的通信。由于 PLC 通信功能的不断扩展,使得 PLC 不仅仅孤岛运行,还可以联网、与计算机通信、交换数据,增加现场总线特殊模块。PLC 的通信包括 PLC 之间、PLC 与上位计算机之间以及 PLC 与其他智能设备之间的通信。PLC 系统与通信计算机可以直接或者通过通信处理单元、通信转接器相连构成网络,以实现信息的交换,并构成集中管理、分散控制的分布式控制系统,满足工厂自动化系统发展的需要,各 PLC 系统或远程 I/O 模块按功能各自放置在生产现场分散控制,然后采用网络连接构成集中管理的分布式网络系统,使得 PLC 再次获得强大的生命力和更宽的应用领域。

PLC 目前主要应用于以下场合:

（1）开关逻辑控制,如自动电梯的控制、传输皮带的控制等。

（2）闭环过程控制,如锅炉运行控制,自动焊机控制、连轧机的速度和位置控制等。

（3）机械加工的数字控制,如数控机床、数字加工中心等。

（4）机器人控制,如汽车生产线上的机器人、焊接机器人等。

（5）多级网络系统，如集散控制系统、分布式控制系统等。

3. PLC 与工业控制机的关系

PLC 非常适合一系列自动化任务，这些通常是制造业中的工业过程，其中开发和维护自动化系统的成本相对于自动化的总成本较高，并且在其使用寿命期间预计会对系统进行更改。PLC 包含与工业先导设备和控制兼容的输入和输出设备；几乎不需要电气设计，设计问题集中在表达所需的操作顺序上。PLC 应用通常是高度定制的系统，因此与特定的定制控制器设计的成本相比，封装 PLC 的成本较低。另外，在批量生产商品的情况下，定制的控制系统是经济的。这是由于组件的成本较低，可以最佳地选择组件而不是"通用"解决方案，并且非经常性工程费用分布在数千或数百万个单位中。

PLC 广泛用于运动、定位或转矩控制。一些制造商生产与 PLC 集成的运动控制单元，以便 G 代码（涉及 CNC 机床）可用于控制机器运动。

9.2.2　PLC 的结构和工作原理

1. PLC 的组成和基本结构

PLC 是一种基于工业微处理器的控制器，具有可编程存储器，用于存储程序指令和各种功能。PLC 采用了典型的计算机结构，主要由 CPU、RAM、ROM 和专门设计的输入/输出接口电路等组成，其组成原理如图 9-15 所示。

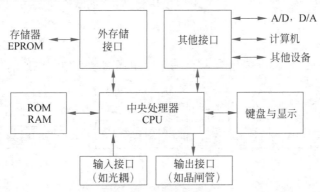

图 9-15　PLC 组成原理框图

从外形上看，PLC 一般具有整体单元结构和模块化结构两种结构形式。整体单元式结构如图 9-16 所示。整体式结构的可编程序控制器把电源、CPU、存储器、I/O 系统都集成在一个单元内，该单元称为基本单元。一个基本单元就是一台完整的 PLC。它可以作为一个独立的控制设备使用，支持的 I/O 点数比较少，适用于单体设备的开关量自动控制和机电一体化产品的开发应用等场合。必要的时候可以通过扩展 I/O 电缆，将整体式PLC 连接一个或几个扩展单元，以增加 I/O 点数。

结构化模块如图 9-17 所示。根据系统中各组成部分的不同功能，分别将它们制成独立的功能模块，各个模块具有统一的总线接口。用户在配置系统时，只根据系统的功能要求将选用的相应模块组装到一起，就可以组成完整的系统，因此具有灵活组合的特点，适用于复杂过程控制系统的应用场合。

图 9-16　单盒结构或整体结构

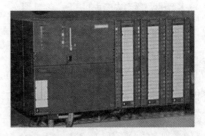

图 9-17　模块化结构(西门子公司的 SIMATIC S7-300 PLC CPU,带有 3 个 I/O 模块)

按 I/O 点数,可以将 PLC 分为微型、小型、中型、大型四类。微型 PLC 是整体单元结构,I/O 点数一般为几十点(如欧姆龙公司的 C2H、三菱公司的 FX0)。小型 PLC 的 I/O 点数最多可达 256 点,可以采用整体单元结构和模块化结构两种(如欧姆龙公司的 CH,三菱公司的 FX2,西门子公司的 LOGO 系列,S7-200PLC 可提供 4 个不同的基本型号与 8 种 CPU 可供选择使用)。中型 PLC 控制 I/O 点数可达 512～1024 点(如欧姆龙公司的 C000H,三菱公司的 AnS 系列,西门子公司的 S7-300、S7-1200,西门子公司的中型机有 S7-300,处理速度为 0.8～1.2ms/1k 字,存储器容量为 2kB;I/O 点数为 1024 点,模拟量 128 路,网络 PROFIBUS,工业以太网,MPI 等)。大型 PLC 是指其 I/O 点数可达 2048 点甚至更多的 PLC,大型的 PLC 一般采用模块化结构(如欧姆龙公司的 C2000H,西门子公司的大型机有 S7-400、S7-1500,处理速度为 0.3ms/1k 字;储存器容量为 512kB;I/O 点数可达 12672 点等)。

PLC 系统的硬件结构框图如图 9-18 所示。下面简要介绍各模块的主要功能。

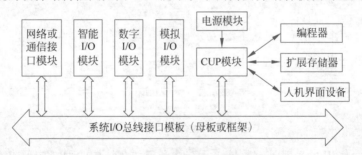

图 9-18　PLC 系统硬件结构框图

1) CPU 模块

CPU 是 PLC 的核心部件,主要用来运行用户程序、监控输入/输出接口控制状态以及进行逻辑判断和数据处理。CPU 用扫描的方式读取输入装置的状态或数据,从内存逐条读取用户程序,通过解释后按指令的规定产生控制信号,然后分时、分通道地执行数据的存取、传送、比较和变换等处理过程,完成用户程序所设计的逻辑或算术运算任务,并根据运算结果控制输出设备响应外部设备的请求以及进行各种内部诊断。

2) 扩展存储器模块

CPU 模板上的存储器容量比较小,如果用户程序比较大,就必须考虑插入扩展存储器模块。存储器包括系统存储器和用户存储器。系统存储器由生产厂家事先编写并固化好，其内容主要为监控程序、模块化应用功能子程序、命令解释和功能子程序的调用管理程序等。用户存储器又分为程序区和数据区。程序区是用于存放用户的控制程序，其内容可以由用户根据生产过程和工艺的要求进行修改和增删；数据区主要用来存放输出、输入数据和中间变量，提供计时器、计数器、寄存器等，还包括满足系统程序使用需求和管理的系统状态和标志信息。

3）编程器

编程器是编制、编辑、调试、监控用户程序的设备，通过串行口或并行口与 CPU 模块连接。一般编程器有简易手持编程器和智能化图形编程器两种。简易型编程器带有触摸小键盘和液晶显示窗，采用命令语句助记符联机编程。智能型编程器常采用梯形图语言，并可脱机编程，还可以进行通信和事务管理。

4）电源模块

PLC 的电源是指为 CPU、存储器和 I/O 接口等内部电子电路工作所配备的直流开关电源。电源的交流输入端一般有脉冲吸收电路，交流输入电压范围一般比较宽，抗干扰能力比较强。电源的直流输出电压多为直流 5V 和交流 24V。直流 5V 电源供 PLC 内部使用，直流 24V 电源除提供内部使用外还可以供输入/输出单元和各种传感器使用。

5）I/O 模块

I/O 模块包括数字 I/O 模块和模拟 I/O 模块两类

数字输入模块将设置在机械上的各种检测器件安装在控制装置上的控制器件可开关量信号输入，其功能为将外部输入信号与 PLC 内的信号隔离，将交流 100V 或直流 24V 等输入信号的电平变为能在 PLC 内部处理的信号，滤波去除干扰信号，同时可以消除触点器件接点的振动和跳动现象。所接收和采集现场设备的输入信号，有按钮、选择开关、行程开关、继电器触点、接近开关、光电开关、数字拨码开关等开关量信号。

数字输出模块输出功率信号到驱动装置或控制单元中的指示灯等部件，其功能为输出运算结果，对外部期间电源和 PLC 内部信号进行隔离，防止发生在外部器件或输出导线上对 PLC 的干扰，把能驱动外部器件的电压变换为电流。输出类型为可直流的晶体管、交直流继电器、交流的晶闸管等方式。

模拟 I/O 模块可实现对连续参数的检测和控制。模拟输入主要包括信号变换电路、A/D 转换和隔离锁存电路。模拟输出模块主要包括信号变换电路、D/A 转换及隔离锁存电路。

6）智能接口模块

智能接口模块其实是具有 PLC 系统 I/O 总线接口的独立小型微处理器系统，它们可以在 PLC 的统一管理下完成某些独立的特定功能，既可弥补 I/O 模块的不足，又不加大中央处理器的负担，常见的智能模块有远程 I/O 模块、高速计数模块、自动位置控制模块、PID 模块、中断控制模块、ASCII 模块（可链接具有 RS-232/RS-422，或 20mA 电流环接口的各种外部设备等）。

7）网络通信接口模块

网络通信接口模块为 PLC 之间、PLC 与各种计算机之间、PLC 与各种智能设备之间提供的通信接口,具有传送设定值、控制量等数据功能。PLC 使用内置端口(如 USB、以太网、RS-232、RS-485 或 RS-422)与外部设备(传感器、执行器)和系统(编程软件、SCADA、HMI)通信。通信通过各种工业网络协议进行,如 Modbus 或 EtherNet/IP,其中许多协议都是特定于供应商的。

大型 I/O 系统中使用的 PLC 可能在处理器之间具有对等(P2P)通信。这允许复杂过程的各个部分具有单独的控制,同时,允许子系统进行协调通过通信链路。这些通信链路也经常用于 HMI 设备,如键盘或 PC 型工作站。

8) 人机操作界面

HMI 设备提供操作人员与 PLC 系统之间的交互界面接口。使用 HMI 设备可以显示当前的控制状态、过程变量、报警信息,并可以通过硬件或可视化图形方式输入控制参数。

9) 系统 I/O 总线接口模块

系统 I/O 总线接口模块也称为母线或模块框架,有的是带有插槽的母板,有的是带有插槽的框架,内部装有由总线接口电路、驱动电路等组成的印制电路板,以实现各插槽间的电器连接。PLC 的各种模块都必须安装在这种母板或框架上才能组成一个 PLC 系统使用。

一般的 PLC 既可以与其他的 PLC 通信,也可以与计算机或 PLC 一起组成主从式通信网络或分布式计算机控制系统。

2. PLC 的工作原理

1) PLC 的等效电路

电动机启动主电路如图 9-19 所示,接触器控制电路如图 9-20 所示。在主电路中,当 QS 闭合,KM 闭合时,三相电动机启动。在控制电路中,当按下启动按钮 SB1,线圈 KM 得电,实现启动按钮自锁(保持),同时,指示灯 HL1 亮,表明电动机已经启动。当需要电动机停止工作时,按下停止按钮 SB2(或者主电路过热,FR 触点断开,形成保护),KM 线圈失电,主电路对应 KM 的触点断开,电动机停止工作,同时,控制电路 KM 触点断开,指示灯 HL1 灭。使用按钮的动断触点接到 PLC 的输入点,在控制电路中起到切断主干通道控制信号的作用,因此,按钮的动断触点串联在被控线圈的主通道上。增加了停止按钮 SB2,使其具备启动保持停止的功能。

PLC 的 CPU 完成逻辑运算功能,其存储器用于保持逻辑功能,因此,画成类似继电接触器控制的等效电路(如电动机启动控制的接触器电气控制线路,控制逻辑由交流接触器 KM 线圈、指示灯 HL1、热继电器动断触点 FR、停止按钮 SB2、启动按钮 SB1 及接触器动合辅助触点 KM 通过导线连接实现),如图 9-21 所示。

PLC 的等效电路可分为以下三部分:

(1) 输入部分:其作用是收集被控设备的信息或操作命令,输入端子是 PLC 与外部开关、敏感元件等交换信号的端口。输入继电器(如图 9-21 中 I0.0、I0.1 等)由接到输入端的外部信号驱动,其驱动电源可由 PLC 的电源模块提供,也有的用独立的交流或直流电源供给。

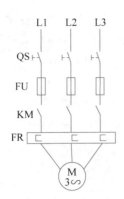

图 9-19 电动机启动主电路

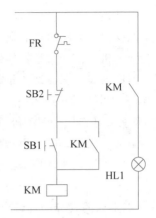

图 9-20 电动机启动接触器控制电路

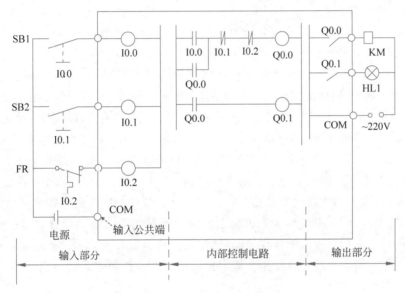

图 9-21 PLC 内部等效电路

以启动按钮 SB1 为例,其接入接口 I0.0 与输入映像区的一个触发器 I0.0 相连接,当 SB1 接通时,触发器 I0.0 就被触发为"1"状态,而这个"1"状态可被用户程序直接引用为 I0.0 触点的状态,此时 I0.0 触点与 SB1 的通断状态相同,则 SB1 接通,I0.0 触点状态为 "1",反之 SB1 断开,I0.0 触点状态为0"。由于 I0.0 触发器功能与继电器线圈相同且不 用硬连接线,所以 I0.0 触发器等效为 PLC 内部的一个 I0.0 软继电器线圈,直接引用 I0.0 线圈状态的 I0.0 触点就等效为一个受 I0.0 线圈控制的常开触点(或称为动合触点)。同 理,停止按钮 SB2 与 PLC 内部的一个软继电器线圈 I0.1 相连接,SB2 闭合,I0.1 线圈的 状态为"1",反之为"0",而继电器线圈 I0.1 的状态被用户程序取反后引用为 I0.1 触点的 状态,所以 I0.1 等效为一个受 I0.1 线圈控制的常闭触点(或称动断触点)。

(2) 内部控制电路:内部控制电路对应用户的控制程序,其作用是按用户程序的控 制要求对输入信号进行运算处理,并将得到的结果输出给负载。PLC 内部有许多类型的器件,如定时器、计数器、辅助继电器,它们均是软器件,都是用软件实现的动合触点和动断触点。编写的梯形图是将这些软器件进行内部连线,完成被控对象的控制要求。用户程序通过个人计算机通信或编程器输入等方式,把程序语句全部写到 PLC 的用户程序存储器中。用户程序的修改只需通过编程器等设备改变存储器中的某些语句,不会改变控制器内部接线,实现了控制的灵活性。

(3) 输出部分:其作用是驱动外部负载。PLC 输出继电器的触点与输出端子相连,通过输出端子驱动外接负载(如接触器的驱动线圈、信号灯等)。根据用户的负载需求可选用不同的负载电源。此外,PLC 还有晶体管输出和晶闸管输出,前者只能用于直流输出,后者只用于交流输出,二者均采用无触点输出,进行速度快。而输出触点 Q0.0、Q0.1则是 PLC 内部继电器的物理动合触点,一旦闭合,外部相应的 KM 线圈、指示灯 HL1 就会接通。PLC 输出端有输出电源用的公共接口 COM。

2) PLC 的工作方式

PLC 最大的特点是可以实时处理大量的输入/输出开关量和数字量。由于生产过程要求同一时刻对生产线上各工序的多种输入信号分别进行组合运算,信号的变化往往长短不一,时刻各异,系统必须能随时捕获这些变化,并且实时处理。所以,PLC 采用巡回扫描工作方式,将 CPU 所要完成的工作顺序排列起来,依次处理,而且周而复始地按照这种顺序进行,直至系统停止。因为 CPU 的速度很高,所以可以在很短的时间内对全部功能扫描一次。又因为 CPU 不断巡回扫描,所以对每项具体工作而言好像都是连续不断地进行。

巡回扫描工作方式的突出特点是 CPU 对 I/O 操作和执行用户程序分离。在同一扫描周期内,某个输入点的状态对整个用户程序是一致的,不会造成运算结果的混乱;在同一扫描周期内,输出值都将保留在输出映像区中(在 PLC 存储器内开辟了 I/O 映像存储区,用于存放 I/O 信号的状态,分别称为输入映像寄存器和输出映像寄存器;此外,PLC其他编程元件也有相对应的映像存储器,称为元件映像寄存器),输出点的值在用户程序中也可以当作逻辑运算的条件使用。规定扫描周期是从扫描过程的一点开始,经过顺序扫描又回到该点的过程。

PLC 在一个扫描周期中除了要进行系统监控与自诊断以外,还要进行输入扫描、执行扫描和输出扫描,如图 9-22 所示。

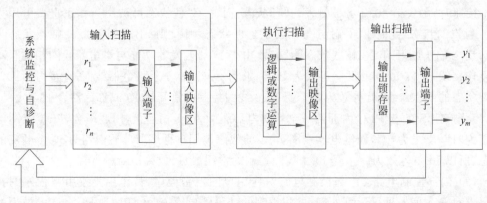

图 9-22 可编程控制器工作过程

（1）输入扫描阶段：在一个工作周期开始时，控制器首先读入所有输入端的信号状态，并存入输入状态寄存器。由于输入状态寄存器的位数与输入端子数目相对应，因此输入状态寄存器又称为输入映像区。用户程序只能读取输入映像区寄存器的状态，而不能改变它的状态。输入采样结束后，控制器进入程序执行阶段，在这一工作周期中，即使输入的状态发生变化，输入映像区的内容也不会改变。只要 CPU 的扫描周期小于所有输入信号电平保持时间的最小值，CPU 就能够及时捕捉到任何一个输入信号的状态变化，因而满足顺序控制要求随时检测每个信号状态变化的条件。

（2）执行扫描阶段：PLC 按照用户程序在存储器中的存放地址，从头至尾顺序扫描执行整个用户程序。按照指令取出输入映像区的输入状态，若程序需要读入某输出状态，则从输出状态寄存器的相应位读入，然后进行逻辑运算或数字运算，运算结果存入输出映像区保存起来。本阶段不直接访问 I/O 模块，只与输入、输出映像区或其他内部数据区打交道、交换数据。只有当用户程序顺序执行完后，控制器才进入输出扫描阶段。在程序执行扫描过程中，输出映像区的内容会随程序的执行而变化，但不直接影响输出端子的工作现状。

（3）输出扫描阶段：控制器进入输出扫描的刷新阶段，即同时将输出映像区中的所有输出状态转存到输出锁存器中，并驱动继电器的输出线圈，形成 PLC 的实际输出。

I/O 映像区的建立使 PLC 工作时只和内存有关地址单元内所存的状态数据发生关系，而系统输出也只是给内存某一地址单元设定一个状态数据。这样不仅加快了程序执行速度，而且使控制系统与外界隔开，提高了系统的抗干扰能力。

在一个工作周期执行完成后，地址计数器又恢复到初始地址，重复进入公共操作部分，执行由上述三个阶段组成的工作周期。只要 PLC 的扫描周期小于所有输出执行机构的最小动作时间，就可以保证系统在整个运行期间对任一输出点都可以做到连续控制，不存在失控问题。

由图 9-22 可知，PLC 一般的输入与输出规则如下：

（1）输入状态寄存器的内容，由上一个采样期间输入端子的状态决定。

（2）输出映像区的状态，由程序执行期间输出指令的执行结果决定。

（3）输出锁存电路的状态，由程序执行结束后输出映像区的内容来决定。

（4）输出端子上各输出端的状态，由输出锁存电路来确定。

若定义系统响应时间为输入信号变化时刻到此输入信号引起的输出信号变化时刻之间的时间间隔，则 PLC 系统的响应时间主要受输入/输出延迟、周期扫描和用户程序编程技巧等因素的影响。但只要周期扫描时间适当，一般的机电设备是允许这些滞后的。对于实时响应要求较高的系统，则可以用快速智能模块，利用高速脉冲计数、执行高速处理命令，可以将其结果直接输往外部，从而不受巡回扫描方式的制约，此外，还可以利用中断控制功能使某些信号得到迅速响应。

9.2.3　PLC 常用编程语言

PLC 是专门为面向工业实时控制而开发的装置，因此，要求其使用语言面向现场、面向问题、面向用户,并可直接而简明地表达被控对象的输入与输出之间的关系及动作方式,有效表达有关控制和数据处理的要求。

另外,由于控制语言的标准化是走向自动控制系统开放性的重要的一步,因此,1992年 IEC 颁布了 IEC61131-3 控制器编程语言标准,为不同厂商的 PLC 编程语言的标准化和可移植性提供了可能。由于 IEC61131-3 综合了世界范围已广泛使用的各种风格的控制编程方法,并吸收了计算机领域最新的软件思想和编程技术,其定义的编程语言可完成的功能已超出了传统 PLC 的应用领域,扩大到所有工业控制和自动化应用领域,包括后面要介绍的分布式控制系统。

IEC61131-3 定义了以下五种语言,如图 9-23 所示。

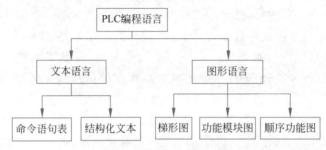

图 9-23　PLC 编程语言分类

1. 梯形图语言

梯形图(Ladder Diagram,LD)语言是在原电器控制系统中常用的继电器、接触器梯形图基础上演变而来的,它与电气操作原理相呼应。它形象直观,为电气技术人员所熟知,是 PLC 的主要编程语言,这种编程语言适合于接触器控制电路比较熟悉的技术人员,但没有模拟量元素,梯形图不适合用于连续过程的模拟控制。

电气控制梯形图使用的是物理继电器、定时/计数器等的硬接线,而 PLC 的梯形图的接点和线圈均为"软继电器"。"软继电器"实际上是系统存储器中的对应位。当该位为"1"时,表示线圈被激励,或动合触点被闭合,或动断触点被断开;当该位为"0"时,表示动作与上述动作相反。"软"继电器、定时器/计数器等均是通过软件实现的,因而使用方便,修改灵活。

PLC 的每个梯形图网络由多个梯级组成,每个输出线圈可构成一个梯级,每个梯级可由多个支路组成。每个支路最右边的元素必须是输出线圈。PLC 梯形图按照"从上到下、从左到右"的顺序绘制。与每个继电器线圈相连的全部支路形成一个逻辑行,两侧的竖线类似电器控制图的电源线,称作母线。每一行从左至右,左侧总是安排输入接点,并把并联接点多的支路靠近最左端。输入接点在梯形图上用常开和常闭表示,而不考虑其物理属性。输出线圈用圆括号或圆圈表示。

值得注意的是,电器控制电路中各支路是同时加上电压并行工作的,而 PLC 是使用不断循环扫描方式工作,梯形图中各元件是按扫描顺序依次执行的,是一种串行处理方式。因为扫描时间很短,所以控制效果与电器控制电路相同,在设计梯形图时应注意这种并行处理与串行处理的差别。

PLC 是以扫描方式从左到右、从上到下的顺序执行用户程序。扫描过程按梯形图的梯级顺序执行上一级的结果是下一级的条件。

例 9-1 电动机全压启动控制的接触器电气控制电路如图 9-24 所示。控制逻辑由交流接触器 KM 线圈、指示灯 HL1、热继电器动断触点 I0.2、停止按钮 I0.1、启动按钮 I0.0 及接触器动合辅助触点 KM 通过导线连接实现。先读入开关 I0.0、I0.1、I0.2 的触点信息,然后对 I0.0、I0.1、I0.2 的状态进行逻辑运算。如满足逻辑条件(启动按钮 I0.0 按下,I0.0 动合触点接通),Q0.0 线圈接通,2 个动合触点闭合,与 I0.0 并联的 Q0.0 完成自锁,与 Q0.1 串联的闭合,线圈 Q0.1 接通;这时右侧输出电路,交流接触器 KM 线圈接通,电动机启动,同时,指示灯 HL1 亮。若按下停止按钮 I0.1,线圈 Q0.0 断开,接着线圈 Q0.1 断开。对应右边输出电路 KM 失电,指示灯 HL1 灭。另外,如果电动机主线路过热,热继电器动断触点 I0.2 断开,同样完成电动机停止工作,起到保护电动机的安全效果。

使用梯形图完成控制过程如图 9-25 所示。梯形图中接点水平方向串联相当于"逻辑与"(AND),图 9-25 中接点 I0.0 按下,I0.1、I0.2 不断开的情况下,线圈 Q0.0 接通。垂直方向上的并联表示"逻辑或"(OR),逻辑上 I0.0 和 Q0.0 只要一个接通,I0.1、I0.2 不断开的情况下,线圈 Q0.0 接通。

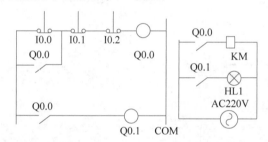

图 9-24　电动机启动控制电路示例图

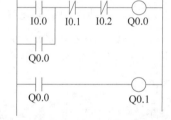

图 9-25　电动机启动控制的梯形图

PLC 以扫描方式从左到右、从上到下的顺序执行用户的程序。扫描过程按梯形图的梯级顺序执行,上一级梯级的结果是下一级梯级的条件。

一些特殊功能(如定时器、计数器等)各种梯形图符号及编程方法可参阅具体 PLC 供应商产品的用户手册。

2. 命令语句表语言

命令语句表(Instruction List,IL)语言是一种汇编语言,也称为助记符语言,是一种底层编程语言。由于其在 IEC61131-3 软件结构中的作用不可替代,因此在软件结构的内部还起到其他文本语言和图形语言编译生成或相互转换的公共中间语言的作用。

命令语句表是 PLC 梯形图的文字表达式。一段梯形图可用一系列命令语句表来表示。命令语句表由操作码和操作数组成,其表达式类似于微机的汇编指令。

PLC 的命令语句:操作码+操作数。

操作码也称为助记符,主要用于说明 CPU 执行此命令将要完成的功能,一般是用于操作功能有关的英文字词缩写而成。操作数内包含为执行该操作所必需的信息。由于没有统一的标准,各厂家所使用的命令语句对操作码的定义也不同,如表 9-1 所示。

表 9-1 实现图 9-25 所示电路功能的程序

序号	三菱公司的 PLC 命令语句		西门子公司的 PLC 命令语句		注 释
	操作码	操作数	操作码	操作数	
000	LD	I0.0	LD	I0.0	开始,取输入 I0.0(动合触点)
001	OR	Q0.0	O	Q0.0	并联接点 Q0.0(动合接点)
001	ANI	I0.1	AN	I0.1	串联接点 I0.1(动断接点)
002	ANI	I0.2	AN	I0.2	串联接点 I0.2(动断接点)
003	OUT	Q0.0	=	Q0.0	输出 Q0.0 本逻辑结束
004	LD	Q0.0	LD	Q0.0	开始,取输入 I0.0(动合触点)
005	OUT	Q0.1	=	Q0.1	输出 Q0.1 本逻辑结束

3. 结构化文本语言

结构化文本(Structured Text,ST)语言是一种高级程序语言。ST 的风格类似 Pascal 语言,程序设计结构化,灵活而易懂,能够实现指针等非常灵活的控制,需要记忆大量的编程指令,而且要求对 CPU 内部的寄存器结构了解比较深刻。通常,由于 ST 语言的灵活性和易学易用,工程师都喜欢用于编制函数和功能块,然后用其他语言来调用它们。

实现图 9-25 功能的结构化文本语言:

```
IF( I0.0 = 1 OR Q0.0 = 1)AND ( I0.1 = 0 AND I0.2 = 0) THEN
Q0.0 = 1
ELSE
Q0.0 = 0
End_IF
IF Q0.0 = 1   THEN
Q0.1 = 1
ELSE
Q0.1 = 0
End_IF
```

例 9-2 使用结构化文本语言编程实现 2 的乘幂循环的程序:

```
WHILE Counter <> 0 DO
    Var1: = Var1 * 2;
    Counter: = Counter – 1;
END_WHILE
Erg: = Var1;
```

4. 顺序功能图

顺序功能图(Sequential Function Chart,SFC)来源于 Petri 网,它采用状态转移图方式编程。SFC 将系统的工作过程分为若干个阶段,这些阶段分为"状态"(State)。状态与状态之间由"转换"(Transition)分割。相邻的状态具有不同的"动作"(Action),每一个动作包含使用其他语言实现的一系列指令。当相邻的两状态之间的条件得到满足时,转换得以实现,即上一状态的动作结束而下一状态的动作开始,因而不会出现状态的动作重叠。当系统正处于某一状态时,将该状态称为"活动状态"。状态转移图是描述控制系统控制过程的一种图形,它具有简单、直观等特点。特别在具有较复杂的过程步进控制工艺的场合下使用,更能体现出其简单直观的优越感。

实现图 9-25 功能的顺序功能图如图 9-26 所示。

5. 功能模块图

顺序模块图(Function Block Diagram,FBD)是一种图形化的控制编程语言,它通过调用函数、功能模块来实现程序,调用的函数和功能模块可以定义在 IEC 标

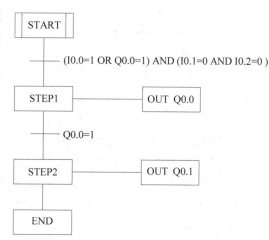

图 9-26　电机启动的顺序功能图

准库中,也可以定义在用户自定义库中。这些函数和功能模块可以由任意五种编程语言完成,模块和模块之间用连线建立逻辑连接。

目前,为了给用户提供方便,很多公司提供了高级编程语言,如西门子公司 S5-155 机的 CPU M 处理器,编程可用 BASIC、C 或 ASM86/186 语言,GE 公司 Series six ASC Ⅱ/BASIC 模块可用 BISIC 语言编程。其他公司也都有使用或正在摸索开始使用高级语言。

不同的 PLC 产品可能拥有上面介绍的 PLC 编程语言的一种、两种或全部的编程方式。

很多 PLC 的生产厂家开发了相应的标准软件包,支持上面介绍的某些编程语言。如西门子公司的 STEP7 标准软件就支持 LD、ST 和 FBD 三种语言,而且支持这三种语言的混合编程以及相互之间的转换,以充分发挥不同编程语言的优势。

许多厂家还开发了相应于硬件的 PLC 仿真软件,这些仿真软件能够在 PC 上模拟实际 PLC 的 CPU 运行,在对应的 PLC 开发软件平台上可以像对待真实的硬件一样对模拟 CPU 进行程序下载、测试和故障诊断,非常适合在硬件设备不具备的情况下进行工程调试。

实现图 9-25 功能的功能模块图如图 9-27 所示。

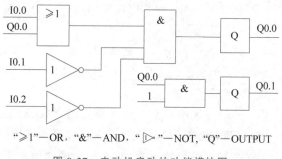

"≥1"—OR, "&"—AND, "▷"—NOT, "Q"—OUTPUT

图 9-27　电动机启动的功能模块图

9.2.4 PLC 的选用及其应用实例

1. PLC 的选用

1) PLC 机型的选择

选择基本原则是在功能满足要求的前提下,选择可靠、维护使用方便及高性价比的机型。

(1) 结构合理。对于工艺过程比较固定、环境条件较好(维修量较小)的场合,选用整体式结构 PLC,其他情况则选用模块式结构 PLC。由于模块化 PLC 的功能扩展灵活方便,I/O 点的数量、输入点与输出点的比例、I/O 模块的类型等,选择余地很大。维护时只要更换模块,判断故障范围就非常方便。因此,模块化 PLC 一般适用于系统复杂、环境恶劣(维护量大)的场合。

(2) 功能、规模相当。对于以开关量控制为主,带少量模拟量控制的工程项目,可选用低档机。对于控制比较复杂,控制功能要求更高的工程项目,例如要求实现 PID 运算、闭环控制、通信联网等,可视控制规模及复杂的程度选用中档或高档机。其中高档机主要用于大规模过程控制、全 PLC 的分布式控制系统以及整个工厂的自动化等。

(3) 机型统一。一个大型企业应尽量做到机型统一。因为同一机型的 PLC,其模块可互换,便于备用品、备件的采购和管理;其功能及编程方法统一,有利于技术力量的培训、技术水平的提高和功能的开发;其外部设备通用,资源可共享,配以上位计算机后,可把控制各独立系统的多台 PLC 连成一个多级分布式控制系统,相互通信,集中管理。

2) PLC 输入/输出模块及点数的选择

输入/输出模块是可编程控制器与被控对象之间的接口,I/O 部分的价格占 PLC 价格的一半以上。不同的 I/O 模块,由于其电路和性能的不同,直接影响到 PLC 的应用范围和价格,应根据实际情况合理选择。

其主要类型如下。

(1) 输入模块的选择。输入模块的功能是接收来自现场的输入信号,并将输入的高电平信号转换为 PLC 内部的低电平信号。输入模块一般分为开关量输入模块和模拟量输入模块。根据电压分类,开关量输入模块,类型包括直流 5V、12V、24V、48V、60V 和交流 115V、220V。根据电路形式,开关量输入模块可分为汇输入型和分离输入型。模拟量输入模块有电压型(0~5V,−10~+10V)和电流型(4~20mA)两类。

选择输入模块时一般考虑以下方面:

① 电压的选择。考虑到现场设备与模块之间的距离,5V、12V、24V 一般都是低压,传输距离不宜太远。比如,5V 模块的最大距离不要超过 10m,较远的设备要用更高电压的模块。

② 同时连接的点数。同时连接的高密度输入模块的点数(32 点、64 点等)取决于输入电压和环境温度。一般来说,同时连接的点数不应超过输入点数的 60%。

③ 阈值水平。为了提高控制系统的可靠性,必须考虑阈值水平。阈值越高,抗干扰能力越强,传输距离越远。

（2）输出模块的选择。输出模块的功能是将 PLC 的输出信号传输给外部负载，将 PLC 内部的低电平信号转换为所需外部电平的输出信号。输出模块根据输出方式不同分为继电器输出、晶体管输出和双向晶闸管输出。输出模块也可以分为开关量输出模块和模拟量输出模块（D/A），其中开关量模块有交流（115V、220V）和直流（5V、24V、48V、60V、115V 等），模拟输出模块有电压型（0～5V、−5～＋5V、0～10V、−10～＋10V 等）和电流型（4～20mA）。

选择输出模块时一般考虑以下方面：

① 输出方式的选择。继电器输出便宜，适用电压范围广，导通压降小。但它是有接触元件，动作速度慢，使用寿命短，适用于开关不频繁的负载。驱动感性负载时，其最大开关频率不得超过 1Hz。对于频繁开关的低功率因数感性负载，应采用非接触式开关元件，即应选择晶体管输出（直流输出）或双向晶闸管输出（交流输出）。

② 输出电流。输出模块的输出电流必须大于负载电流的额定值。模块输出电流有多种规格，应根据实际负载电流选择。

③ 同时连接的点数。输出模块同时连接的点数的累计电流值必须小于公共终端允许通过的电流值。通常，同时连接的点数不应超过输出点数的 60%。

输入/输出点数的估算原则：在实际统计出的 I/O 点数基础上，加上 15%～20%的余量作为备用，以便今后调整和扩充。输入/输出点数的统计可以参考表 9-2 估算。

表 9-2 输入/输出点数统计参考表

设备或电气元件名称	输入点数	输出点数	设备或电气元件名称	输入点数	输出点数
按钮（行程、接近）开关	1	—	直流电动机（单向运行）	9	6
位置开关	2	—	直流电动机（可逆运行）	12	8
波段开关（N 段）	N	—	变速调速电动机（单向）	5	3
光电管开关	2	—	变速调速电动机（可逆）	6	4
单电控电磁阀	2	1	笼型电动机（单向）	4	1
双电控电磁阀	3	2	笼型电动机（可逆）	5	2
比例式电磁阀	3	5	绕线转子电阻（单向）	3	4
风机、信号灯	—	1	绕线转子电阻（可逆）	4	5

3）存储器类型及容量的选择

PLC 的容量包括用户存储器的存储容量（程序空间和数据空间）和 I/O 点数两方面的含义。PLC 容量的选择除满足控制要求外，还应留有适当的余量以作备用。

用户存储器可以使用随机存储、可擦除存储器（EPROM）和电可擦除存储器（EEPROM），高档的 PLC 还可以用 FLASH。用户编程存储器主要用于存放用户编写的程序。I/O 状态存储器是随机存储器，用于存储 I/O 装置的状态信息。

程序存储器为只读存储器（ROM），用于存储 PLC 的操作系统，程序由制造商固化，通常不能修改。存储器中的程序负责解释和编译用户编写的程序、监控 I/O 口的状态、对 PLC 进行自诊断、扫描 PLC 中的程序等。

系统存储器为随机存储器（RAM），主要用于存储中间计算结果和数据、系统管理等,也有的厂家用系统存储器存储一些系统信息,如错误代码等,系统存储器不对用户开放。

数据存储器为随机存储器,主要用于数据处理功能,为计数器、定时器、算术计算和过程参数提供数据存储。

用户程序占用的内存与I/O点数、运算处理量、控制要求、程序结构等因素有关,因此准确计算程序所占内存容量要在调试完成之后,设计阶段只能大概估算。通常一条逻辑指令占用内存一个字,计时、计数、移位、算术运算、数据传输等指令占用内存两个字。内存中各种指令的字数可以在具体PLC产品手册中找到。

根据经验,每个I/O点及有关的功能器件占内存量大致如下:

- 开关量输入:10～20B/点。
- 开关量输出:5～10B/点。
- 定时器/计数器:2B/个。
- 模拟量:100～150B/点。
- 与计算机通信接口:300B以上/个。

为使用和扩充方便,工程上一般留有25%～30%的余量。

4) 结构的选择

根据可编程控制器的安装方式,系统分为集中式、远程输入/输出式和多网络分布式。集中式系统不需要设置硬件驱动远程I/O,因此系统响应速度快,成本低。大型系统往往采用远程I/O模式,因为其设备分布广泛,远程I/O可以分散安装在I/O设备附近。输入/输出式连接比集中式连接短,但需要增加驱动程序和远程输入/输出电源。多网络分布式适用于多个设备独立控制并相互连接的情况。可以选择小型PLC,但必须附带通信模块。

2. 应用实例

实例1 送料小车系统。

送料小车系统如图9-28所示。

1) 控制需求分析

送料小车在限位开关X4处装料,10s后结束然后右行,碰到X3后停下来卸料,15s后左行,碰到X4后又停下来装料,这样不停地循环工作,直到按下停机按钮。

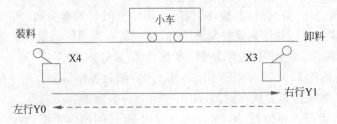

图9-28 送料小车系统

2) PLC规模的估算和机型的选择。

(1) I/O类型及点数的估算,如表9-3所示。

表 9-3　系统输入/输出信号

输入（I）			输出（O）		
器件	功能	信号	器件	功能	信号
按钮 SB1	左行启动	X0	左行接触器	左行	Y0
按钮 SB2	右行启动	X1	右行接触器	右行	Y1
限位开关 LS1	右限位	X3	装料电磁阀	装料	Y2
限位开关 LS2	左限位	X4	卸料电磁阀	卸料	Y3
按钮 SB3	电动机停止	X2			

根据系统功能需求和输入/输出信号表,估算系统开关量输入 5 点,开关量输出 4 点,总计 9 点,一般取 2 的整数倍,这里取 16 点。不需要智能 I/O 模块。

（2）存储器容量的估算。以 I/O 总点数的 10～15 倍估算,16×（10～15）字≈256 字。对本例选用 1KB 的存储器为宜。

（3）PLC 机型的选择。据系统的工艺流程及控制需求,本系统属于一个较小的控制系统,其 I/O 点数较少,可以选用微型或小型 PLC 实现控制。

3）PLC 结构的选择

本系统为小型系统,可以采用单盒结构或整体结构来组成控制系统。如选择三菱公司的 FX1s 系列。PLC 接线图如图 9-29 所示。

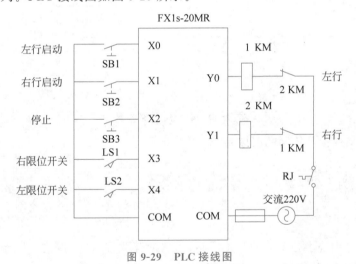

图 9-29　PLC 接线图

4）完成系统功能的梯形图

PLC 程序设计的一般步骤如下:

（1）详细了解生产工艺和设备对控制系统的要求。必要时画出系统的工作循环图或流程图、功能图及有关信号的时序图。

（2）将所有输入信号、输出信号及其他信号分别列表,并按 PLC 内部软继电器的编号范围给每个信号分配一个确定的编号,即编制现场信号与 PLC 软继电器编号对照表。

（3）根据控制要求设计梯形图。图上的文字符号应按现场信号与 PLC 软继电器编号对照表的规定标注。

（4）编写程序清单。梯形图上的每个逻辑元件均可相应地写出一条命令语句,编写程序应按梯形图的逻辑行和逻辑元件的编排顺序由上至下、由左至右依次进行。

小车送料梯形图如图 9-30 所示。

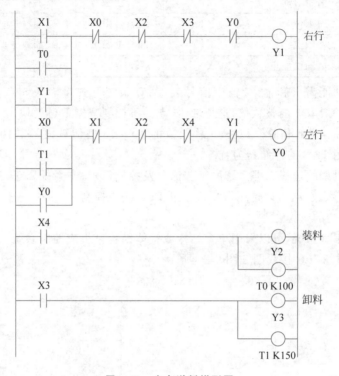

图 9-30　小车送料梯形图

实例 2　交通信号控制的时序系统。

1）控制要求

如图 9-31 为十字路口交通指挥灯的简单示意图。

路口的每个方向都有红、黄、绿三色信号灯,由一个总启动开关控制整个信号系统。其控制要求如下:

（1）信号灯系统由一个启动开关控制,当启动开关接通时,该信号灯系统开始工作;当启动开关关断时,所有信号灯都熄灭。

（2）南北绿灯和东西绿灯不能同时亮。如果同时亮,就应关闭信号灯系统,并立刻报警。

（3）南北红灯亮维持 25s。在南北红灯亮的同时东西绿灯也亮,并维持 20s。到 20s 时,东西绿灯闪烁 3s 后熄灭,此时,东西黄灯亮并维持 2s。到 2s 时,东西黄灯熄灭,东西红灯亮。同时,南北红灯熄灭,南北绿灯亮。

（4）东西红灯亮维持 30s。南北绿灯亮维持 25s,然后闪烁 3s 后熄灭。同时南北黄

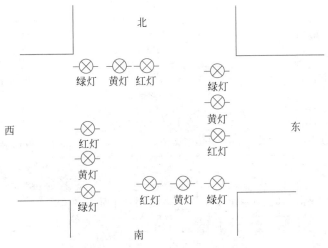

图 9-31　十字路口信号灯布置示意图

灯亮,维持 2s 后熄灭,这时南北红灯亮,东西绿灯亮。

(5) 以上南北、东西信号灯周而复始地交替工作状态,指挥着十字路口的交通,其时序如图 9-32 所示。

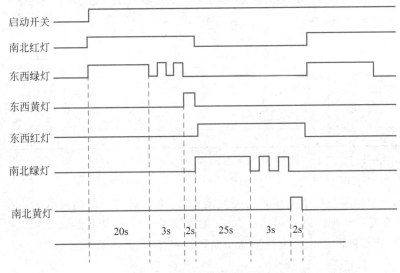

图 9-32　交通信号灯控制时序图

2) PLC 选项及 I/O 地址定义

PLC 控制系统的输入/输出元件及对应地址定义如图 9-33 所示。

根据控制要求分析,该系统采用自动工作方式,其输入信号有系统启动停止按钮信号;输出有东西方向、南北方向各两组指示灯驱动信号和故障指示灯驱动信号。由于每一方向两组指示灯中,同种颜色的灯同时工作,为节省输出点数,可采用并联输出方法。则系统所需要的输入点数是 1(I0.0),输出点数为 7(Q0.0~Q0.6),全部为开关量,定义其符号地址如表 9-4 所示。

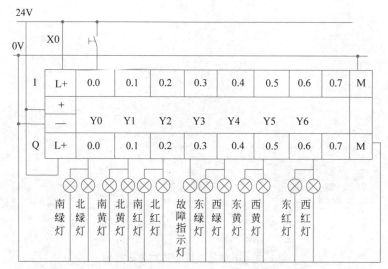

图 9-33 PLC 控制系统的输入/输出元件及对应地址定义

表 9-4 符号地址

序 号	符 号	地 址	数 据 类 型
1	X0	I 0.0	BOOL
2	Y0	Q 0.0	BOOL
3	Y1	Q 0.1	BOOL
4	Y2	Q 0.2	BOOL
5	Y3	Q 0.3	BOOL
6	Y4	Q 0.4	BOOL
7	Y5	Q 0.5	BOOL
8	Y6	Q 0.6	BOOL

3）交通信号灯的 PLC 控制梯形图

根据控制要求得到交通信号灯的梯形图如图 9-34 和图 9-35 所示。

实际的交通信号灯控制系统通常要复杂得多,例如对各方向信号灯的点亮时间进行调整;控制方案的实现可以采用其他方法(如功能表图);在某些路口设置人工操作的按钮,以供有一定权限的操作员进行手动切换和控制等,在此不再详细介绍。

9.2.5 PLC 的网络系统

PLC 是一种有效的工业控制装置,它已经从单一的开关量控制发展到具有顺序控制、模拟量控制、连续 PID 控制等多种功能;从小型整体结构发展到大中型模块结构;从独立的单台运行发展到数台连成 PLC 网络,由 PLC 网络构成的控制系统运行安全可靠,使用范围更加广泛。

1. PLC 网络的主要形式

PLC 网络具有以下四种主要形式:

（1）以一台 PLC 作为主站,其他多台同型号的 PLC 作为从站,构成主从式 PLC 网

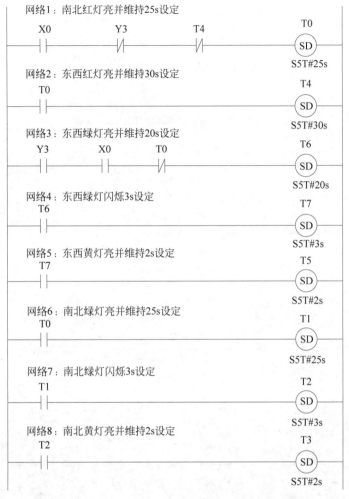

图 9-34 交通信号灯控制系统梯形图(前 8 个网络)

络,成为简易集散系统。

(2) 以通用微机为主站,多台同型号的 PLC 为从站,组成简易集散系统。通用微机完成操作站的各项功能。

(3) 将 PLC 网络通过特定的网络接口,连入大型集散系统中,成为其中的一个子网。

(4) 专用 PLC 网络。由 PLC 制造厂商开发用于连接 PLC 的专用网络,如 AB 公司的 DH 和 DH+高速数据通道、西门子公司的 SINEC-L1 和 SINEC-H1 网络等。

2. PLC 通信的特点

PLC 通信具有以下特点:

(1) 由于 PLC 之间的通信程序采用梯形图及其他方式编程,在上位机中的通信则是用高级语言或汇编语言编写,因此必须符合 PLC 中的通信协议。

(2) 生产 PLC 的厂商为使所生产的 PLC 连网的适应性更强,对通信协议的物理层常配置几种接口标准,用户可根据应用需要进行选择。

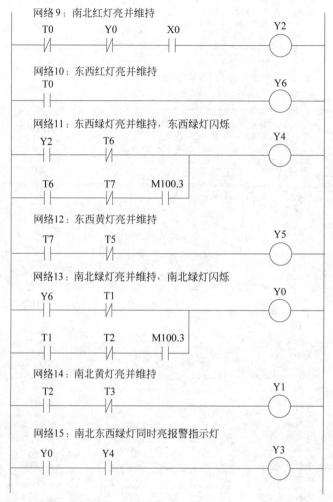

网络9：南北红灯亮并维持

网络10：东西红灯亮并维持

网络11：东西绿灯亮并维持，东西绿灯闪烁

网络12：东西黄灯亮并维持

网络13：南北绿灯亮并维持，南北绿灯闪烁

网络14：南北黄灯亮并维持

网络15：南北东西绿灯同时亮报警指示灯

图 9-35　交通信号灯控制系统梯形图(后 7 个网络)

(3) 在 PLC 网络中,主从式存取控制方法仍在使用。随着 PLC 网络规模的不断增大以及标准化进程的加快,符合 MAP 规约的 PLC 及 PLC 网络也越来越多。

(4) PLC 网络中的过程数据多数是触点的开通与关断,数据短。当受到干扰出错时就整个数据错,因此对差错控制要求高。在 PLC 中,可以使用"异或码"进行校验。

3. PLC 网络产品的功能结构

PLC 制造厂家常采用生产金字塔来描述其产品所能提供的功能。图 9-36(a)为美国 AB 公司的生产金字塔,图 9-36(b)为法国施耐德公司的生产金字塔,图 9-36(c)为德国西门子公司的生产金字塔。尽管这些生产金字塔结构层数不同,各层功能有所差异,但它们表明 PLC 及其网络在工厂自动化系统中由上到下在各层都发挥着作用。这些金字塔的特点是上层负责生产管理,低层负责现场控制和检测,中层负责生产过程的监控以及优化。

PLC 网络的分级与生产金字塔的分层不是一一对应的关系。相邻几层的功能,若对通信的要求接近,则可以合并,由一级子网去实现。

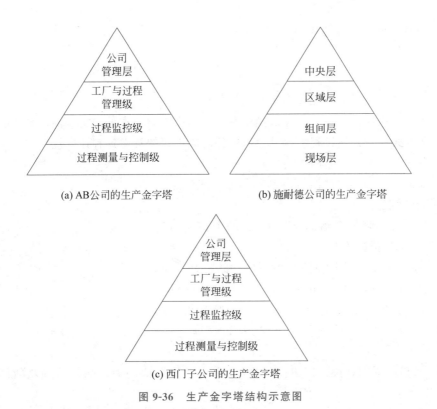

(a) AB公司的生产金字塔 (b) 施耐德公司的生产金字塔

(c) 西门子公司的生产金字塔

图 9-36　生产金字塔结构示意图

　　PLC 及其网络近年来发展极为迅速,是目前用得最多、应用范围最广的自动化产品,也可以说是最实用的自动化设备。限于篇幅,这里只是简单地对网络系统进行介绍。尽管各种 PLC 及其网络差异很大,但从本质上看其同一性是主要的。各种 PLC 网络系统配置与系统组态具有同一性,就可以从更深层次上认识 PLC 网络,达到举一反三的效果。

　　另外,由于各家不同的产品使用起来差异很大,各种场景的使用要求也不尽相同,所以必须结合实际情况选用以及构建相应的 PLC 网络,才能发挥 PLC 的作用。

9.3　本章小结

　　嵌入式系统是以应用为中心,以计算机技术为基础,软件和硬件可裁剪,适应应用系统对功能、可靠性、成本、体积、功耗严格要求的专用计算机系统。嵌入式控制系统的设计包括硬件设计和软件设计两大部分,通过并发和交互设计来满足系统级的目的要求,以实现软、硬件的协同设计。

　　PLC 是一种主要用于顺序控制的多用途控制器。标准的积木硬件结构和模块化的设计软件,使 PLC 不仅可以适应大小不同、功能各异的控制要求,而且可以适应各种工艺流程变化较多的场合。PLC 采用完全不同于微机的工作方式和编程方法,即采用巡回扫描方式。在编程方法 I/O 接口、网络通信等方面进一步标准化和开放化,同时在价格方面的优势,使得 PLC 在控制系统中已占据了重要的地位。不仅可以构成 PLC 网络进行有效控制,还可以与计算机系统和设备直接实现系统集成,组成大型的控制系统,使 PLC

再次得到提高,并有更宽的应用领域。

习题

1. 嵌入式处理器分为几种类型?它们各有什么特点?

2. 实时操作系统与一般计算机操作系统有什么不同?常见的实时操作系统有哪些?

3. 嵌入式系统开发过程中,采用软、硬件协同设计的技术具有什么优势?

4. 简述可编程控制器的主要特点。

5. 可编程控制器硬件结构由哪几部分组成?各部分具有什么功能?

6. 说明可编程控制器的工作方式,一个扫描周期中包含哪三个扫描阶段?

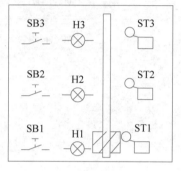

习题 7 图

7. 三层楼电梯示意图如图所示。电梯的上升、下降由一台电动机控制,正转时电梯上升,反转时电梯下降。各层设一个呼叫开关(SB1、SB2、SB3)、一个呼叫指示灯(H1、H2、H3)、一个到位行程开关(ST1、ST2、ST3)。

其控制要求如下:

(1) 各层的呼叫开关为按钮式开关,SB1、SB2 及 SB3 均为瞬间接通有效(瞬间接通的即放开仍有效)。

(2) 电梯箱体上升途中只响应上升呼叫,下降途中只响应下降呼叫,任何反方向呼叫均无效,简称不可逆响应。具体动作要求,如下表。

序号	输入			输　　　出
	原停层	呼叫层	运行方向	运　行　结　果
1	1	3	升	上升到 3 层停,这期间经过 2 层时不停
2	2	3	升	上升到 3 层停
3	3	3	停	呼叫无效
4	1	2	升	上升到 2 层停
5	2	2	停	呼叫无效
6	3	2	降	下降到 2 层停
7	1	1	停	呼叫无效
8	2	1	降	下降到 1 层停
9	3	1	降	下降到 1 层停,这期间经过 2 层时不停
10	1	2、3	升	先升到 2 层暂停 2s 后,再升到 3 层停
11	2	1、3	降	下降到 1 层停
12	2	3、1	升	上升到 3 层停
13	3	2、1	降	先降到 2 层暂停 2s 后,再降到 1 层停
14	任意	任意	任意	楼层间运行时间必须小于 10s 否则停

(3) 各楼层间有效运行时间应小于 10s,否则认为有故障、自动令电动机停转。

试设计三层电梯控制系统的梯形图。

参 考 文 献

[1] 高金源,夏洁.计算机控制系统[M].北京:清华大学出版社,2007.

[2] 高金源,夏洁,张平,等.计算机控制系统[M].北京:高等教育出版社,2010.

[3] 何克忠,李伟.计算机控制系统[M].2版.北京:清华大学出版社,2015.

[4] 廖晓钟,高哲.分数阶系统鲁棒性分析与鲁棒控制[M].北京:科学出版社,2016.

[5] 刘金琨.先进 PID 控制 MATLAB 仿真[M].2版.北京:电子工业出版社,2004.

[6] 董宁,陈振.计算机控制系统[M].3版.北京:电子工业出版社,2017.

[7] 曹荣敏,吴迎年,等.控制系统基础习题及综合创新实训项目指导书[M].北京:清华大学出版社,2015.

[8] 刘建昌,关守平,周玮,等.计算机控制系统[M].2版.北京:科学出版社,2016.

[9] 杨根科,谢建英.微型计算机控制技术[M].4版.北京:国防工业出版社,2016.

[10] 于海生,丁军航,潘松峰,等.微型计算机控制技术[M].3版.北京:清华大学出版社,2017.

[11] 李嗣福,等.计算机控制基础[M].3版.合肥:中国科学技术大学出版社,2014.

[12] 朱玉华,马智慧,付思,等.计算机控制及系统仿真[M].北京:机械工业出版社,2018.

[13] 李正军.计算机控制系统[M].3版.北京:机械工业出版社,2015.

[14] 徐文尚.计算机控制系统[M].2版.北京:北京大学出版社,2014.

[15] 刘金琨.滑模变结构控制 MATLAB 仿真[M].3版.北京:清华大学出版社,2015.

[16] OGATA K.离散时间控制系统[M].2版.蔡涛,张娟,译.北京:电子工业出版社,2014.

[17] 王敏.控制系统原理与 MATLAB 仿真实现[M].北京:电子工业出版社,2014.

[18] 张德丰.MATLAB 控制系统设计与仿真[M].北京:清华大学出版社,2014.

[19] 李晓东.MATLAB R2016a 控制系统设计与仿真 35 个案例分析[M].北京:清华大学出版社,2018.

[20] 薛定宇.控制系统计算机辅助设计——MATLAB 语言与应用[M].3版.北京:清华大学出版社,2012.

[21] 康波,李云霞.计算机控制系统[M].2版.北京:电子工业出版社,2015

[22] 李元春.计算机控制系统[M].2版.北京:高等教育出版社,2009.

[23] PHILLIPS C L. Digital control system analysis & design[M]. 4th ed. Pearson Education Limited,2015.

[24] FRANKLIN G F,POWELL J D,WORKMAN M. Digital control of dynamic systems[M]. 3rd ed. Ellis-Kagle Press,2020.

[25] GOODWIN G C,GRAEBE S F,SALGADO M E. Control system design[M]. Pearson Education Limited,2000.

[26] DORF R C,BISHOP R H. Modern control systems[M]. 13th ed. Pearson Education Limited,2017.

[27] BARRETT S F. Embedded Systems design with the atmel AVR microcontroller-part I[M]. Morgan & Claypool Publishers,2009.

[28] FORRAI A. Embedded control system design[M]. Springer-Verlag Berlin Heidelberg,2013.

[29] WANG K C. Embedded and real-Time operating systems[M]. Springer International Publishing,2017.

[30] ÅSTRÖM K J,WITTENMARK B. Computer-controlled systems: theory and design[M]. Prentice Hall,1997.

[31] 景宁,姚鼎一,王志斌,等.等效时间采样压缩感知高频信号重建[J].光学精密工程,2022,30(5):1240-1245.

[32] 贺王鹏,陈彬强,李阳,等.高速切削欠采样动态信号的压缩感知恢复方法[J].西安电子科技大学学报,2022,49(4):83-90.

[33] 才莉.基于 IEC 61375-1 规范的 WTB 的研究与实现[D].大连:大连理工大学,2008.

[34] 邝艳菊.列车通信网中 MVB 总线管理器的研究与实现[D].湘潭:湖南科技大学,2010.

[35] 杨世武.铁道信号抗干扰技术[M].北京:北京交通大学出版社,2020.

[36] 滕旭,胡志昂.电子系统抗干扰实用技术[M].北京:国防工业出版社,2004.

[37] 陈慧芳,沙玲,哈兰涛.计算机控制系统的外部干扰抑制措施[J].机电设备,2007,218(10):34-36.

[38] BORTIS D,ORTIZ G,KOLAR J W,et al. Design procedure for compact pulse transformers with rectangular pulse shape and fast rise times[J]. IEEE Transactions on Dielectrics and Electrical Insulation,2011,18(4):1171-1180.

[39] WINKEL L. Real-Time Ethernet in IEC 61784-2 and IEC 61158 series[C]. 2006 4th IEEE International Conference on Industrial Informatics. IEEE,2006.

[40] 缪学勤.基于国际标准的十一种工业实时以太网体系结构研究:上[J].仪器仪表标准化与计量,2009,147(3):14-18.

[41] 史建民,黄有方,嘉红霞.RS-232 串口设备远程通讯功能的实现[J].起重运输机械,2003(6):30-32.

[42] 王玉敏.Modbus 协议簇简介[J].中国仪器仪表,2019,345(12):21-26.

[43] 贾运红.Modbus 协议的实现方法[J].工矿自动化,2015,41(10):61-65.

[44] 胡曙辉,陈健.几种嵌入式实时操作系统的分析与比较[J].单片机与嵌入式系统应用,2007(5):5-9.

[45] 季志均,马文丽,陈虎,等.四种嵌入式实时操作系统关键技术分析[J].计算机应用研究,2005,22(9):4-8.

[46] BASKIYAR S,NATARAJAN M. A survey of contemporary real-time operating systems[J]. Informatica,2005,29(2):233-240.

[47] CEDENO W,LAPLANTE P. An overview of real-time operating systems[J]. Journal of the Association for Laboratory Automation,2007,12(1):40-45.

[48] 刘永清.基于 OPC 技术的先进控制软件研究与开发[D].昆明:昆明理工大学,2006.

[49] 张宏图.OPC UA 及 DA 通讯协议在粉磨站智能优化控制系统中的应用实践[J].中国水泥,2023,250(03):79-81.

[50] 陈文婧.基于 OPC UA 的数控系统通讯平台设计与实现[D].沈阳:中国科学院沈阳计算技术研究所,2022.

[51] 刘玉敏.组态软件中先进控制算法的开发[D].大庆:大庆石油学院,2005.

[52] 杨文阁,刘杰.二乘二取二安全计算机的设计与实现[J].自动化技术与应用,2019,38(10):42-45.

[53] 李天成,范红旗,孙树栋.粒子滤波理论、方法及其在多目标跟踪中的应用[J].自动化学报,2015,41(12):1981-2002.

[54] 任克强,刘晖.微机控制系统的数字滤波算法[J].现代电子技术,2003(3):15-18.

[55] 王书锋,谭建豪.计算机控制技术[M].武汉:华中科技大学出版社,2011.

[56] 魏东.计算机控制技术[M].北京:中国建筑工业出版社,2012.

[57] 于微波,刘克平,张德江.计算机控制系统[M].北京:机械工业出版社,2016.

[58] 汽车百科全书编纂委员会.汽车百科全书[M].北京:中国大百科全书出版社,2010.